この一冊があなたのビジネスチャンスを広げる！

文書作成は得意ですか？
上司や同僚があっと驚くような文書を作成したくありませんか？
文書作成のことならあの人に聞けと言われたくありませんか？
FOM出版のテキストはそんなあなたの要望に応えます。

第1章
図形や図表を使った文書の作成

文字が少ない文書でも
図形や図表を使ってスタイリッシュに！

ポスターって文字が少ないから、バランスがとりにくいなあ。
それに、文字のサイズを大きくしすぎて、かえって見づらくなることも。何かいい方法ないかな？

グリーンオフィスプロジェクト
「できることからはじめよう」
私たちの一歩が明日の環境を守ります。
リサイクル
●ペーパーリサイクルシステムの利用
●プリンタートナーの回収
CO2 排出削減
●休憩時間中の消灯
●パソコンの省電力モードの設定
緑化活動
●本社ビル屋上の緑化推進
●植林プロジェクトの推進
株式会社 FOM ネイチャー

文書の背景に色を付けて人目を引きつける！

横書きばかりでは単調！
たまには縦書きを入れることで新鮮なレイアウトに！

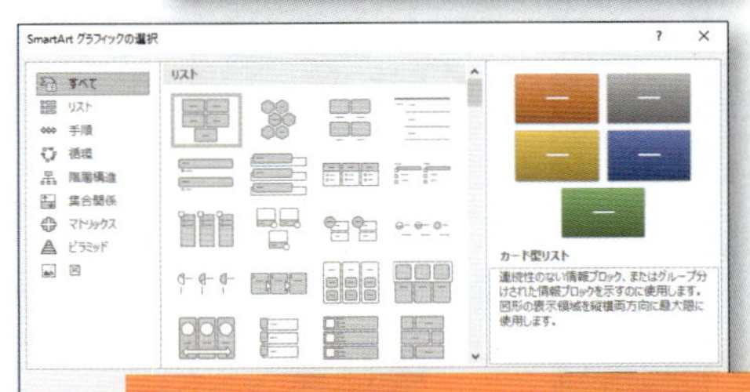

SmartArtグラフィックには、スタイリッシュな図表が盛りだくさん！

単純な図形でもぼかしの効果で魅力的に！

SmartArtグラフィックで箇条書きを作ると格好いい！
それに、図形を入れることで、こんなにバランスがよくなるんだね！

図形や図表を使った文書の作成については 8ページ を check!

第2章
写真を使った文書の作成

写真をそのまま挿入なんてもう古い!?
多彩な効果でセンスアップ!

写真をそのまま文書に挿入。
これじゃ、いつもと変わらない…
もっと、写真をセンスよく見せることができたらなあ。

本社、新オフィスへ移転

アクセス

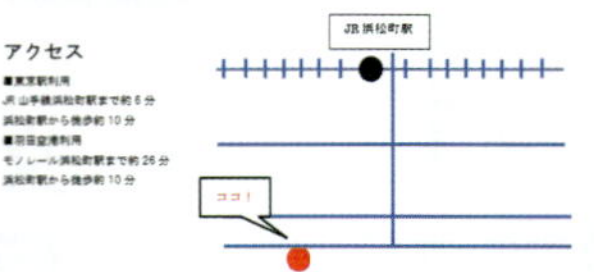

大きな写真をトリミング!
さらにアート効果で、デザイン力アップ!

FOM NEWS

本社、新オフィスへ移転

梅雨の晴れ間となった6月18～19日にかけて、本社オフィスの移転作業を行いました。
これまで東京地区は、営業部門は新宿オフィス、管理・企画・開発部門は御徒町オフィスで業務を行っていましたが、このたび、オフィスを統合することになりました。オフィスがひとつになることにより、今後は迅速に業務を行うことができるようになります。
ところで、新オフィスのある「竹芝」がどこにあるかご存知でしょうか？
聞いたことがないという方も多いかもしれません。実は、東京駅や羽田空港からも意外と近く、出張で来る場合は新幹線でも飛行機でも非常に便利なところです。オフィスの最寄り駅は、新交通システムゆりかもめ竹芝駅ですが、JR浜松町駅からでも十分に歩ける距離なので、ぜひ、経費削減のためにも本社に来るときは、歩いてお越しください。

写真の背景を削除して、
見せたいものだけを目立たせる!

切り取った写真に合わせて
文字を配置!

新オフィスへのアクセス

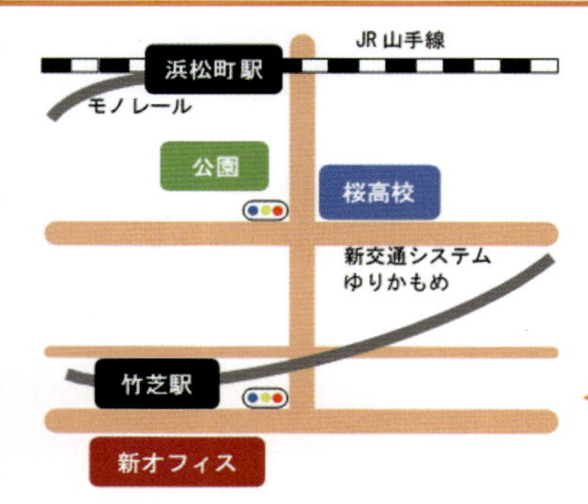

■東京駅利用
①JR山手線浜松町駅まで約6分
②浜松町駅から徒歩約10分

■羽田空港利用
①モノレール浜松町駅まで約26分
②浜松町駅から徒歩約10分

図形を組み合わせて
見栄えのする地図を作成!

別のファイルの内容を挿入できる!

トリミングや背景の削除を覚えると、
どんなスペースにも写真を配置できそう。
これまでとは違った文書を作成できるぞ!

写真を使った文書の作成については **54ページ** を check!

第3章
差し込み印刷

Excelデータを利用して

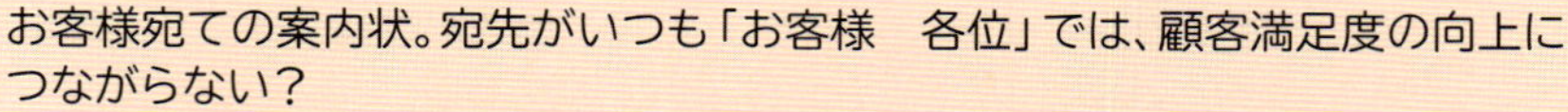

名前入りの案内状や宛名ラベルを作成！

お客様宛ての案内状。宛先がいつも「お客様　各位」では、顧客満足度の向上につながらない？
やっぱり、自分の名前が入っている方が、自分宛ての案内だって感じがするよね。
Excelのデータから転記するしかないのかな？

会員No.	氏名	郵便番号	住所	電話番号	職業	誕生日	来店回数	好きなもの	嫌いなもの
20001	阿部 一郎	135-0091	東京都港区台場1-5-X	03-5500-22XX	会社員	1968/4/8	8	アワビ	アスパラガス
20002	加藤 英夫	101-0021	東京都千代田区外神田8-9-X	03-3222-33XX	自営業	1953/12/3	10	仔羊	ウニ
20003	笹本 光司	231-0023	神奈川県横浜市中区山下町6-4-X	045-111-22XX	公務員	1973/8/6	1	エビ	なし
20004	田村 孝雄	236-0034	神奈川県横浜市金沢区朝比奈町1-XX	045-999-88XX	会社員	1971/3/29	4	にんにく	レバー
20005	中島 恒彦	251-0032	神奈川県藤沢市片瀬5-X	0466-33-44XX	自営業	1951/6/17	6	チーズ	なし
20006	木下 良夫	105-0022	東京都港区海岸1-1-X	03-5444-55XX	会社員	1962/9/1	7	仔牛	セロリ
20007	清水 由紀	222-0022	神奈川県横浜市港北区篠原東1-8-X	045-222-11XX	主婦	1955/1/31	7	モモ	にんじん
20008	江田 京子	220-0023	神奈川県横浜市西区平沼1-3-X	045-555-33XX	会社員	1975/10/29	8	クリ	チーズ
20009	島田 誠	220-0034	神奈川県横浜市西区赤門町2-XX	045-666-55XX	会社員	1963/5/18	9	カニ	パセリ
20010	津島 貴子	241-0801	神奈川県横浜市旭区若葉台5-1-X	045-444-11XX	主婦	1963/2/4	3	メロン	グリンピース
20011	小池 公彦	235-0011	神奈川県横浜市磯子区丸山1-3-X	045-333-77XX	会社員	1969/9/12	[illegible]	トリュフ	トマト
20012	鈴木 千尋	249-0002	神奈川県逗子市山の根1-X	046-866-33XX	会社員	1978/4/3	1	サ[illegible]	しいたけ

Excelのデータ内の必要な項目を差し込むだけ！

会員 No.20001

阿部 一郎　様

Sea Side Cafe
リニューアルオープン

会員の皆さま、たいへんお待たせいたしました！！！
改装工事が完了し、７月６日（土）に「Sea Side Cafe」は生まれ変わります。

改装した店内は、太陽の光が差し込み、海をゆっくりと眺めることができる全面ガラス張り。
さらに、新しく設けたテラス席では、横浜港に入港する船を一望できます。
汽笛の音に耳を傾けながら、海の景色を楽しんでみませんか？

また、季節に合わせて「ビアガーデン」「バーベキューパーティー」「ワインパーティー」などのイベントを開催する予定です。会員の皆さまには、イベントごとに特典をご用意いたしますので、楽しみにお待ちください。

★★★リニューアルオープン記念「会員特典」★★★
案内状をお持ちいただくと、すべてのメニュー・ワインが 10%OFF！！
期間：７月６日（土）～８月３日（土）まで
※ランチタイム、ディナータイムは混み合います。ご予約は、お早めにお願いいたします。

Sea Side Cafe
●TEL　045-123-XXXX
●住所　横浜市中区海岸通 X-X-X
●営業時間　10：00～22：00
●URL　http://seasidecafe.xx.xx
●E-Mail　info@seaside.xx.xx

〒231-0023
神奈川県横浜市中区山下町 6-4-X
笹本 光司　様

〒236-0034
神奈川県横浜市金沢区朝比奈町 1-XX
田村 孝雄　様

〒251-0032
神奈川県藤沢市片瀬 5-X
中島 恒彦　様

〒222-0022
神奈川県横浜市港北区篠原東 1-8-X
清水 由紀　様

〒220-0023
神奈川県横浜市西区平沼 1-3-X
江田 京子　様

〒220-0034
神奈川県横浜市西区赤門町 2-XX
島田 誠　様

〒241-0801
神奈川県横浜市旭区若葉台 5-1-X
津島 貴子　様

〒235-0011
神奈川県横浜市磯子区丸山 1-3-X
小池 公彦　様

〒249-0002
神奈川県逗子市山の根 1-X
鈴木 千尋　様

Excelのデータの宛先を絞り込んで宛名ラベルに自由にレイアウト！

お客様の名前入りの案内状だと、やっぱり感じがいいね。
ラベルシールにも印刷できるからDM発送もらくらく！
宛名の書き間違いも防げるし、これからはこれでいこう！

差し込み印刷については **106ページ** を check!

第4章
長文の作成

長文ならWordにおまかせ
スイスイ編集、らくらくデザイン！

ナビゲーションウィンドウを使うと、構成の確認がずいぶん簡単にできるね！
あと、困るのが、デザイン。
自分で、ひとつひとつ書式を設定していくのはとても面倒。
しかも文書の前半と後半でそろっていないことも…
長文でも、見栄えのするデザインをパッと適用できないかな？

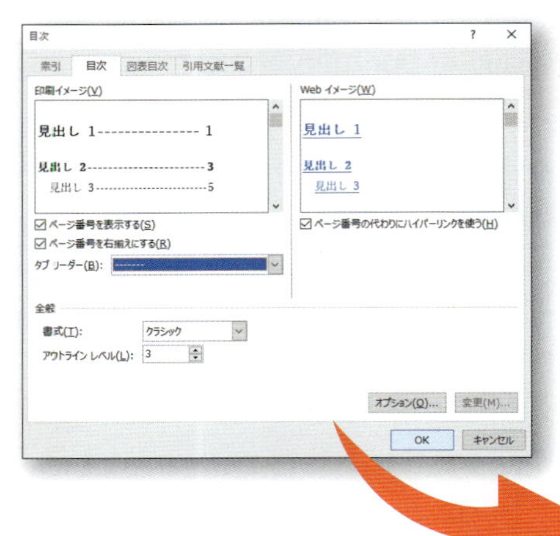

見出しを抜き出して、簡単に目次を作成。ページ数やタイトルが変更したら、目次にも反映！

目次

ビジネスマナーを
身に付けよう

派遣スタッフ研修資料

スタッフ教育チーム
株式会社 FOM パワー

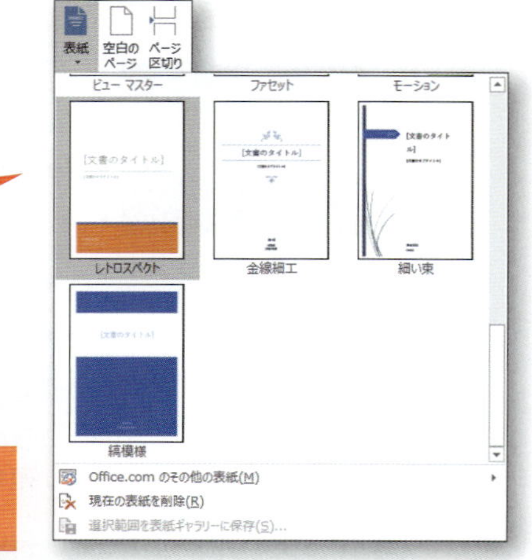

一覧から選択して、必要事項を入力するだけで、スタイリッシュな表紙が完成！

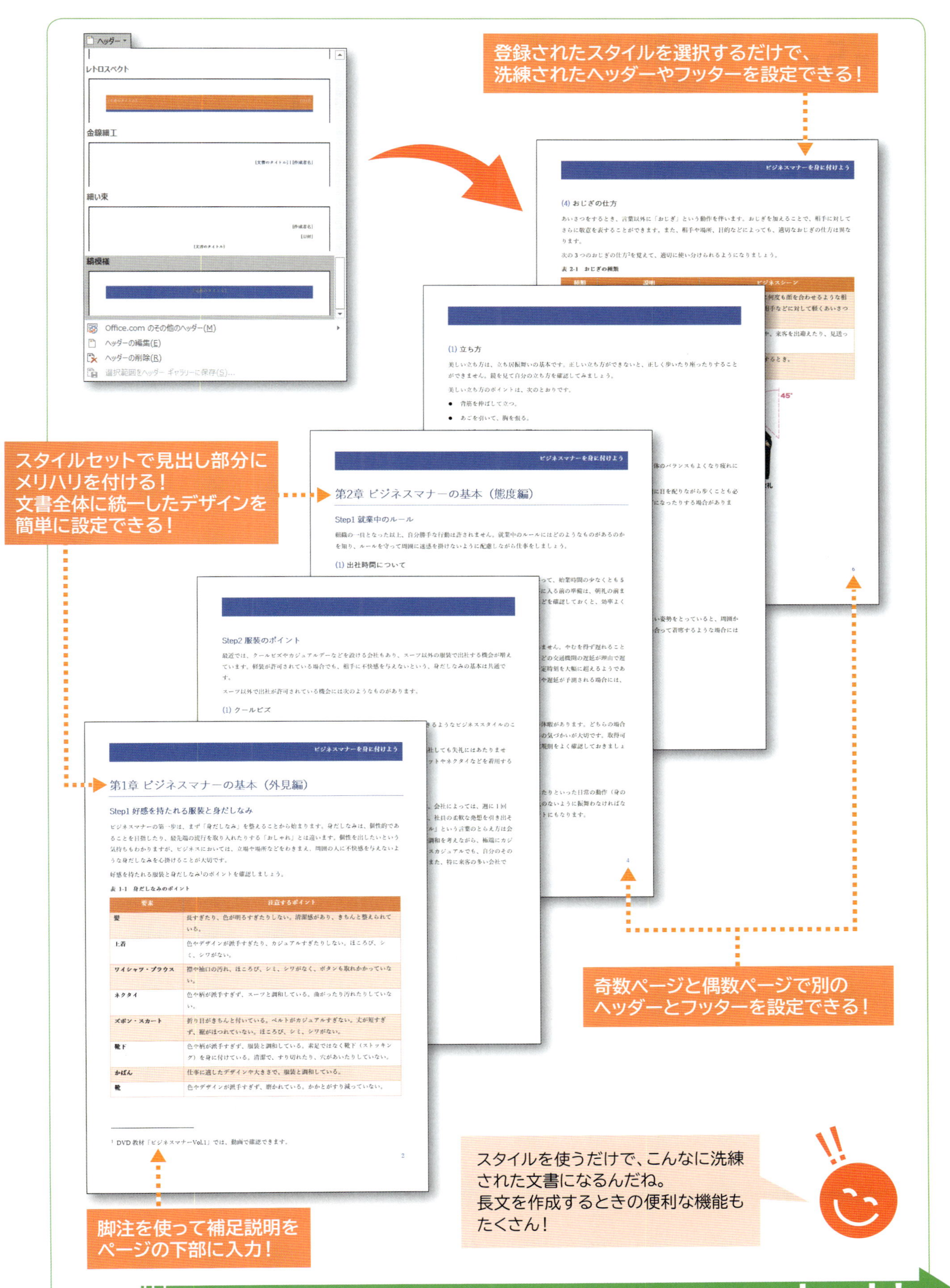

長文の作成については 128ページ を check!

第5章
文書の校閲

校閲機能を使いこなして 業務効率をアップさせる！

資料を作っているとき、「セミナ」と「セミナー」とか、
「パソコン」と「ﾊﾟｿｺﾝ」とか、カタカナの用語がゆらぎがち。
それに、先輩に資料をチェックしてもらうと
いろいろアドバイスをメモしてくれるんだけど、見づらくて…

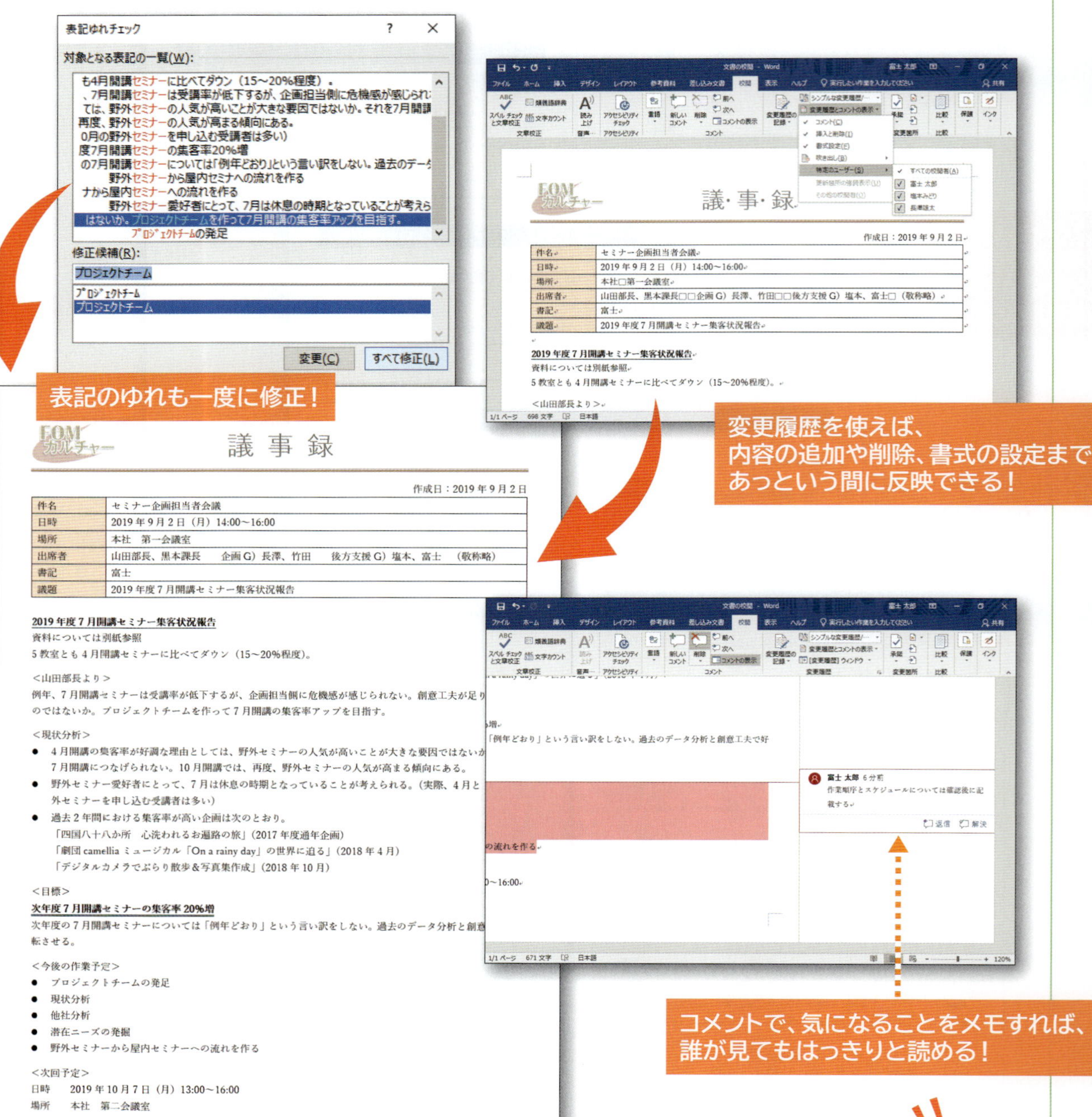

表記ゆれチェック
対象となる表記の一覧(W):
修正候補(R):
プロジェクトチーム
変更(C)
すべて修正(L)
表記のゆれも一度に修正！
変更履歴を使えば、
内容の追加や削除、書式の設定まで
あっという間に反映できる！
コメントで、気になることをメモすれば、
誰が見てもはっきりと読める！

議 事 録

作成日：2019年9月2日

件名	セミナー企画担当者会議
日時	2019年9月2日（月）14:00～16:00
場所	本社　第一会議室
出席者	山田部長、黒本課長　企画G）長澤、竹田　後方支援G）塩本、富士　（敬称略）
書記	富士
議題	2019年度7月開講セミナー集客状況報告

2019年度7月開講セミナー集客状況報告
資料については別紙参照
5教室とも4月開講セミナーに比べてダウン（15～20%程度）。

＜山田部長より＞
例年、7月開講セミナーは受講率が低下するが、企画担当側に危機感が感じられない。創意工夫が足り
のではないか。プロジェクトチームを作って7月開講の集客率アップを目指す。

＜現状分析＞
- 4月開講の集客率が好調な理由としては、野外セミナーの人気が高いことが大きな要因ではないか
7月開講につなげられない。10月開講では、再度、野外セミナーの人気が高まる傾向にある。
- 野外セミナー愛好者にとって、7月は休息の時期となっていることが考えられる。（実際、4月と
外セミナーを申し込む受講者は多い）
- 過去2年間における集客率が高い企画は次のとおり。
「四国八十八か所　心洗われるお遍路の旅」（2017年度通年企画）
「劇団camellia ミュージカル「On a rainy day」の世界に迫る」（2018年4月）
「デジタルカメラでぶらり散歩＆写真集作成」（2018年10月）

＜目標＞
次年度7月開講セミナーの集客率20%増
次年度の7月開講セミナーについては「例年どおり」という言い訳をしない。過去のデータ分析と創意
転させる。

＜今後の作業予定＞
- プロジェクトチームの発足
- 現状分析
- 他社分析
- 潜在ニーズの発掘
- 野外セミナーから屋内セミナーへの流れを作る

＜次回予定＞
日時　2019年10月7日（月）13:00～16:00
場所　本社　第二会議室

Wordの校閲機能って使えるね！
作成した資料のチェックも全部パソコン上でできるんだ。
みんなに教えて、早速使おう！

文書の校閲については **174ページ** を **check!**

ExcelデータをそのままWordに
Excelデータとかんたん連携！

Excelのデータを見ながらWordの表を作るのって、二度手間だよね。
Excelのデータをそのまま利用できないのかな？

	A	B	C	D	E	F	G	H	I
1									
2		2018年度上期　販売実績							
3									
4									単位：千円
5		支店名	4月	5月	6月	7月	8月	9月	合計
6		東北支店	1,520	1,400	1,820	2,040	1,980	2,100	10,860
7		関東支店	4,250	3,980	4,300	4,160	4,210	4,970	25,870
8		東海支店	2,330	2,630	2,610	2,480	3,040	3,180	16,270
9		関西支店	3,480	3,360	3,690	3,970	4,060	4,620	23,180
10		九州支店	2,150	2,540	3,540	3,110	3,150	3,320	17,810
11		合計	13,730	13,910	15,960	15,760	16,440	18,190	93,990

Excelのデータをコピーして
そのままWordの表として
貼り付け！

支店長　各位

2018 年度上期販売実績 および 下期販

平素は拡販にご尽力いただきまして誠にありがとうございます。
さて、下記のとおり、各支店の 2018 年度上期販売実績ならびに下期販売計画をお知らせいたします。
つきましては、具体的な拡販施策を掲げ、目標達成に向けて努力していただきますよう、よろしくお願いいたします。

記

■上期販売実績

単位：千円

支店名	4 月	5 月	6 月	7 月	8 月	9 月	合計
東北支店	1,520	1,400	1,820	2,040	1,980	2,100	10,860
関東支店	4,250	3,980	4,300	4,160	4,210	4,970	25,870
東海支店	2,330	2,630	2,610	2,480	3,040	3,180	16,270
関西支店	3,480	3,360	3,690	3,970	4,060	4,620	23,180
九州支店	2,150	2,540	3,540	3,110	3,150	3,320	17,810
合計	13,730	13,910	15,960	15,760	16,440	18,190	93,990

■下期販売計画

単位：千円

支店名	10 月	11 月	12 月	1 月	2 月	3 月	合計
東北支店	1,700	1,500	2,000	2,200	2,200	2,300	11,900
関東支店	5,100	4,800	5,200	5,000	5,100	6,000	31,200
東海支店	2,600	2,900	2,900	2,700	3,300	4,500	18,900
関西支店	4,200	4,000	4,400	4,800			
九州支店	2,400	2,800	3,900	3,400			
合計	16,000	16,000	18,400	18,100			

Excelのデータを
リンク貼り付けすると、
Excelデータを修正すれば、
Wordの表にも反映される！

	A	B	C	D	E	F	G	H	I
1									
2		2018年度下期　販売計画							
3									
4									単位：千円
5		支店名	10月	11月	12月	1月	2月	3月	合計
6		東北支店	1,700	1,500	2,000	2,200	2,200	2,300	11,900
7		関東支店	5,100	4,800	5,200	5,000	5,100	6,000	31,200
8		東海支店	2,600	2,900	2,900	2,700	3,300	4,500	18,900
9		関西支店	4,200	4,000	4,400	4,800	4,900	5,500	27,800
10		九州支店	2,400	2,800	3,900	3,400	3,500	3,700	19,700
11		合計	16,000	16,000	18,400	18,100	19,000	22,000	109,500

Excelのデータをリンク貼り付けしておくと、
Wordの表を修正する手間が省けて効率的だね。

Excelデータを利用した文書の作成については **202ページ** を check!

第7章
便利な機能

頼もしい機能が充実
Wordの便利な機能を使いこなそう

ずいぶんWordの使い方がわかってきたよ。
ほかに知っておくと便利な機能ってないのかな？

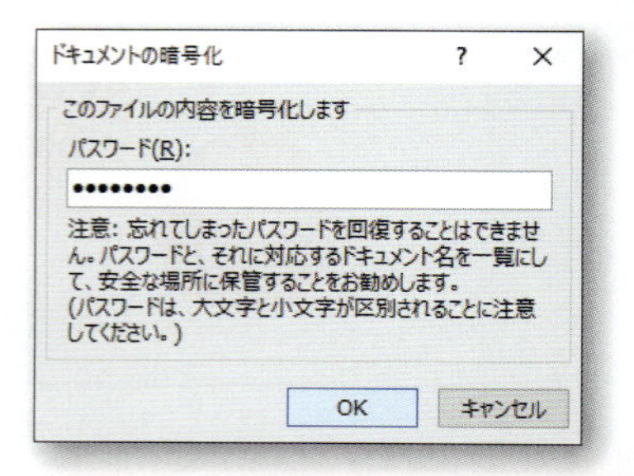

大切な文書は、パスワードを付けたり、最終版にしたりして内容の書き換えを防止！

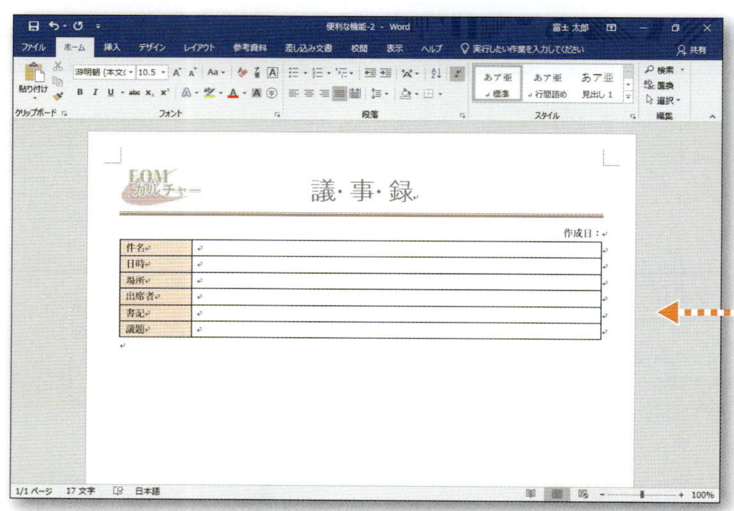

繰り返し使う定型の文書をテンプレートとして保存・利用できる！

セクションを区切ると、ひとつの文書の中にページ設定の異なるページを混在できる！

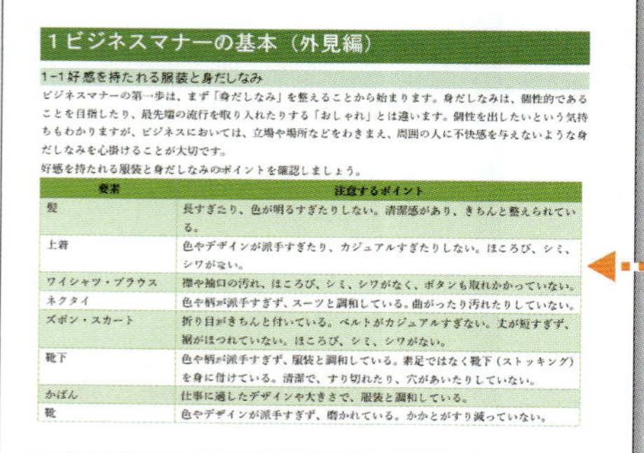

1ビジネスマナーの基本（外見編）

1-1好感を持たれる服装と身だしなみ

ビジネスマナーの第一歩は、まず「身だしなみ」を整えることから始まります。身だしなみは、個性的であることを目指したり、最先端の流行を取り入れたりする「おしゃれ」とは違います。個性を出したいという気持ちもわかりますが、ビジネスにおいては、立場や場所などをわきまえ、周囲の人に不快感を与えないような身だしなみを心掛けることが大切です。

好感を持たれる服装と身だしなみのポイントを確認しましょう。

要素	注意するポイント
髪	長すぎたり、色が明るすぎたりしない。清潔感があり、きちんと整えられている。
上着	色やデザインが派手すぎたり、カジュアルすぎたりしない。ほころび、シミ、シワがない。
ワイシャツ・ブラウス	襟や袖口の汚れ、ほころび、シミ、シワがなく、ボタンも取れかかっていない。
ネクタイ	色や柄が派手すぎず、スーツと調和している。曲がったり汚れたりしていない。
ズボン・スカート	折り目がきちんと付いている。ベルトがカジュアルすぎない。丈が短すぎず、裾がほつれていない。ほころび、シミ、シワがない。
靴下	色や柄が派手すぎず、服装と調和している。素足ではなく靴下（ストッキング）を身に付けている。清潔で、すり切れたり、穴があいたりしていない。
かばん	仕事に適したデザインや大きさで、服装と調和している。
靴	色やデザインが派手すぎず、磨かれている。かかとがすり減っていない。

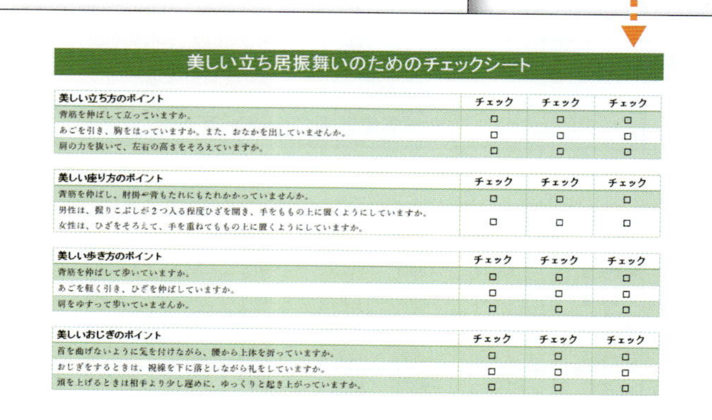

美しい立ち居振舞いのためのチェックシート

美しい立ち方のポイント	チェック	チェック	チェック
背筋を伸ばして立っていますか。	□	□	□
あごを引き、胸をはっていますか。また、おなかを出していませんか。	□	□	□
肩の力を抜いて、左右の高さをそろえていますか。	□	□	□

美しい座り方のポイント	チェック	チェック	チェック
背筋を伸ばし、肘掛や背もたれにもたれかかっていませんか。	□	□	□
男性は、握りこぶしが2つ入る程度ひざを開き、手をももの上に置くようにしていますか。 女性は、ひざをそろえて、手を重ねてももの上に置くようにしていますか。	□	□	□

美しい歩き方のポイント	チェック	チェック	チェック
背筋を伸ばして歩いていますか。	□	□	□
あごを軽く引き、ひざを伸ばしていますか。	□	□	□
肩をゆすって歩いていませんか。	□	□	□

美しいおじぎのポイント	チェック	チェック	チェック
首を曲げないように気を付けながら、腰から上体を折っていますか。	□	□	□
おじぎをするときは、視線を下に落としながら礼をしていますか。	□	□	□
頭を上げるときは相手より少し遅めに、ゆっくりと起き上がっていますか。	□	□	□

ドキュメントの検査
検査結果を確認してください。
! コメント、変更履歴、バージョン
次のアイテムが見つかりました:
* コメント
すべて削除
! ドキュメントのプロパティと個人情報
次のドキュメント情報が見つかりました:
* 文書のプロパティ
* 作成者
すべて削除
作業ウィンドウ アドイン
作業ウィンドウ アドインが見つかりませんでした。
埋め込みドキュメント
埋め込みドキュメントは見つかりませんでした。
マクロ、フォーム、および ActiveX コントロール
マクロ、フォーム、および ActiveX コントロールは見つかりませんでした。
折りたたまれている見出し
注意: いくつかの変更は元に戻せません。
再検査(R)
閉じる(C)

ドキュメント検査で、個人情報や隠しデータ、変更履歴がないかをチェックして情報漏えいを防止！

なるほど！
ここまでWordが使えるようになれば、
ビジネスシーンで活躍できるぞ！

便利な機能については 218ページ を check!

はじめに

Microsoft Word 2019は、やさしい操作性と優れた機能を兼ね備えたワープロソフトです。
本書は、Wordを使いこなしたい方を対象に、図形や図表、写真などに様々な効果を付けた文書の作成や差し込み印刷、スタイルを利用して見栄えのする長文に仕上げる方法、コメントや変更履歴などを使って文書を校閲する方法など、応用的かつ実用的な機能をわかりやすく解説しています。
また、練習問題を豊富に用意しており、問題を解くことによって理解度を確認でき、着実に実力を身に付けられます。**「よくわかる Microsoft Word 2019 基礎」**（FPT1815）の続編であり、Wordの豊富な機能を学習できる内容になっています。
表紙の裏にはWordで使える便利な**「ショートカットキー一覧」**、巻末にはWord 2019の新機能を効率的に習得できる**「Word 2019の新機能」**を収録しています。
本書は、経験豊富なインストラクターが、日ごろのノウハウをもとに作成しており、講習会や授業の教材としてご利用いただくほか、自己学習の教材としても最適なテキストとなっております。
本書を通して、Wordの知識を深め、実務にいかしていただければ幸いです。

本書を購入される前に必ずご一読ください

本書は、2019年2月現在のWord 2019（16.0.10339.20026）に基づいて解説しています。本書発行後のWindowsやOfficeのアップデートによって機能が更新された場合には、本書の記載のとおりに操作できなくなる可能性があります。あらかじめご了承のうえ、ご購入・ご利用ください。

2019年3月31日
FOM出版

目次

購入特典

本書を購入された方には、次の特典（PDFファイル）をご用意しています。FOM出版のホームページからダウンロードして、ご利用ください。

【ダウンロード方法】

①次のホームページにアクセスします。

ホームページ・アドレス

http://www.fom.fujitsu.com/goods/eb/

②「Word 2019 応用（FPT1816）」の《特典を入手する》を選択します。

③本書の内容に関する質問に回答し、《入力完了》を選択します。

④ファイル名を選択して、ダウンロードします。

本書をご利用いただく前に

本書で学習を進める前に、ご一読ください。

1 本書の記述について

操作の説明のために使用している記号には、次のような意味があります。

記述	意味	例
[ ]	キーボード上のキーを示します。	[Ctrl] [F4]
[ ]+[ ]	複数のキーを押す操作を示します。	[Ctrl]+[Home] （[Ctrl]を押しながら[Home]を押す）
《　》	ダイアログボックス名やタブ名、項目名など画面の表示を示します。	《ページ設定》ダイアログボックスが表示されます。 《レイアウト》タブを選択します。
「　」	重要な語句や機能名、画面の表示、入力する文字列などを示します。	「トリミング」といいます。 「100」と入力します。

学習の前に開くファイル

知っておくべき重要な内容

知っていると便利な内容

※ 補足的な内容や注意すべき内容

Let's Try 学習した内容の確認問題

確認問題の答え

問題を解くためのヒント

2 製品名の記載について

本書では、次の名称を使用しています。

正式名称	本書で使用している名称
Windows 10	Windows 10 または Windows
Microsoft Office 2019	Office 2019 または Office
Microsoft Word 2019	Word 2019 または Word
Microsoft Excel 2019	Excel 2019 または Excel

3 効果的な学習の進め方について

本書の各章は、次のような流れで学習を進めると、効果的な構成になっています。

1 学習目標を確認

学習を始める前に、「この章で学ぶこと」で学習目標を確認しましょう。
学習目標を明確にすることによって、習得すべきポイントが整理できます。

第1章 この章で学ぶこと

学習前に習得すべきポイントを理解しておき、
学習後には確実に習得できたかどうかを振り返りましょう。

1 テーマとは何かを理解し、テーマの色を設定できる。 → P.12
2 ページの背景に色を付けることができる。 → P.14
3 ワードアートを挿入し、書式を設定できる。 → P.15
4 SmartArtグラフィックを挿入し、文字を入力できる。 → P.20
5 SmartArtグラフィックに図形を追加したり、レイアウトを変更したりできる。 → P.24
6 表示倍率を変更し、文書全体のレイアウトを確認しながら作業ができる。 → P.28
7 図形に画像を挿入できる。 → P.33
8 テキストボックスを使って、縦書きや横書きの文字を自由にレイアウトできる。 → P.35
9 テキストボックスの書式を設定できる。 → P.39
10 図形を作成し、塗りつぶしや効果などの書式を設定できる。 → P.41

2 章の学習

学習目標を意識しながら、機能や操作を学習しましょう。

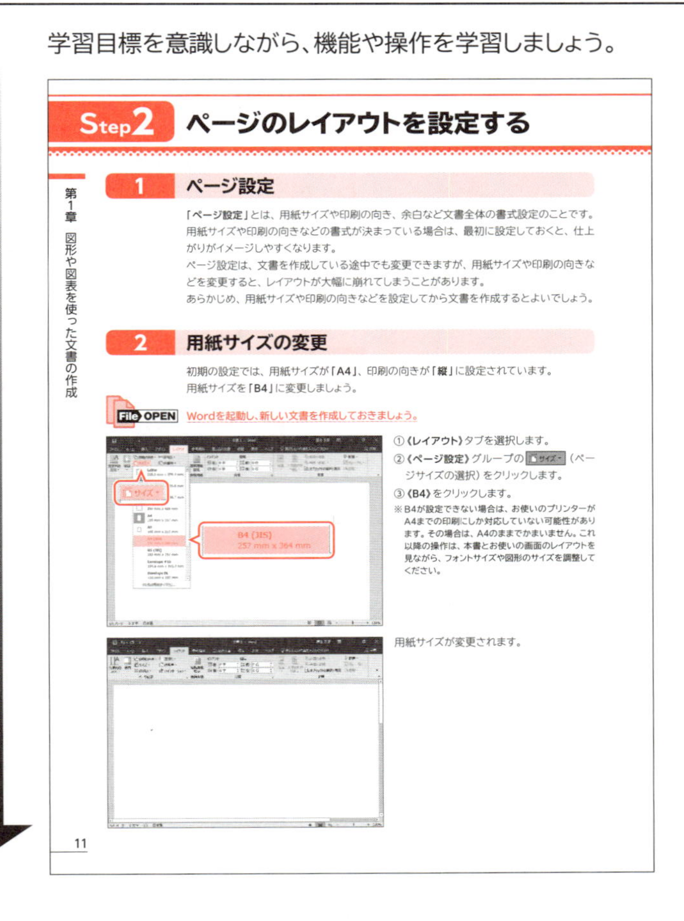

Step2 ページのレイアウトを設定する

第1章 図形や図表を使った文書の作成

1 ページ設定

「ページ設定」とは、用紙サイズや印刷の向き、余白など文書全体の書式設定のことです。用紙サイズや印刷の向きなどの書式が決まっている場合は、最初に設定しておくと、仕上がりがイメージしやすくなります。
ページ設定は、文書を作成している途中でも変更できますが、用紙サイズや印刷の向きなどを変更すると、レイアウトが大幅に崩れてしまうことがあります。
あらかじめ、用紙サイズや印刷の向きなどを設定してから文書を作成するとよいでしょう。

2 用紙サイズの変更

初期の設定では、用紙サイズが「A4」、印刷の向きが「縦」に設定されています。
用紙サイズを「B4」に変更しましょう。

File OPEN Wordを起動し、新しい文書を作成しておきましょう。

①《レイアウト》タブを選択します。
②《ページ設定》グループの サイズ (ページサイズの選択)をクリックします。
③《B4》をクリックします。
※B4が設定できない場合は、お使いのプリンターがA4までの印刷にしか対応していない可能性があります。その場合は、A4のままでかまいません。これ以降の操作は、本書とお使いの画面のレイアウトを見ながら、フォントサイズや図形のサイズを調整してください。

用紙サイズが変更されます。

11

3 練習問題にチャレンジ

章の学習が終わったあと、「練習問題」にチャレンジしましょう。
章の内容がどれくらい理解できているかを把握できます。

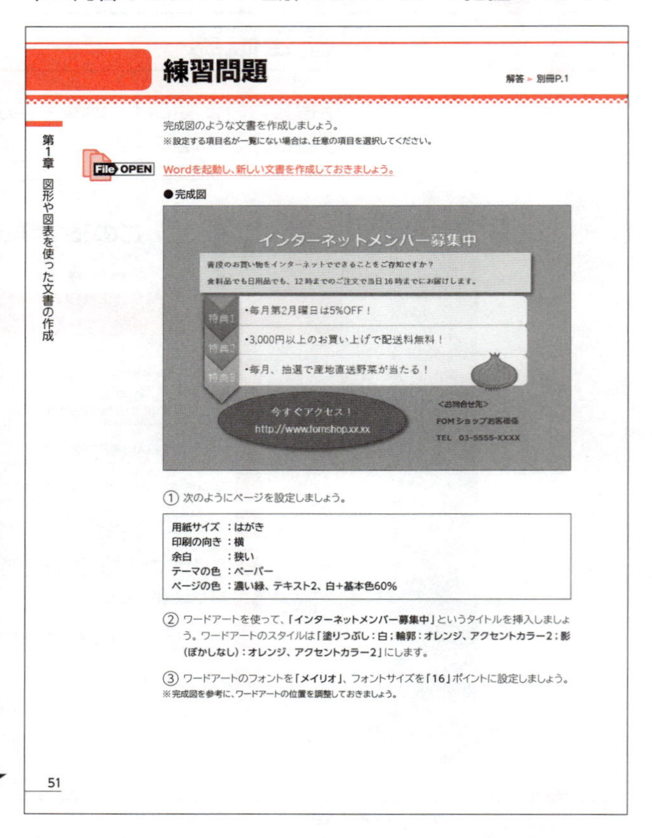
練習問題
解答 ▶ 別冊P.1

第1章 図形や図表を使った文書の作成

完成図のような文書を作成しましょう。
※設定する項目名が一覧にない場合は、任意の項目を選択してください。

File OPEN Wordを起動し、新しい文書を作成しておきましょう。

●完成図

① 次のようにページを設定しましょう。

用紙サイズ ：はがき
印刷の向き ：横
余白 ：狭い
テーマの色 ：ペーパー
ページの色 ：濃い緑、テキスト2、白+基本色60%

② ワードアートを使って、**「インターネットメンバー募集中」**というタイトルを挿入しましょう。ワードアートのスタイルは**「塗りつぶし：白；輪郭：オレンジ、アクセントカラー2；影(ぼかしなし)：オレンジ、アクセントカラー2」**にします。

③ ワードアートのフォントを**「メイリオ」**、フォントサイズを**「16」**ポイントに設定しましょう。
※完成図を参考に、ワードアートの位置を調整しておきましょう。

51

4 学習成果をチェック

章の始めの「この章で学ぶこと」に戻って、学習目標を達成できたかどうかをチェックしましょう。
十分に習得できなかった内容については、該当ページを参照して復習するとよいでしょう。

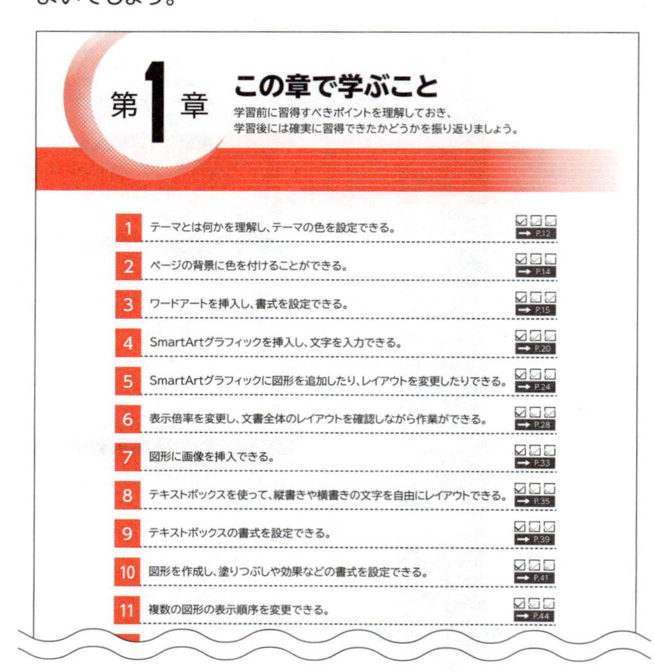
第1章 この章で学ぶこと
学習前に習得すべきポイントを理解しておき、
学習後には確実に習得できたかどうかを振り返りましょう。

1 テーマとは何かを理解し、テーマの色を設定できる。 → P.12
2 ページの背景に色を付けることができる。 → P.14
3 ワードアートを挿入し、書式を設定できる。 → P.15
4 SmartArtグラフィックを挿入し、文字を入力できる。 → P.20
5 SmartArtグラフィックに図形を追加したり、レイアウトを変更したりできる。 → P.24
6 表示倍率を変更し、文書全体のレイアウトを確認しながら作業ができる。 → P.28
7 図形に画像を挿入できる。 → P.33
8 テキストボックスを使って、縦書きや横書きの文字を自由にレイアウトできる。 → P.35
9 テキストボックスの書式を設定できる。 → P.39
10 図形を作成し、塗りつぶしや効果などの書式を設定できる。 → P.41
11 複数の図形の表示順序を変更できる。 → P.44

4 学習環境について

本書を学習するには、次のソフトウェアが必要です。

●Word 2019
●Excel 2019

本書を開発した環境は、次のとおりです。

・OS：Windows 10（ビルド17763.253）
・アプリケーションソフト：Microsoft Office Professional Plus 2019
　Microsoft Word 2019（16.0.10339.20026）
　Microsoft Excel 2019（16.0.10339.20026）
・ディスプレイ：画面解像度　1024×768ピクセル

※インターネットに接続できる環境で学習することを前提に記述しています。
※環境によっては、画面の表示が異なる場合や記載の機能が操作できない場合があります。

◆画面解像度の設定

画面解像度を本書と同様に設定する方法は、次のとおりです。

①デスクトップの空き領域を右クリックします。
②**《ディスプレイ設定》**をクリックします。
③**《解像度》**の［∨］をクリックし、一覧から**《1024×768》**を選択します。

※確認メッセージが表示される場合は、《変更の維持》をクリックします。

◆ボタンの形状

ディスプレイの画面解像度やウィンドウのサイズなど、お使いの環境によって、ボタンの形状やサイズが異なる場合があります。ボタンの操作は、ポップヒントに表示されるボタン名を確認してください。

※本書に掲載しているボタンは、ディスプレイの画面解像度を「1024×768ピクセル」、ウィンドウを最大化した環境を基準にしています。

◆スタイルや色の名前

本書発行後のWindowsやOfficeのアップデートによって、ポップヒントに表示されるスタイルや色などの項目の名前が変更される場合があります。本書に記載されている項目名が一覧にない場合は、掲載画面の色が付いている位置を参考に選択してください。

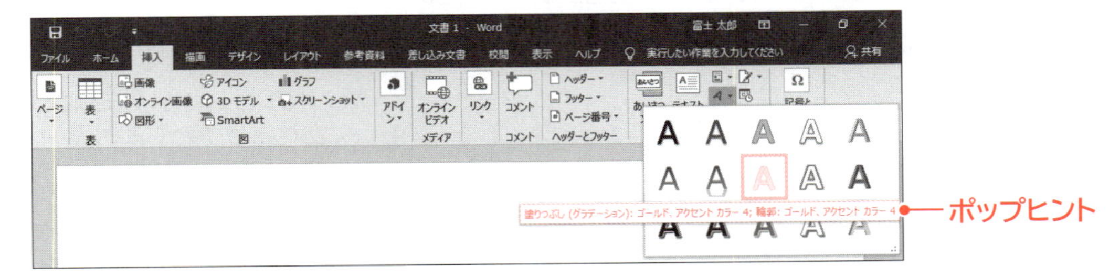

◆Wordの設定

本書に掲載しているWordのサンプル画面は、編集記号を表示した環境を基準にしています。
本書と同様にWordの画面に編集記号を表示する方法は、次のとおりです。

①**《ホーム》**タブを選択します。
②**《段落》**グループの［編集記号ボタン］（編集記号の表示/非表示）をクリックします。

※ボタンが濃い灰色になります。

5 学習ファイルのダウンロードについて

本書で使用するファイルは、FOM出版のホームページで提供しています。ダウンロードしてご利用ください。

ホームページ・アドレス

http://www.fom.fujitsu.com/goods/

ホームページ検索用キーワード

FOM出版

◆ダウンロード

学習ファイルをダウンロードする方法は、次のとおりです。

①ブラウザーを起動し、FOM出版のホームページを表示します。

※アドレスを直接入力するか、キーワードでホームページを検索します。

②**《ダウンロード》**をクリックします。

③**《アプリケーション》**の**《Word》**をクリックします。

④**《Word 2019 応用　FPT1816》**をクリックします。

⑤**「fpt1816.zip」**をクリックします。

⑥ダウンロードが完了したら、ブラウザーを終了します。

※ダウンロードしたファイルは、パソコン内のフォルダー《ダウンロード》に保存されます。

◆ダウンロードしたファイルの解凍

ダウンロードしたファイルは圧縮されているので、解凍（展開）します。

ダウンロードしたファイル**「fpt1816.zip」**を**《ドキュメント》**に解凍する方法は、次のとおりです。

①デスクトップ画面を表示します。

②タスクバーの（エクスプローラー）をクリックします。

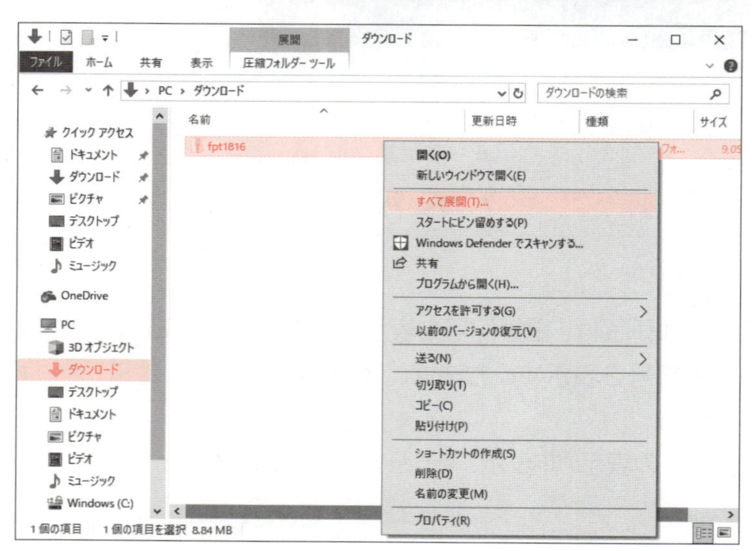

③**《ダウンロード》**をクリックします。

※《ダウンロード》が表示されていない場合は、《PC》をダブルクリックします。

④ファイル**「fpt1816」**を右クリックします。

⑤**《すべて展開》**をクリックします。

⑥《**参照**》をクリックします。

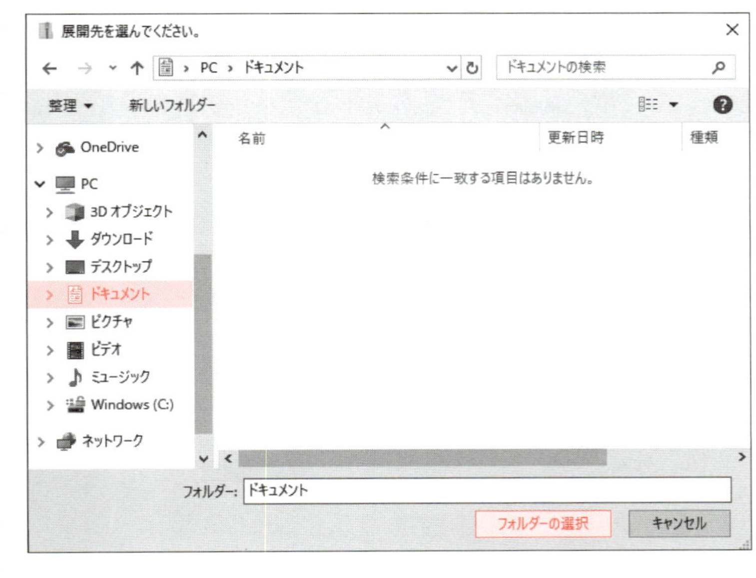

⑦《**ドキュメント**》をクリックします。

※《ドキュメント》が表示されていない場合は、《PC》をダブルクリックします。

⑧《**フォルダーの選択**》をクリックします。

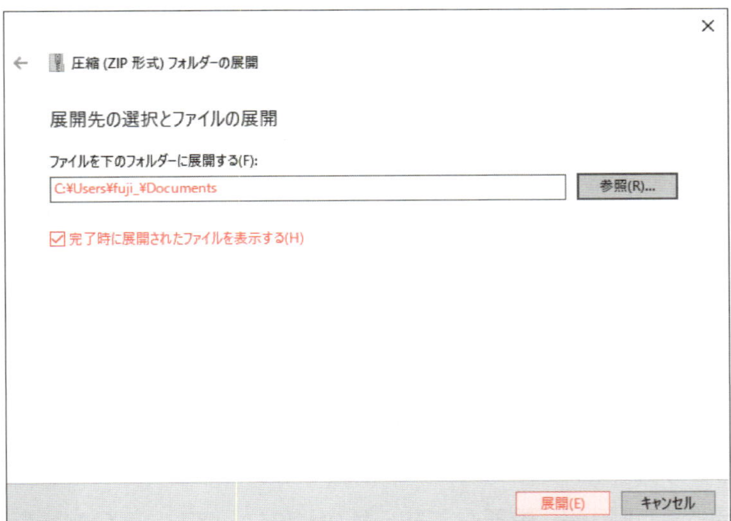

⑨《**ファイルを下のフォルダーに展開する**》が「**C:¥Users¥(ユーザー名)¥Documents**」に変更されます。

⑩《**完了時に展開されたファイルを表示する**》を☑にします。

⑪《**展開**》をクリックします。

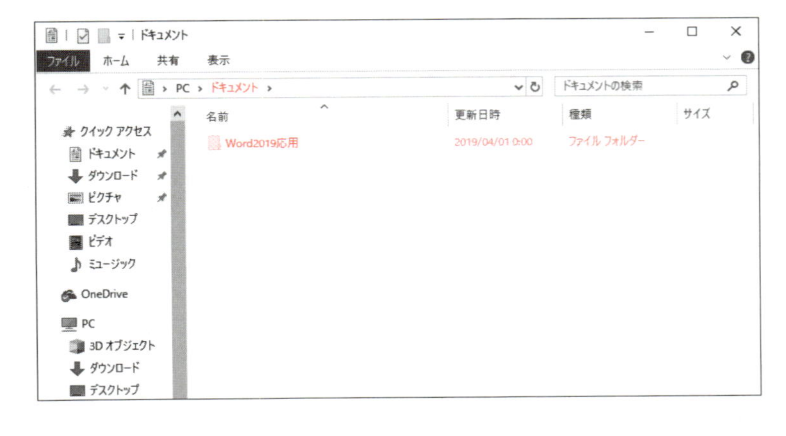

⑫ファイルが解凍され、《**ドキュメント**》が開かれます。

⑬フォルダー「**Word2019応用**」が表示されていることを確認します。

※すべてのウィンドウを閉じておきましょう。

◆学習ファイルの一覧

フォルダー「**Word2019応用**」には、学習ファイルが入っています。タスクバーの（エクスプローラー）→**《PC》**→**《ドキュメント》**をクリックし、一覧からフォルダーを開いて確認してください。

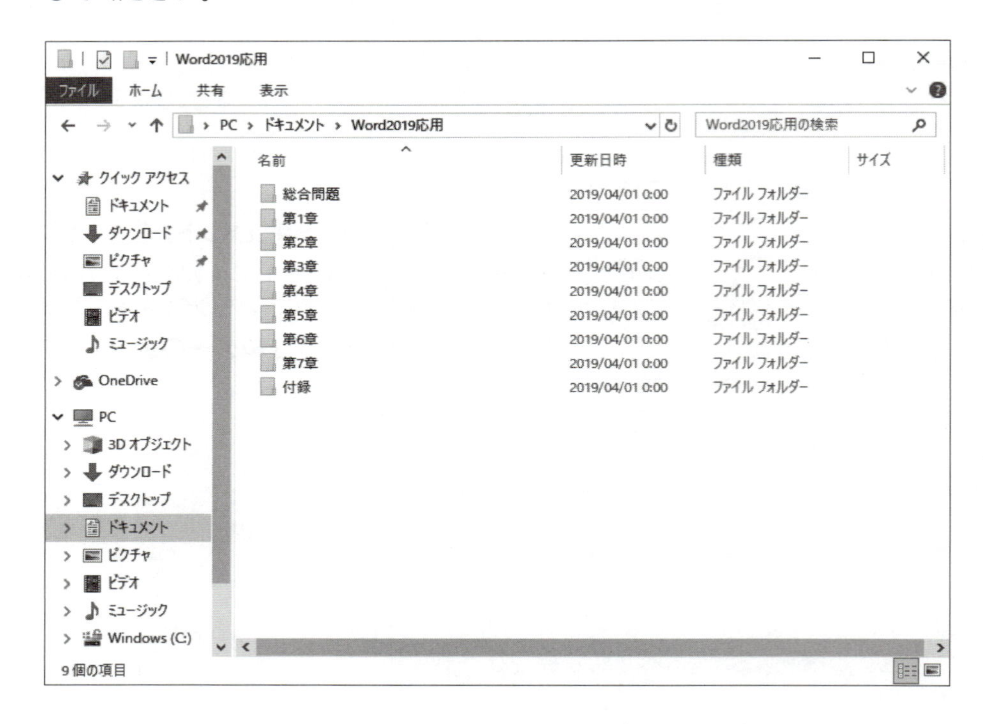

◆学習ファイルの場所

本書では、学習ファイルの場所を**《ドキュメント》**内のフォルダー「**Word2019応用**」としています。**《ドキュメント》**以外の場所に解凍した場合は、フォルダーを読み替えてください。

◆学習ファイル利用時の注意事項

ダウンロードした学習ファイルを開く際、そのファイルが安全かどうかを確認するメッセージが表示される場合があります。学習ファイルは安全なので、**《編集を有効にする》**をクリックして、編集可能な状態にしてください。

保護ビュー　注意—インターネットから入手したファイルは、ウイルスに感染している可能性があります。編集する必要がなければ、保護ビューのままにしておくことをお勧めします。　編集を有効にする(E)

6　本書の最新情報について

本書に関する最新のQ＆A情報や訂正情報、重要なお知らせなどについては、FOM出版のホームページでご確認ください。

ホームページ・アドレス

http://www.fom.fujitsu.com/goods/

ホームページ検索用キーワード

FOM出版

第1章

図形や図表を使った文書の作成

第1章 この章で学ぶこと

学習前に習得すべきポイントを理解しておき、
学習後には確実に習得できたかどうかを振り返りましょう。

1 テーマとは何かを理解し、テーマの色を設定できる。 → P.12

2 ページの背景に色を付けることができる。 → P.14

3 ワードアートを挿入し、書式を設定できる。 → P.15

4 SmartArtグラフィックを挿入し、文字を入力できる。 → P.20

5 SmartArtグラフィックに図形を追加したり、レイアウトを変更したりできる。 → P.24

6 表示倍率を変更し、文書全体のレイアウトを確認しながら作業ができる。 → P.28

7 図形に画像を挿入できる。 → P.33

8 テキストボックスを使って、縦書きや横書きの文字を自由にレイアウトできる。 → P.35

9 テキストボックスの書式を設定できる。 → P.39

10 図形を作成し、塗りつぶしや効果などの書式を設定できる。 → P.41

11 複数の図形の表示順序を変更できる。 → P.44

12 複数の図形の配置を変更できる。 → P.45

13 複数の図形をグループ化することのメリットを理解し、操作できる。 → P.46

14 背景の設定された文書を印刷できる。 → P.49

Step1 作成する文書を確認する

1 作成する文書の確認

次のような文書を作成しましょう。

グリーンオフィスプロジェクト

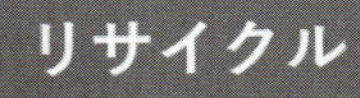

- ペーパーリサイクルシステムの利用
- プリンタートナーの回収

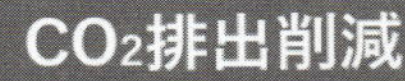

- 休憩時間中の消灯
- パソコンの省電力モードの設定

緑化活動

- 本社ビル屋上の緑化推進
- 植林プロジェクトの推進

「できることからはじめよう」
私たちの一歩が明日の環境を守ります。

株式会社 FOM ネイチャー

テーマの色の設定
ページの色

ワードアートの挿入
ワードアートの書式設定

図形の作成
図形の書式設定
図形の表示順序の変更
図形の配置の変更
図形のグループ化

テキストボックスの作成
テキストボックスの書式設定

SmartArtグラフィックの挿入
SmartArtグラフィックへの図形の追加
SmartArtグラフィックのレイアウトの変更

画像の挿入

Step2 ページのレイアウトを設定する

1 ページ設定

「ページ設定」とは、用紙サイズや印刷の向き、余白など文書全体の書式設定のことです。用紙サイズや印刷の向きなどの書式が決まっている場合は、最初に設定しておくと、仕上がりがイメージしやすくなります。
ページ設定は、文書を作成している途中でも変更できますが、用紙サイズや印刷の向きなどを変更すると、レイアウトが大幅に崩れてしまうことがあります。
あらかじめ、用紙サイズや印刷の向きなどを設定してから文書を作成するとよいでしょう。

2 用紙サイズの変更

初期の設定では、用紙サイズが**「A4」**、印刷の向きが**「縦」**に設定されています。
用紙サイズを**「B4」**に変更しましょう。

File OPEN Wordを起動し、新しい文書を作成しておきましょう。

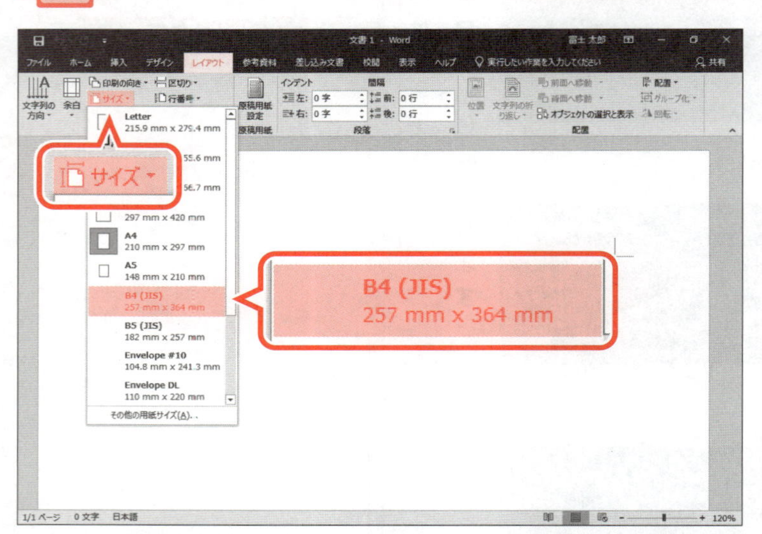

①**《レイアウト》**タブを選択します。
②**《ページ設定》**グループの サイズ （ページサイズの選択）をクリックします。
③**《B4》**をクリックします。
※B4が設定できない場合は、お使いのプリンターがA4までの印刷にしか対応していない可能性があります。その場合は、A4のままでかまいません。これ以降の操作は、本書とお使いの画面のレイアウトを見ながら、フォントサイズや図形のサイズを調整してください。

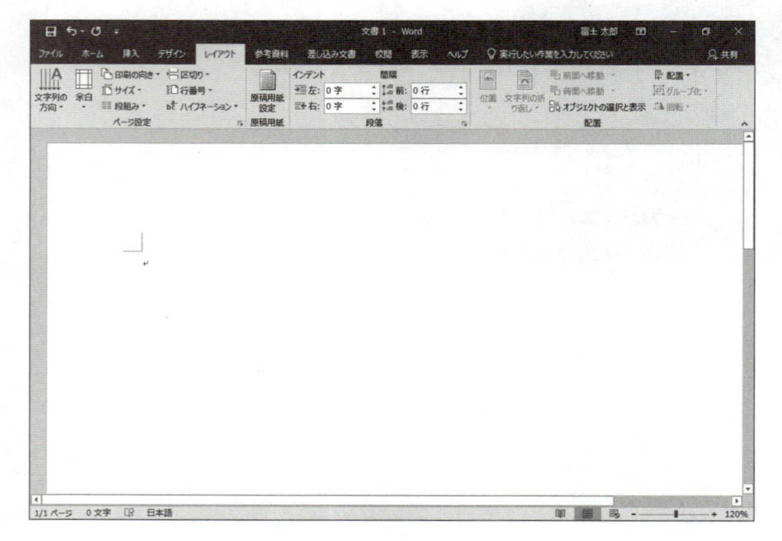

用紙サイズが変更されます。

Step3 テーマを適用する

1 テーマ

「テーマ」とは、文書全体の配色やフォント、段落の間隔、効果などを組み合わせて登録したものです。それぞれのテーマには、色やフォントの持つイメージに合わせて**「イオン」**や**「オーガニック」**、**「スライス」**などの名前が付けられており、文書のイメージに合わせてテーマを選択できます。
また、テーマのうち、フォントだけを適用したり、色だけを適用したりすることもできます。
初期の設定では、**「Office」**というテーマが適用されています。

2 テーマの色の設定

作成する文書のイメージに合わせて、テーマの色を**「緑」**に変更しましょう。
※入力する文字のフォントは個別に設定するため、テーマの色だけを設定します。

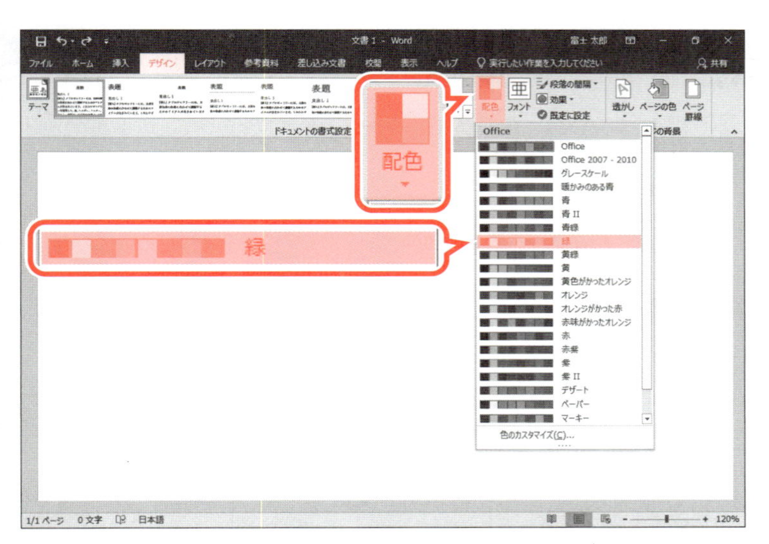

①**《デザイン》**タブを選択します。
②**《ドキュメントの書式設定》**グループの(テーマの色)をクリックします。
③**《緑》**をクリックします。

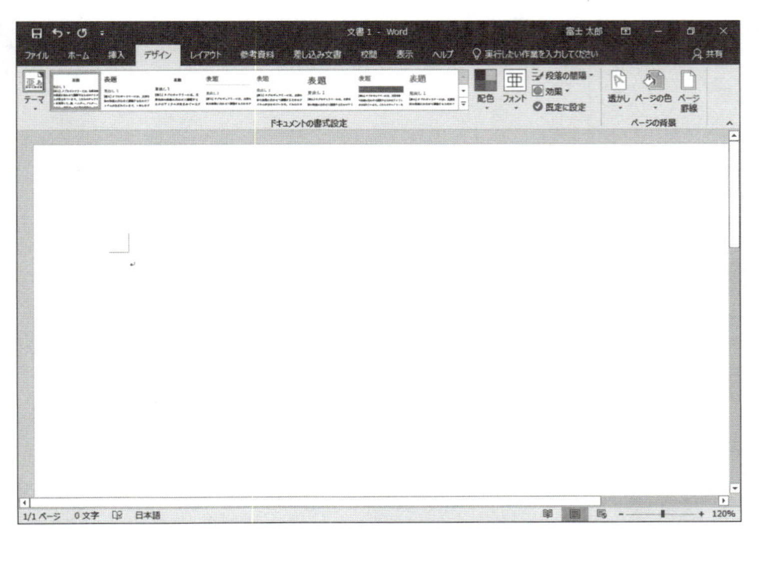

テーマの色が適用されます。
※ボタンの色が変更されます。

STEP UP テーマの構成

テーマは、配色・フォント・効果で構成されています。テーマを適用すると、リボンのボタンの配色・フォント・効果の一覧が変更されます。あらかじめテーマを適用し、そのテーマの配色・フォント・効果を使うと、文書全体を統一したデザインにできます。
テーマ「Office」が設定されている場合のリボンのボタンに表示される内容は、次のとおりです。

●配色

《ホーム》タブの（フォントの色）や（塗りつぶし）などの一覧に表示される色は、テーマの配色に対応しています。

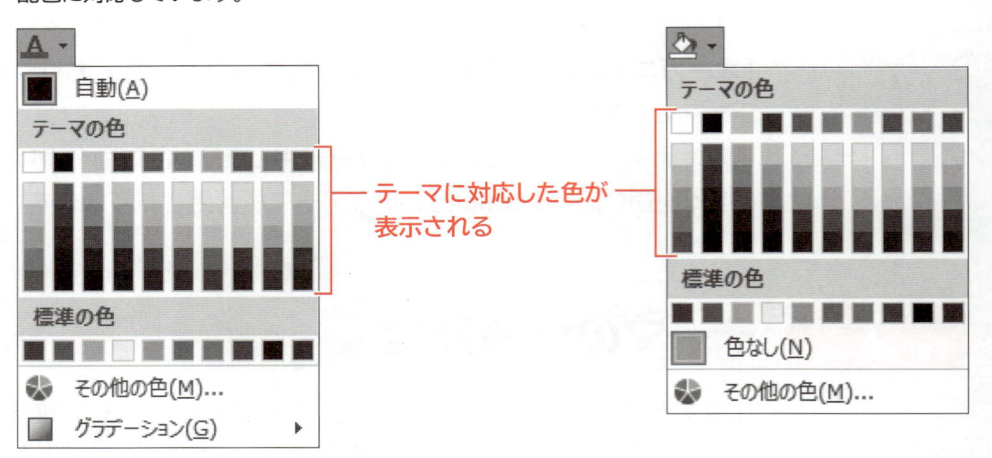

●フォント

《ホーム》タブの（フォント）をクリックすると、一番上に表示されるフォントは、テーマのフォントに対応しています。

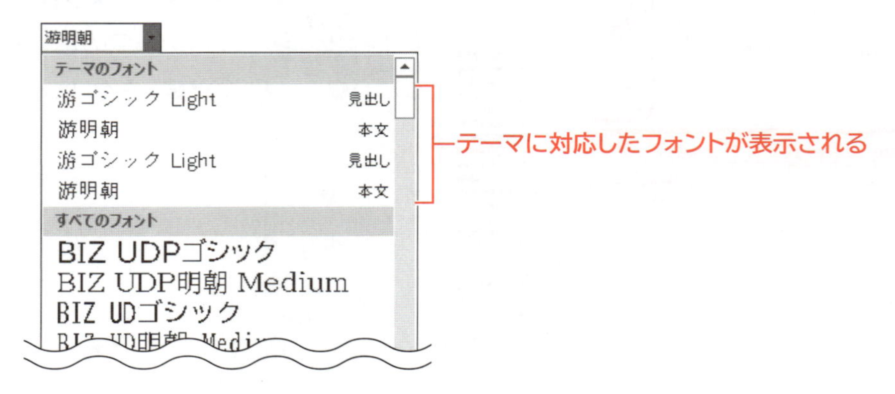

●効果

図形やSmartArtグラフィック、テキストボックスなどのオブジェクトを選択したときに表示される《デザイン》タブや《書式》タブのスタイルの一覧は、テーマの効果に対応しています。

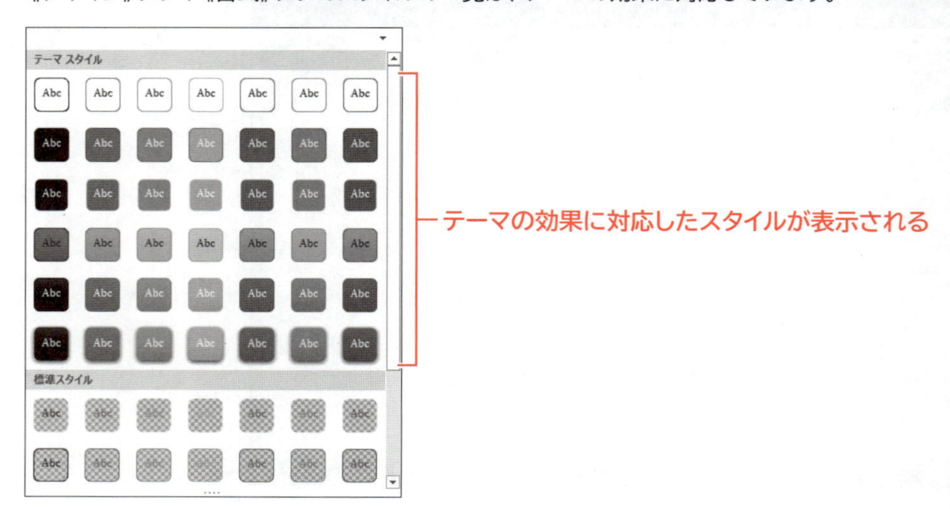

Step4 ページの背景色を設定する

1 ページの色

「ページの色」とは、文書の背景の色のことです。通常、ビジネス文書には背景の色は設定しませんが、ポスターやチラシなどデザインされた文書を作成する場合は、ページの背景に色を付けると、見栄えのする文書が作成できます。
ページの背景として、色だけではなく、Wordであらかじめ用意されているテクスチャや自分で用意した写真などの画像も設定することができるので、用途に合わせてインパクトのある文書に仕上げることができます。

2 ページの色の設定

ページの色として**「ライム、アクセント3、白+基本色60%」**を設定しましょう。

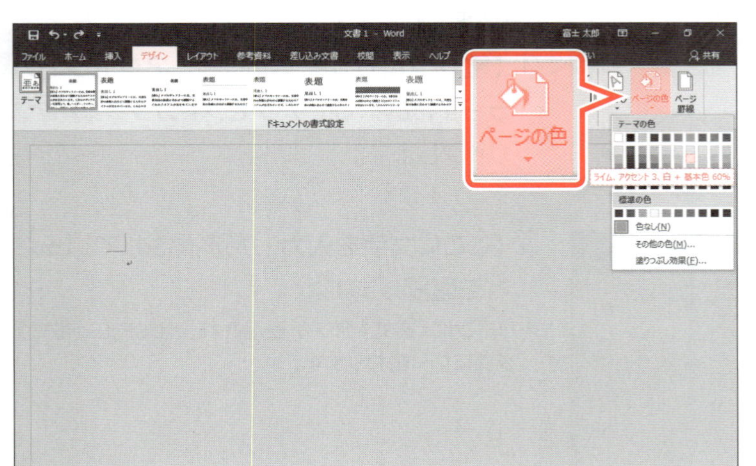

①**《デザイン》**タブを選択します。
②**《ページの背景》**グループの（ページの色）をクリックします。
③**《テーマの色》**の**《ライム、アクセント3、白+基本色60%》**をクリックします。
※一覧をポイントすると、設定後のイメージを画面で確認できます。

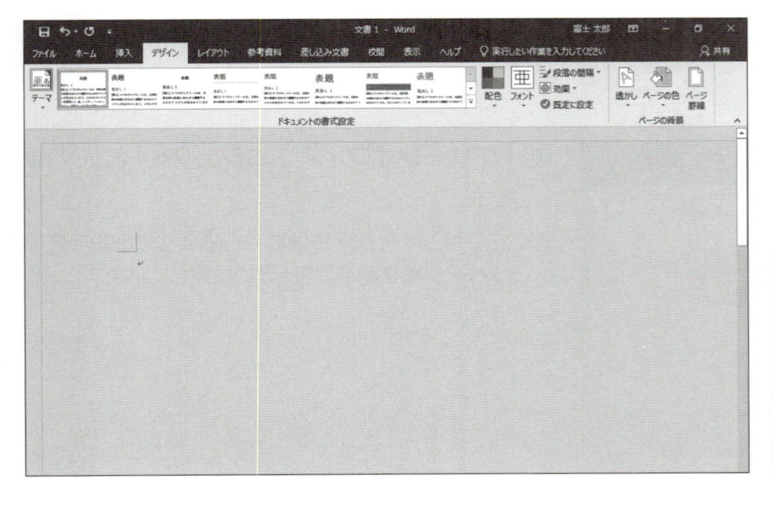

ページの背景に色が設定されます。

POINT リアルタイムプレビュー

一覧の選択肢をポイントして、設定後の結果を確認できる機能を「リアルタイムプレビュー」といいます。設定前に確認できるため、繰り返し設定しなおす手間を省くことができます。

STEP UP ページの背景にテクスチャや画像を設定する

ページの背景にテクスチャや画像を設定する方法は、次のとおりです。
◆《デザイン》タブ→《ページの背景》グループの（ページの色）→《塗りつぶし効果》→《テクスチャ》タブ／《図》タブ

Step5 ワードアートを挿入する

1 ワードアートの挿入

「ワードアート」を使って文字を入力すると、グラフィカルな文字を入力できます。ポスターやチラシ、パンフレットなどの目立たせたい部分に使うと効果的です。
ワードアートを使って、**「グリーンオフィスプロジェクト」**というタイトルを挿入しましょう。
ワードアートのスタイルは、**「塗りつぶし：白；輪郭：緑、アクセントカラー1；光彩：緑、アクセントカラー1」**にします。
※設定する項目名が一覧にない場合は、任意の項目を選択してください。

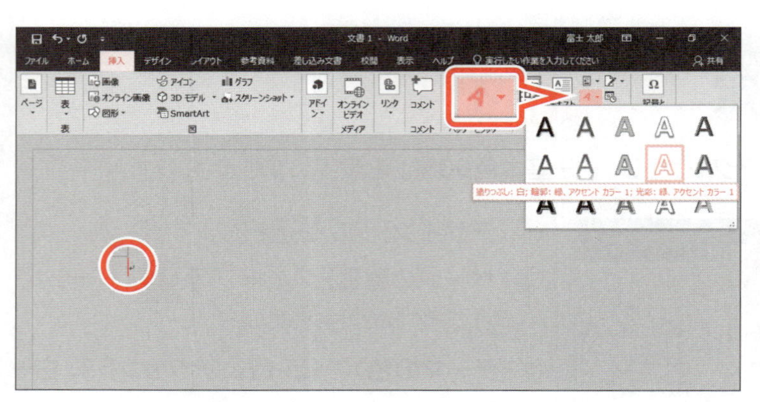

①文頭にカーソルがあることを確認します。
※ワードアートはカーソルのある位置に挿入されます。
②**《挿入》**タブを選択します。
③**《テキスト》**グループの［A▾］（ワードアートの挿入）をクリックします。
④**《塗りつぶし：白；輪郭：緑、アクセントカラー1；光彩：緑、アクセントカラー1》**をクリックします。

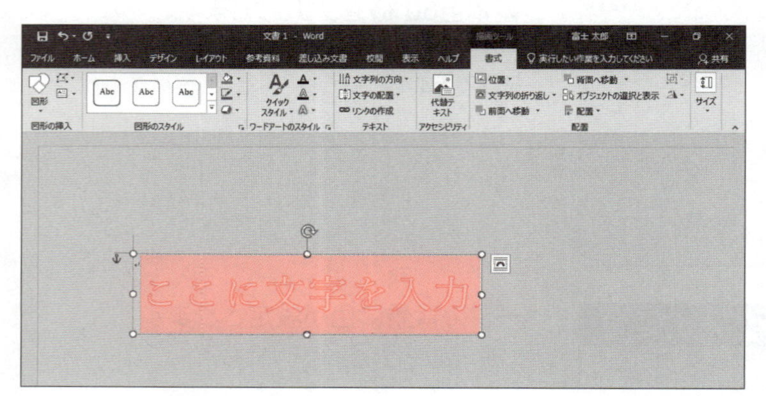

⑤**《ここに文字を入力》**が選択されていることを確認します。
※リボンに《書式》タブが表示され、自動的に《書式》タブに切り替わります。

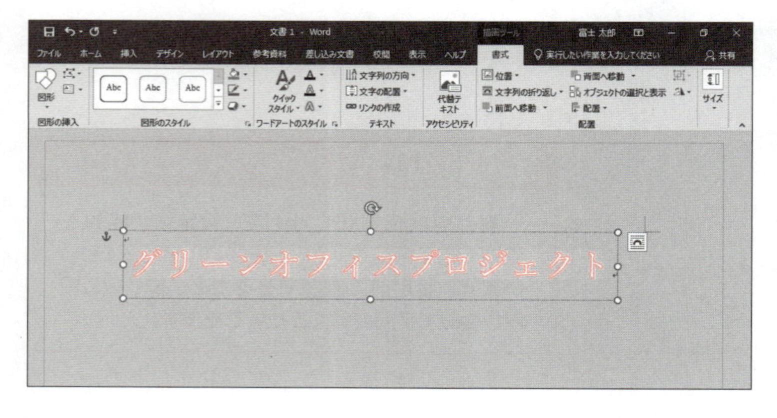

⑥**「グリーンオフィスプロジェクト」**と入力します。
※ここでは、ページ幅を確認できるように、表示倍率を《ページ幅を基準に表示》に設定しています。

STEP UP 入力済の文字をワードアートにする

すでに入力されている文字を使ってワードアートを挿入できます。

◆文字を選択→《挿入》タブ→《テキスト》グループの［A▾］（ワードアートの挿入）→スタイルを選択

2 ワードアートの書式設定

ワードアートは、あとからフォントやフォントサイズ、フォントの色を変更したり、文字の輪郭や影、反射などの効果を設定したりすることができます。
挿入したワードアートに、次の書式を設定しましょう。

文字列の折り返し	：上下
位置	：ページ上の位置を固定
文字の輪郭	：太さ 3pt
フォント	：MSPゴシック
フォントサイズ	：100ポイント
左揃え	

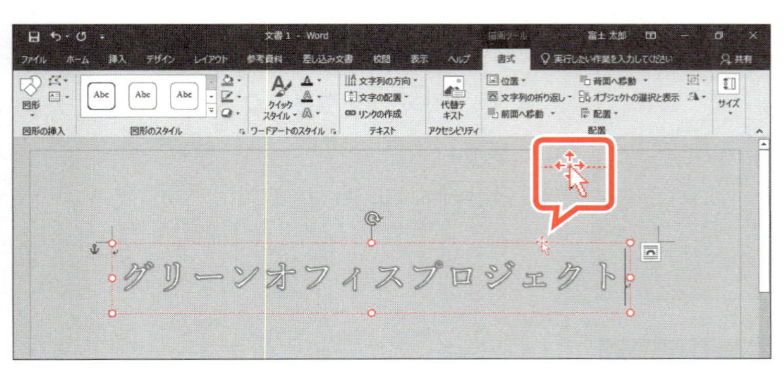

ワードアートを選択します。

①ワードアート内にカーソルがあり、枠線が点線になっていることを確認します。

②ワードアートの枠線をクリックします。

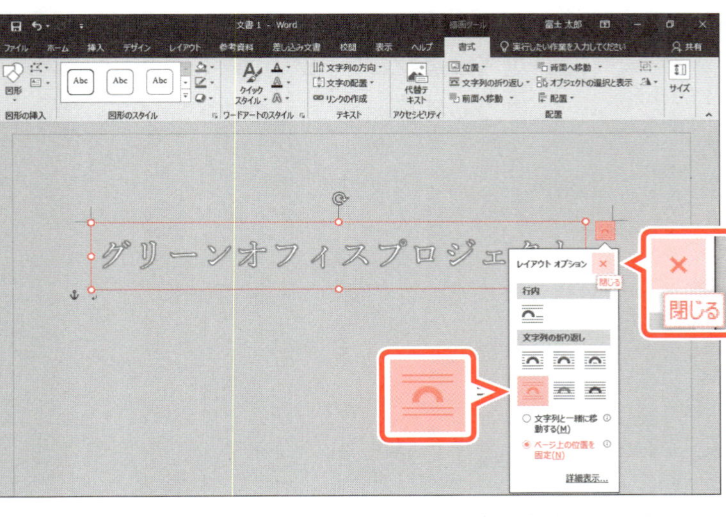

ワードアートの枠線が実線になり、ワードアートが選択されます。
文字列の折り返しを変更します。

③ (レイアウトオプション)をクリックします。

④《**文字列の折り返し**》の (上下)をクリックします。

⑤《**ページ上の位置を固定**》を◉にします。

⑥《**レイアウトオプション**》の × (閉じる)をクリックします。

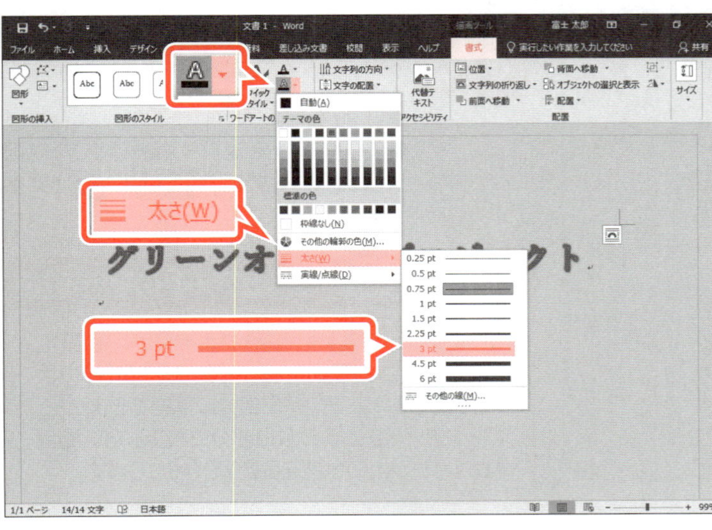

《**レイアウトオプション**》が閉じられます。
文字列の折り返しが上下に変更されます。
※本文に文字を入力していないため、表示は変わりません。
文字の輪郭を変更します。

⑦ワードアートが選択されていることを確認します。

⑧《**書式**》タブを選択します。

⑨《**ワードアートのスタイル**》グループの (文字の輪郭)の をクリックします。

⑩《**太さ**》をポイントします。

⑪《**3pt**》をクリックします。

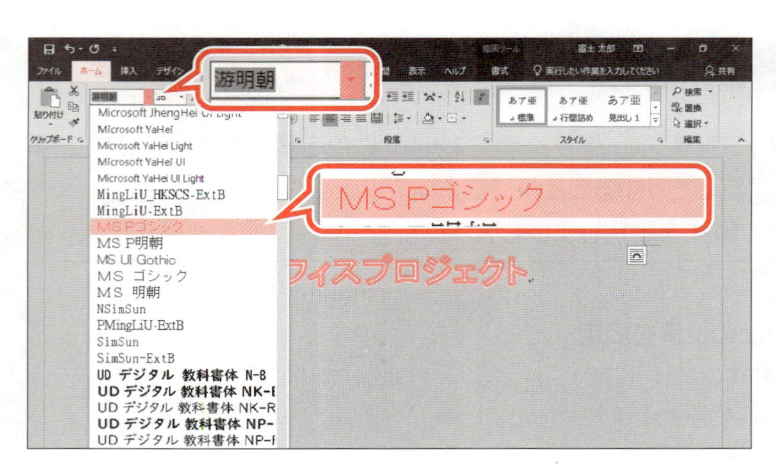

文字の輪郭が太くなります。

フォントを変更します。

⑫《ホーム》タブを選択します。

⑬《フォント》グループの 游明朝 (本文(▾ （フォント）の ▾ をクリックし、一覧から《MSPゴシック》を選択します。

※一覧に表示されていない場合は、スクロールして調整します。

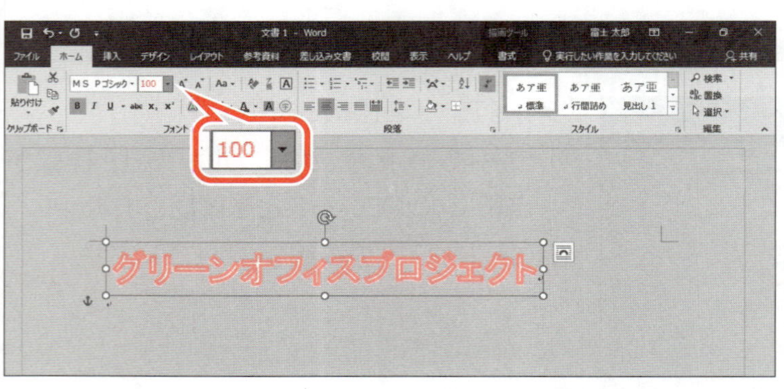

フォントが変更されます。

フォントサイズを変更します。

⑭《フォント》グループの 36 ▾ （フォントサイズ）の 36 をクリックし、「100」と入力します。

⑮ Enter を押します。

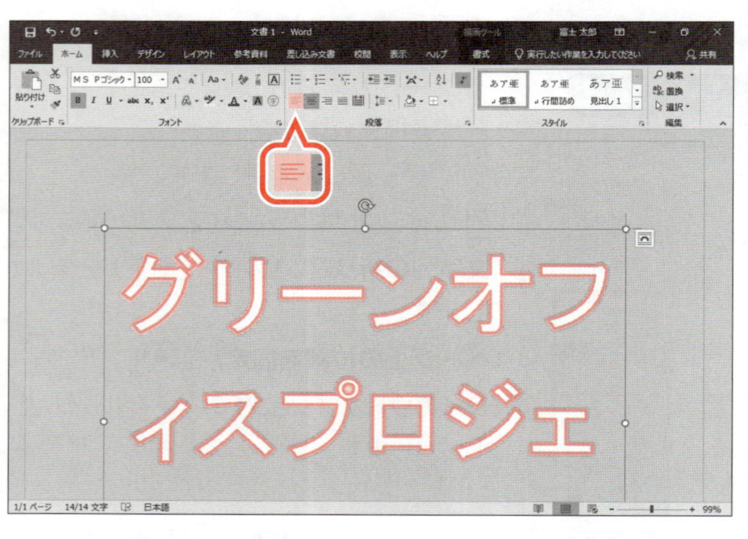

フォントサイズが変更されます。

文字を左揃えにします。

⑯《段落》グループの ≡ （左揃え）をクリックします。

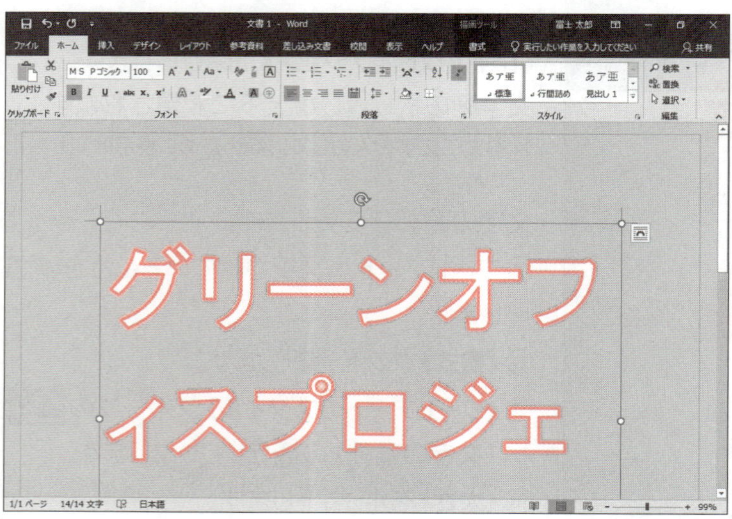

文字の配置が変更されます。

STEP UP その他の方法（文字列の折り返し）

◆ワードアートを選択→《書式》タブ→《配置》グループの 文字列の折り返し▾ （文字列の折り返し）

POINT ワードアートの表示位置

ワードアートの文字列の折り返しを「上下」に設定した場合、《文字列と一緒に移動する》が◉の状態では文書の上下の余白部分に移動できません。ワードアートを上下の余白部分に表示したい場合は、《ページ上の位置を固定》を◉にします。

3 ワードアートの移動とサイズ変更

ワードアートを移動する場合は、ワードアートの枠線をドラッグします。また、ワードアートのサイズを変更する場合は、枠線に表示される○（ハンドル）をドラッグします。

1 ワードアートの移動

ワードアートをページの左上に移動しましょう。

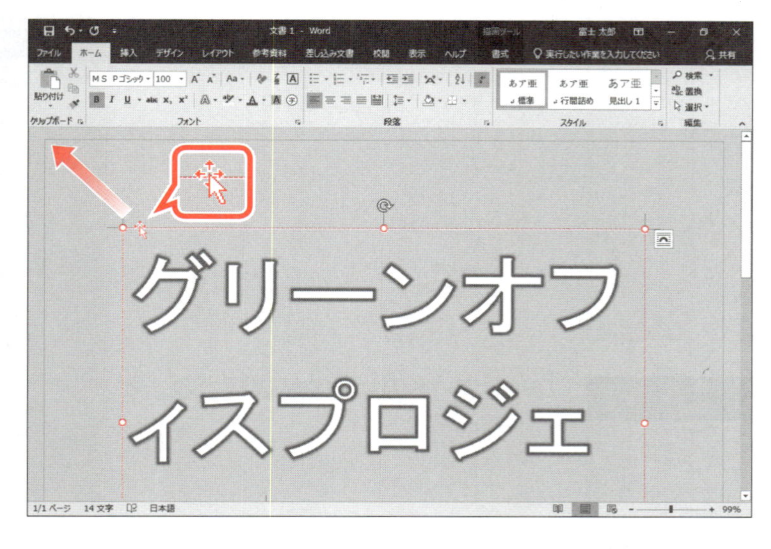

①ワードアートが選択されていることを確認します。

②図のように、枠線をドラッグします。

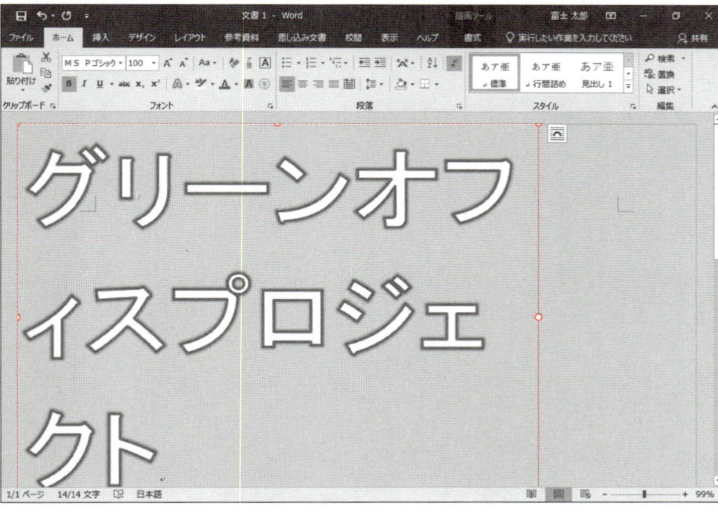

ワードアートが移動します。

POINT 配置ガイド

ワードアートや図形、画像を移動したりサイズを変更したりすると、本文と余白の境界やページの中央などに配置の目安となる「配置ガイド」という緑色の線が表示されます。ワードアートや図形、画像を本文の左右や中央にそろえて配置したり、文字と画像の高さを合わせて配置したりするときなどの目安として利用できます。

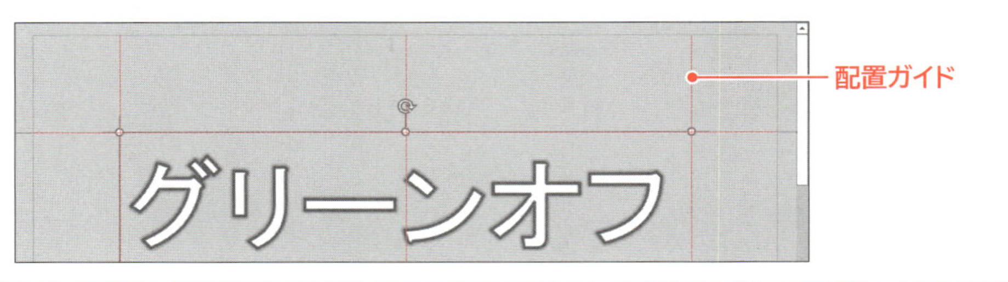

1
2
3
4
5
6
7
総合問題
付録
索引

2 ワードアートのサイズ変更

タイトルの1行目に**「グリーンオフィス」**、2行目に**「プロジェクト」**と表示されるように、ワードアートのサイズを変更しましょう。

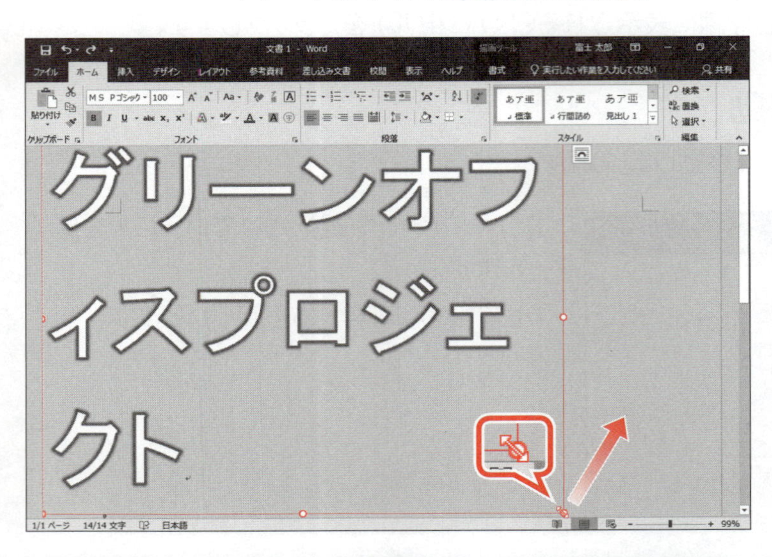

①図のように、右下の○（ハンドル）をドラッグします。

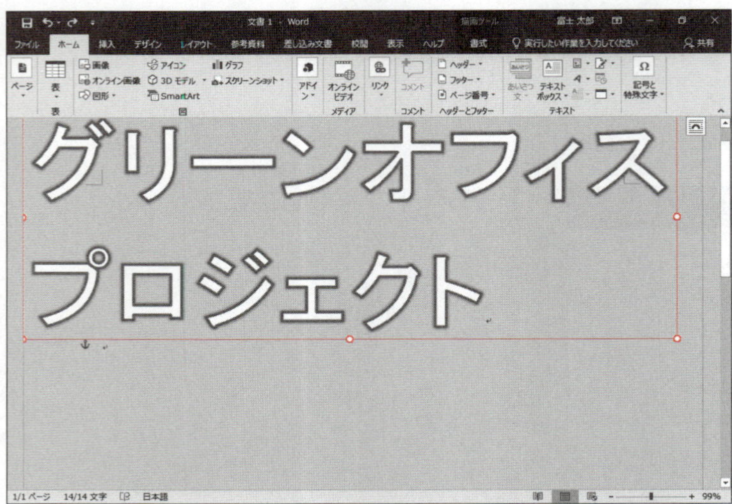

ワードアートのサイズが変更されます。

Step6 SmartArtグラフィックを挿入する

1 SmartArtグラフィック

「SmartArtグラフィック」とは、複数の図形や矢印などを組み合わせて、情報の相互関係を視覚的にわかりやすく表現したものです。SmartArtグラフィックには、**「リスト」**や**「手順」**、**「循環」**、**「階層構造」**などに分類がされています。組織図やプロセス図など目的に応じたデザイン性の高い図表を簡単に作成できます。
また、図表の中に写真や画像を入れて表現力のある図表に仕上げることもできます。

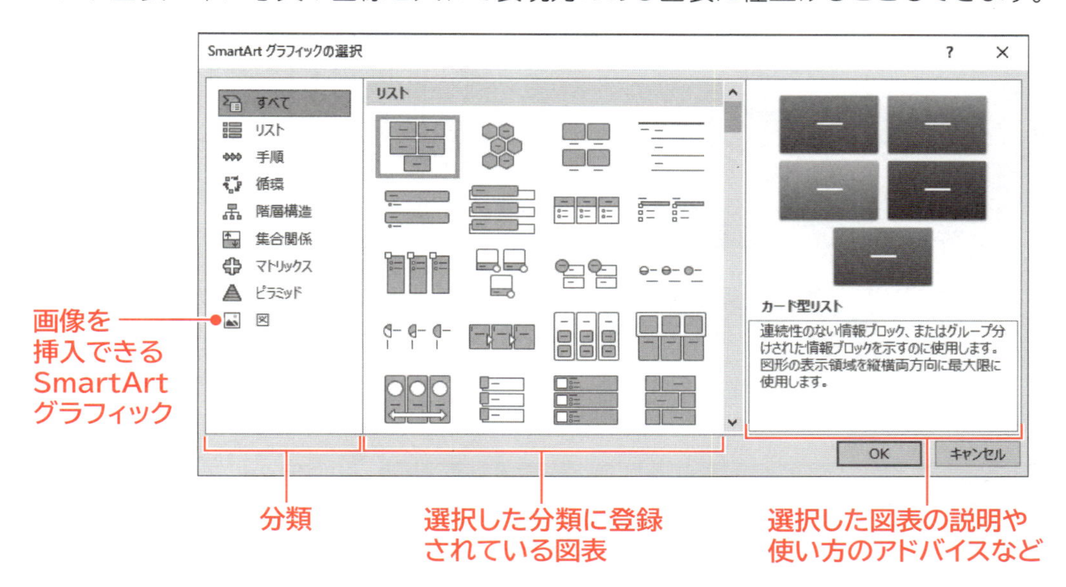

2 SmartArtグラフィックの挿入

SmartArtグラフィック**「縦方向箇条書きリスト」**を挿入し、次のように入力しましょう。

- **リサイクル**
  - **ペーパーリサイクルシステムの利用**
  - **プリンタートナーの回収**
- **CO2排出削減**
  - **休憩時間中の消灯**
  - **パソコンの省電力モードの設定**

①ワードアートの下の行にカーソルを移動します。
②**《挿入》**タブを選択します。
③**《図》**グループの SmartArt (SmartArtグラフィックの挿入)をクリックします。

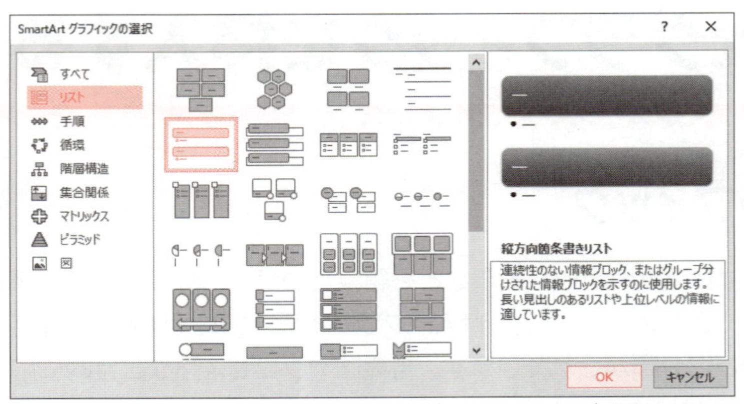

《SmartArtグラフィックの選択》ダイアログボックスが表示されます。

④左側の一覧から**《リスト》**を選択します。

⑤中央の一覧から**《縦方向箇条書きリスト》**を選択します。

⑥**《OK》**をクリックします。

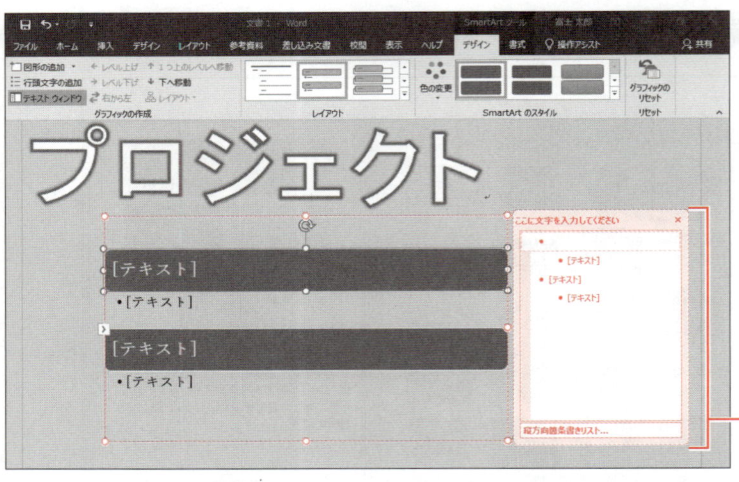

図表が挿入され、テキストウィンドウが表示されます。

※テキストウィンドウが表示される位置が異なる場合があります。

※テキストウィンドウが表示されない場合は、《SmartArtツール》の《デザイン》タブ→《グラフィックの作成》グループの テキスト ウィンドウ（テキストウィンドウ）をクリックします。

※リボンに《SmartArtツール》の《デザイン》タブと《書式》タブが表示され、自動的に《SmartArtツール》の《デザイン》タブに切り替わります。

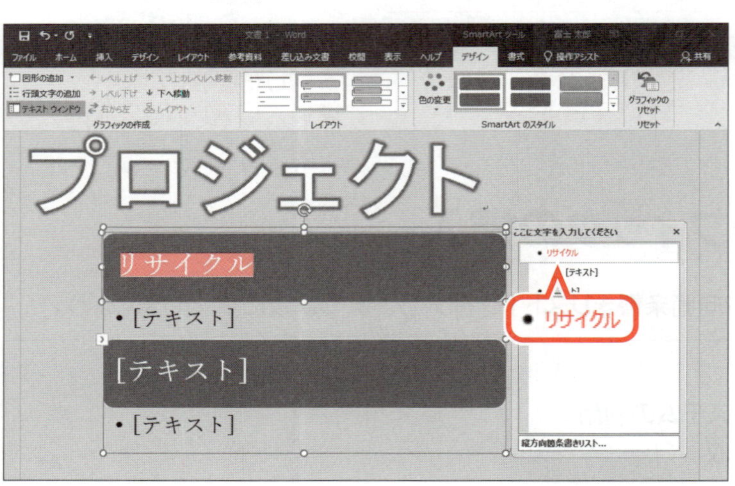

1つ目のリストのタイトルを入力します。

⑦テキストウィンドウの1行目に**「リサイクル」**と入力します。

※自動的に図表にも入力されます。

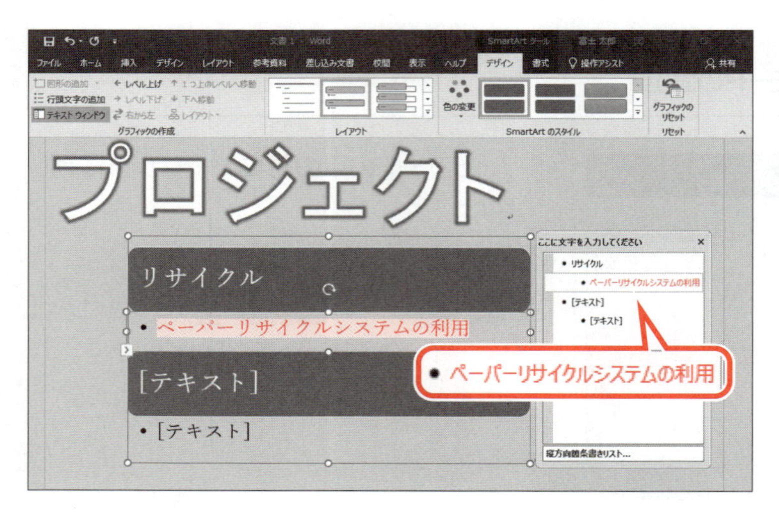

1つ目の箇条書きを入力します。

⑧【↓】を押します。

⑨テキストウィンドウの2行目に**「ペーパーリサイクルシステムの利用」**と入力します。

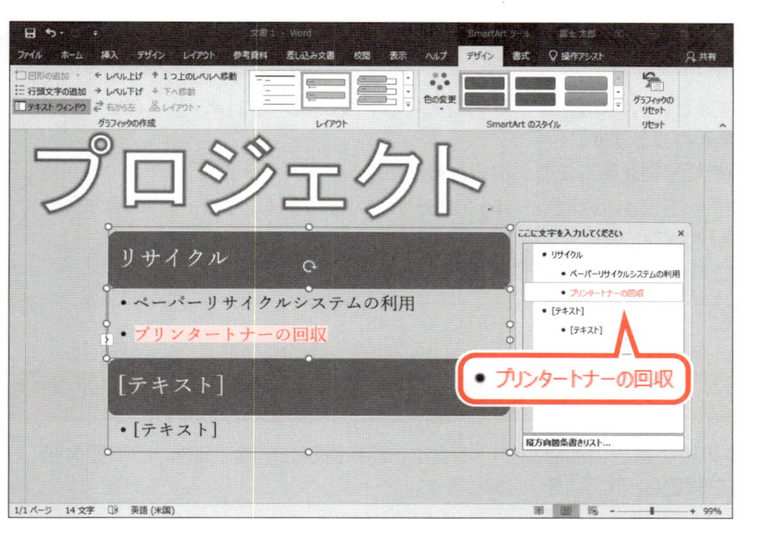

2つ目の箇条書きを入力する行を追加します。

⑩ Enter を押します。

⑪ テキストウィンドウの3行目に**「プリンタートナーの回収」**と入力します。

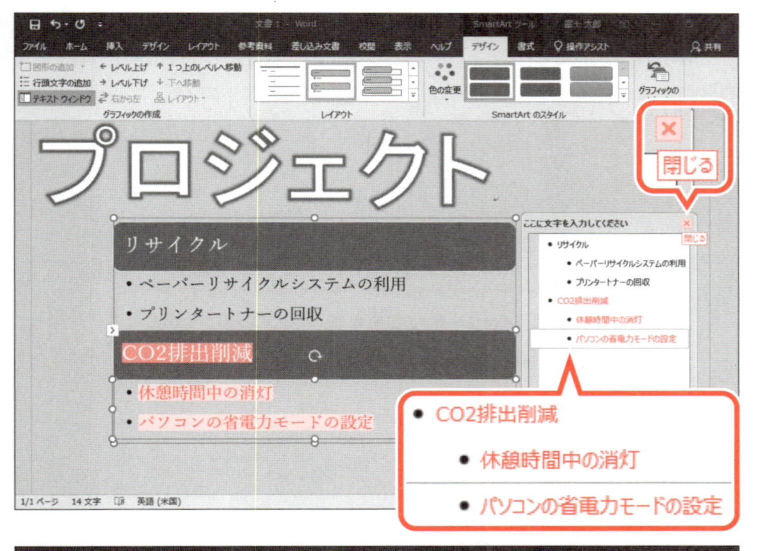

2つ目のリストのタイトルを入力します。

⑫ ↓ を押します。

⑬ テキストウィンドウの4行目に**「CO2排出削減」**と入力します。

⑭ 同様に、残りの箇条書きを入力します。

テキストウィンドウを閉じます。

⑮ ✕（閉じる）をクリックします。

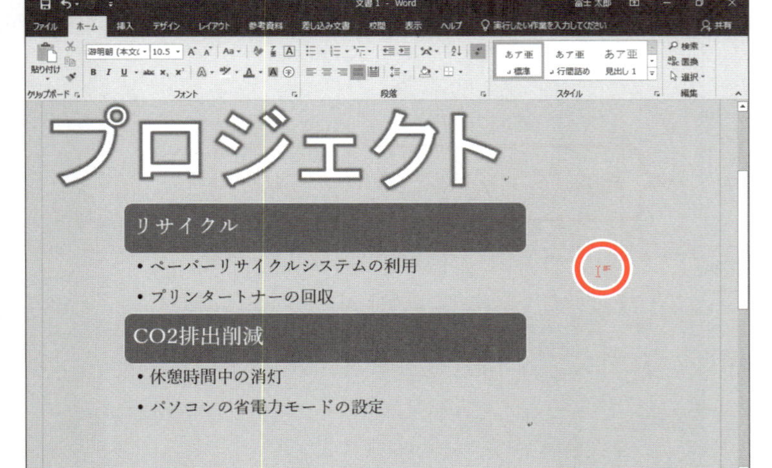

SmartArtグラフィックの選択を解除します。

⑯ SmartArtグラフィック以外の場所をクリックします。

SmartArtグラフィックの選択が解除されます。

STEP UP その他の方法（SmartArtグラフィックへの文字の入力）

◆SmartArtグラフィックの図形を選択→文字を入力

POINT テキストウィンドウの表示・非表示

SmartArtグラフィックを作成すると、初期の設定でテキストウィンドウが表示されます。このテキストウィンドウを使うと効率よく文字を入力できます。
テキストウィンドウの表示・非表示を切り替える方法は、次のとおりです。

◆SmartArtグラフィックを選択→《SmartArtツール》の《デザイン》タブ→《グラフィックの作成》グループの  （テキストウィンドウ）

※SmartArtグラフィックが選択されていない場合は表示されません。

POINT 箇条書きの削除

選択したSmartArtグラフィックの箇条書きの項目が多い場合は、箇条書きを削除できます。不要な箇条書きを削除するには、カーソルを移動し、Back Spaceを2回押します。

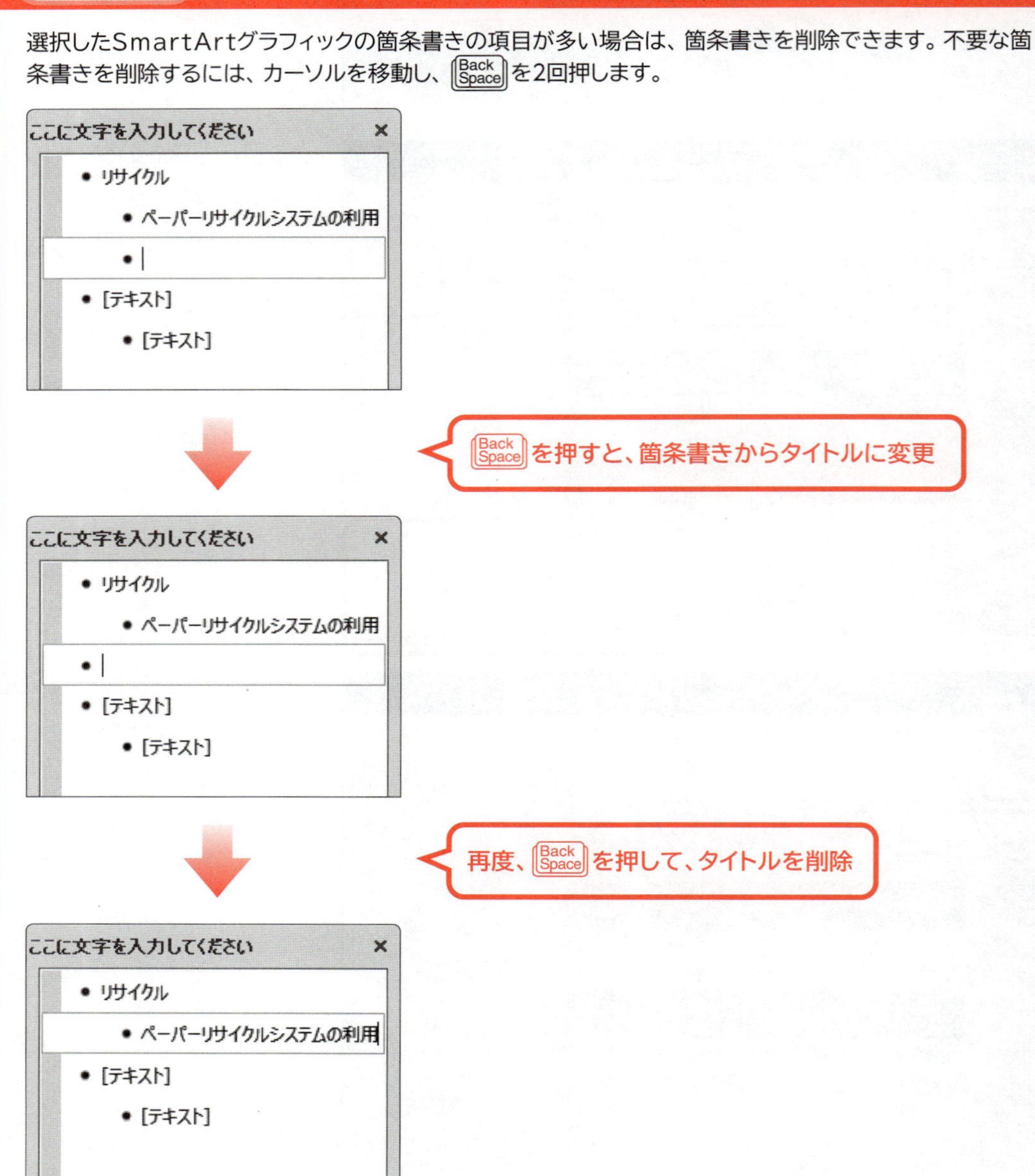

3 SmartArtグラフィックへの図形の追加

SmartArtグラフィックは、入力する文字や項目の数に応じて図形を追加できます。
2つ目のリストの後ろに図形を追加して、次のように3つ目のリストを入力しましょう。

●3つ目のリスト

- **緑化活動**
  - **本社ビル屋上の緑化推進**
  - **植林プロジェクトの推進**

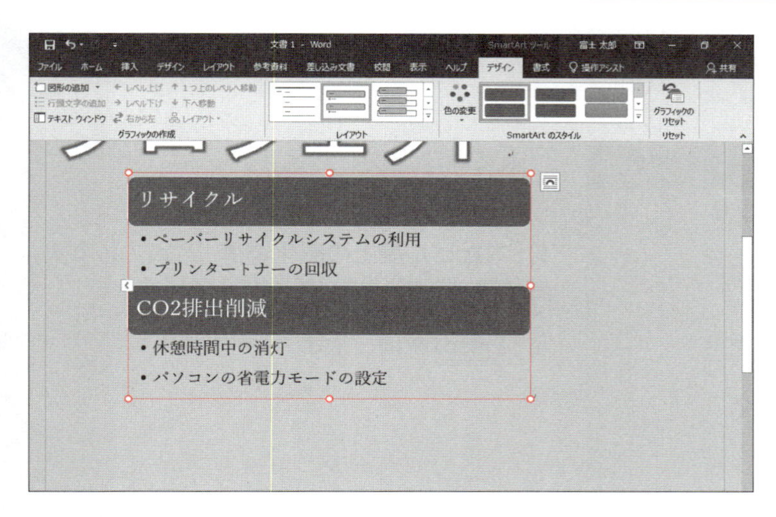

SmartArtグラフィックを選択します。

①SmartArtグラフィック内をクリックします。

②SmartArtグラフィックの枠線をクリックします。

SmartArtグラフィックが選択されます。

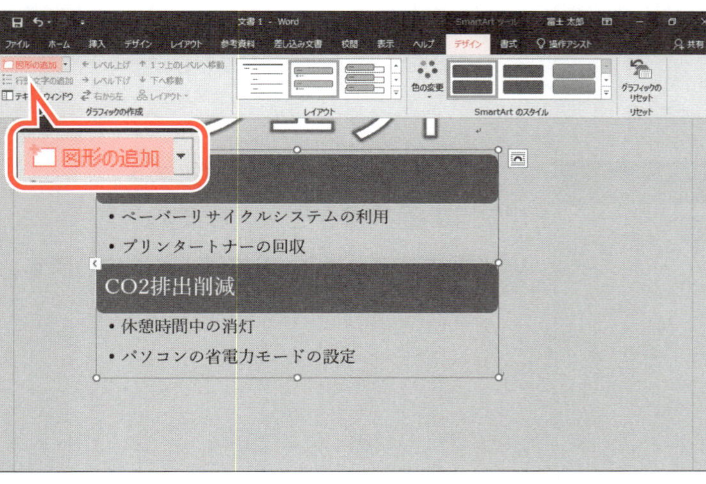

リストのタイトルの図形を追加します。

③《**SmartArtツール**》の《**デザイン**》タブを選択します。

④《**グラフィックの作成**》グループの 図形の追加 （図形の追加）をクリックします。

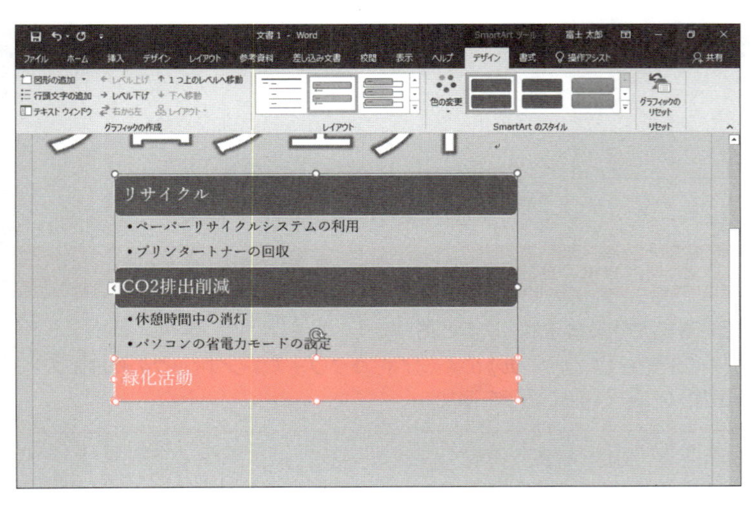

図形が追加されます。

文字を入力します。

⑤追加した図形が選択されていることを確認します。

⑥「**緑化活動**」と入力します。

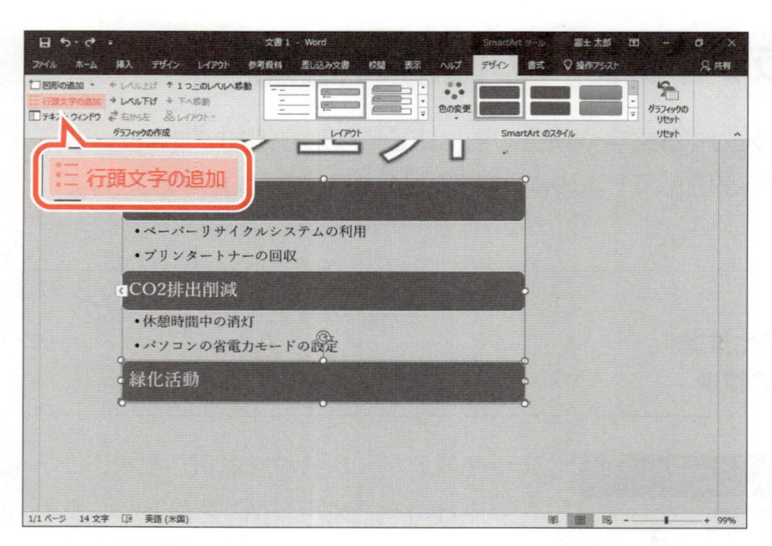

箇条書きの図形を追加します。

⑦《**グラフィックの作成**》グループの 行頭文字の追加 （行頭文字の追加）をクリックします。

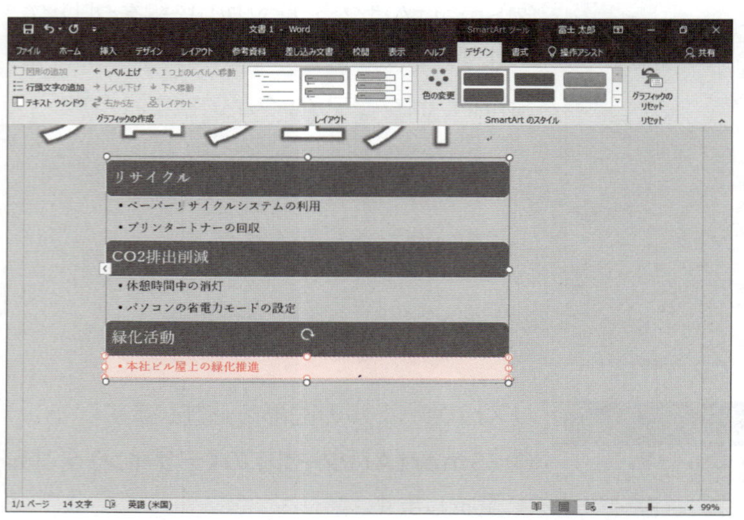

行頭文字が追加されます。

1つ目の箇条書きを入力します。

⑧「**本社ビル屋上の緑化推進**」と入力します。

行頭文字を追加します。

⑨ Enter を押します。

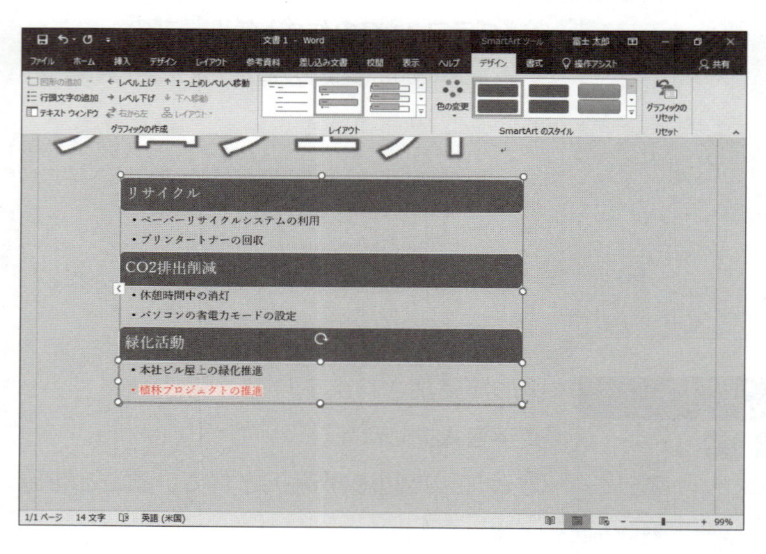

2つ目の行頭文字が追加されます。

2つ目の箇条書きを入力します。

⑩「**植林プロジェクトの推進**」と入力します。

POINT 先頭に図形を追加する

SmartArtグラフィックの先頭に図形を追加する方法は、次のとおりです。

◆SmartArtグラフィックを選択→《SmartArtツール》の《デザイン》タブ→《グラフィックの作成》グループの 図形の追加 （図形の追加）の ▼ →《前に図形を追加》

STEP UP 図形の追加

［図形の追加］（図形の追加）や［行頭文字の追加］（行頭文字の追加）をクリックして項目を追加できるのと同様に、テキストウィンドウを使っても項目を追加できます。テキストウィンドウでは、文字の入力中に Enter を押すだけで項目が追加できるので、たくさんの項目を追加したい場合などに使うと効率よく作業できます。

STEP UP SmartArtグラフィックの色

作成したSmartArtグラフィックの色を変更できます。色の一覧に表示されるスタイルはテーマによって異なります。

SmartArtグラフィックの色を変更する方法は、次のとおりです。

◆SmartArtグラフィックを選択→《SmartArtツール》の《デザイン》タブ→《SmartArtのスタイル》グループの［色の変更］（色の変更）

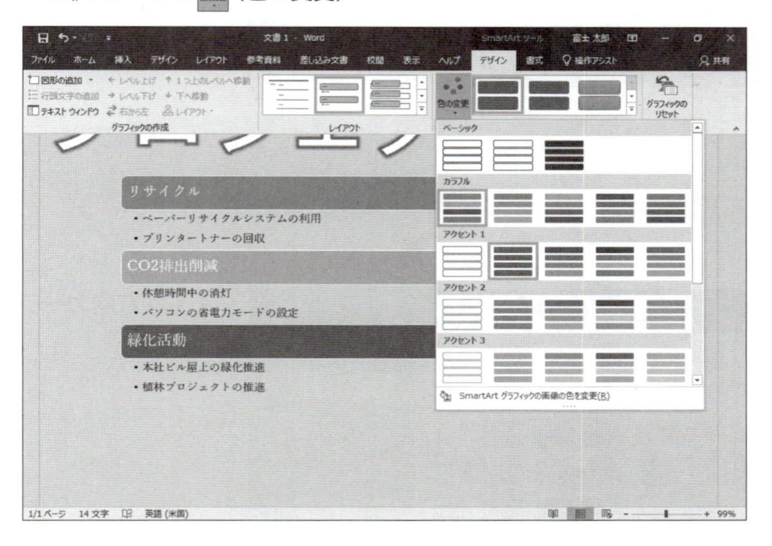

STEP UP SmartArtグラフィックのスタイル

作成したSmartArtグラフィックのスタイルを一覧から選択して変更できます。様々なスタイルが用意されているので、見栄えのするデザインを設定できます。

SmartArtグラフィックのスタイルを変更する方法は、次のとおりです。

◆SmartArtグラフィックを選択→《SmartArtツール》の《デザイン》タブ→《SmartArtのスタイル》グループの［▼］（その他）

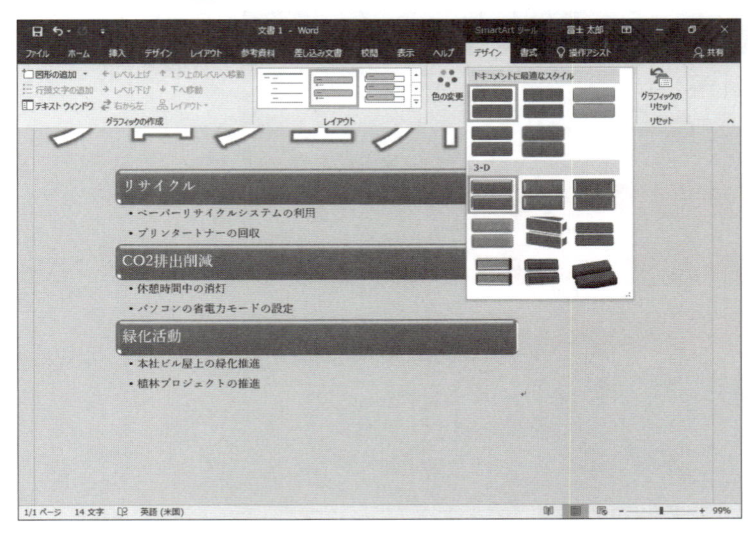

4 SmartArtグラフィックのレイアウトの変更

SmartArtグラフィックのレイアウトは、あとから変更することができます。
レイアウトを「**縦方向カーブリスト**」に変更しましょう。

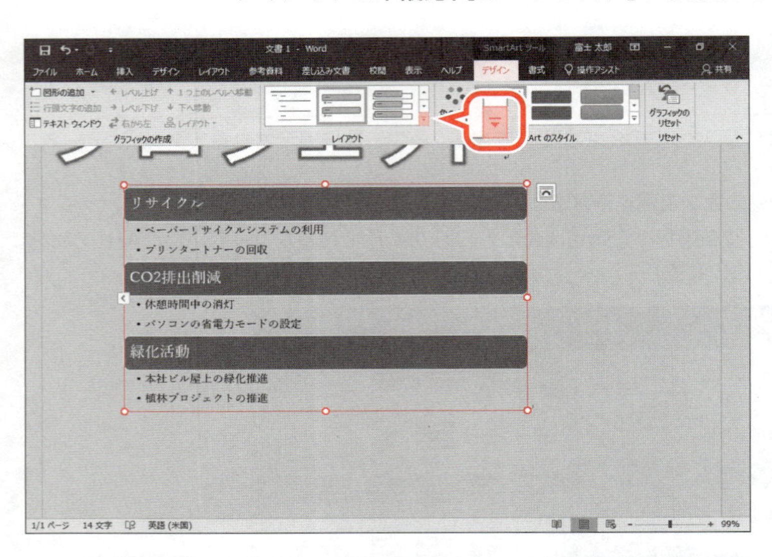

①SmartArtグラフィックを選択します。

②《**SmartArtツール**》の《**デザイン**》タブを選択します。

③《**レイアウト**》グループの（その他）をクリックします。

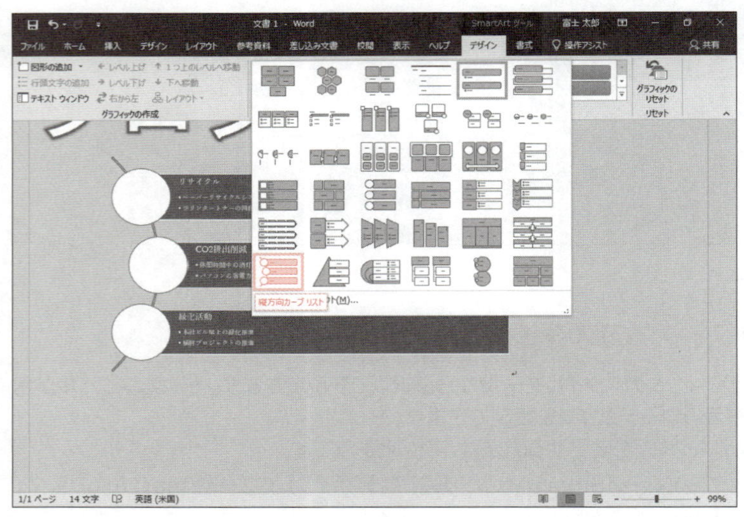

④《**縦方向カーブリスト**》をクリックします。

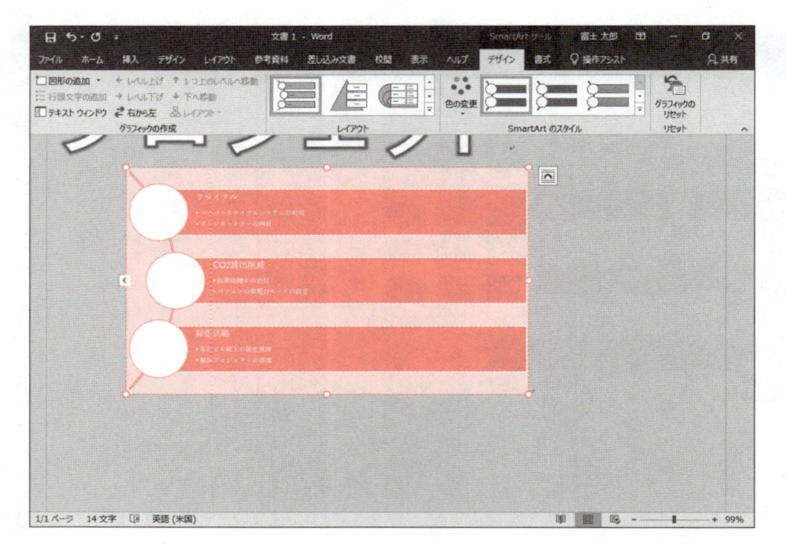

SmartArtグラフィックのレイアウトが変更されます。

5 SmartArtグラフィックの移動とサイズ変更

SmartArtグラフィックを移動したり、サイズを変更したりする場合は、ページ全体のレイアウトを見ながら行うと全体のイメージがつかめて作業がしやすくなります。ページ全体のレイアウトを見るには、表示倍率を変更します。

1 表示倍率の変更

ページ全体を表示しましょう。

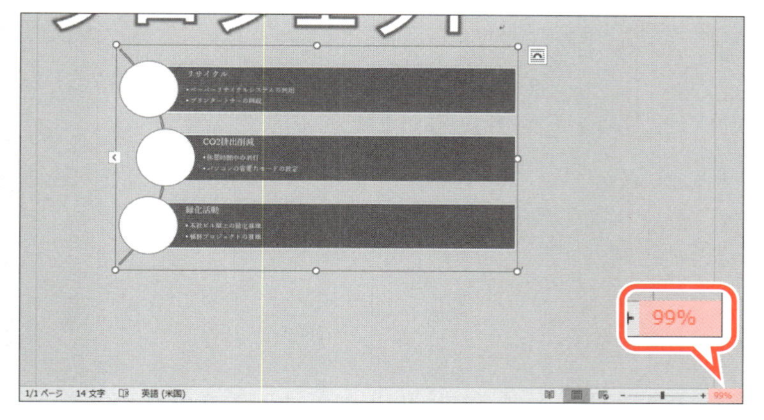

① 99% をクリックします。

※お使いの環境によって、表示されている数値は異なります。

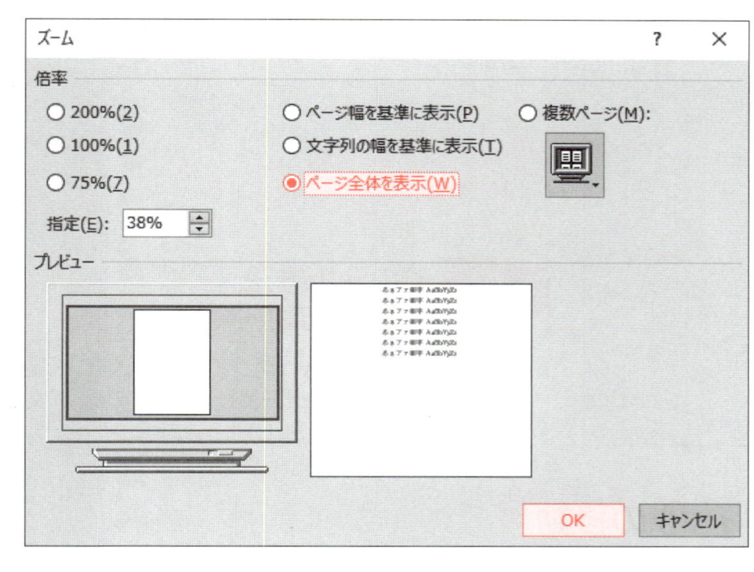

《ズーム》ダイアログボックスが表示されます。

②《ページ全体を表示》を◉にします。

③《OK》をクリックします。

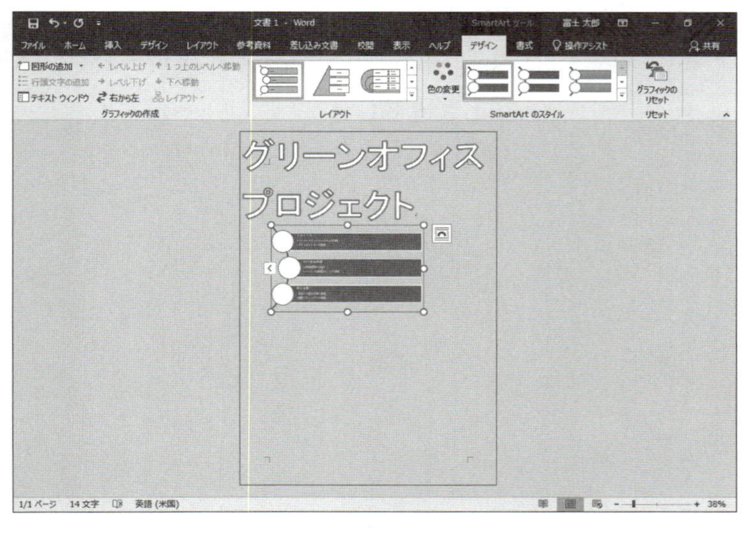

ページ全体が表示されます。

STEP UP その他の方法（表示倍率の変更）

◆《表示》タブ→《ズーム》グループの（ズーム）

2 文字列の折り返しの設定

SmartArtグラフィックはカーソルのある位置に挿入され、文字列の折り返しが**「行内」**に設定されます。ページ上の自由な位置に移動する場合は、文字列の折り返しを**「行内」**以外の設定にする必要があります。
SmartArtグラフィックの文字列の折り返しを**「前面」**に変更しましょう。

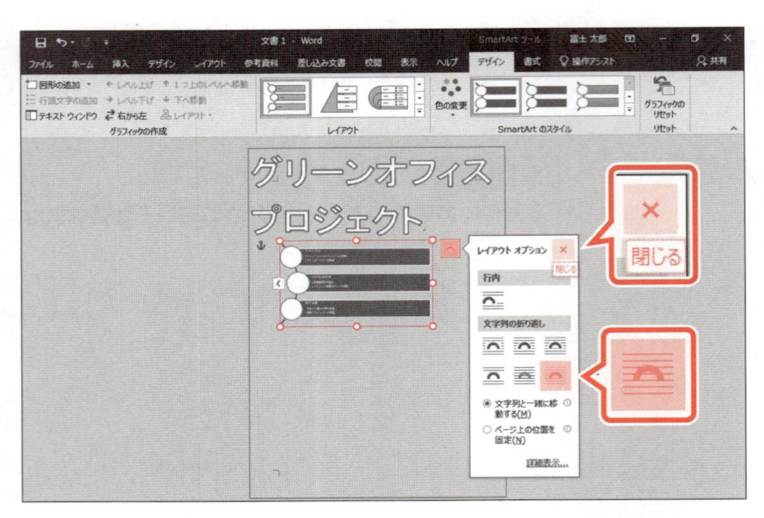

①SmartArtグラフィックを選択します。
②[アイコン]（レイアウトオプション）をクリックします。
③**《文字列の折り返し》**の[アイコン]（前面）をクリックします。
④**《レイアウトオプション》**の[×]（閉じる）をクリックします。

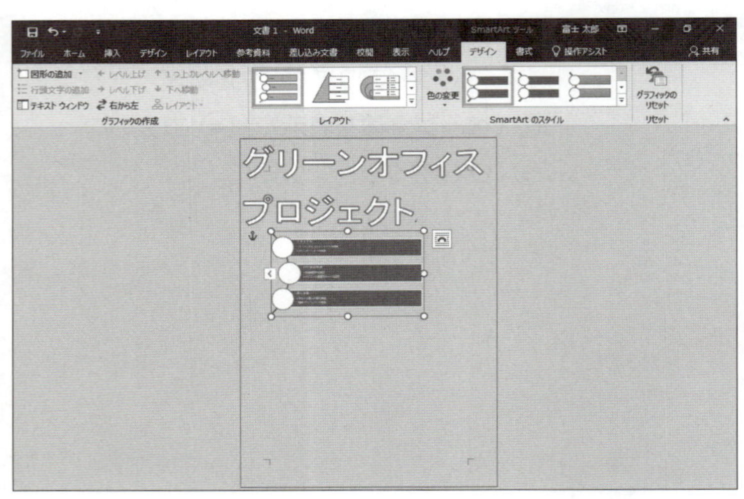

文字列の折り返しが前面に変更されます。
※本文に文字を入力していないため、表示は変わりません。

STEP UP その他の方法（文字列の折り返し）

◆SmartArtグラフィックを選択→《書式》タブ→《配置》グループの[アイコン]（文字列の折り返し）

3 SmartArtグラフィックの移動

SmartArtグラフィックをページの左端に移動しましょう。

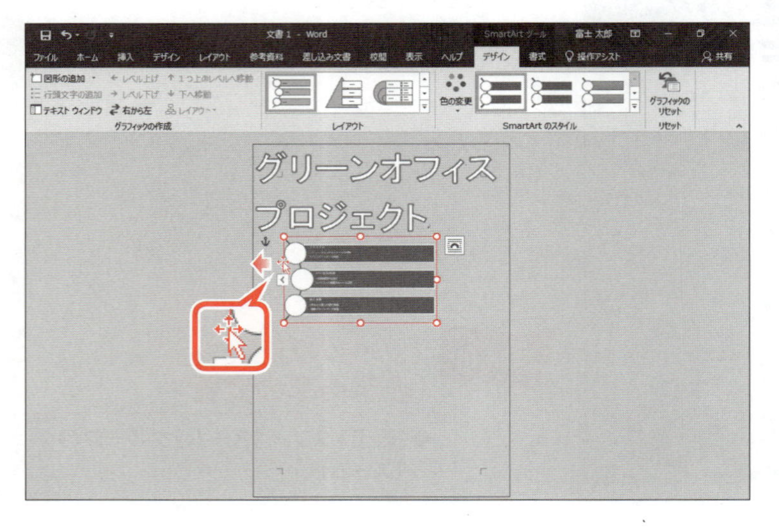

①SmartArtグラフィックが選択されていることを確認します。
②図のように、枠線をドラッグします。

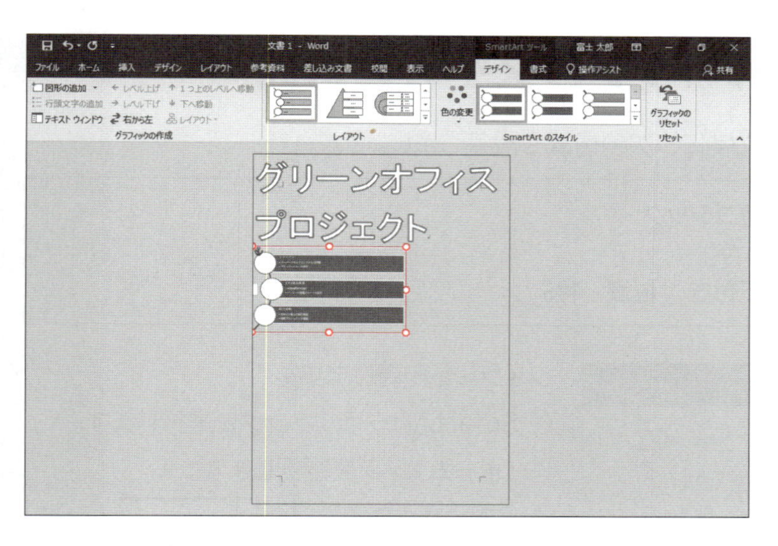

SmartArtグラフィックが移動します。

4 SmartArtグラフィックのサイズ変更

SmartArtグラフィックのサイズを変更しましょう。

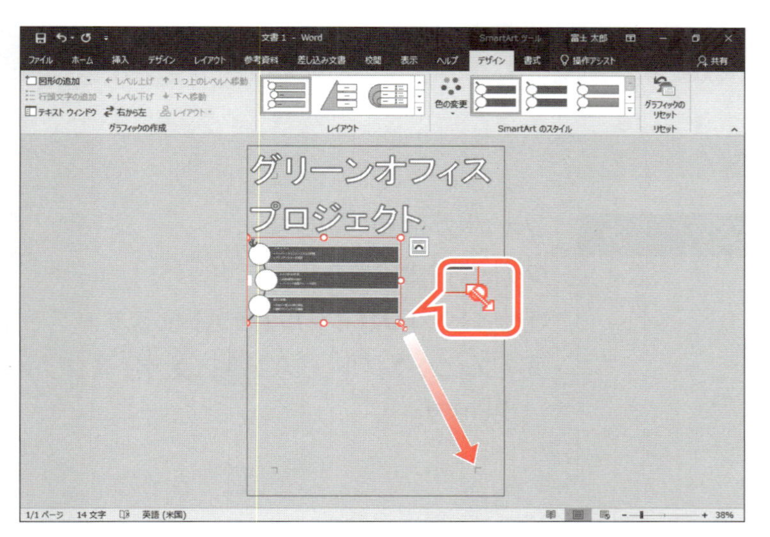

①図のように、右下の○（ハンドル）をドラッグします。

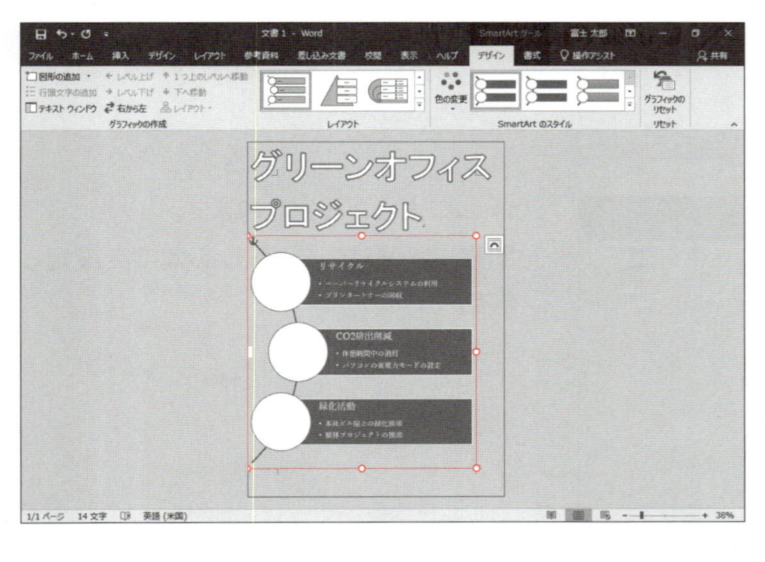

SmartArtグラフィックのサイズが変更されます。

STEP UP 図形のサイズの調整

SmartArtグラフィック内の図形のサイズを個別に調整できます。

◆図形を選択→《書式》タブ→《図形》グループの 拡大 （拡大）／ 縮小 （縮小）

6 SmartArtグラフィックの文字の書式設定

SmartArtグラフィック内の文字に、次の書式を設定しましょう。

すべての文字のフォント	：游ゴシック
タイトル	：太字
CO2の2	：下付き　位置-4%

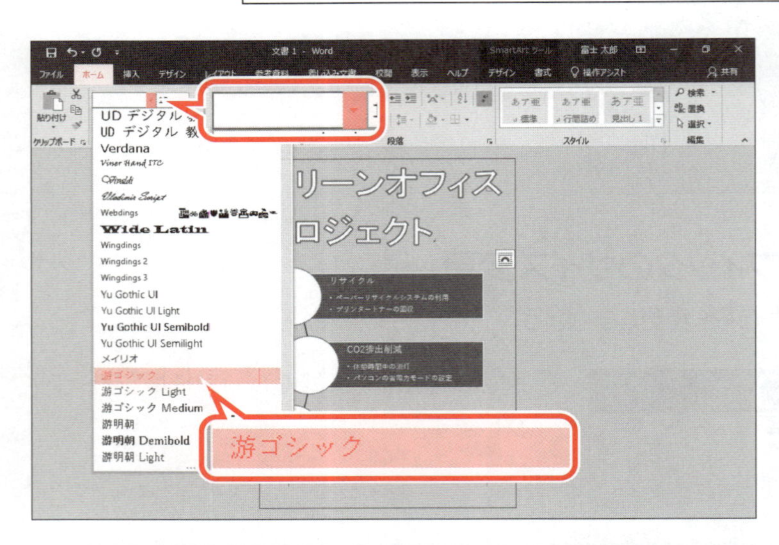

フォントを変更します。

①SmartArtグラフィックを選択します。

②**《ホーム》**タブを選択します。

③**《フォント》**グループの［　　　▾］（フォント）の［▾］をクリックし、一覧から**《游ゴシック》**を選択します。

※一覧に表示されていない場合は、スクロールして調整します。

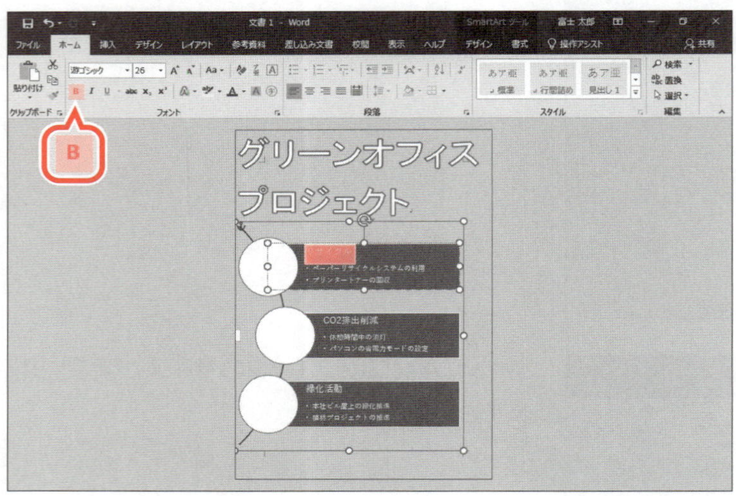

フォントが変更されます。

タイトルに太字を設定します。

④タイトル**「リサイクル」**を選択します。

⑤**《フォント》**グループの［B］（太字）をクリックします。

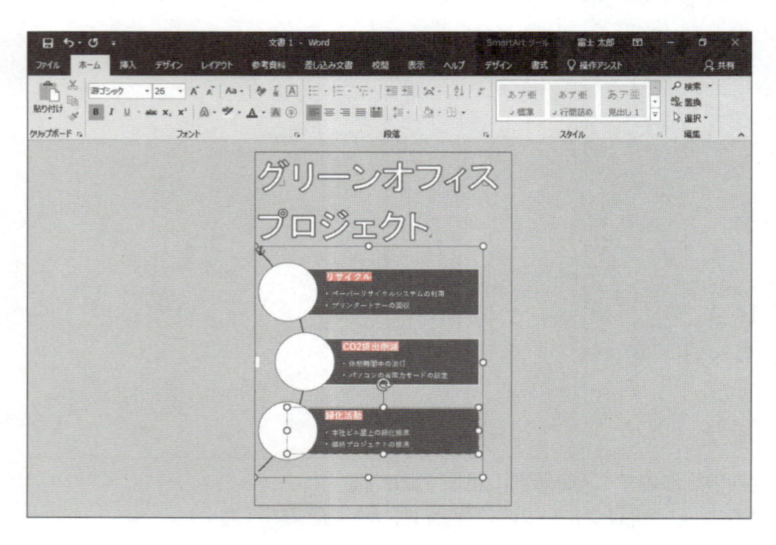

タイトルに太字が設定されます。

⑥同様に、残りのタイトルに太字を設定します。

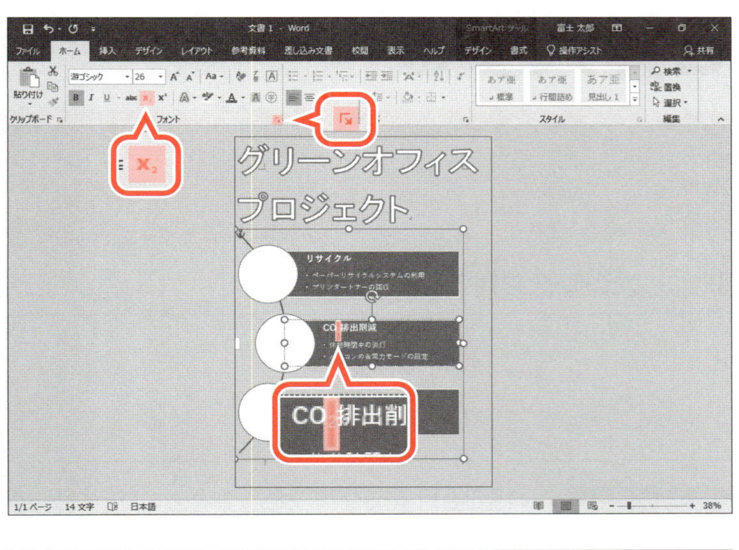

「CO2」の「2」を下付きに変更します。

⑦2つ目のリストのタイトルにある**「2」**を選択します。

⑧**《フォント》**グループの［x₂］（下付き）をクリックします。

「2」が下付きに変更されます。

下付き文字の位置を調整します。

⑨**《フォント》**グループの［↘］（フォント）をクリックします。

フォント
フォント(N)　文字幅と間隔(R)
英数字用のフォント(F):　(日本語用のフォントを使用)
スタイル(Y):　太字
サイズ(S):　26
日本語用のフォント(T):　游ゴシック
すべてのテキスト
フォントの色(C)　下線のスタイル(U)　(なし)　下線の色(I)
文字飾り
☐ 取り消し線(K)　☐ 小型英大文字(M)
☐ 二重取り消し線(L)　☐ すべて大文字(A)
☐ 上付き(P)　相対位置(E):　-4%　☐ 文字の高さを揃える(Q)
☑ 下付き(B)
OK　キャンセル

《フォント》ダイアログボックスが表示されます。

⑩**《フォント》**タブを選択します。

⑪**《文字飾り》**の**《下付き》**が☑になっていることを確認します。

⑫**《相対位置》**を**「−4%」**に設定します。

⑬**《OK》**をクリックします。

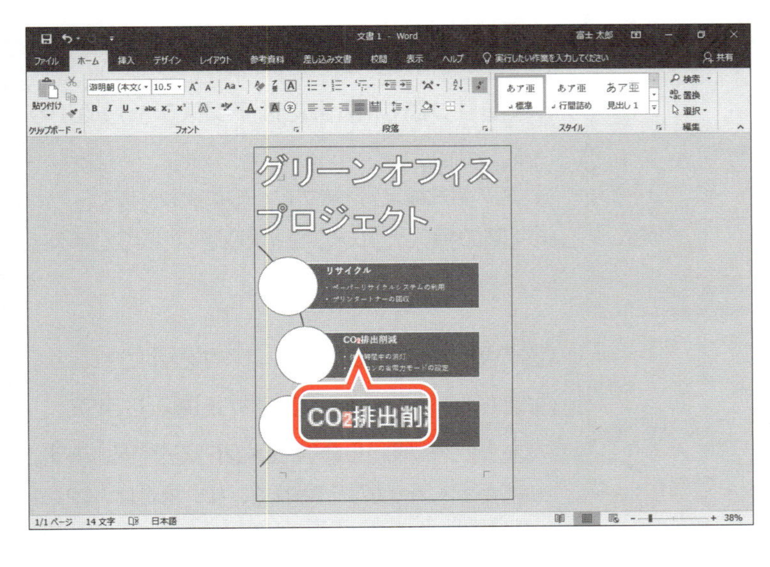

位置が調整されます。

※SmartArtグラフィックの選択を解除しておきましょう。

その他の方法（文字の下付き）

◆ Ctrl ＋ Shift ＋ ［=ほ］

Step7 図形に画像を挿入する

1 画像の挿入

SmartArtグラフィック内の図形に、次の画像を挿入しましょう。

1つ目の図形 ：紙
2つ目の図形 ：パソコン
3つ目の図形 ：木

①SmartArtグラフィック内の1つ目の円の図形を右クリックします。

②《**図形の書式設定**》をクリックします。

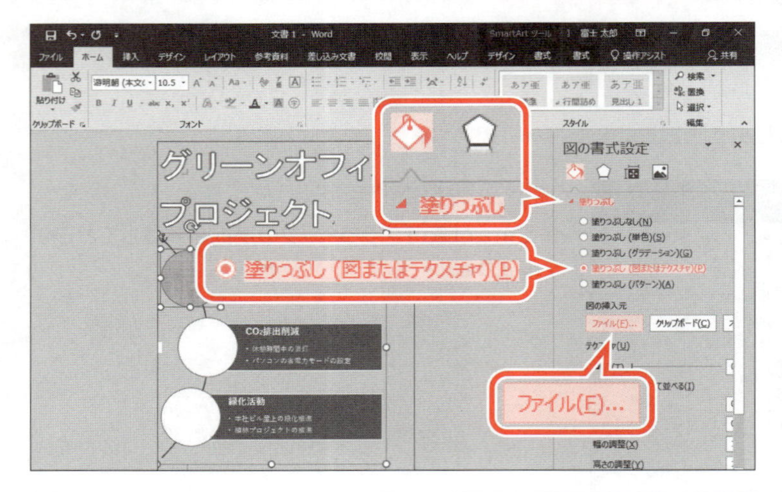

《**図形の書式設定**》作業ウィンドウが表示されます。

③ （塗りつぶしと線）が選択されていることを確認します。

④《**塗りつぶし**》をクリックします。

⑤《**塗りつぶし（図またはテクスチャ）**》を◉にします。

※《図の書式設定》作業ウィンドウに変わります。

⑥《**図の挿入元**》の《**ファイル**》をクリックします。

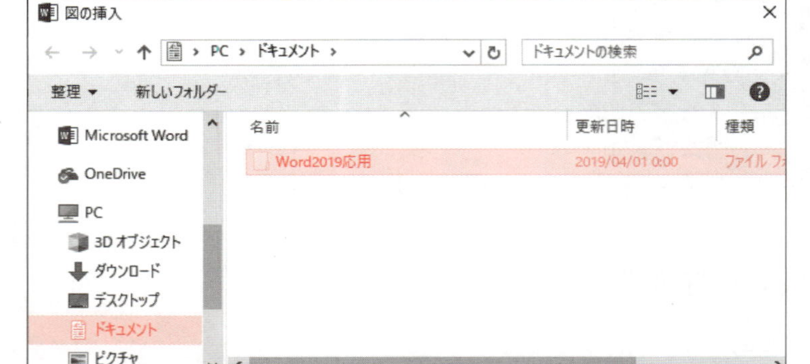

《**図の挿入**》ダイアログボックスが表示されます。

画像が保存されている場所を選択します。

⑦左側の一覧から《**ドキュメント**》を選択します。

※《ドキュメント》が表示されていない場合は、《PC》をダブルクリックします。

⑧一覧から「**Word2019応用**」を選択します。

⑨《**挿入**》をクリックします。

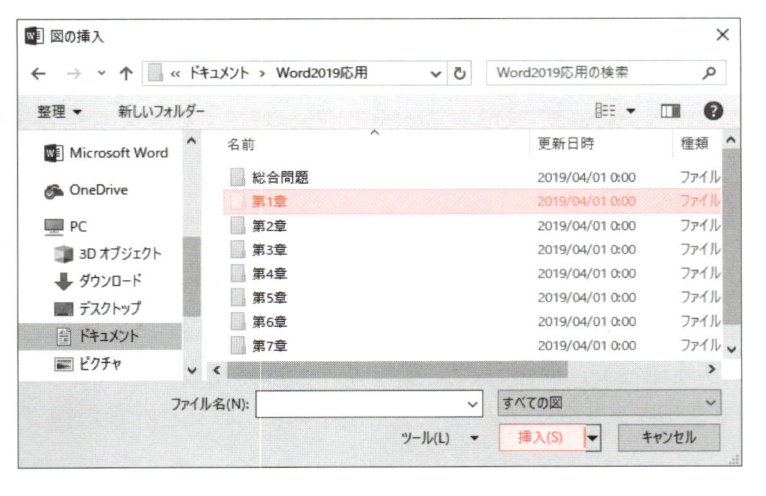

⑩一覧から「**第1章**」を選択します。

⑪《**挿入**》をクリックします。

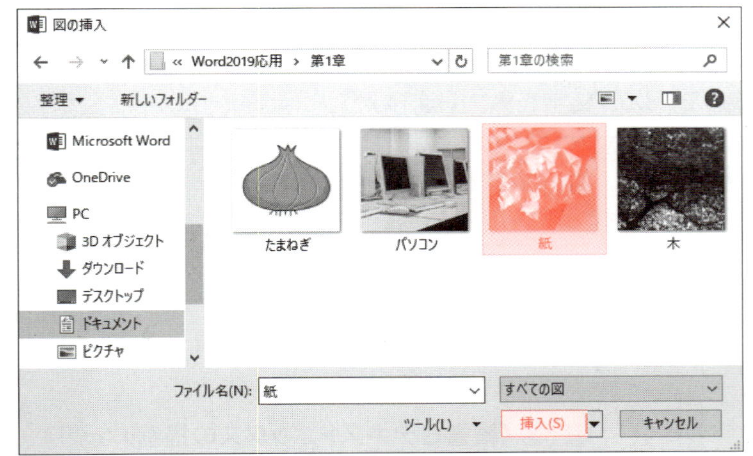

挿入する画像を選択します。

⑫一覧から「**紙**」を選択します。

⑬《**挿入**》をクリックします。

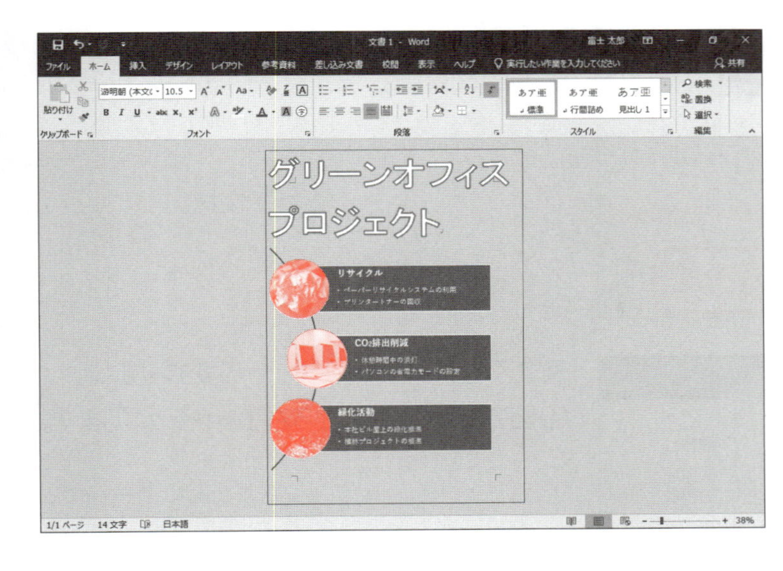

画像が挿入されます。

※リボンに《SmartArtツール》の《デザイン》タブと《書式》タブ、《図ツール》の《書式》タブが表示されます。

⑭同様に、2つ目と3つ目の円の図形にも画像を挿入します。

※ ✕ (閉じる)をクリックし、《図の書式設定》作業ウィンドウを閉じておきましょう。

※SmartArtグラフィックの選択を解除しておきましょう。

Step8 テキストボックスを作成する

1 テキストボックスの作成

「テキストボックス」を使うと、ページ内の自由な位置に文字を配置できます。テキストボックスには、横書きと縦書きの2種類があります。ポスターやチラシ、パンフレットなど自由なレイアウトの文書を作成する場合や、横書きの文書の中の一部分だけを縦書きにしたい場合などに使うと便利です。テキストボックスに入力した文字は、本文と同様に書式を設定できます。

1 縦書きテキストボックスの作成

縦書きテキストボックスを作成して、次の文字を入力しましょう。

> **「できることからはじめよう」**
> **私たちの一歩が明日の環境を守ります。**

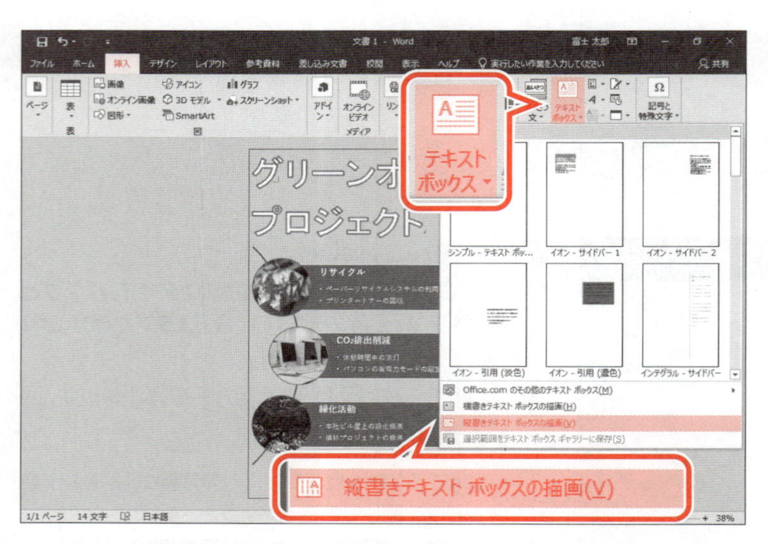

①**《挿入》**タブを選択します。

②**《テキスト》**グループの（テキストボックスの選択）をクリックします。

③**《縦書きテキストボックスの描画》**をクリックします。

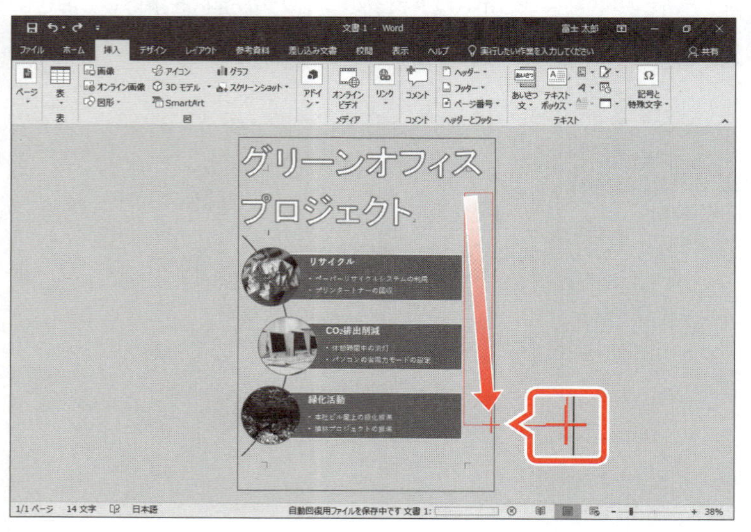

マウスポインターの形が＋に変わります。

④図のように、左上から右下へドラッグします。

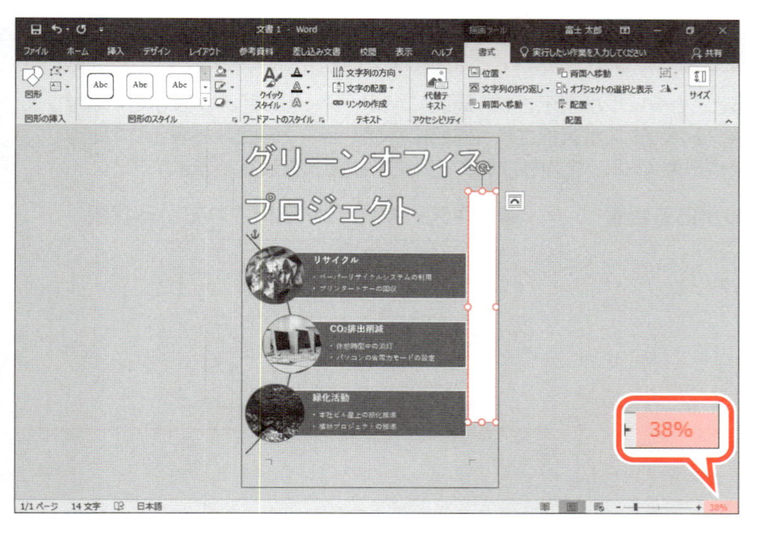

テキストボックスが作成されます。

※リボンに《書式》タブが表示され、自動的に《書式》タブに切り替わります。

入力する文字を確認しやすいように、表示倍率を変更します。

⑤ 38% をクリックします。

※お使いの環境によって、表示されている数値は異なります。

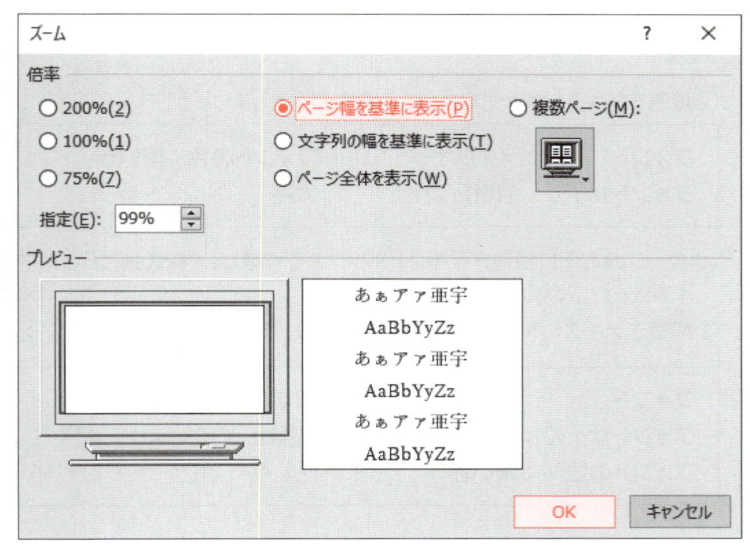

《ズーム》ダイアログボックスが表示されます。

⑥《**ページ幅を基準に表示**》を◉にします。

⑦《**OK**》をクリックします。

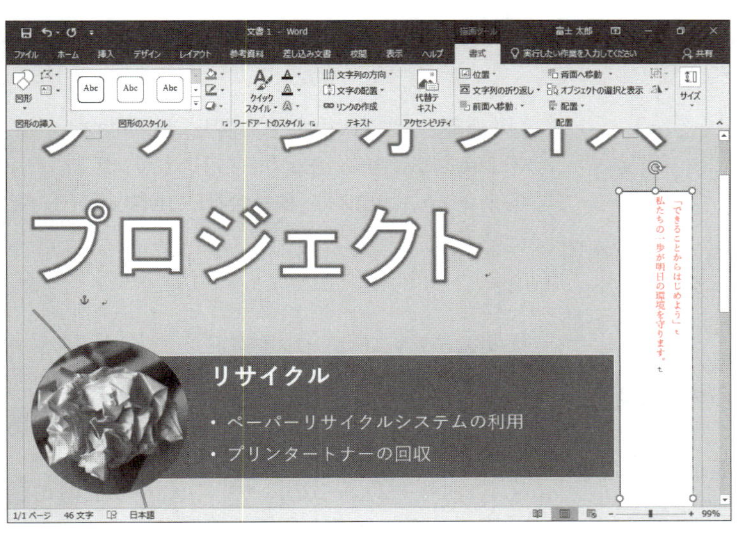

表示倍率が変更されます。

⑧テキストボックス内にカーソルがあることを確認します。

⑨次のように文字を入力します。

> **「できることからはじめよう」↵**
> **私たちの一歩が明日の環境を守ります。**

※↵で Enter を押して改行します。

STEP UP 文字列の方向

テキストボックスに表示する文字の方向は、テキストボックスを作成したあとでも変更できます。

◆テキストボックスを選択→《書式》タブ→《テキスト》グループの 文字列の方向 （文字列の方向）

1
2
3
4
5
6
7
総合問題
付録
索引

POINT テキストボックスの選択

テキストボックス内をクリックすると、カーソルが表示され、周囲に点線（----）の囲みが表示されます。
この点線上をクリックすると、テキストボックスが選択され、周囲に実線（――）の囲みが表示されます。
この状態のとき、テキストボックスやテキストボックス内のすべての文字に書式を設定できます。

●テキストボックス内にカーソルがある状態

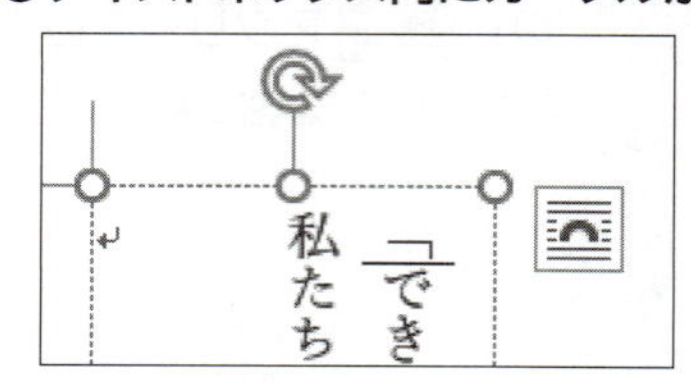

●テキストボックスが選択されている状態

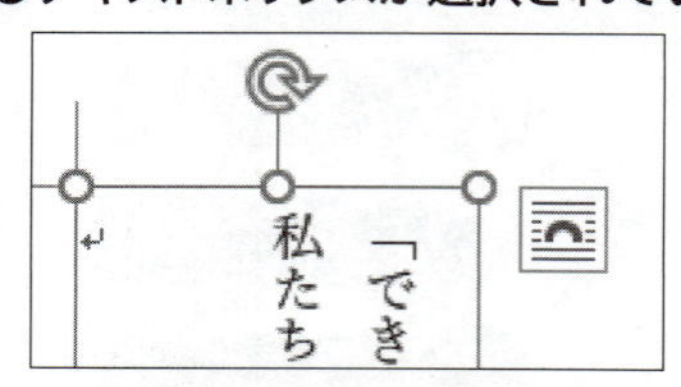

Let's Try ためしてみよう

次のように、テキストボックスを作成しましょう。

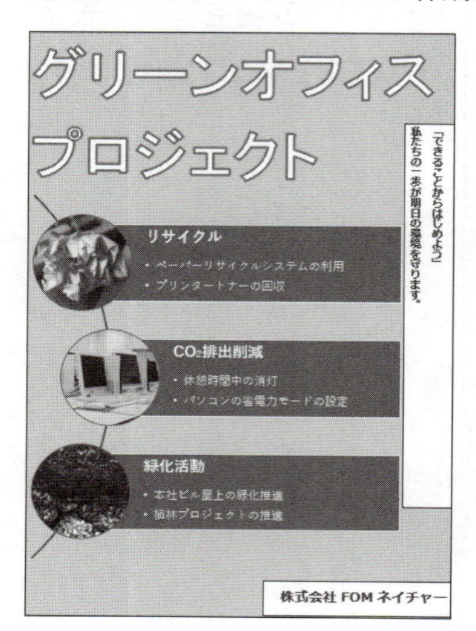

①縦書きテキストボックスに、次の書式を設定しましょう。

フォント	：メイリオ	フォントの色：濃い赤
フォントサイズ	：18ポイント	太字

②ページの右下に横書きテキストボックスを作成し、「株式会社FOMネイチャー」と入力しましょう。

③横書きテキストボックスに、次の書式を設定しましょう。

フォント	：メイリオ	太字
フォントサイズ	：24ポイント	右揃え
フォントの色	：濃い赤	

Let's Try Answer

①

①縦書きテキストボックスを選択
②《ホーム》タブを選択
③《フォント》グループの 游明朝 (本文の▼（フォント）の▼をクリックし、一覧から《メイリオ》を選択
④《フォント》グループの 10.5▼（フォントサイズ）の▼をクリックし、一覧から《18》を選択
⑤《フォント》グループの A▼（フォントの色）の▼をクリック
⑥《標準の色》の《濃い赤》（左から1番目）をクリック
⑦《フォント》グループの B（太字）をクリック
※テキストボックスにすべての文字が表示されていない場合は、テキストボックスの○（ハンドル）をドラッグして、サイズを調整しておきましょう。

②

①《挿入》タブを選択
②《テキスト》グループの テキストボックス（テキストボックスの選択）をクリック
③《横書きテキストボックスの描画》をクリック
④上の図を参考に、左上から右下へドラッグ
⑤テキストボックスに「株式会社FOMネイチャー」と入力

③

①横書きテキストボックスを選択
②《ホーム》タブを選択
③《フォント》グループの 游明朝 (本文の▼（フォント）の▼をクリックし、一覧から《メイリオ》を選択
④《フォント》グループの 10.5▼（フォントサイズ）の▼をクリックし、一覧から《24》を選択
⑤《フォント》グループの A（フォントの色）をクリック
※前回と同じ色が適用されます。
⑥《フォント》グループの B（太字）をクリック
⑦《段落》グループの ≡（右揃え）をクリック
※テキストボックスにすべての文字が表示されていない場合は、テキストボックスの○（ハンドル）をドラッグして、サイズを調整しておきましょう。

2 文字間隔の設定

文字と文字の間隔を広くしたり狭くしたりできます。
縦書きテキストボックス内の文字の文字間隔を「5pt」に設定しましょう。
※操作しやすいように、画面の表示倍率を《ページ全体を表示》にしておきましょう。

①縦書きテキストボックスを選択します。
②《ホーム》タブを選択します。
③《フォント》グループの（フォント）をクリックします。

フォント
フォント　詳細設定
文字幅と間隔
倍率(C): 100%
文字間隔(S): 広く　間隔(B): 5 pt
位置(P): 標準　間隔(Y):
☑ カーニングを行う(K): 1 ポイント以上の文字(O)
☑ [ページ設定] で指定した 1 行の文字数を使用する(W)
OpenType の機能
合字(L): なし
数字の間隔(M): 既定
数字の書式(F): 既定
スタイル セット(T): 既定
☐ コンテキスト代替を使用する(A)
プレビュー
「できることからはじめよう」
TrueType フォントです。印刷と画面表示の両方で使用されます。
既定に設定(D)　文字の効果(E)...　OK　キャンセル

《フォント》ダイアログボックスが表示されます。
④**《詳細設定》**タブを選択します。
⑤**《文字間隔》**の**《間隔》**を**「5pt」**に設定します。
⑥**《OK》**をクリックします。

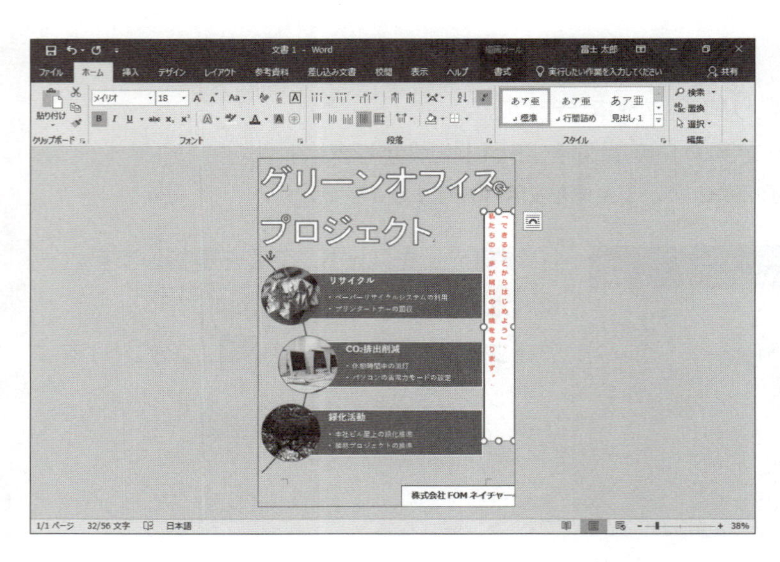

文字間隔が広くなります。

※テキストボックスにすべての文字が表示されていない場合は、テキストボックスの○（ハンドル）をドラッグして、サイズを調整しておきましょう。

2 テキストボックスの書式設定

テキストボックスには、塗りつぶしや枠線の色などの書式を設定できます。
塗りつぶしや枠線をなしに設定して文字だけの表示にしたり、逆に塗りつぶしや枠線を強調して目立たせたりすることができます。
作成した2つのテキストボックスに、次の書式を設定しましょう。

図形の塗りつぶし：塗りつぶしなし
図形の枠線　　　：枠線なし

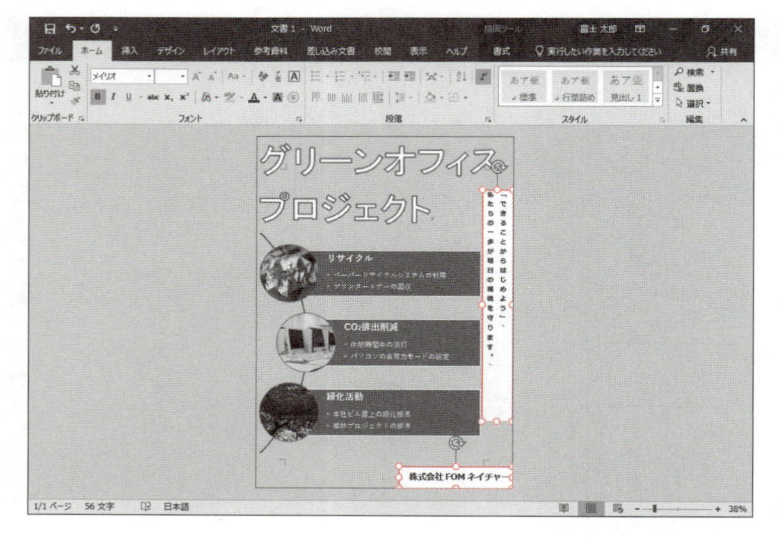

2つのテキストボックスを選択します。

①縦書きテキストボックスを選択します。

②【Shift】を押しながら、横書きテキストボックスを選択します。

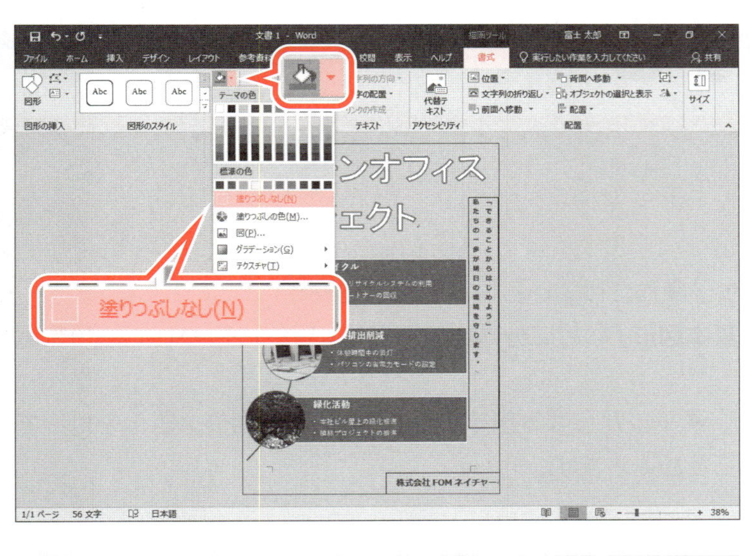

塗りつぶしを設定します。

③《**書式**》タブを選択します。

④《**図形のスタイル**》グループの（図形の塗りつぶし）のをクリックします。

⑤《**塗りつぶしなし**》をクリックします。

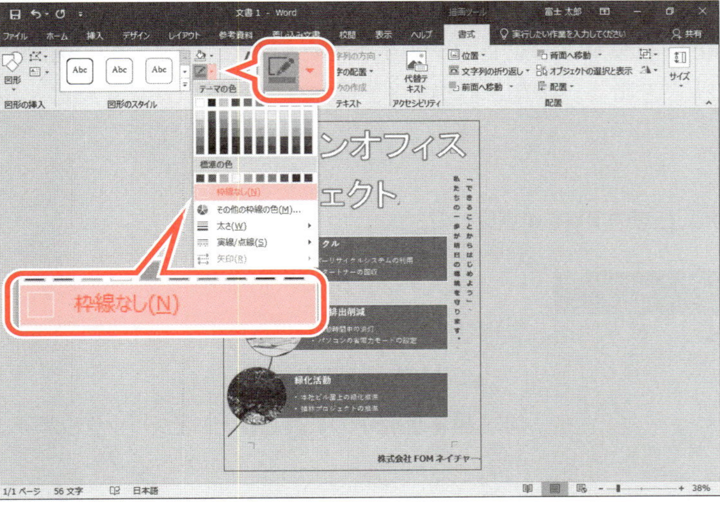

塗りつぶしなしに設定されます。

枠線を設定します。

⑥《**図形のスタイル**》グループの（図形の枠線）のをクリックします。

⑦《**枠線なし**》をクリックします。

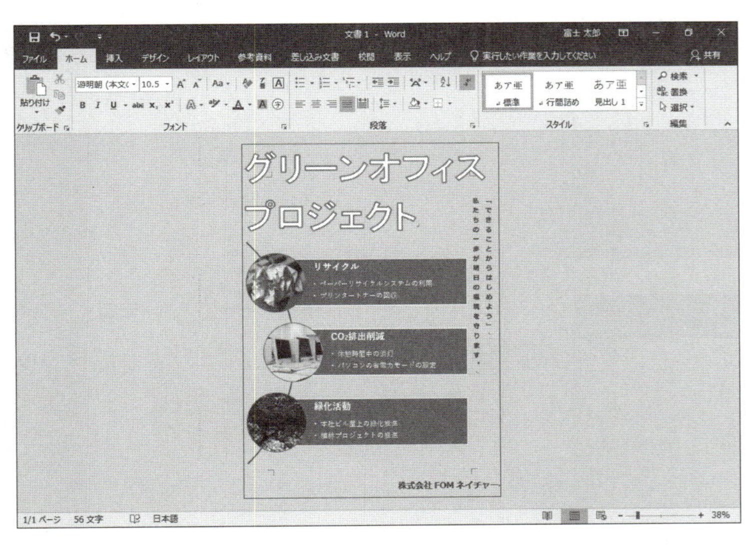

枠線なしに設定されます。

※テキストボックス以外の場所をクリックし、選択を解除しておきましょう。

POINT 複数のオブジェクトの選択

テキストボックスや図形などの複数のオブジェクトに対して同じ操作を行う場合は、あらかじめ複数のオブジェクトを選択してから操作を行うと効率よく作業できます。

複数のオブジェクトを選択する方法は、次のとおりです。

◆1つ目のオブジェクトを選択→Shiftを押しながら、2つ目以降のオブジェクトを選択

Step 9 図形を作成する

1 図形の作成

「図形の作成」を使うと、ドラッグ操作だけでいろいろな図形を簡単に作成できます。
図形は、**「線」**や**「四角形」**、**「基本図形」**などに分類されており、目的に合わせて種類を選択できます。
複数の図形を組み合わせたり、ページからはみ出すように配置したりして、変化を付けて見栄えのする文書に仕上げることができます。

1 円の作成

円を作成する場合は、○（楕円）を使います。ドラッグする向きや長さで縦方向の楕円にしたり、横方向の楕円にしたりできます。また、Shift を押しながらドラッグすると、真円を作成することができます。
真円を作成しましょう。
※設定する項目名が一覧にない場合は、任意の項目を選択してください。

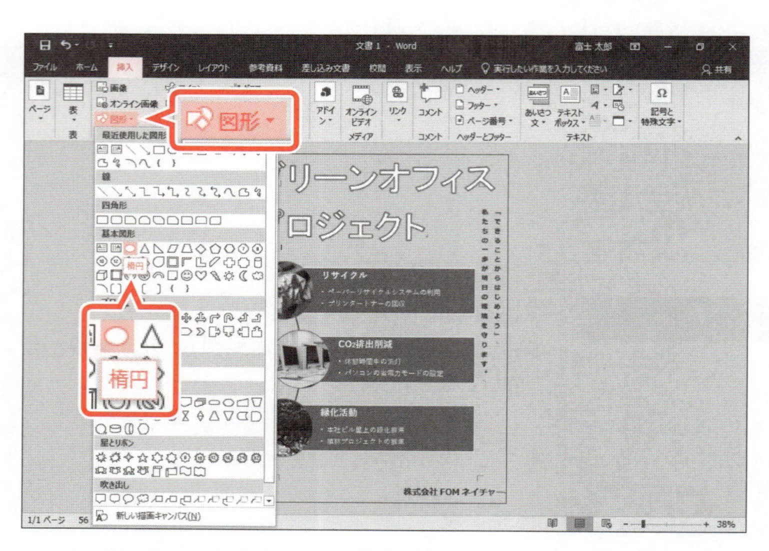

①**《挿入》**タブを選択します。
②**《図》**グループの 図形（図形の作成）をクリックします。
③**《基本図形》**の○（楕円）をクリックします。

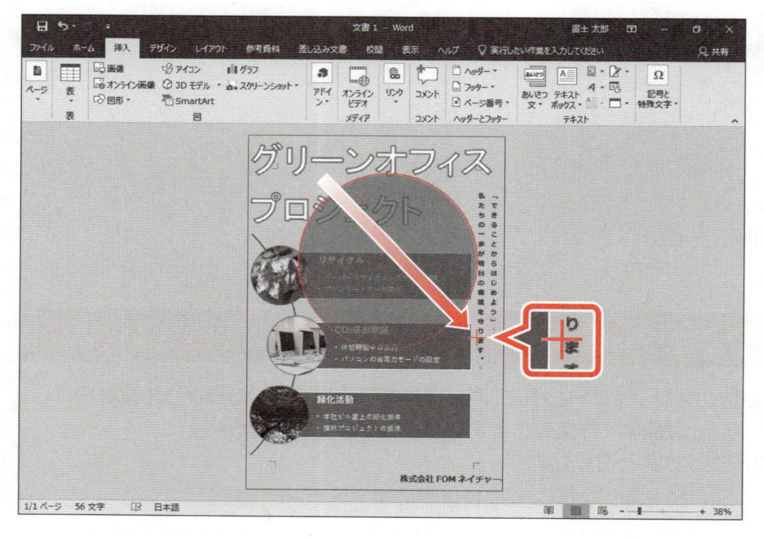

マウスポインターの形が＋になります。
④ Shift を押しながら、図のようにドラッグします。

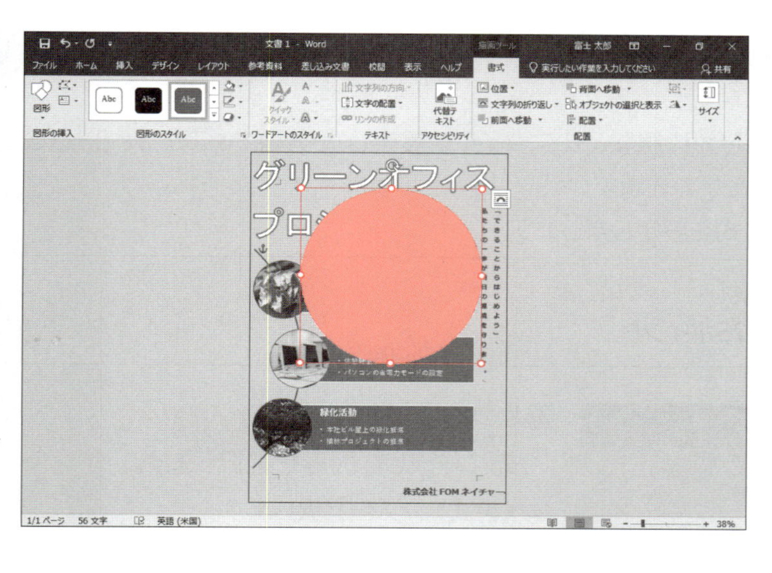

真円が作成され、周りに○（ハンドル）が表示されます。

※リボンに《書式》タブが表示され、自動的に《書式》タブに切り替わります。

2 図形のコピー

図形をコピーするには、コピー元の図形を Ctrl を押しながらドラッグします。
作成した真円をコピーして重ねて表示しましょう。

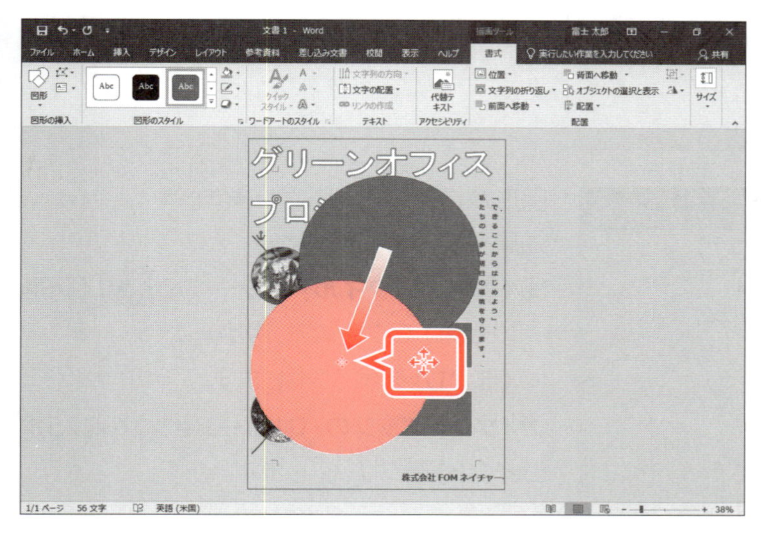

①作成した図形が選択されていることを確認します。

② Ctrl を押しながら、図のようにドラッグします。

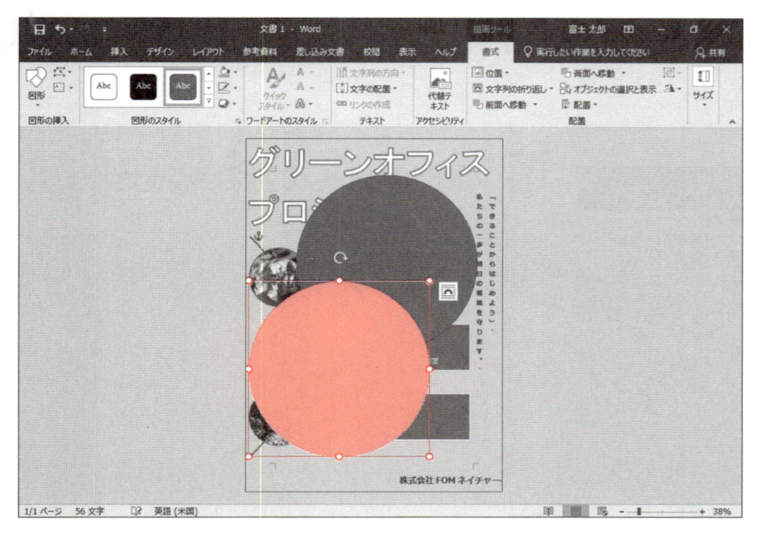

図形がコピーされます。

2 図形の書式設定

作成した図形には、塗りつぶしや枠線などのスタイルを設定したり、影やぼかし、3-Dなどの効果を設定したりすることができます。
先に作成した図形に、次の書式を設定しましょう。

図形の塗りつぶし	**：白、背景1**
図形の効果	**：ぼかし 25ポイント**

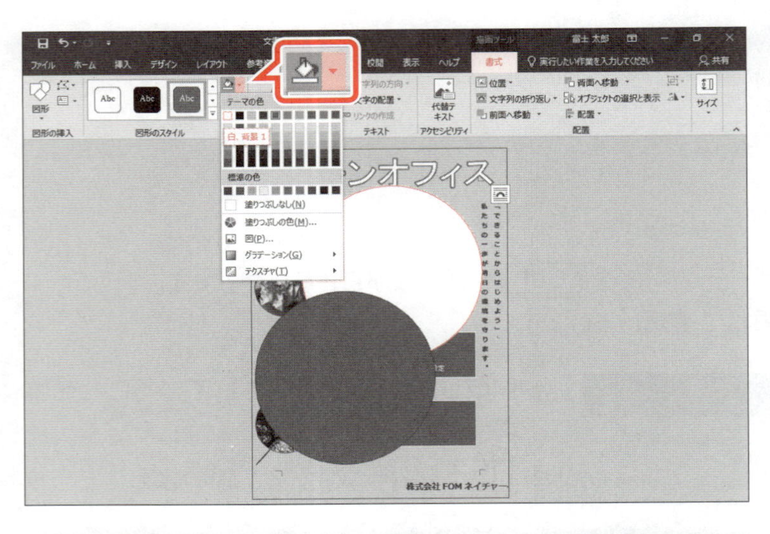

塗りつぶしを設定します。

①先に作成した図形を選択します。

②**《書式》**タブを選択します。

③**《図形のスタイル》**グループの（図形の塗りつぶし）のをクリックします。

④**《テーマの色》**の**《白、背景1》**をクリックします。

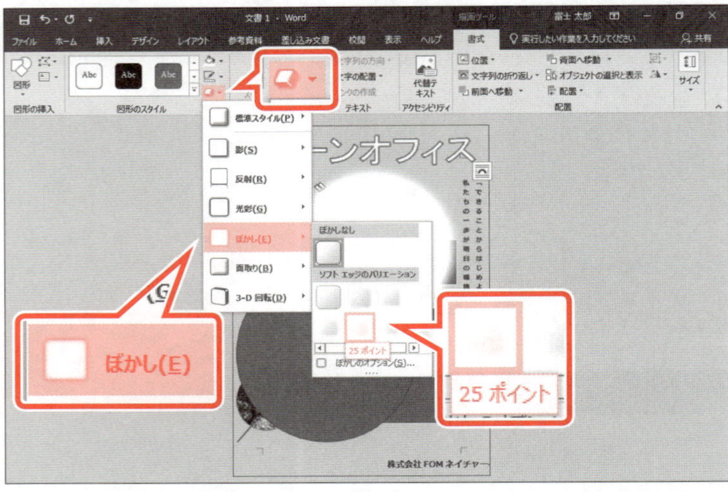

図形が白く塗りつぶされます。
効果を設定します。

⑤**《図形のスタイル》**グループの（図形の効果）をクリックします。

⑥**《ぼかし》**をポイントします。

⑦**《ソフトエッジのバリエーション》**の**《25ポイント》**をクリックします。

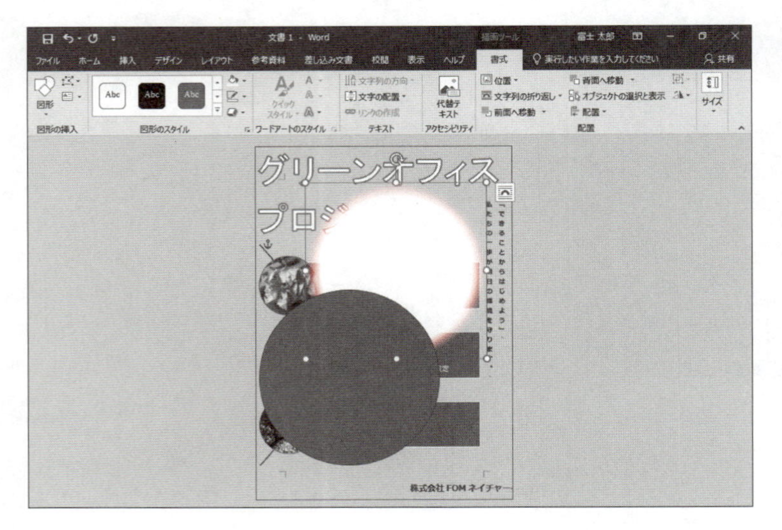

図形の周りにぼかしの効果が設定されます。

Let's Try ためしてみよう

あとから作成した図形に、次の書式を設定しましょう。

図形の塗りつぶし	：緑、アクセント1、白+基本色40%
図形の効果	：ぼかし 25ポイント

Let's Try Answer

①あとから作成した図形を選択
②《書式》タブを選択
③《図形のスタイル》グループの［図形の塗りつぶし］（図形の塗りつぶし）の［▼］をクリック
④《テーマの色》の《緑、アクセント1、白+基本色40%》（左から5番目、上から4番目）をクリック
⑤《図形のスタイル》グループの［図形の効果］（図形の効果）をクリック
⑥《ぼかし》をポイント
⑦《ソフトエッジのバリエーション》の《25ポイント》をクリック

3 図形の表示順序

重なっている図形の表示順序を変更することができます。図形を重ねて作成すると、あとから作成した図形が上に表示されます。**「前面へ移動」**や**「背面へ移動」**を使うと、図形の表示順序を変更できます。
白い円が緑の円の上に表示されるように表示順序を変更しましょう。

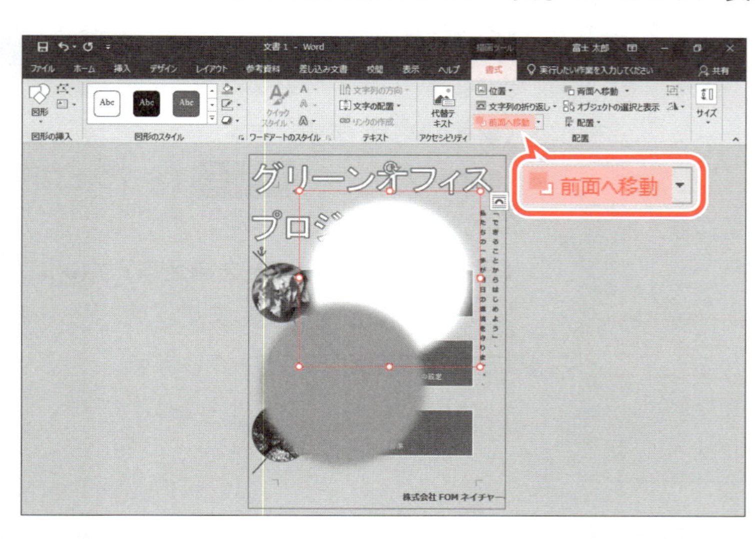

①白い円を選択します。
②**《書式》**タブを選択します。
③**《配置》**グループの［前面へ移動］（前面へ移動）をクリックします。

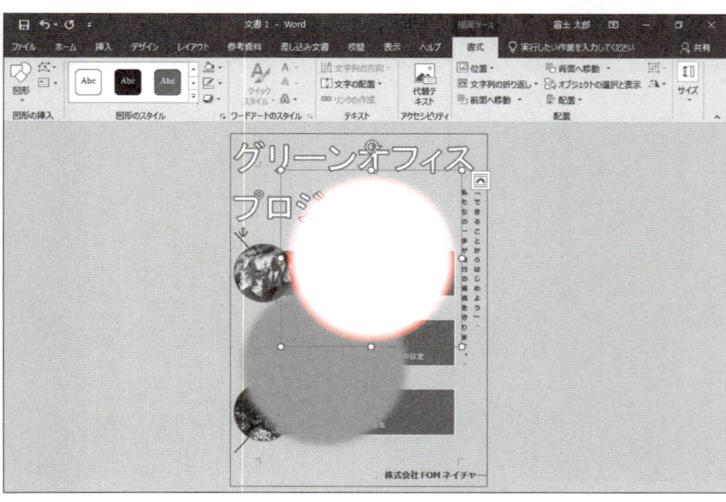

白い円が緑の円の上に表示されます。

POINT 前面へ移動

前面へ移動（前面へ移動）の▼をクリックすると、次のような表示順序を選択できます。

●前面へ移動
選択されている図形がひとつ前に表示されます。

●最前面へ移動
選択されている図形が一番前に表示されます。

●テキストの前面へ移動
選択されている図形が本文に入力されている文字の前に表示されます。

POINT 背面へ移動

《配置》グループには、背面へ移動（背面へ移動）もあります。選択している図形をほかの図形や文字の後ろに表示する場合に使います。

4 図形の配置

複数の図形を上側でそろえたり、中心でそろえたりできます。複数の図形を整列させる場合に、手動で行うと微調整に時間がかかってしまいます。配置（オブジェクトの配置）を使うと、一度に整列できるので便利です。
2つの円を左右中央揃えに配置しましょう。

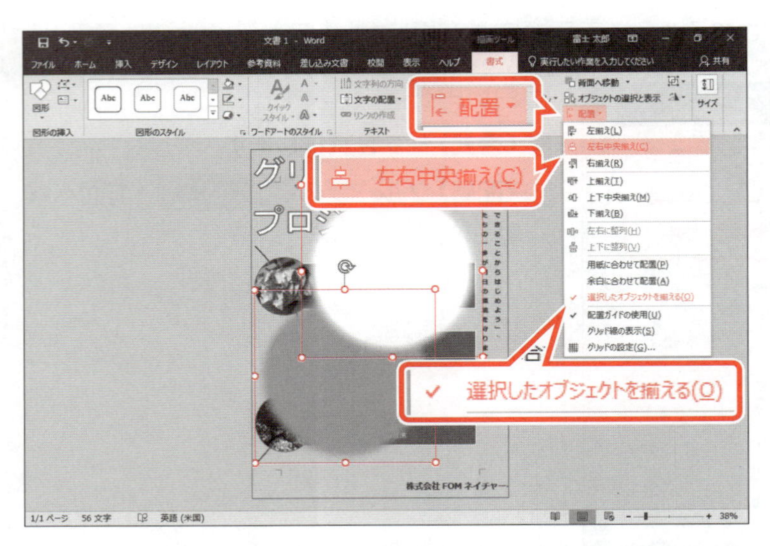

①白い円が選択されていることを確認します。
②Shiftを押しながら、緑の円を選択します。
③**《書式》**タブを選択します。
④**《配置》**グループの配置（オブジェクトの配置）をクリックします。
⑤**《選択したオブジェクトを揃える》**が☑になっていることを確認します。
⑥**《左右中央揃え》**をクリックします。

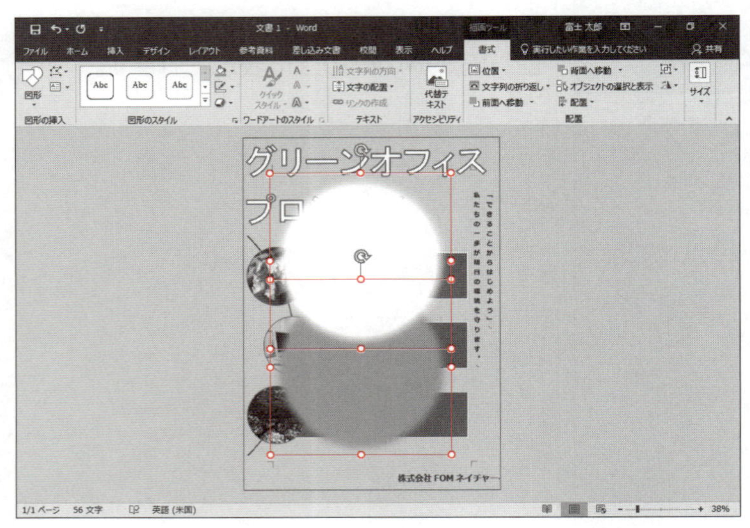

2つの円が左右中央揃えに配置されます。

5　図形のグループ化

「グループ化」とは、複数の図形をひとつの図形として扱えるようにまとめることです。
複数の図形に対して、位置関係（重なり具合や間隔など）を保持したまま移動したり、サイズを変更したりする場合は、グループ化すると便利です。
2つの円をグループ化し、回転しましょう。

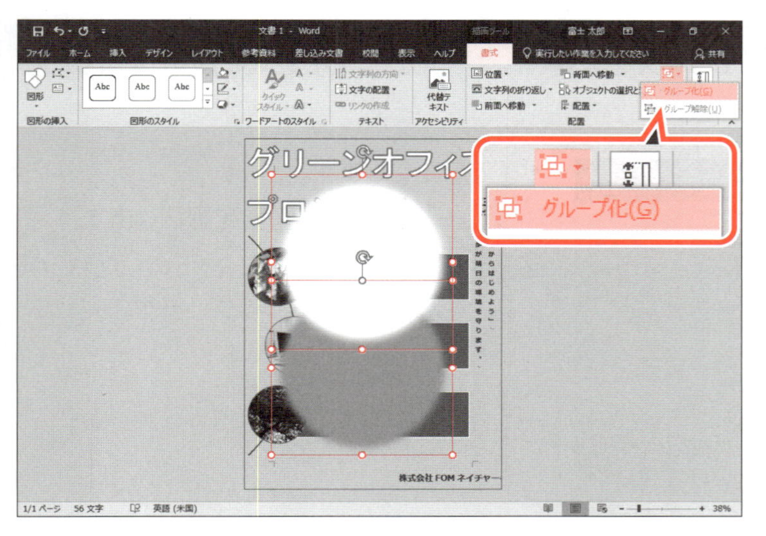

2つの円をグループ化します。

①白い円と緑の円が選択されていることを確認します。

②**《書式》**タブを選択します。

③**《配置》**グループの［アイコン］（オブジェクトのグループ化）をクリックします。

④**《グループ化》**をクリックします。

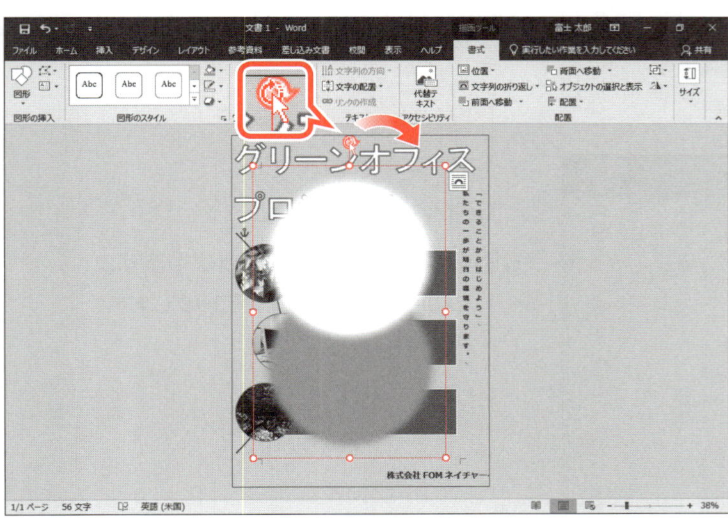

2つの円がグループ化されます。

図形を回転します。

⑤図のように、図形の上側に表示される［アイコン］（ハンドル）をドラッグします。

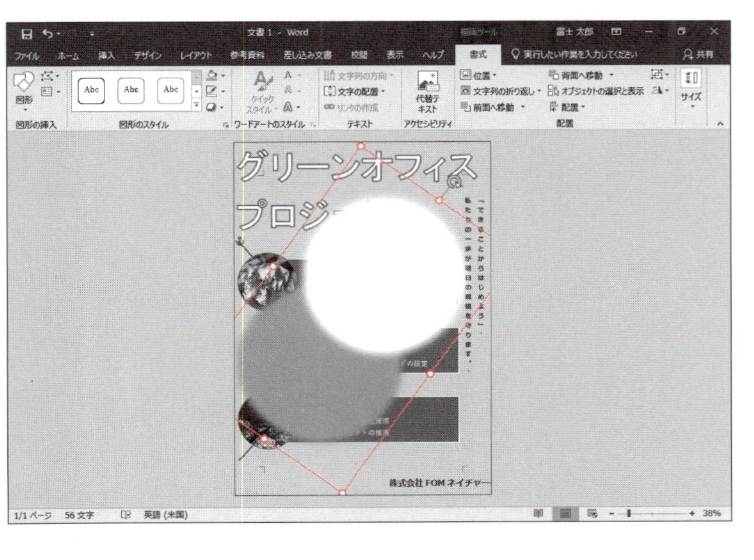

図形が回転されます。

6 図形の移動とサイズ変更

作成した図形のサイズを変更する場合は、○（ハンドル）をドラッグします。そのままドラッグすると、もとの図形の縦横比が変わってしまうため、縦横比を保ったままサイズを変更する場合は、[Shift]を押しながらドラッグします。

1 移動とサイズ変更

2つの円を真円の状態を保ってサイズを変更し、ページから半分くらいはみ出すように移動しましょう。

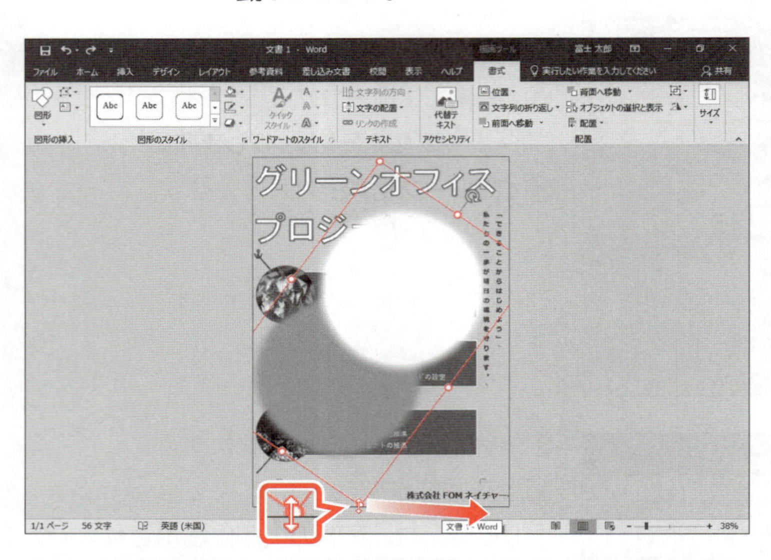

サイズを変更します。

①グループ化された図形を選択します。

②[Shift]を押しながら、右下の○（ハンドル）を図のようにドラッグします。

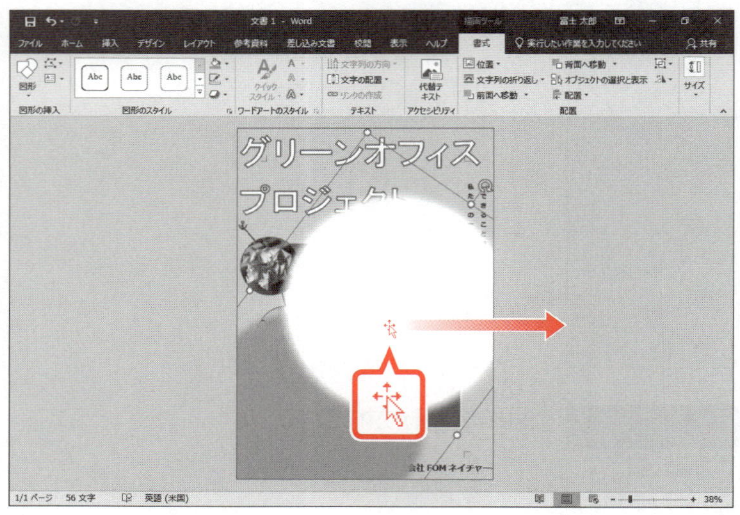

サイズが変更されます。

右方向へ移動します。

③図のように、右にドラッグします。

※ページからはみ出すようにドラッグします。

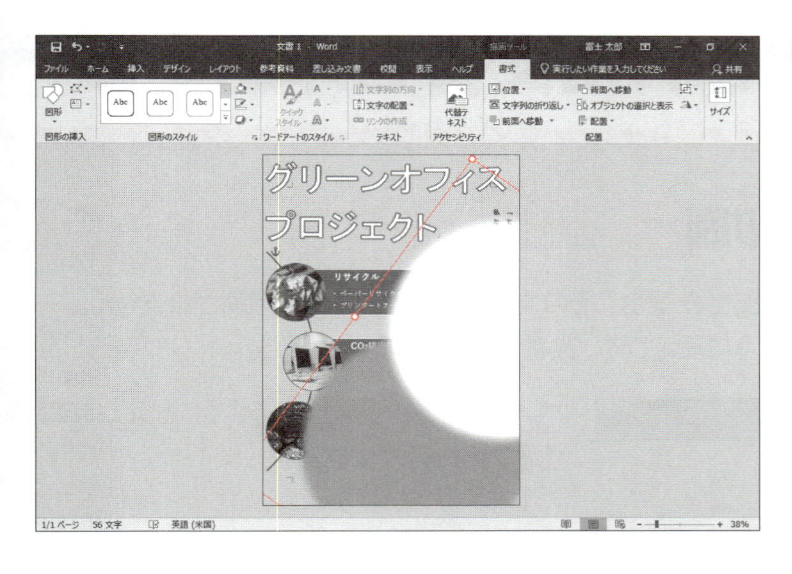

図形が移動し、ページから半分くらいはみ出した状態になります。

2 表示順序の変更

SmartArtグラフィックやテキストボックスが見えるように、2つの円の表示順序を最背面に変更しましょう。

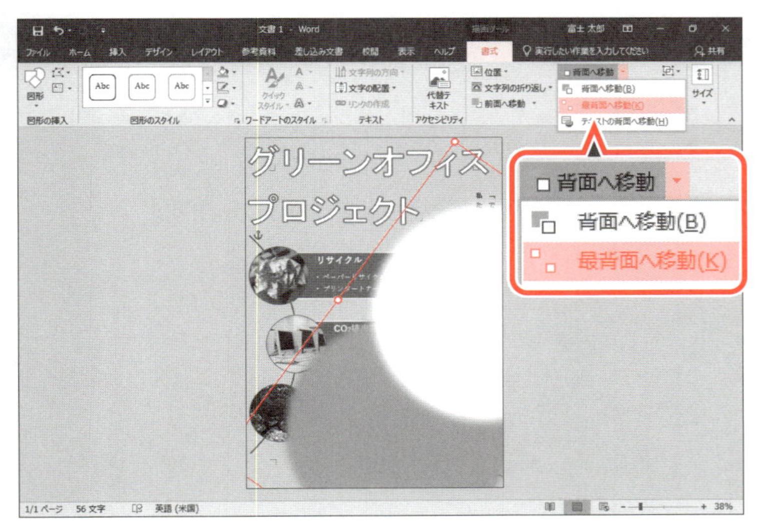

①図形が選択されていることを確認します。

②《書式》タブを選択します。

③《配置》グループの 背面へ移動 (背面へ移動)の ▾ をクリックします。

④《最背面へ移動》をクリックします。

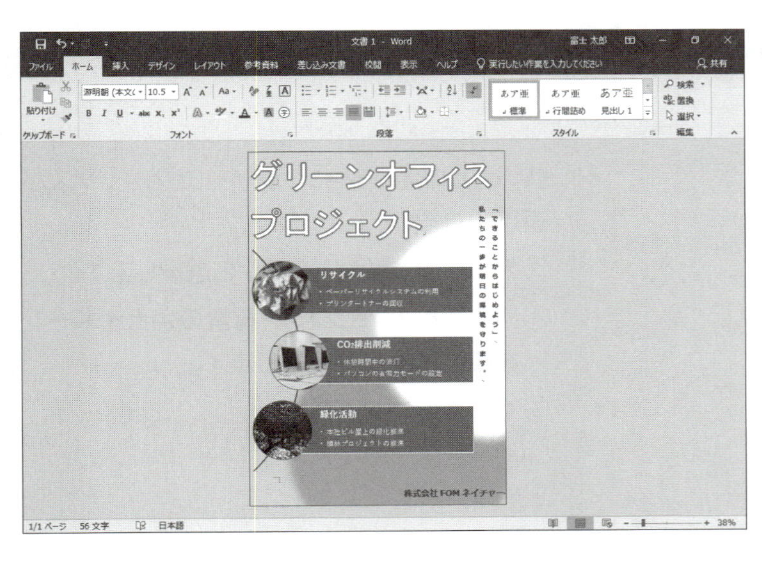

図形が一番後ろに移動され、SmartArtグラフィックやテキストボックスが表示されます。

※図形の選択を解除しておきましょう。

1 2 3 4 5 6 7 総合問題 付録 索引

Step 10 背景の設定された文書を印刷する

1 ページの背景の印刷

ページの背景に色や画像を設定した場合、そのまま印刷しても背景は印刷されません。
ページの背景も印刷されるように設定して、文書を印刷しましょう。

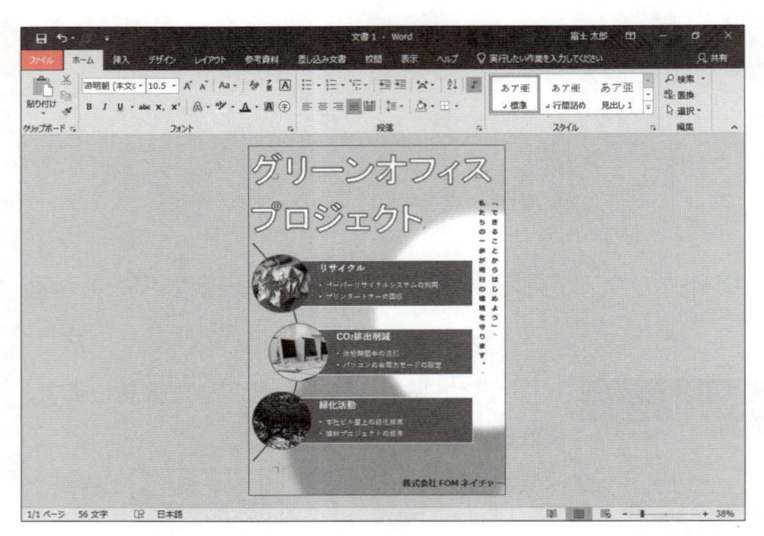

ページの背景が印刷されるように設定します。

①《**ファイル**》タブを選択します。

②《**オプション**》をクリックします。

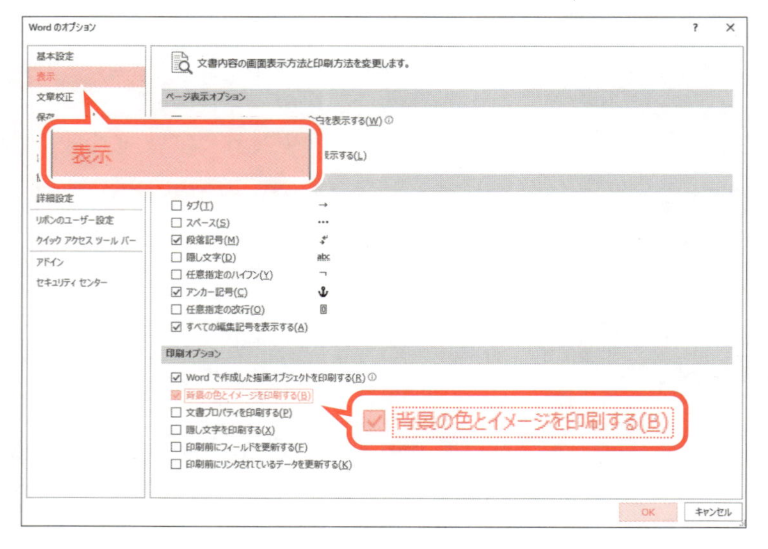

《**Wordのオプション**》ダイアログボックスが表示されます。

③左側の一覧から《**表示**》を選択します。

④《**印刷オプション**》の《**背景の色とイメージを印刷する**》を☑にします。

⑤《**OK**》をクリックします。

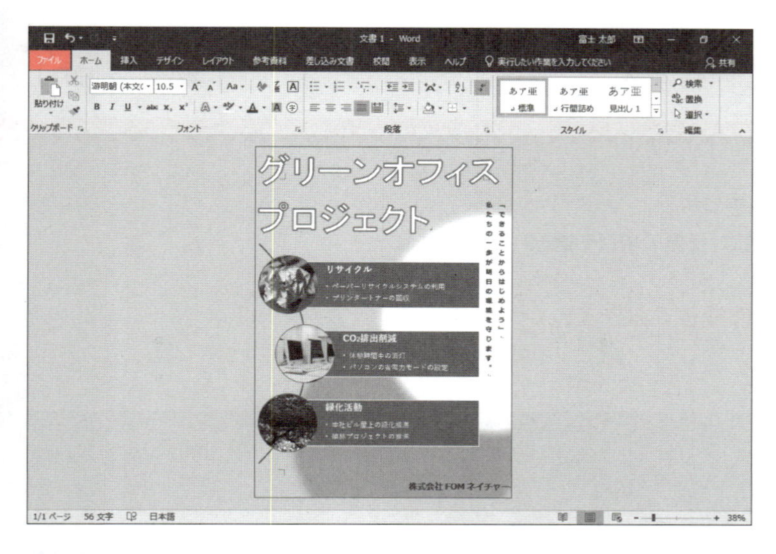

文書を印刷します。

⑥**《ファイル》**タブを選択します。

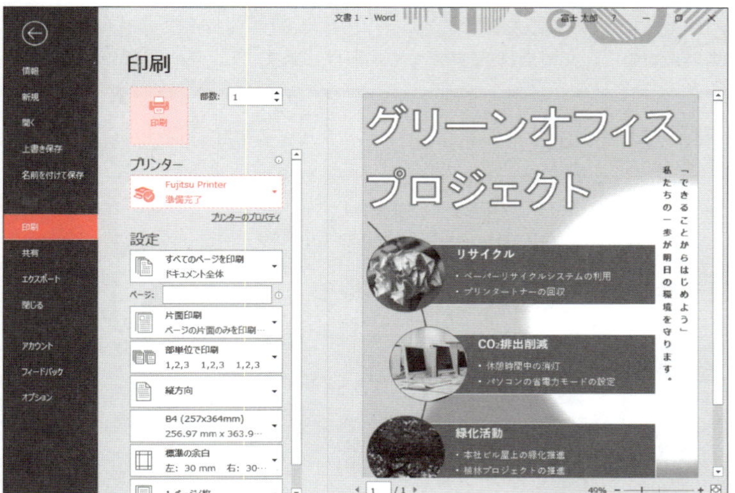

⑦**《印刷》**をクリックします。

⑧**《プリンター》**に出力するプリンターの名前が表示されていることを確認します。

※表示されていない場合は、▼をクリックし、一覧から選択します。

⑨**《印刷》**をクリックします。

※文書に「図形や図表を使った文書の作成完成」と名前を付けて、フォルダー「第1章」に保存し、閉じておきましょう。

POINT フチなし印刷

フチなし印刷に対応しているプリンターでは、用紙の周囲ギリギリまで印刷できます。フチなし印刷を実行するときは、プリンターのフチなし印刷の設定を有効にしておく必要があります。

練習問題

解答 ► 別冊P.1

完成図のような文書を作成しましょう。
※設定する項目名が一覧にない場合は、任意の項目を選択してください。

Wordを起動し、新しい文書を作成しておきましょう。

●完成図

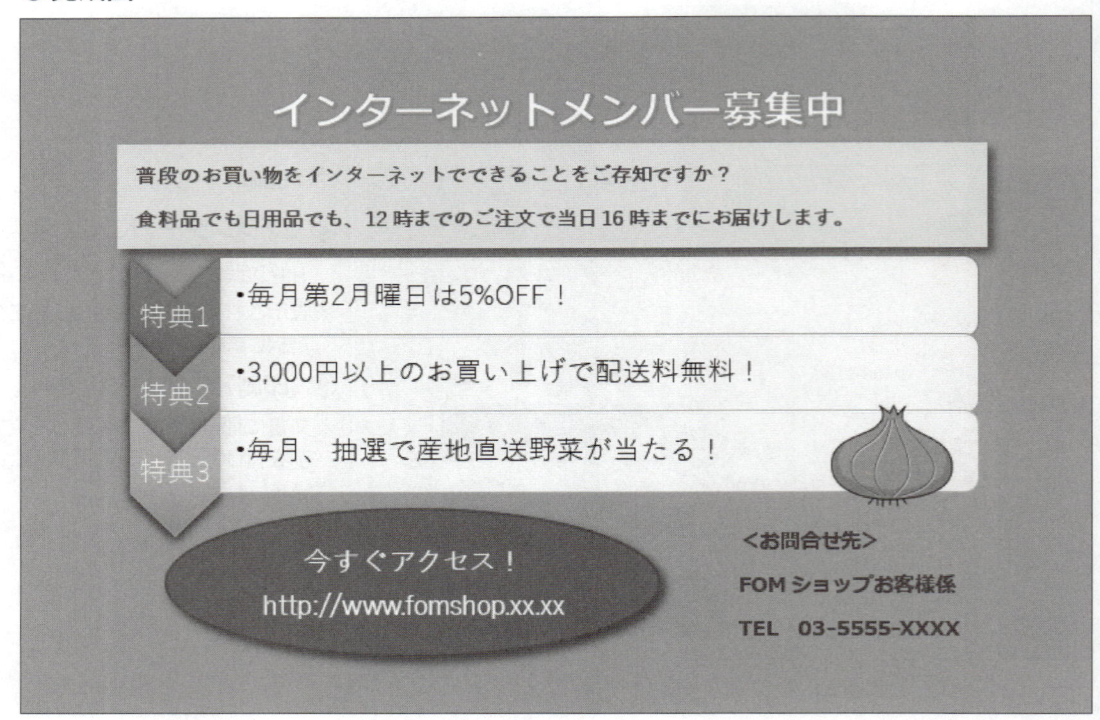

① 次のようにページを設定しましょう。

用紙サイズ	：はがき
印刷の向き	：横
余白	：狭い
テーマの色	：ペーパー
ページの色	：濃い緑、テキスト2、白+基本色60%

② ワードアートを使って、**「インターネットメンバー募集中」**というタイトルを挿入しましょう。ワードアートのスタイルは**「塗りつぶし：白；輪郭：オレンジ、アクセントカラー2；影(ぼかしなし)：オレンジ、アクセントカラー2」**にします。

③ ワードアートのフォントを**「メイリオ」**、フォントサイズを**「16」**ポイントに設定しましょう。
※完成図を参考に、ワードアートの位置を調整しておきましょう。

④ ワードアートの下に、横書きテキストボックスを作成し、次のように文字を入力しましょう。

普段のお買い物をインターネットでできることをご存知ですか？↵ 食料品でも日用品でも、12時までのご注文で当日16時までにお届けします。

※↵で Enter を押して改行します。

⑤ テキストボックスに、次の書式を設定しましょう。

図形の塗りつぶし	：ゴールド、アクセント3、白+基本色80%
図形の枠線	：枠線なし
図形の効果	：影 オフセット：右下
フォント	：游ゴシックLight
フォントサイズ	：8ポイント
太字	
フォントの色	：ゴールド、アクセント3、黒+基本色50%

※完成図を参考に、テキストボックスの位置とサイズを調整しておきましょう。

⑥ SmartArtグラフィック「**縦方向プロセス**」を挿入し、テキストウィンドウを使って次のように入力しましょう。

- 特典1
  - 毎月第2月曜日は5%OFF！
- 特典2
  - 3,000円以上のお買い上げで配送料無料！
- 特典3
  - 毎月、抽選で産地直送野菜が当たる！

Hint! テキストウィンドウ内の不要な箇条書きを削除する場合は、削除する箇条書きの位置にカーソルを移動し、Back Space を2回押します。

⑦ SmartArtグラフィックに、次の書式を設定しましょう。

フォント	：游ゴシックLight
フォントサイズ	：11ポイント
文字列の折り返し	：前面
色	：グラデーション - アクセント2
スタイル	：光沢

Hint! SmartArtグラフィックの色を変更する場合は、SmartArtグラフィックを選択→《SmartArtツール》の《デザイン》タブ→《SmartArtのスタイル》グループの (色の変更)を使います。

Hint! SmartArtグラフィックのスタイルを変更する場合は、SmartArtグラフィックを選択→《SmartArtツール》の《デザイン》タブ→《SmartArtのスタイル》グループの (その他)を使います。

※完成図を参考に、SmartArtグラフィックの位置とサイズを調整しておきましょう。

⑧ 画像「**たまねぎ**」を挿入し、SmartArtグラフィックの前面に表示しましょう。
※完成図を参考に、画像の位置とサイズを調整しておきましょう。

⑨ SmartArtグラフィックの左下に**「楕円」**の図形を作成し、次のように文字を入力しましょう。

今すぐアクセス！↵
http://www.fomshop.xx.xx

※↵で[Enter]を押して改行します。

Hint! 図形に文字を入力するには、図形を選択した状態で文字を入力します。

⑩ **「楕円」**の図形に、次の書式を設定しましょう。

図形の塗りつぶし	**：オレンジ、アクセント2、黒+基本色25%**
図形の効果	**：影 オフセット：右下**
フォント	**：游ゴシックLight**
太字	

※完成図を参考に、図形の位置とサイズを調整しておきましょう。

⑪ SmartArtグラフィックの右下に横書きテキストボックスを作成し、次のように文字を入力しましょう。

<お問合せ先>↵
FOMショップお客様係↵
TEL□03-5555-XXXX

※↵で[Enter]を押して改行します。
※□は全角空白を表します。

⑫ ⑪で作成したテキストボックスに、次の書式を設定しましょう。

図形の塗りつぶし	**：塗りつぶしなし**
図形の枠線	**：枠線なし**
フォント	**：メイリオ**
フォントサイズ	**：8ポイント**
フォントの色	**：ゴールド、アクセント3、黒+基本色50%**
太字	

※完成図を参考に、テキストボックスの位置とサイズを調整しておきましょう。

※文書に「第1章練習問題完成」と名前を付けて、フォルダー「第1章」に保存し、閉じておきましょう。

第2章

写真を使った文書の作成

第2章 この章で学ぶこと

学習前に習得すべきポイントを理解しておき、
学習後には確実に習得できたかどうかを振り返りましょう。

1	標準のフォントとフォントサイズを変更できる。	→ P.57
2	文書内に別のファイルの内容を挿入できる。	→ P.60
3	挿入した文字に設定されている書式をクリアできる。	→ P.62
4	画像をトリミングできる。	→ P.64
5	画像の明るさやコントラストを調整できる。	→ P.69
6	画像の色を変更できる。	→ P.70
7	画像にアート効果を設定できる。	→ P.71
8	画像を回転できる。	→ P.73
9	画像の背景を削除できる。	→ P.75
10	画像に文字列の折り返しを設定できる。	→ P.80
11	図形をコピーし、図として貼り付けることができる。	→ P.82
12	複数の図形を組み合わせて地図を作成できる。	→ P.86

Step 1 作成する文書を確認する

1 作成する文書の確認

次のような文書を作成しましょう。

ページレイアウトの設定
（標準のフォント、フォントサイズの変更）

画像のトリミング
画像の明るさやコントラストの調整
画像の色の変更
アート効果の設定

本社、新オフィスへ移転

梅雨の晴れ間となった6月18～19日にかけて、本社オフィスの移転作業を行いました。
これまで東京地区は、営業部門は新宿オフィス、管理・企画・開発部門は御徒町オフィスで業務を行っていましたが、このたび、オフィスを統合することになりました。オフィスがひとつになることにより、今後は迅速に業務を行うことができるようになります。
ところで、新オフィスのある「竹芝」がどこにあるかご存知でしょうか？
聞いたことがないという方も多いかもしれません。実は、東京駅や羽田空港からも意外と近く、出張で来る場合は新幹線でも飛行機でも非常に便利なところです。オフィスの最寄り駅は、新交通システムゆりかもめ竹芝駅ですが、JR浜松町駅からでも十分に歩ける距離なので、ぜひ、経費削減のためにも本社に来るときは、歩いてお越しください。

画像の挿入

画像の回転
背景の削除
文字列の折り返しの設定

新オフィスへのアクセス

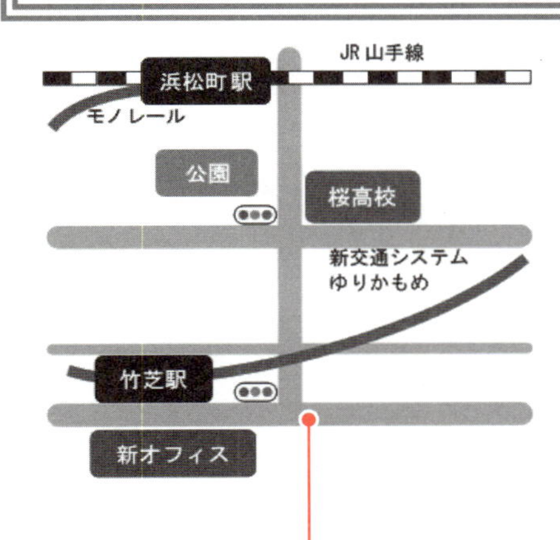

■東京駅利用
①JR山手線浜松町駅まで約6分
②浜松町駅から徒歩約10分

■羽田空港利用
①モノレール浜松町駅まで約26分
②浜松町駅から徒歩約10分

テキストファイルの挿入
書式のクリア

図として貼り付け

図形の作成

Step2 ページのレイアウトを設定する

1 標準のフォントとフォントサイズの変更

文章や画像、図形などの情報量が多い文書を作成する場合は、余白を狭くしたり、標準のフォントサイズを小さくしたりして、1ページ内の情報量を増やします。
ページの端に、画像や図形などを配置することを決めている場合は、その部分を余白として設定しておくと、文字が画像や図形で隠れてしまうことを防ぐことができ、操作しやすくなります。また、文書で使う標準のフォントを決めている場合は、あらかじめ変更しておくと効率よく入力できます。
次のように、ページのレイアウトを設定しましょう。

日本語用のフォント	：游ゴシックMedium
英数字用のフォント	：Arial
フォントサイズ	：10ポイント
余白	：上 30mm 左 35mm 下・右 15mm

File OPEN フォルダー「第2章」の文書「写真を使った文書の作成」を開いておきましょう。

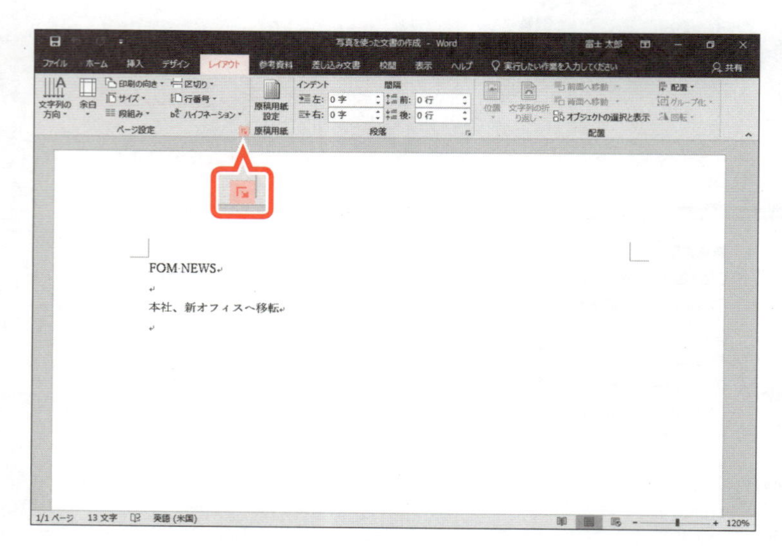

①《レイアウト》タブを選択します。
②《ページ設定》グループの［ページ設定アイコン］（ページ設定）をクリックします。
※操作しやすいように、画面の表示倍率を《ページ幅を基準に表示》にしておきましょう。

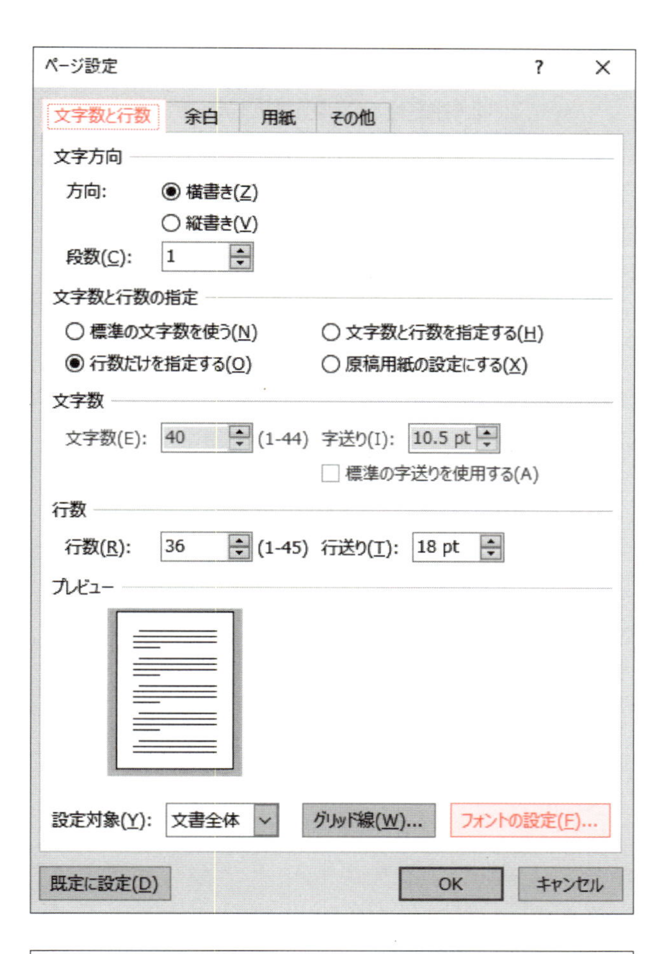

《ページ設定》ダイアログボックスが表示されます。

③《**文字数と行数**》タブを選択します。

④《**フォントの設定**》をクリックします。

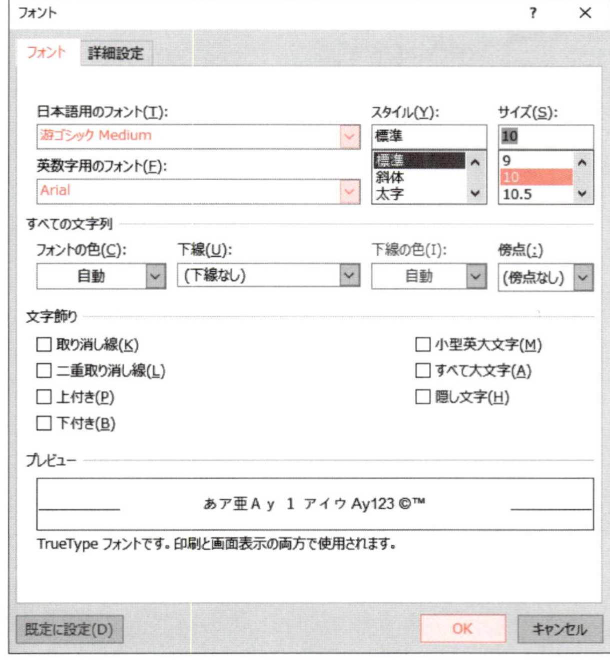

《フォント》ダイアログボックスが表示されます。

⑤《**フォント**》タブを選択します。

⑥《**日本語用のフォント**》の[∨]をクリックし、一覧から《**游ゴシックMedium**》を選択します。

※一覧に表示されていない場合は、スクロールして調整します。

⑦《**英数字用のフォント**》の[∨]をクリックし、一覧から《**Arial**》を選択します。

※一覧に表示されていない場合は、スクロールして調整します。

⑧《**サイズ**》の一覧から《**10**》を選択します。

⑨《**OK**》をクリックします。

《ページ設定》ダイアログボックスに戻ります。

⑩《余白》タブを選択します。

⑪《上》を「30mm」に設定します。

⑫同様に、《左》を「35mm」に、《下》《右》を「15mm」に設定します。

⑬《OK》をクリックします。

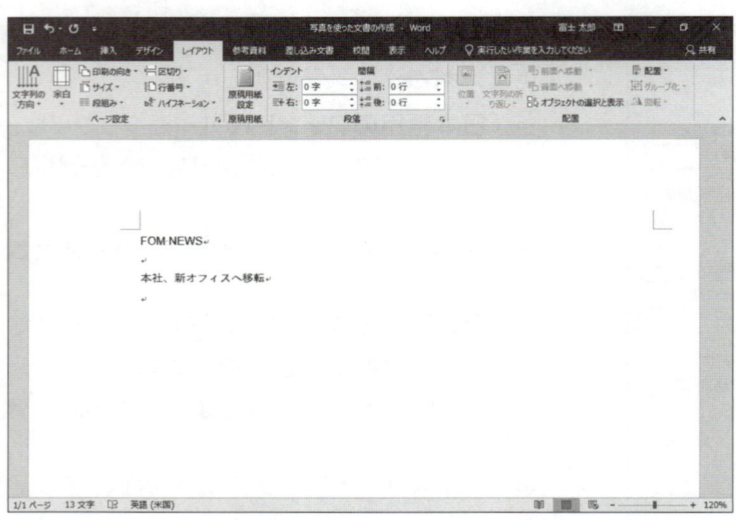

標準のフォントとフォントサイズ、余白が変更されます。

Step3 ファイルを挿入する

1 テキストファイルの挿入

作成中の文書に、別のファイルから文章を挿入できます。指定した位置に挿入できるので、複数のファイルに入力された文章をひとつにまとめるときなどに使うと便利です。
作成中の文書に、テキストファイル「**社内報原稿**」を挿入しましょう。

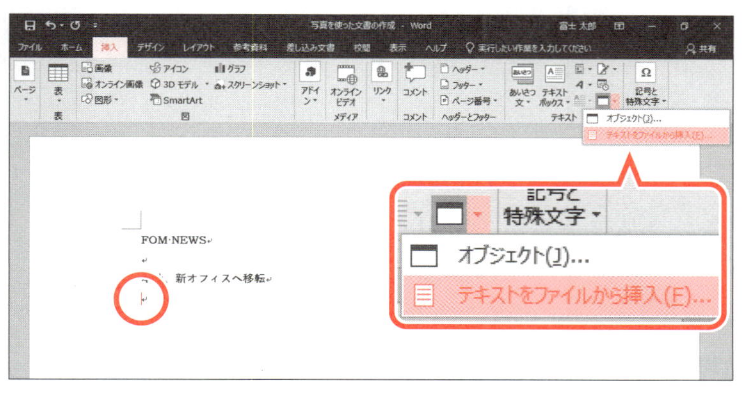

①「**本社、新オフィスへ移転**」の下の行にカーソルを移動します。
②《**挿入**》タブを選択します。
③《**テキスト**》グループの（オブジェクト）のをクリックします。
④《**テキストをファイルから挿入**》をクリックします。

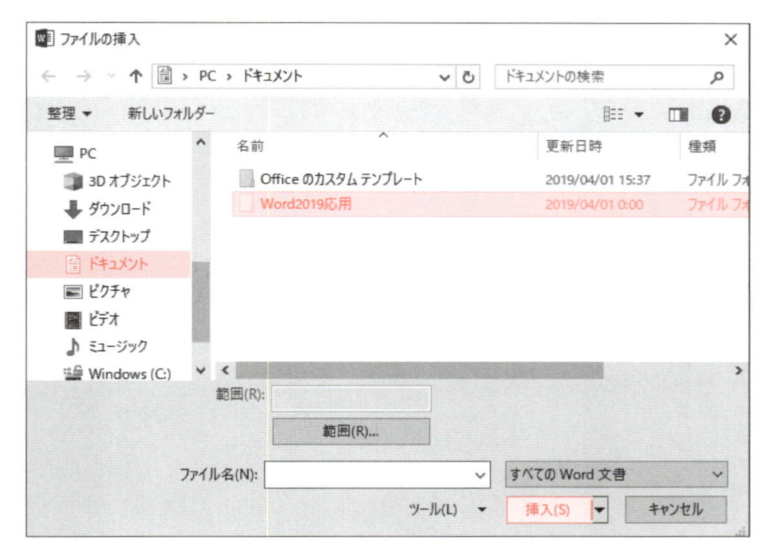

《**ファイルの挿入**》ダイアログボックスが表示されます。
ファイルが保存されている場所を選択します。
⑤左側の一覧から《**ドキュメント**》を選択します。
※《ドキュメント》が表示されていない場合は、《PC》をダブルクリックします。
⑥一覧から「**Word2019応用**」を選択します。
⑦《**挿入**》をクリックします。

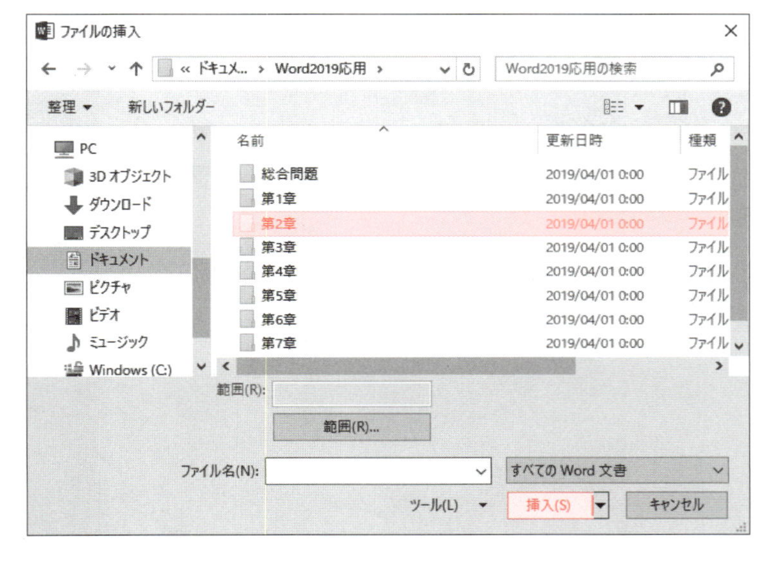

⑧一覧から「**第2章**」を選択します。
⑨《**挿入**》をクリックします。

1 2 3 4 5 6 7 総合問題 付録 索引

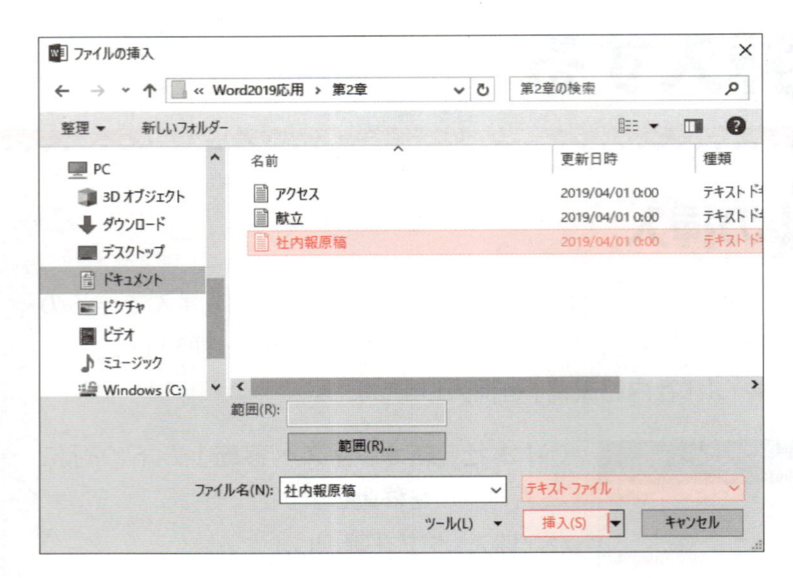

ファイルの種類を変更します。

⑩ すべての Word 文書 をクリックします。

⑪ 一覧から**《テキストファイル》**を選択します。

⑫ 一覧から**「社内報原稿」**を選択します。

⑬ **《挿入》**をクリックします。

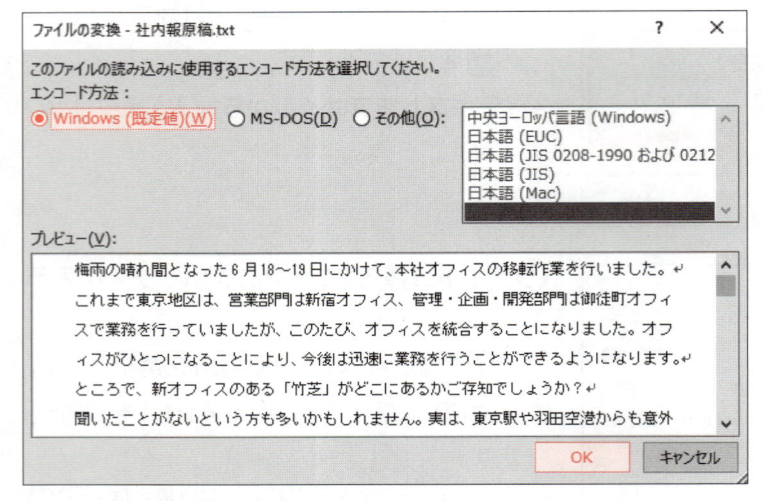

《ファイルの変換-社内報原稿.txt》ダイアログボックスが表示されます。

⑭ **《Windows（既定値）》**を◉にします。

⑮ **《OK》**をクリックします。

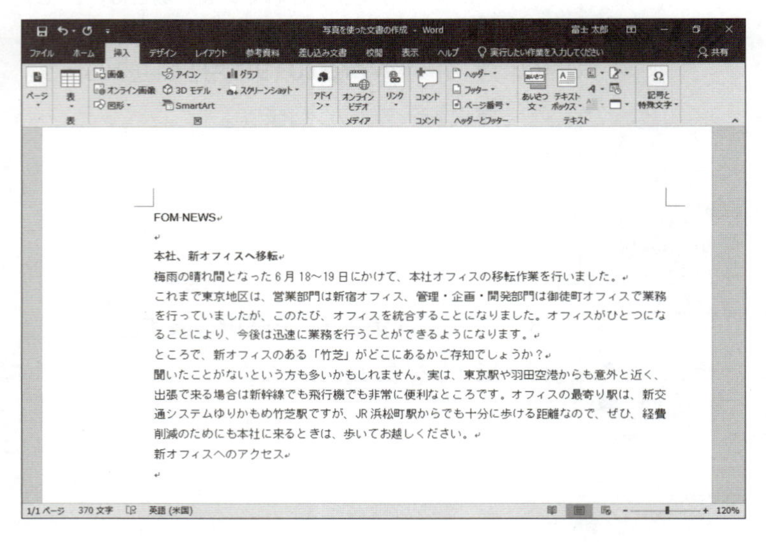

テキストファイルの文章が挿入されます。

2 書式のクリア

テキストファイルを挿入すると、フォント「**MSゴシック**」、フォントサイズ「**10.5ポイント**」の書式が設定されます。挿入先の文書の書式を適用させるには、書式をクリアします。
挿入した文字の書式をクリアしましょう。

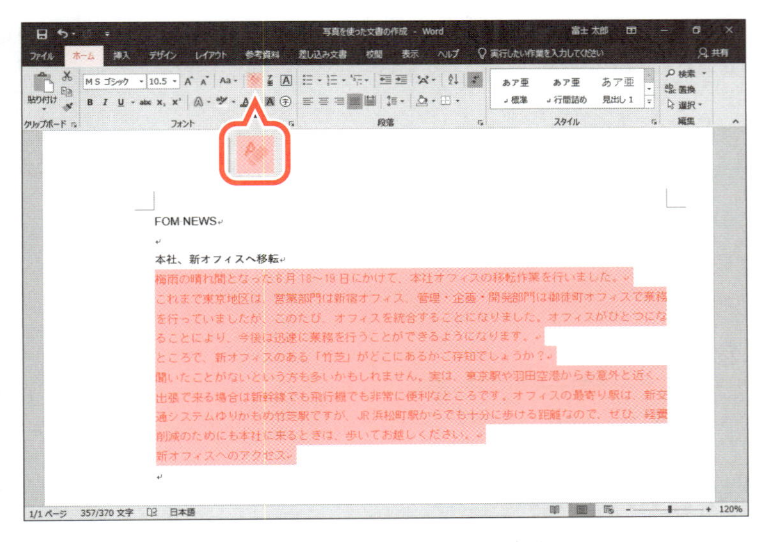

挿入した文字を選択します。

①「**梅雨の晴れ間…**」で始まる行から「**新オフィスへのアクセス**」までの行を選択します。

②《**ホーム**》タブを選択します。

③《**フォント**》グループの（すべての書式をクリア）をクリックします。

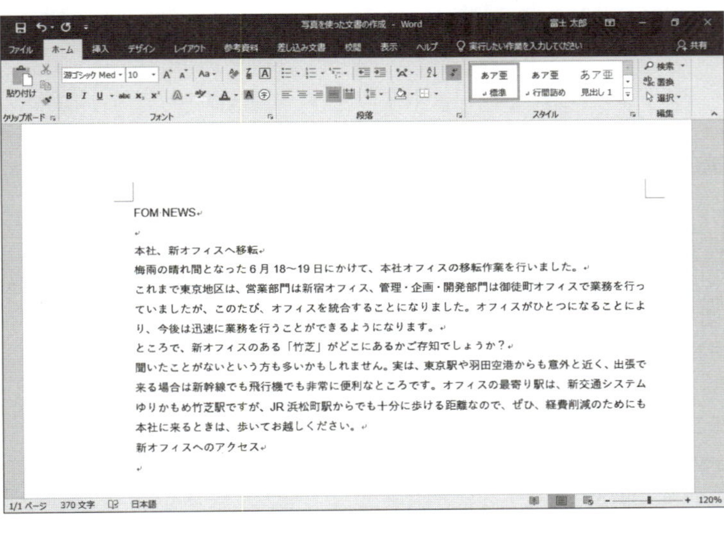

書式がクリアされ、作成中の文書の書式が適用されます。

※選択を解除しておきましょう。

STEP UP Word文書挿入時の書式

Word文書を挿入すると、もとの文書の書式がそのまま挿入されます。挿入先の文書の書式やデザインと合わせる場合は、必要に応じて書式を設定しなおしたり、書式をクリアしたりするとよいでしょう。

Let's Try ためしてみよう

「本社、新オフィスへ移転」に、次の書式を設定しましょう。

フォント	：MSPゴシック
フォントサイズ	：24ポイント
段落罫線	：下側と左側
罫線の種類	：═══════
罫線の色	：オレンジ、アクセント2
罫線の太さ	：3pt
段落前の間隔	：0.5行

FOM NEWS

本社、新オフィスへ移転

梅雨の晴れ間となった6月18～19日にかけて、本社オフィスの移転作業を行いました。
これまで東京地区は、営業部門は新宿オフィス、管理・企画・開発部門は御徒町オフィスで業務を行っていましたが、このたび、オフィスを統合することになりました。オフィスがひとつになることにより、今後は迅速に業務を行うことができるようになります。
ところで、新オフィスのある「竹芝」がどこにあるかご存知でしょうか？
聞いたことがないという方も多いかもしれません。実は、東京駅や羽田空港からも意外と近く、出張で来る場合は新幹線でも飛行機でも非常に便利なところです。オフィスの最寄り駅は、新交通システムゆりかもめ竹芝駅ですが、JR浜松町駅からでも十分に歩ける距離なので、ぜひ、経費削減のためにも本社に来るときは、歩いてお越しください。
新オフィスへのアクセス

Let's Try Answer

①「本社、新オフィスへ移転」の行を選択
②《ホーム》タブを選択
③《フォント》グループの 游ゴシック Med （フォント）の ▾ をクリックし、一覧から《MSPゴシック》を選択
④《フォント》グループの 10 （フォントサイズ）の ▾ をクリックし、一覧から《24》を選択
⑤《段落》グループの ▾ （罫線）の ▾ をクリック
⑥《線種とページ罫線と網かけの設定》をクリック
⑦《罫線》タブを選択
⑧《設定対象》が《段落》になっていることを確認
⑨左側の《種類》から《指定》をクリック
⑩中央の《種類》から《═══════》をクリック
⑪《色》の ⌄ をクリック
⑫《テーマの色》の《オレンジ、アクセント2》（左から6番目、上から1番目）をクリック
⑬《線の太さ》の ⌄ をクリック
⑭《3pt》をクリック
⑮《プレビュー》の ▢ と ▢ をクリック
⑯《OK》をクリック
⑰《レイアウト》タブを選択
⑱《段落》グループの 前: （前の間隔）を「0.5行」に設定

Step4 写真を編集する

1 画像のトリミング

画像の不要な部分を切り取って必要な部分だけを残すことを**「トリミング」**といいます。
画像の中の一部分だけを使いたい場合などは、トリミングを使うとよいでしょう。
あらかじめ、画像編集ソフトを使ってトリミングした画像を挿入することもできますが
Wordのトリミング機能を使うと、文書全体のバランスを見ながら必要な部分を決めることができるので便利です。

1 画像の挿入

タイトル「**FOM NEWS**」の背面に表示する画像を挿入しましょう。

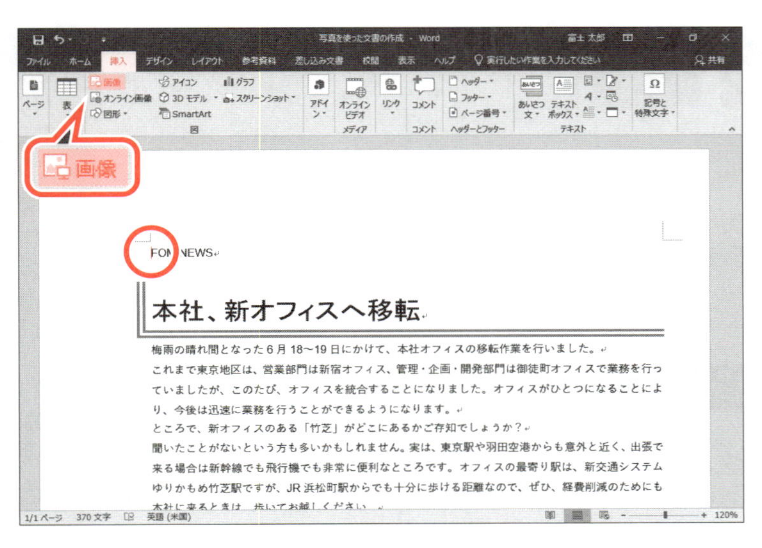

①文頭にカーソルを移動します。

※ Ctrl + Home を押すと、効率よく移動できます。

②**《挿入》**タブを選択します。

③**《図》**グループの 画像 (ファイルから)をクリックします。

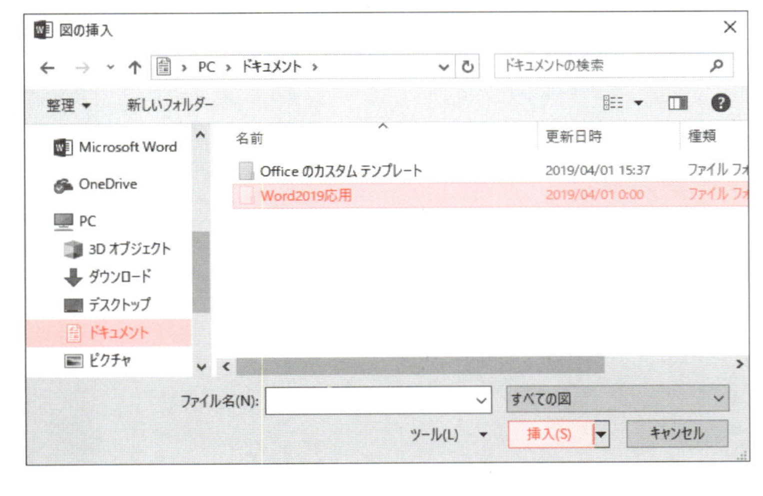

《図の挿入》ダイアログボックスが表示されます。

④左側の一覧から**《ドキュメント》**を選択します。

※《ドキュメント》が表示されていない場合は、《PC》をダブルクリックします。

⑤一覧から「**Word2019応用**」を選択します。

⑥**《挿入》**をクリックします。

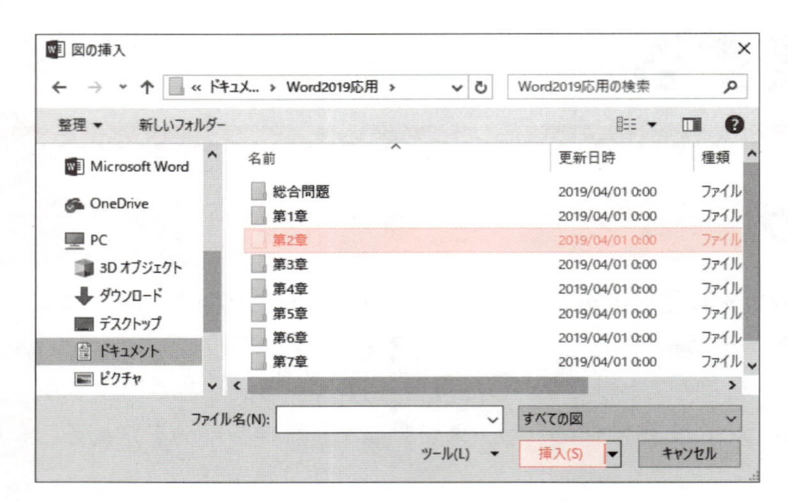

⑦一覧から**「第2章」**を選択します。

⑧**《挿入》**をクリックします。

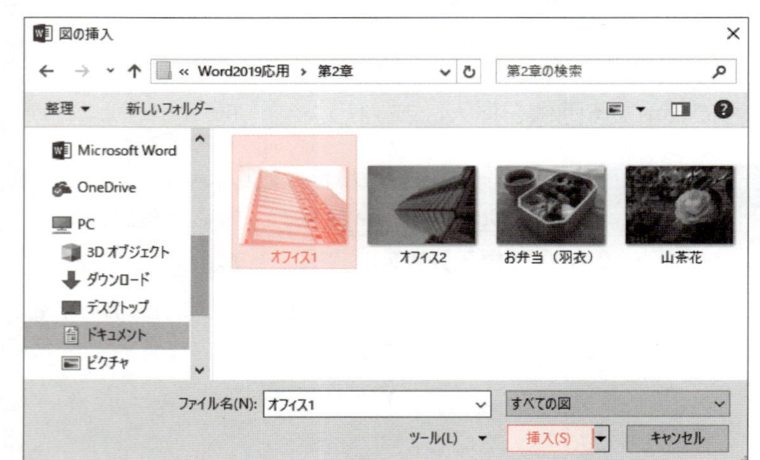

⑨一覧から**「オフィス1」**を選択します。

⑩**《挿入》**をクリックします。

画像が挿入されます。

※リボンに《書式》タブが表示され、自動的に《書式》タブに切り替わります。

2 トリミング

挿入した画像に写っているビルをトリミングして、必要な部分だけを残しましょう。

①画像が選択されていることを確認します。

②《**書式**》タブを選択します。

③《**サイズ**》グループの（トリミング）をクリックします。

画像の周りに┓や━などの囲みが表示されます。

④画像の上側の━をポイントします。

マウスポインターの形が、┻に変わります。

⑤図のように、下側にドラッグします。

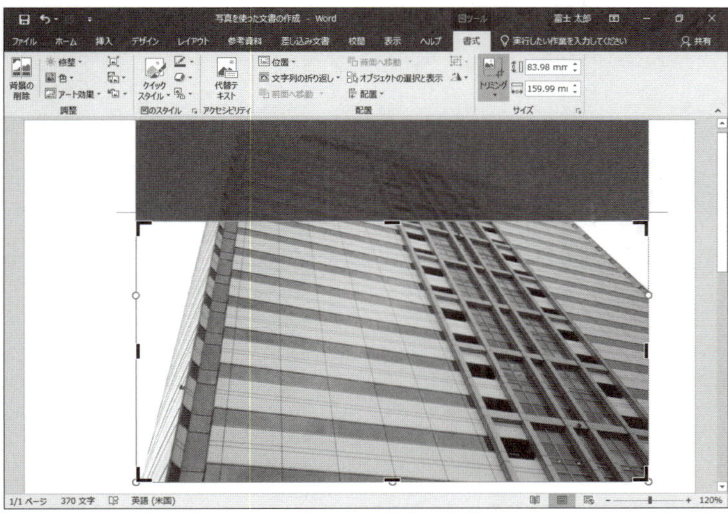

画像の上側がトリミングされて、表示されない部分がグレーで表示されます。

⑥同様に、画像の下側の━をポイントし、図のようにドラッグします。

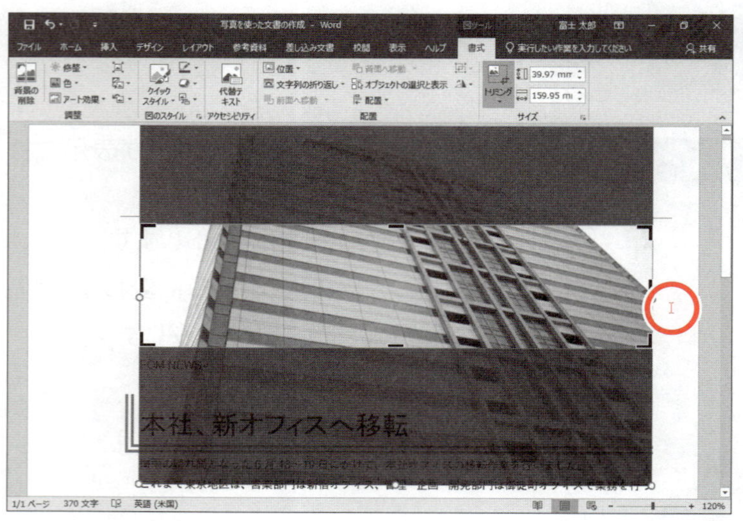

画像の下側がトリミングされて、表示されない部分がグレーで表示されます。

トリミングを確定します。

⑦画像以外の場所をクリックします。

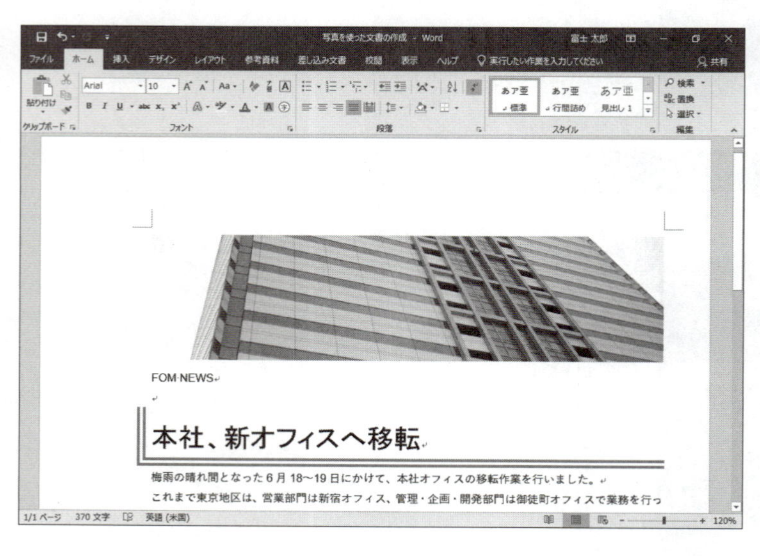

トリミングが確定します。

STEP UP 画像のサイズ変更とトリミング

画像のサイズを小さくすると何が写っているのかわからなくなる場合は、トリミングを使って、画像の必要な部分を切り出してからサイズを変更するとよいでしょう。

POINT トリミングの再編集

画像のトリミングを確定したあとでも、トリミングの範囲や表示する位置などを調整できます。
画像のトリミングを確定したあとに、編集する方法は、次のとおりです。

◆画像を選択→《書式》タブ→《サイズ》グループの (トリミング)

●表示位置の調整

トリミングの大きさを変更せずに、画像の表示位置を変更できます。

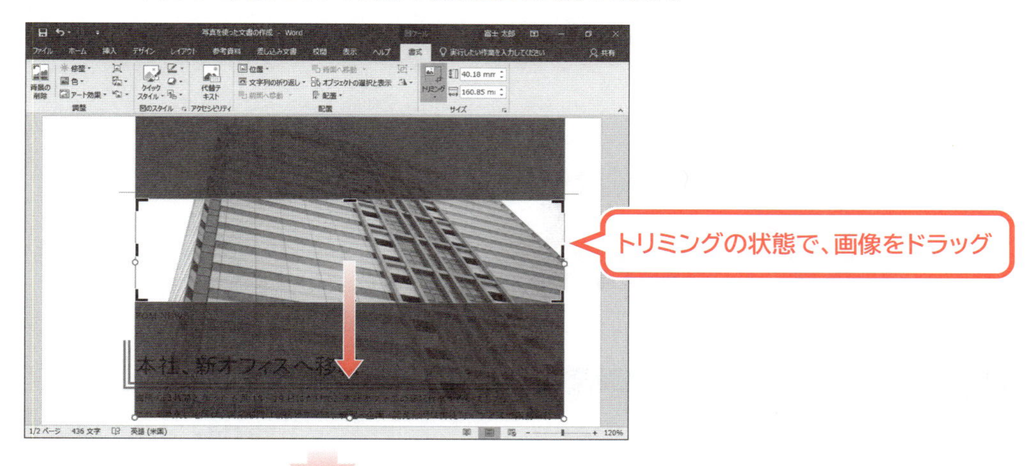
トリミングの状態で、画像をドラッグ

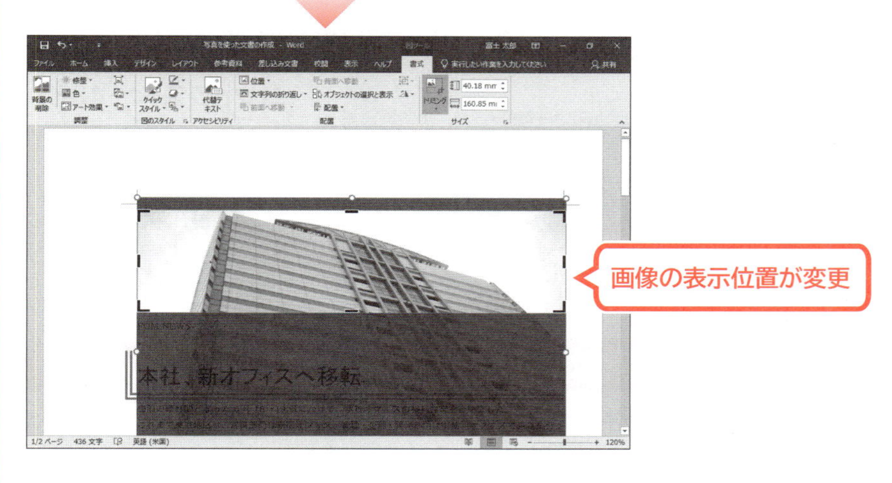
画像の表示位置が変更

●図形に合わせてトリミング

雲や星、吹き出しなどの図形を使ってトリミングを行うことができます。

◆画像を選択→《書式》タブ→《サイズ》グループの (トリミング)の →《図形に合わせてトリミング》→図形を選択

※図形に合わせてトリミングを実行すると、画像のサイズに合わせてトリミングされます。図形の大きさや、図形の中に表示する画像の範囲や位置を調整したい場合は、 (トリミング)をクリックして編集します。

2 画像の明るさやコントラストの調整

明るすぎたり暗すぎたりする画像に対して、明るさやコントラスト（明暗の差）を調整できます。
画像「**オフィス1**」の明るさを「**−20%**」、コントラストを「**+40%**」に調整しましょう。

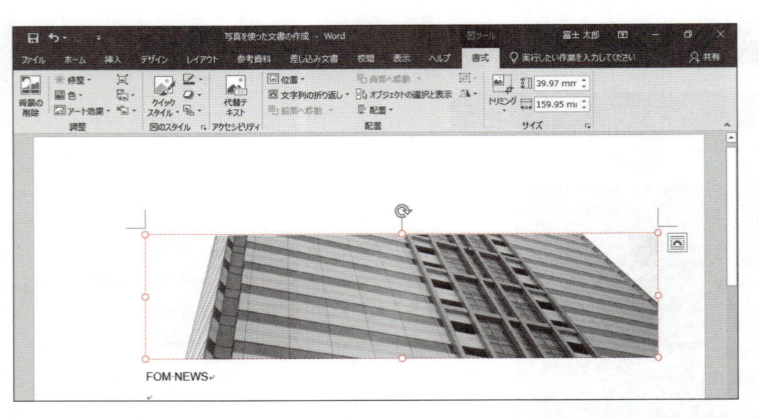

①画像を選択します。

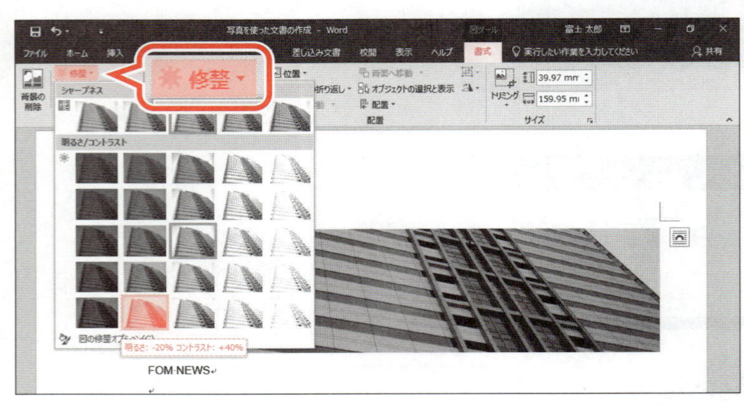

②**《書式》**タブを選択します。

③**《調整》**グループの（修整）をクリックします。

④**《明るさ/コントラスト》**の**《明るさ：−20% コントラスト：+40%》**をクリックします。

画像の明るさとコントラストが調整されます。

POINT 画像の明るさとコントラストの解除

調整した明るさとコントラストをもとの状態に戻すには、（修整）をクリックして表示される《明るさ：0%（標準）コントラスト：0%（標準）》を選択します。

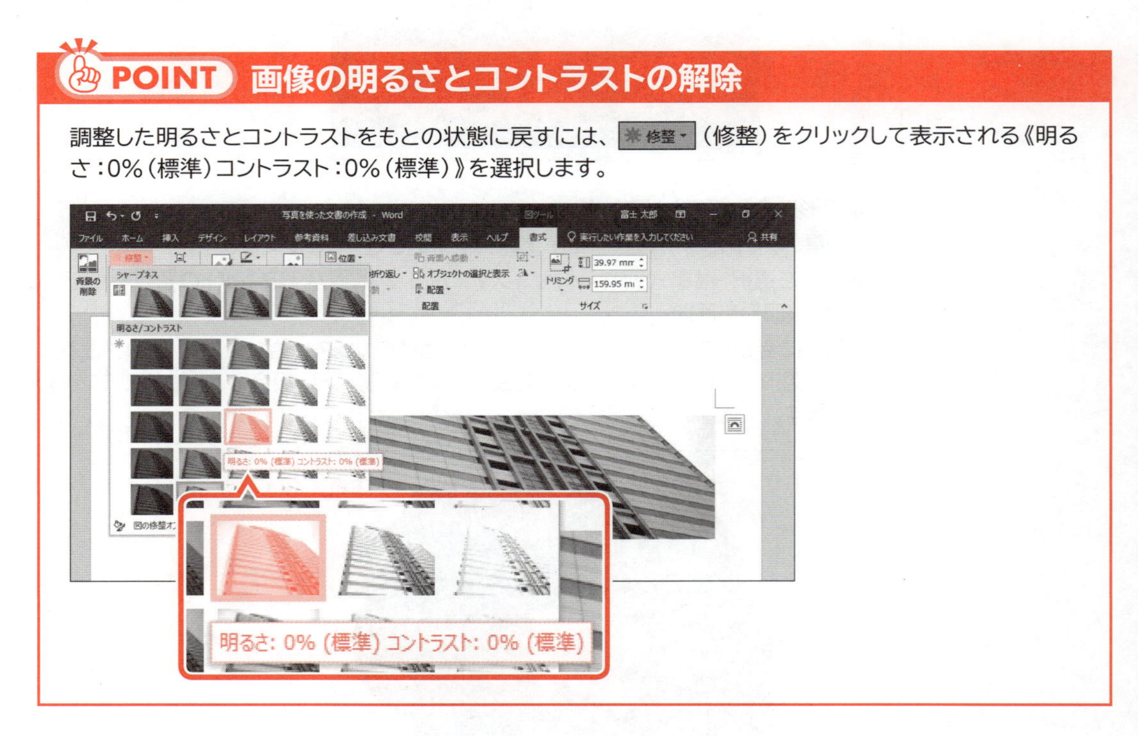

STEP UP トリミングした画像の明るさやコントラストの調整

トリミングした位置によっては画像が暗く感じることがあります。画像をトリミングする場合は、トリミングしてから明るさやコントラストを調整するとよいでしょう。

3 画像の色の変更

画像の彩度（鮮やかさ）を調整したり、セピアや白黒、テーマに合わせた色などの効果を設定したりできます。テーマに合わせた色合いに変更しておくと、文書のテーマを変更した場合に、画像の色も合わせて変更されるので、全体のイメージを統一できます。
画像**「オフィス1」**の色を**「緑、アクセント6（淡）」**に変更しましょう。

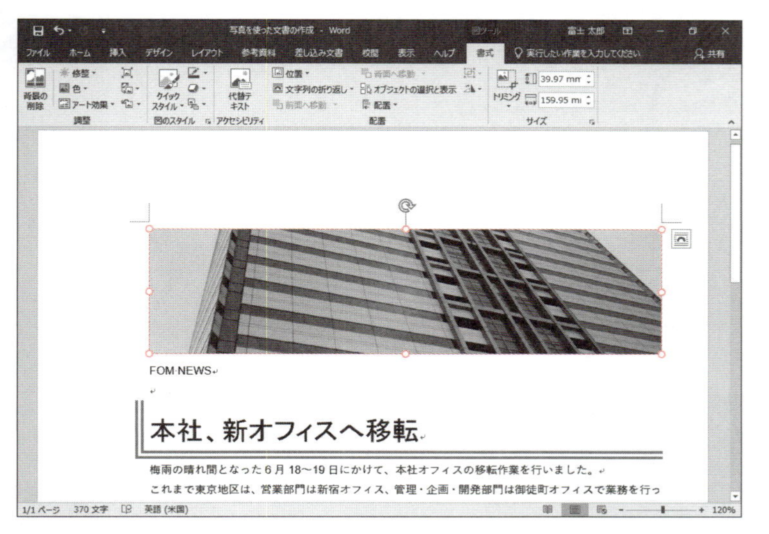

①画像を選択します。

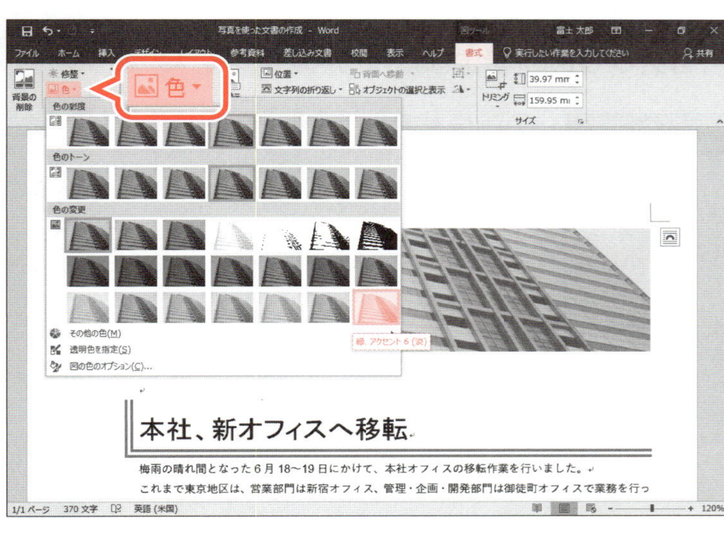

②**《書式》**タブを選択します。
③**《調整》**グループの 色 （色）をクリックします。
④**《色の変更》**の**《緑、アクセント6（淡）》**をクリックします。
画像の色が変更されます。

STEP UP 色の彩度とトーン

色 （色）を使うと、「色の彩度」や「色のトーン」の調整もできます。
色の彩度は、鮮やかさを0～400%の間で指定できます。0%に近いほど色が失われグレースケールに近くなり、数値が大きくなるにつれ鮮やかさが増します。また、色のトーンは、色温度を4700～11200Kの間で指定でき、数値が大きくなるほど温かみのある色合いに調整できます。

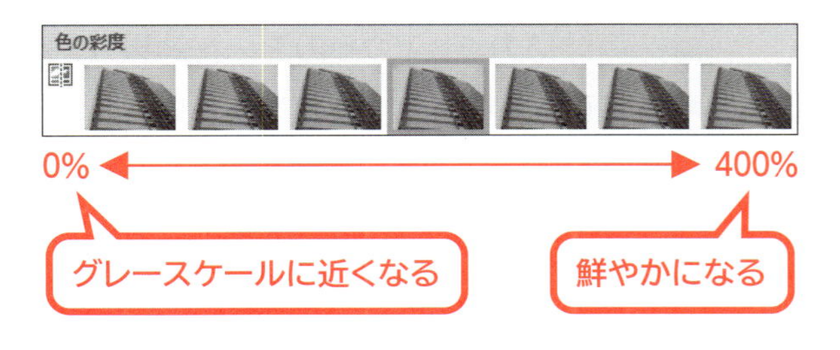

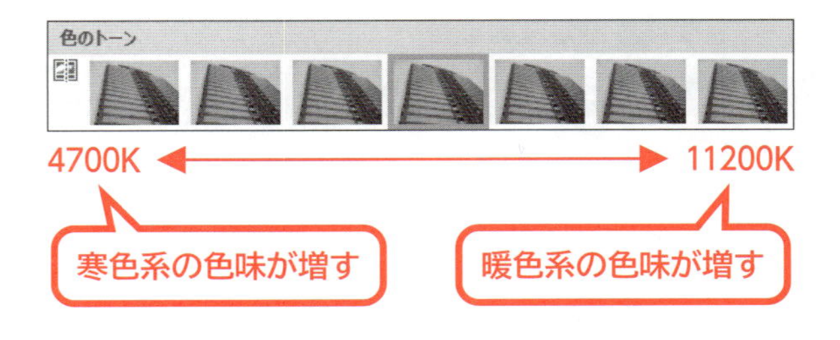

4　アート効果の設定

「アート効果」を使うと、画像に**「鉛筆：スケッチ」「線画」「マーカー」**などの効果を付けることができます。

●**鉛筆：スケッチ**

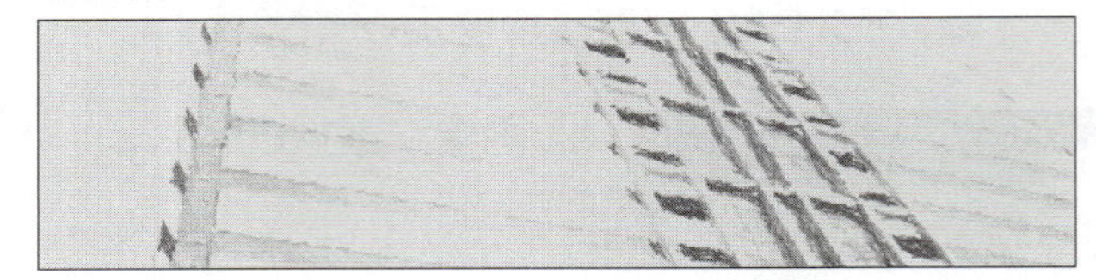

●**線画**

●**マーカー**

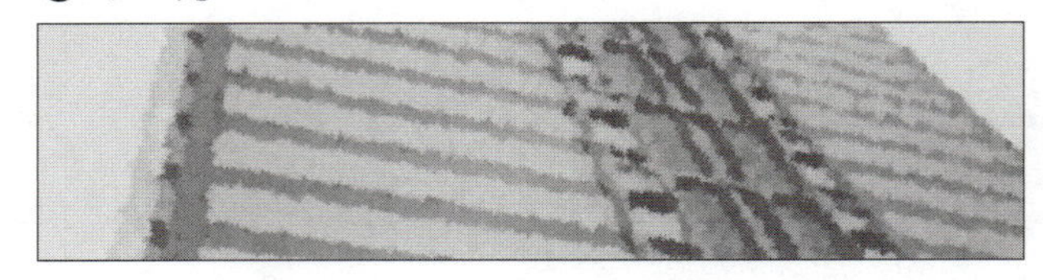

画像**「オフィス1」**にアート効果**「カットアウト」**を設定しましょう。

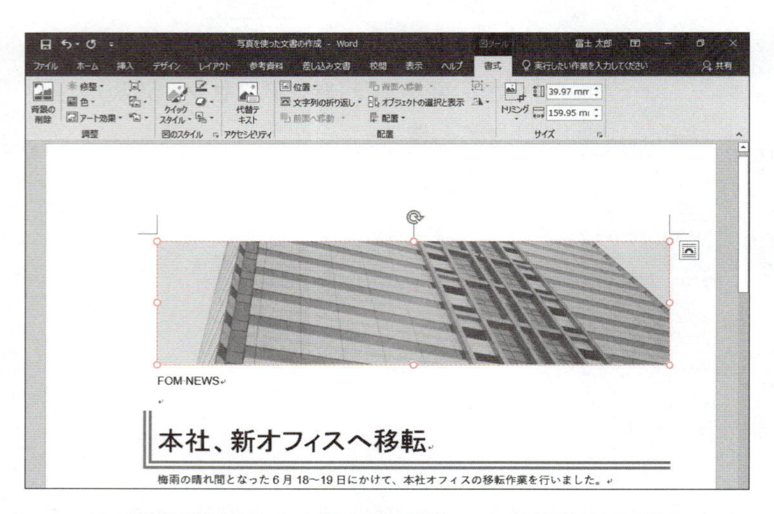

①画像を選択します。

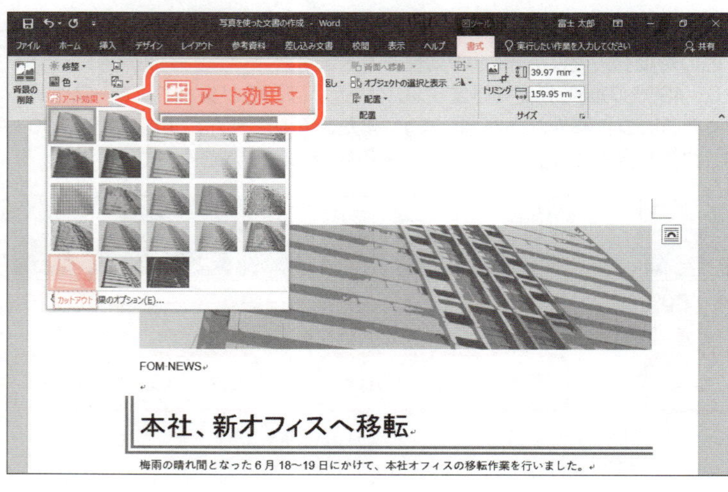

②**《書式》**タブを選択します。

③**《調整》**グループの［アート効果］（アート効果）をクリックします。

④**《カットアウト》**をクリックします。

画像にカットアウトのアート効果が設定されます。

POINT 図のリセット

(図のリセット)を使うと、画像に行った様々な修整を一度に取り消すことができます。

Let's Try ためしてみよう

次のように、ワードアートと画像を編集しましょう。
※設定する項目名が一覧にない場合は、任意の項目を選択してください。

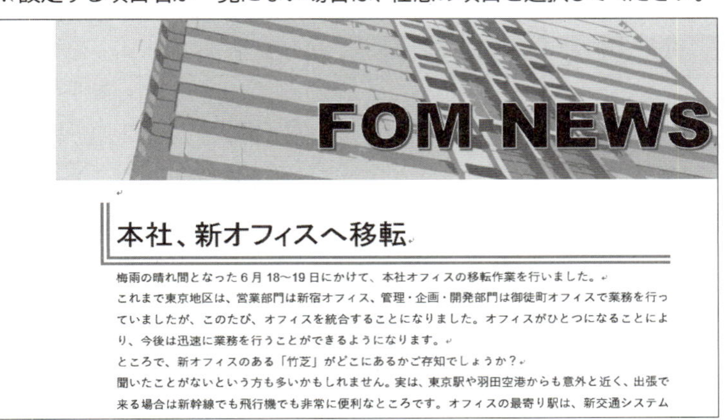

FOM NEWS

本社、新オフィスへ移転

梅雨の晴れ間となった6月18~19日にかけて、本社オフィスの移転作業を行いました。
これまで東京地区は、営業部門は新宿オフィス、管理・企画・開発部門は御徒町オフィスで業務を行っていましたが、このたび、オフィスを統合することになりました。オフィスがひとつになることにより、今後は迅速に業務を行うことができるようになります。
ところで、新オフィスのある「竹芝」がどこにあるかご存知でしょうか？
聞いたことがないという方も多いかもしれません。実は、東京駅や羽田空港からも意外と近く、出張で来る場合は新幹線でも飛行機でも非常に便利なところです。オフィスの最寄り駅は、新交通システム

①「FOM NEWS」に、次の書式を設定しましょう。

ワードアートのスタイル	：塗りつぶし：黒、文字色1；輪郭：白、背景色1；影（ぼかしなし）：白、背景色1
文字列の折り返し	：前面
フォント	：Arial Black
フォントサイズ	：54ポイント

すでに入力されている文字をワードアートに変更するには、文字を選択してから、《挿入》タブ→《テキスト》グループの(ワードアートの挿入)を使います。

②画像「オフィス1」の文字列の折り返しを、「四角形」「ページ上の位置を固定」に設定し、ワードアートの背面に表示しましょう。

③画像「オフィス1」とワードアートの位置とサイズを調整しましょう。

Let's Try Answer

①

①「FOM NEWS」の行を選択
※↵を含めて選択します。
②《挿入》タブを選択
③《テキスト》グループの(ワードアートの挿入)をクリック
④《塗りつぶし：黒、文字色1；輪郭：白、背景色1；影（ぼかしなし）：白、背景色1》（左から1番目、上から3番目）をクリック
⑤ワードアートが選択されていることを確認
⑥(レイアウトオプション)をクリック
⑦《文字列の折り返し》の(前面)をクリック
⑧《レイアウトオプション》の(閉じる)をクリック
⑨《ホーム》タブを選択
⑩《フォント》グループの Arial (フォント)の をクリックし、一覧から《Arial Black》を選択
⑪《フォント》グループの 36 (フォントサイズ)の 36 をクリックし、「54」と入力
⑫ Enter を押す

②

①画像「オフィス1」を選択
②(レイアウトオプション)をクリック
③《文字列の折り返し》の(四角形)をクリック
④《ページ上の位置を固定》を◉にする
⑤《レイアウトオプション》の(閉じる)をクリック
⑥《書式》タブを選択
⑦《配置》グループの 背面へ移動 (背面へ移動)をクリック

③

①画像「オフィス1」の位置とサイズを調整
②ワードアートの位置とサイズを調整

5 画像の回転

「回転」を使うと、挿入した画像を反転したり、90度回転したりできます。また、画像を選択したときに表示される⟳（ハンドル）をドラッグすると、任意の角度で回転できます。

1 画像の挿入

本文中に画像**「オフィス2」**を挿入しましょう。

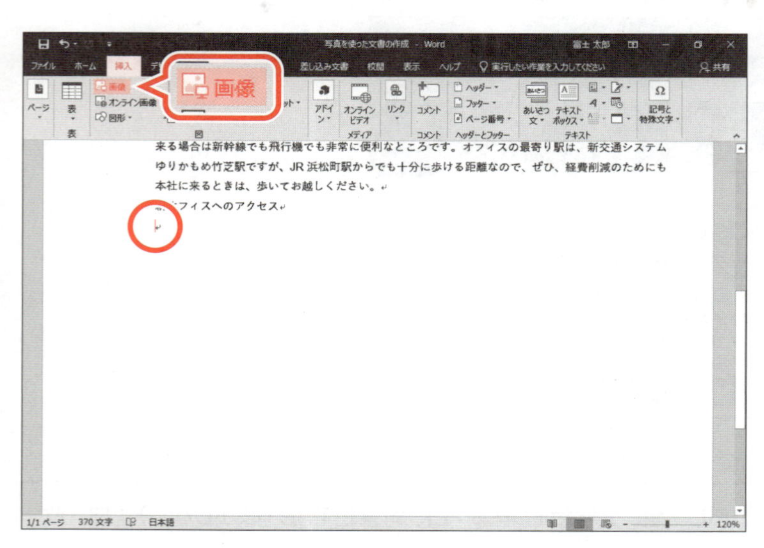

①文末にカーソルを移動します。

※ Ctrl ＋ End を押すと、効率よく移動できます。

②**《挿入》**タブを選択します。

③**《図》**グループの 画像 （ファイルから）をクリックします。

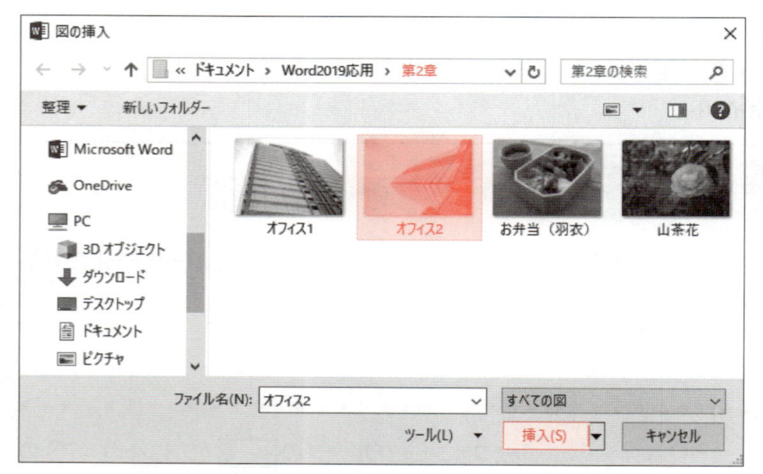

《図の挿入》ダイアログボックスが表示されます。

④フォルダー**「第2章」**が開かれていることを確認します。

※「第2章」が開かれていない場合は、《PC》→《ドキュメント》→「Word2019応用」→「第2章」を選択します。

⑤一覧から**「オフィス2」**を選択します。

⑥**《挿入》**をクリックします。

画像が挿入されます。

2 画像の回転

画像「**オフィス2**」を回転して向きを変更しましょう。

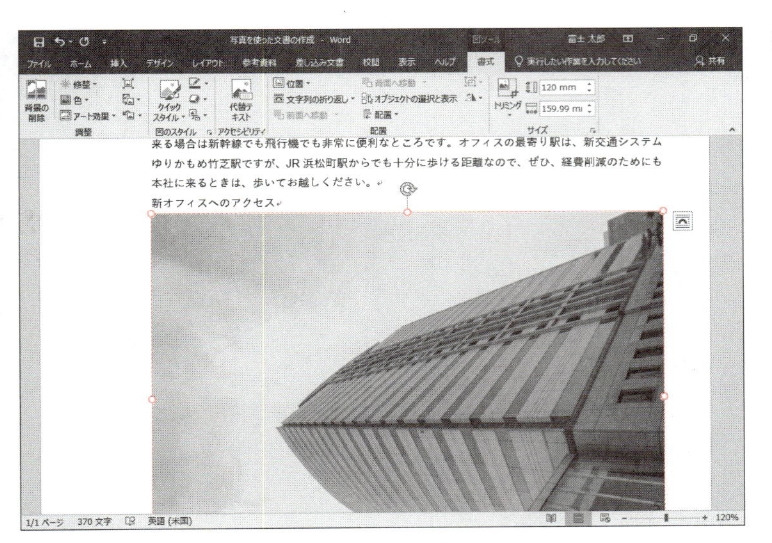

①画像が選択されていることを確認します。

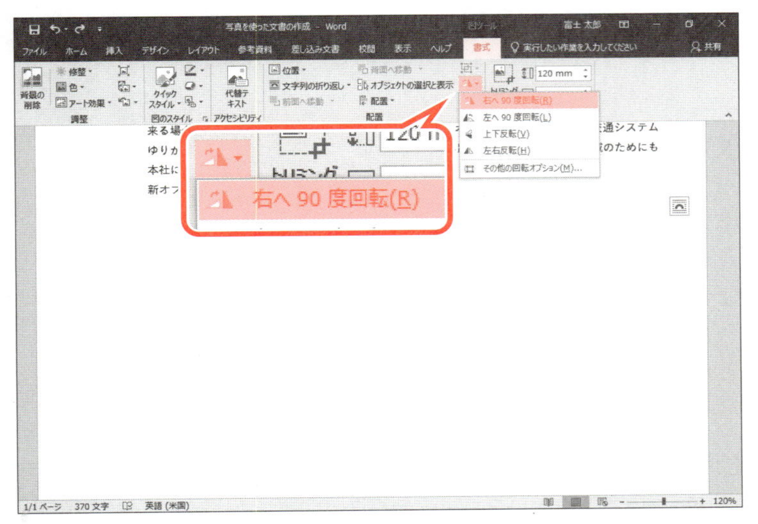

②《**書式**》タブを選択します。

③《**配置**》グループの（オブジェクトの回転）をクリックします。

④《**右へ90度回転**》をクリックします。

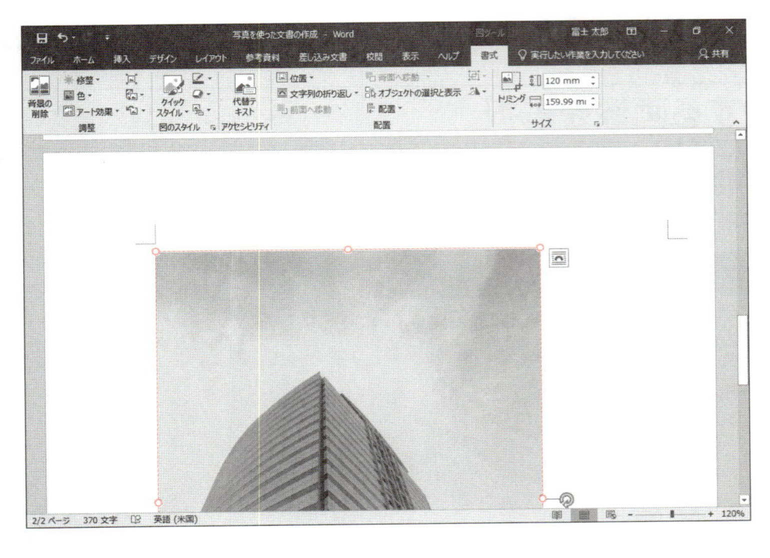

画像が回転されます。

※2ページ目に画像が移動します。スクロールし、画像を表示しておきましょう。

Let's Try ためしてみよう

次のように、画像「オフィス2」をトリミングしましょう。

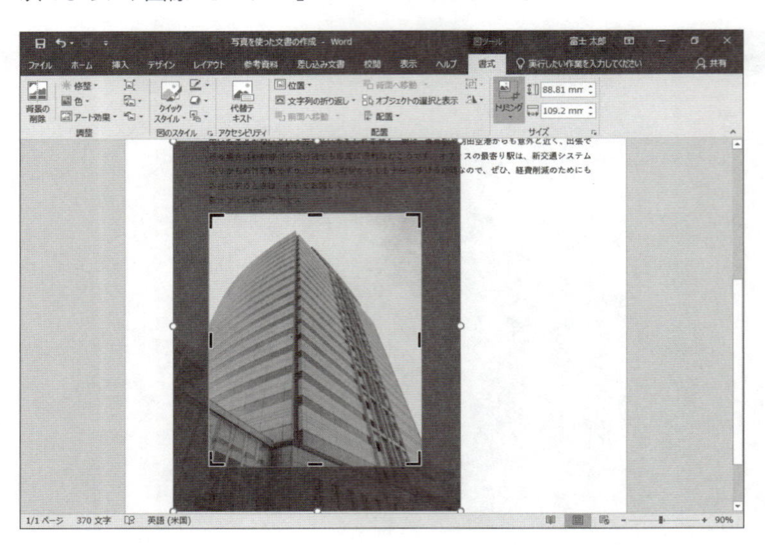

Let's Try Answer

①画像「オフィス2」を選択
②《書式》タブを選択
③《サイズ》グループの（トリミング）をクリック
④画像「オフィス2」をトリミング
⑤画像以外の場所をクリックしてトリミングを確定
※画像が1ページ目に表示されます。

6 背景の削除

「背景の削除」を使うと、撮影時に写り込んだ建物や人物など不要なものを削除できます。画像の中の一部分だけを表示したい場合などに使うと便利です。
背景を削除する場合は、次のような手順で行います。

1 背景を削除する画像を選択

背景を削除する画像を選択し、《書式》タブ→《調整》グループの（背景の削除）をクリックします。

2 背景の自動認識

背景が自動的に認識され、削除される範囲は紫色で表示されます。

3 削除範囲の調整

認識された範囲を調整する場合は、（保持する領域としてマーク）や（削除する領域としてマーク）を使って、範囲を調整します。

4 削除範囲の確定

（背景の削除を終了して、変更を保持する）をクリックして、削除する範囲を確定します。再度、（背景の削除）をクリックすると範囲を調整できます。

1
2
3
4
5
6
7
総合問題
付録
索引

1 背景の削除

画像「**オフィス2**」の背景を削除し、ビルだけを残しましょう。

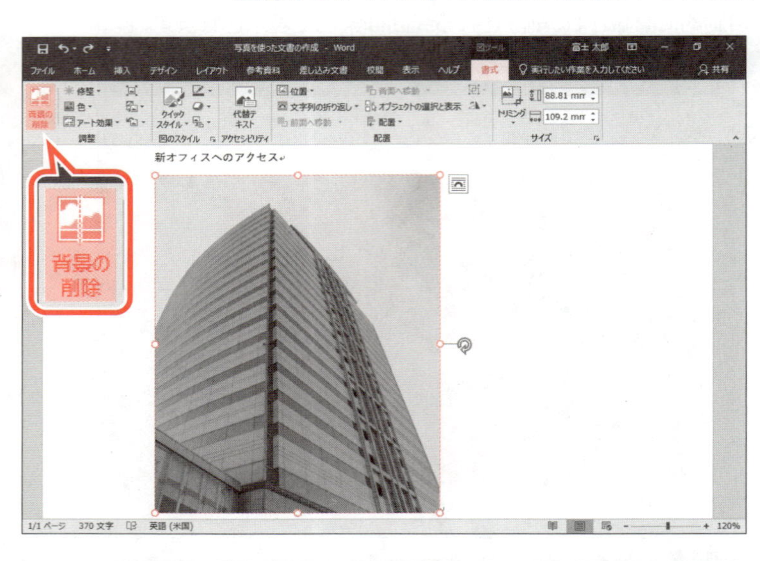

①画像を選択します。

②**《書式》**タブを選択します。

③**《調整》**グループの（背景の削除）をクリックします。

背景が自動的に認識され、削除する領域は紫色で表示されます。

※リボンに《背景の削除》タブが表示され、自動的に《背景の削除》タブに切り替わります。

※トリミングした範囲に枠線が表示されます。

削除する範囲を調整します。

④**《背景の削除》**タブを選択します。

⑤**《設定し直す》**グループの（保持する領域としてマーク）をクリックします。

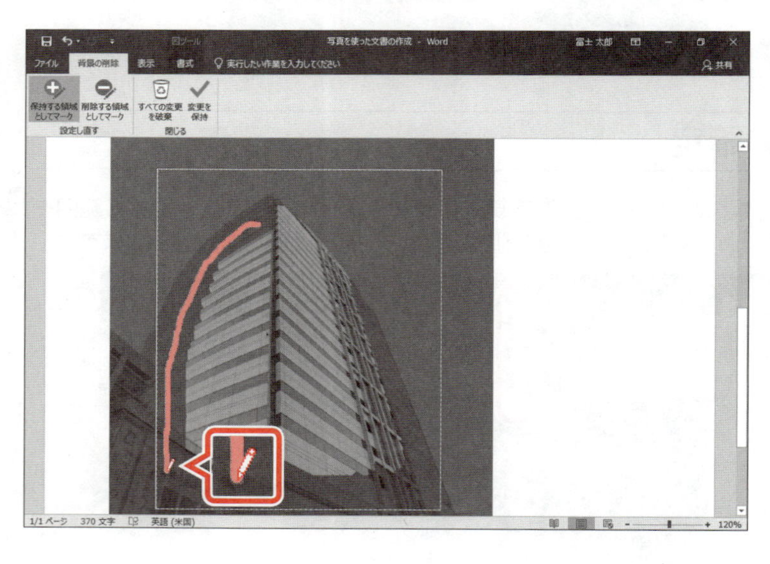

マウスポインターの形がに変わります。

⑥図のように、ドラッグします。

※ドラッグ中、緑色の線が表示されます。

ドラッグした範囲が保持する領域として認識されます。

⑦続けて、図のようにドラッグします。

⑧同様に、削除する範囲として認識された部分を保持する領域としてマークしていきます。

※削除する領域としてマークする場合は、［削除する領域としてマーク］（削除する領域としてマーク）をクリックして、削除する範囲を指定します。

※範囲の指定をやり直したい場合は、［すべての変更を破棄］（背景の削除を終了して、変更を破棄します）をクリックします。

削除する範囲を確定します。

⑨《**閉じる**》グループの［変更を保持］（背景の削除を終了して、変更を保持する）をクリックします。

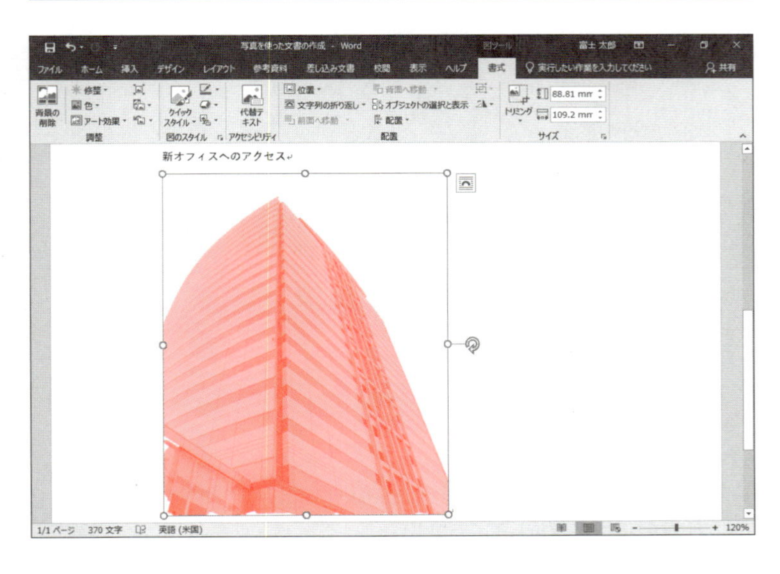

背景が削除され、ビルだけが残ります。

POINT 《背景の削除》タブ

(背景の削除)をクリックすると、リボンに《背景の削除》タブが表示され、リボンが切り替わります。
《背景の削除》タブでは次のようなことができます。

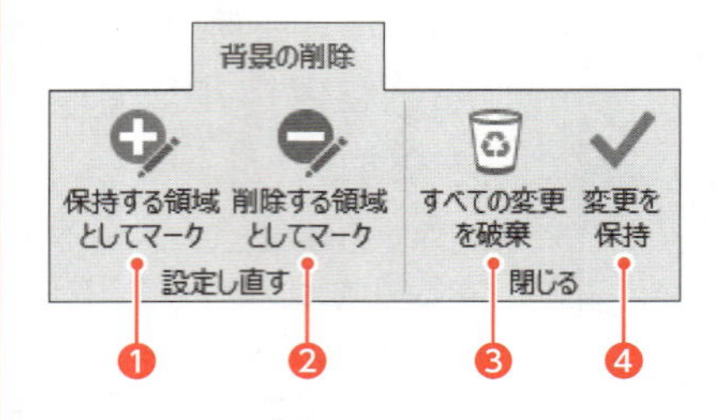

❶保持する領域としてマーク
削除する範囲として認識された部分を、削除しないように設定します。

❷削除する領域としてマーク
保持する範囲として認識された部分を、削除するように設定します。

❸背景の削除を終了して、変更を破棄する
変更内容を破棄して、背景の削除を終了します。

❹背景の削除を終了して、変更を保持する
変更内容を保持して、背景の削除を終了します。

POINT 背景の削除を自然に見せる

画像の状態によっては、背景の削除で不要なものをきれいに切り取るのは難しい場合もあります。そのようなときは、ぼかしの効果を設定すると、切り取った輪郭を目立たなくすることができます。

切り取っただけの状態

ぼかしを設定した状態

Let's Try ためしてみよう

画像「オフィス2」に、「ぼかし 10ポイント」を設定しましょう。
※設定する項目名が一覧にない場合は、任意の項目を選択してください。

Let's Try Answer

①画像「オフィス2」を選択
②《書式》タブを選択
③《図のスタイル》グループの(図の効果)をクリック
④《ぼかし》をポイント
⑤《ソフトエッジのバリエーション》の《10ポイント》(左から1番目、上から2番目)をクリック

2 文字列の折り返しの設定

画像の形に合わせて、文字を配置するには、文字列の折り返しを**「外周」**に設定します。
《レイアウト》ダイアログボックスを使うと、文字列の折り返しの設定と合わせて、文字を回り込ませる位置や画像との間隔などの設定ができます。
画像**「オフィス2」**の文字列の折り返しを次のように設定しましょう。

折り返しの種類と配置	**：外周**
左右の折り返し	**：左側**
文字列との間隔	**：左 10mm**

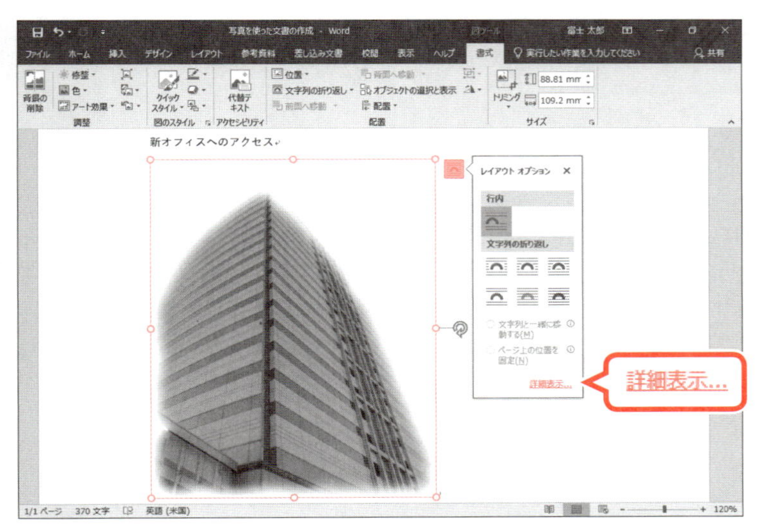

①画像が選択されていることを確認します。
②（レイアウトオプション）をクリックします。
③**《詳細表示》**をクリックします。

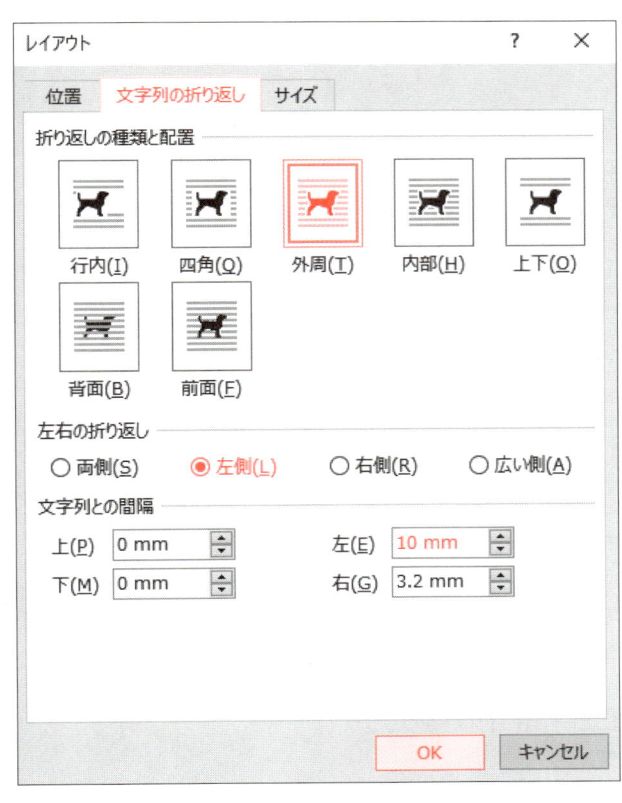

《レイアウト》ダイアログボックスが表示されます。
④**《文字列の折り返し》**タブを選択します。
⑤**《折り返しの種類と配置》**の**《外周》**をクリックします。
⑥**《左右の折り返し》**の**《左側》**を◉にします。
⑦**《文字列との間隔》**の**《左》**を**「10mm」**に設定します。
⑧**《OK》**をクリックします。

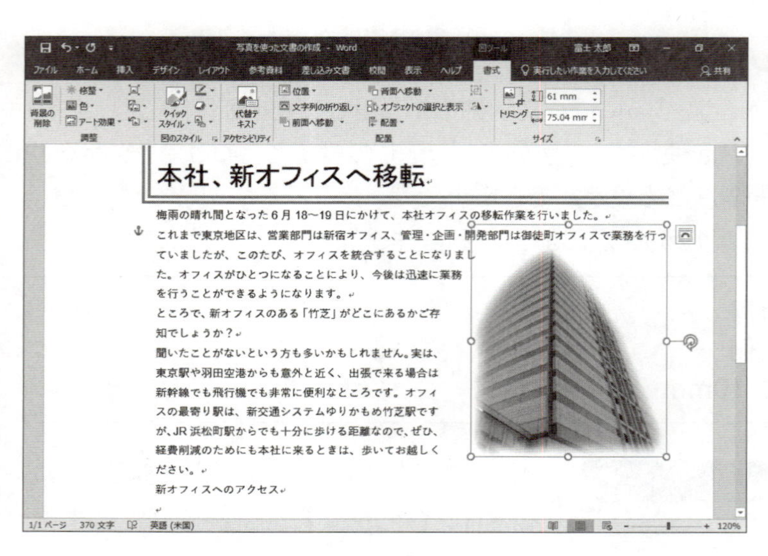

⑨画像を本文の右側に移動します。

切り取ったビルの形にそって、本文の文字が折り返されます。

※画像のサイズを調整しておきましょう。

STEP UP 図の圧縮

挿入した画像の解像度によっては、文書のファイルサイズが大きくなる場合があります。文書をメールで送ったり、サーバー上で共有したりする場合は、文書内の画像を圧縮し、ファイルサイズを小さくするとよいでしょう。

画像を圧縮する方法は、次のとおりです。

◆画像を選択→《書式》タブ→《調整》グループの（図の圧縮）

Let's Try ためしてみよう

「本社、新オフィスへ移転」に設定した書式を「新オフィスへのアクセス」にコピーしましょう。

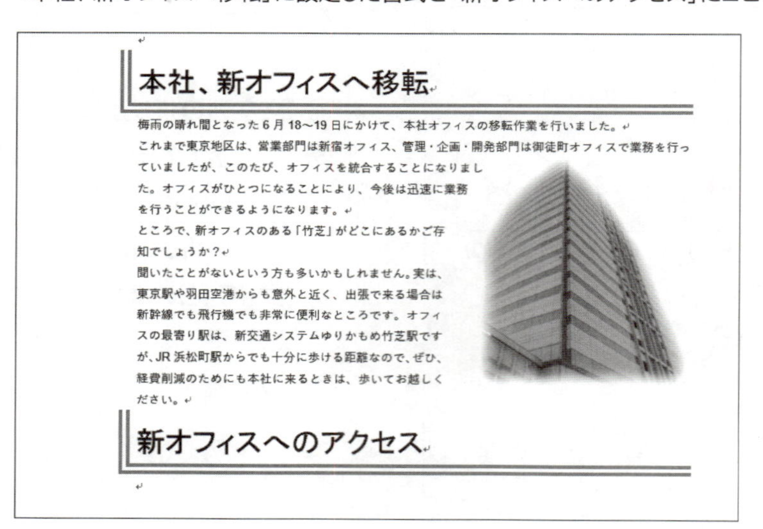
本社、新オフィスへ移転

梅雨の晴れ間となった6月18～19日にかけて、本社オフィスの移転作業を行いました。
これまで東京地区は、営業部門は新宿オフィス、管理・企画・開発部門は御徒町オフィスで業務を行っていましたが、このたび、オフィスを統合することになりました。オフィスがひとつになることにより、今後は迅速に業務を行うことができるようになります。
ところで、新オフィスのある「竹芝」がどこにあるかご存知でしょうか？
聞いたことがないという方も多いかもしれません。実は、東京駅や羽田空港からも意外と近く、出張で来る場合は新幹線でも飛行機でも非常に便利なところです。オフィスの最寄り駅は、新交通システムゆりかもめ竹芝駅ですが、JR浜松町駅からでも十分に歩ける距離なので、ぜひ、経費削減のためにも本社に来るときは、歩いてお越しください。

新オフィスへのアクセス

Let's Try Answer

①「本社、新オフィスへ移転」の行を選択

②《ホーム》タブを選択

③《クリップボード》グループの（書式のコピー/貼り付け）をクリック

④「新オフィスへのアクセス」の行の左端をクリック

Step5 地図を図として貼り付ける

1 図として貼り付け

別のWord文書にある図形を作成中の文書にコピーできます。Wordの図形を複数組み合わせて作成した地図を、作成中の文書に図として貼り付けましょう。

フォルダー「第2章」の文書「地図」を開いておきましょう。

※文書「地図」にある地図は、Wordの図形を組み合わせて作成したものです。作成方法は、P.86の「参考学習 図形を使って地図を作成する」を参照してください。

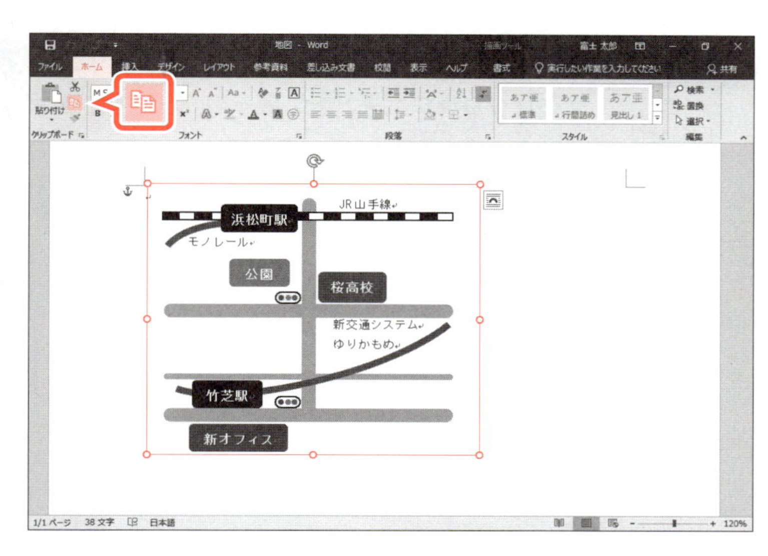

①地図を選択します。

※地図は複数の図形をグループ化しています。グループ化された図形全体を選択します。

②《ホーム》タブを選択します。

③《クリップボード》グループの（コピー）をクリックします。

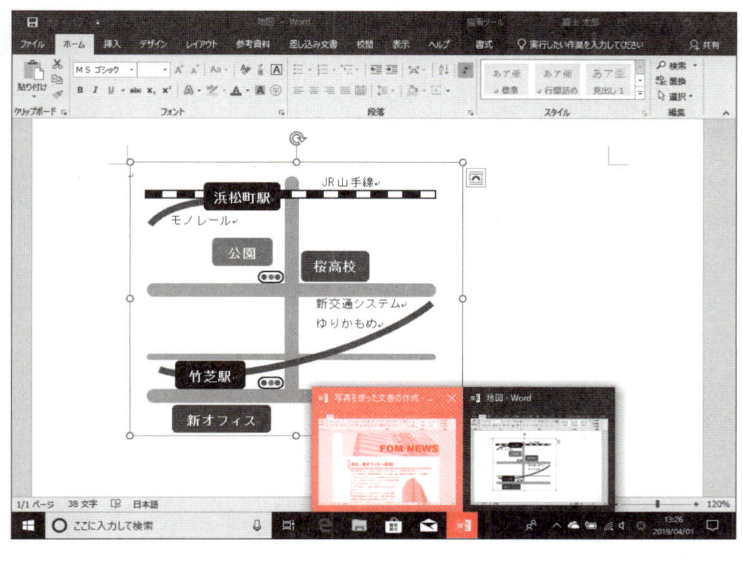

文書「**写真を使った文書の作成**」を表示します。

④タスクバーの をポイントします。

⑤「**写真を使った文書の作成**」をクリックします。

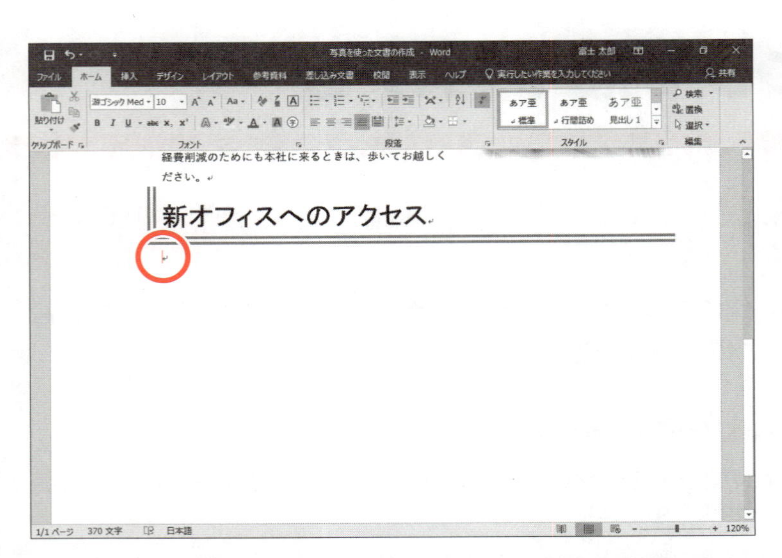

文書**「写真を使った文書の作成」**が表示されます。

⑥文末にカーソルを移動します。

※ Ctrl + End を押すと、効率よく移動できます。

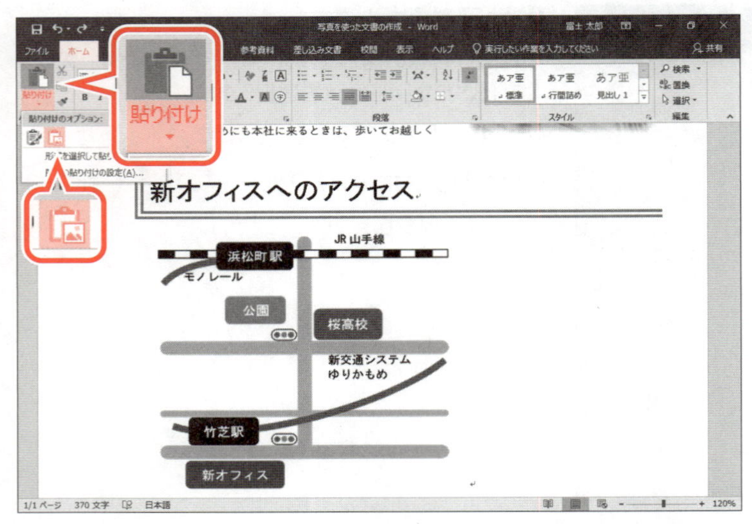

⑦**《ホーム》**タブを選択します。

⑧**《クリップボード》**グループの（貼り付け）のをクリックします。

⑨（図）をクリックします。

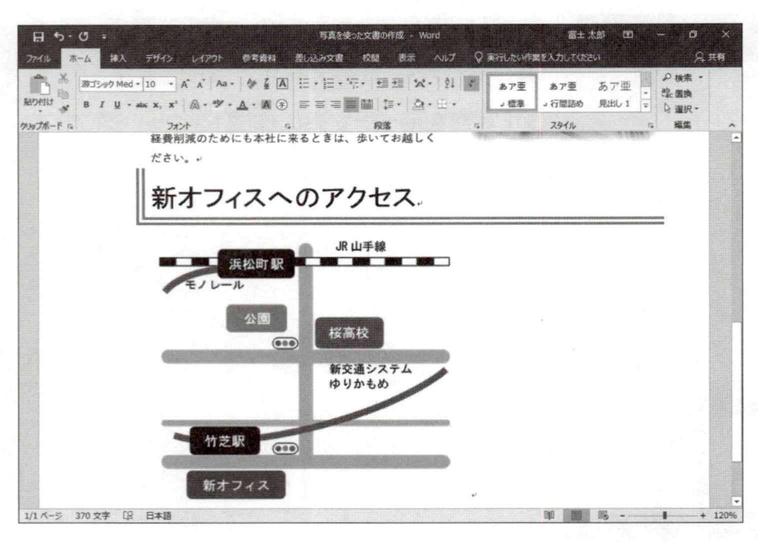

地図が図として貼り付けられます。

STEP UP 元の書式を保持して貼り付け

Wordで作成した地図を図として貼り付けると、貼り付け先で地図の修正ができません。貼り付け先の文書で地図を編集する可能性がある場合は、（元の書式を保持）を選択するようにします。

Let's Try ためしてみよう

次のように、テキストボックスを作成しましょう。

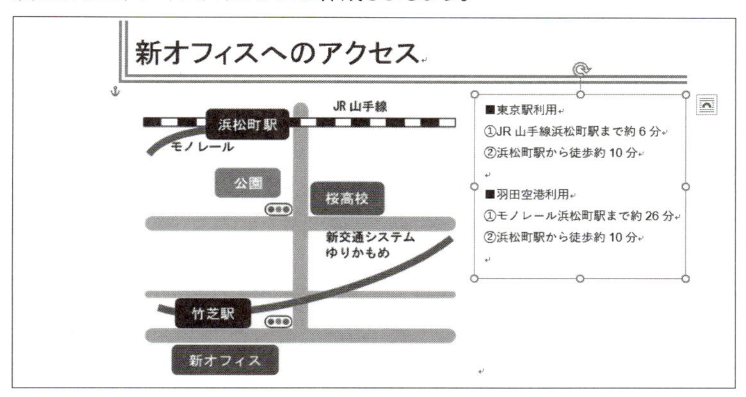

①横書きテキストボックスを作成し、テキストファイル「アクセス」を挿入しましょう。次に、挿入した文字の書式をクリアしましょう。

②作成したテキストボックスに、次の書式を設定しましょう。

図形の塗りつぶし	：塗りつぶしなし
図形の枠線	：枠線なし

Let's Try Answer

①

①《挿入》タブを選択
②《テキスト》グループの（テキストボックスの選択）をクリック
③《横書きテキストボックスの描画》をクリック
④図を参考に、左上から右下へドラッグ
⑤テキストボックス内にカーソルがあることを確認
⑥《挿入》タブを選択
⑦《テキスト》グループの（オブジェクト）のをクリック
⑧《テキストをファイルから挿入》をクリック
⑨テキストファイルが保存されている場所を開く
※《PC》→《ドキュメント》→「Word2019応用」→「第2章」を選択します。
⑩ファイルの種類が テキストファイル になっていることを確認
⑪一覧から「アクセス」を選択
⑫《挿入》をクリック
⑬《Windows（既定値）》を◉にする
⑭《OK》をクリック
⑮テキストボックスを選択
⑯《ホーム》タブを選択
⑰《フォント》グループの（すべての書式をクリア）をクリック
※テキストボックス内にすべての文字が表示されていない場合は、テキストボックスのサイズを調整しておきましょう。

②

①テキストボックスを選択
②《書式》タブを選択
③《図形のスタイル》グループの（図形の塗りつぶし）のをクリック
④《塗りつぶしなし》をクリック
⑤《図形のスタイル》グループの（図形の枠線）のをクリック
⑥《枠線なし》をクリック

2 図形の作成

文書の左側の余白部分に、枠線のない長方形を作成しましょう。

※操作しやすいように、画面の表示倍率を《ページ全体を表示》にしておきましょう。

※設定する項目名が一覧にない場合は、任意の項目を選択してください。

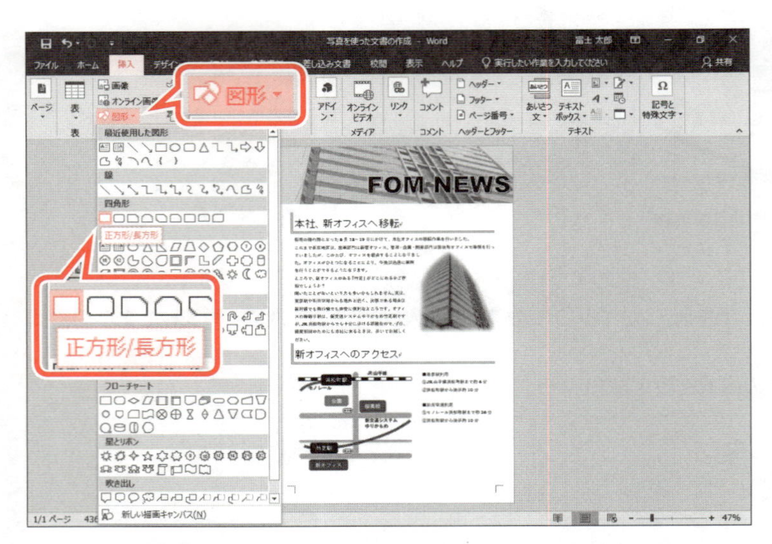

①《挿入》タブを選択します。

②《図》グループの 図形 （図形の作成）をクリックします。

③《四角形》の □ （正方形/長方形）をクリックします。

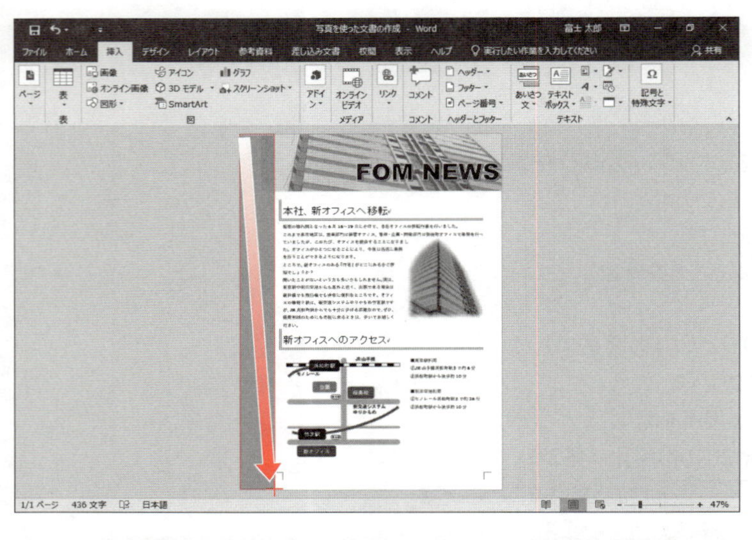

④図のように、左上から右下にドラッグします。

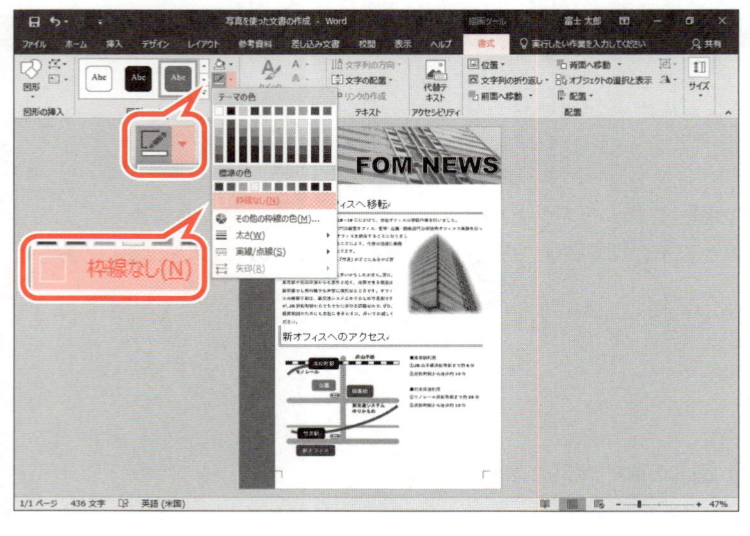

長方形が作成されます。

図形の枠線を非表示にします。

⑤図形が選択されていることを確認します。

⑥《書式》タブを選択します。

⑦《図形のスタイル》グループの （図形の枠線）の ▾ をクリックします。

⑧《枠線なし》をクリックします。

※文書に「写真を使った文書の作成完成」と名前を付けて、フォルダー「第2章」に保存し、閉じておきましょう。

※文書「地図」を保存せずに閉じておきましょう。

参考学習

図形を使って地図を作成する

1 作成する地図の確認

複数の図形を組み合わせて、地図を作成することができます。図形にはいろいろな種類が用意されているので、アイデアと工夫次第で、見栄えのする地図を作成できます。
次のような地図を作成しましょう。

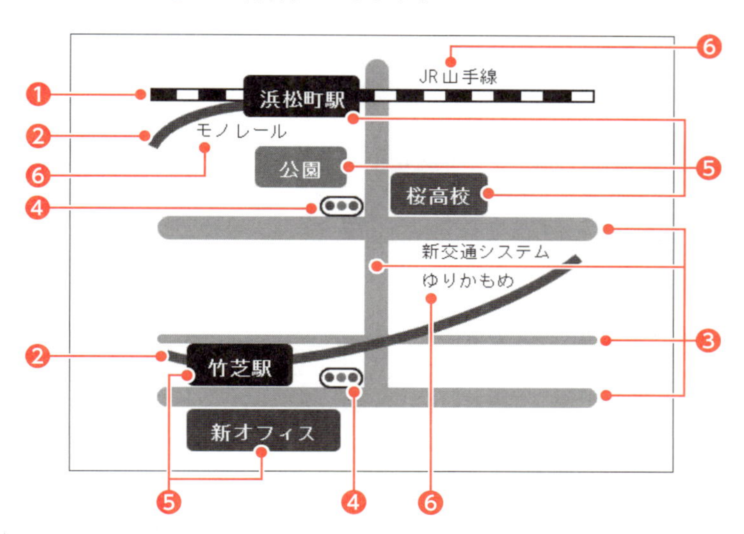

❶線路
黒と白の長方形を組み合わせて作成します。

❷線路
円弧で作成します。

❸道路
角丸の四角形で作成します。

❹信号
円と角丸の四角形を組み合わせて作成します。

❺目印
角丸の四角形で作成します。

❻名称
横書きテキストボックスで作成します。

2 線路の作成

2種類の線路を作成します。JRは黒と白の線路に、私鉄はJRと重ならないようにイメージを変えて、円弧を使って薄めの色の線路にします。
※設定する項目名が一覧にない場合は、任意の項目を選択してください。

1 黒と白の線路の作成

「正方形/長方形」を使って、黒と白の長方形を作成し、組み合わせて線路にしましょう。
長方形には、次の書式を設定します。

●黒の長方形

図形の塗りつぶし ：黒、テキスト1
図形の枠線 ：黒、テキスト1

●白の長方形

図形の塗りつぶし ：白、背景1
図形の枠線 ：黒、テキスト1

File OPEN Wordを起動し、新しい文書を作成しておきましょう。

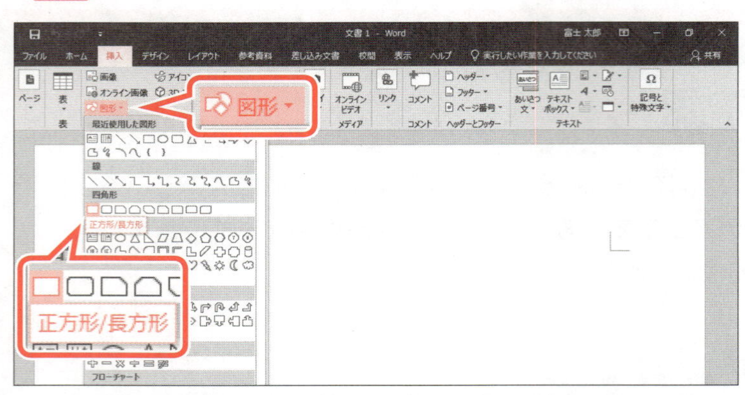

長方形を作成します。

①《挿入》タブを選択します。

②《図》グループの 図形 （図形の作成）をクリックします。

③《四角形》の □ （正方形/長方形）をクリックします。

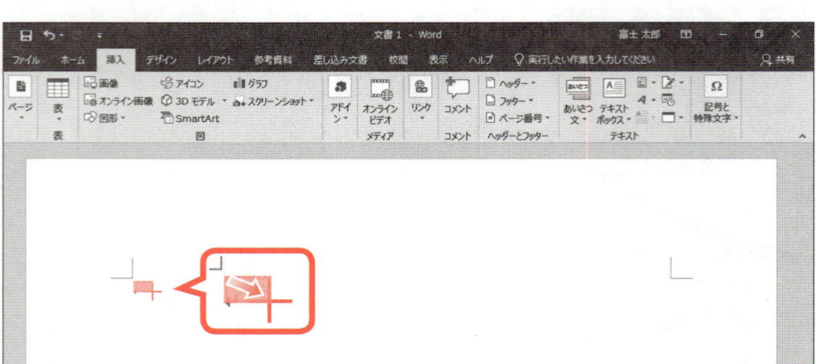

④図のように、左上から右下にドラッグします。

長方形が作成されます。

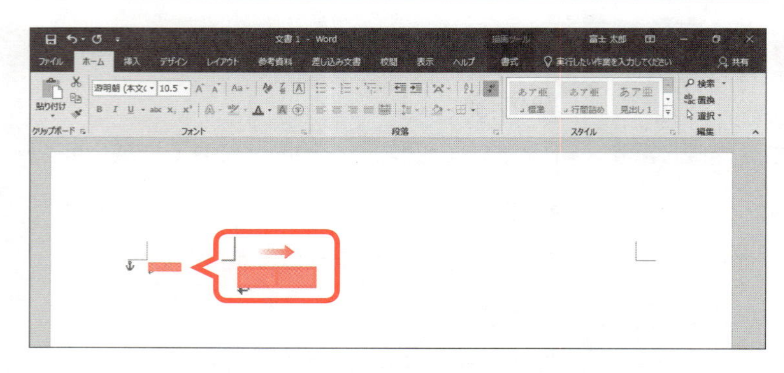

長方形をコピーします。

⑤ Ctrl ＋ Shift を押しながら図のように、ドラッグします。

※ Ctrl ＋ Shift を押しながらドラッグすると、水平または垂直方向にコピーできます。

※図形を水平方向にコピーできなかった場合は、位置を調整しておきましょう。

長方形がコピーされ、2つになります。

※選択を解除しておきましょう。

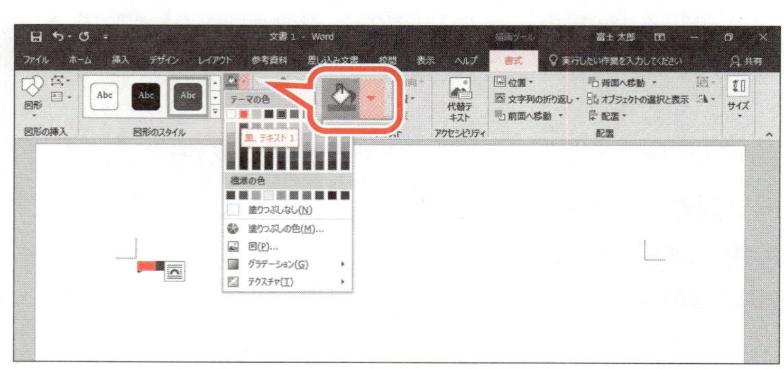

1つ目の長方形の書式を設定します。

⑥1つ目の長方形を選択します。

⑦《書式》タブを選択します。

⑧《図形のスタイル》グループの （図形の塗りつぶし）の をクリックします。

⑨《テーマの色》の《黒、テキスト1》をクリックします。

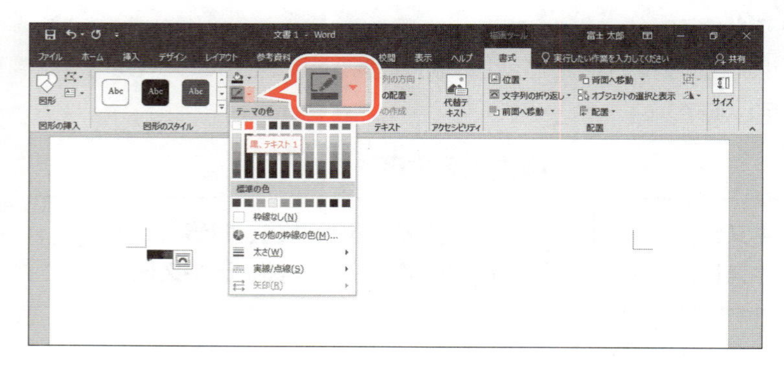

⑩《図形のスタイル》グループの （図形の枠線）の をクリックします。

⑪《テーマの色》の《黒、テキスト1》をクリックします。

2つ目の長方形の書式を設定します。

⑫2つ目の長方形を選択します。

⑬**《図形のスタイル》**グループの（図形の塗りつぶし）のをクリックします。

⑭**《テーマの色》**の**《白、背景1》**をクリックします。

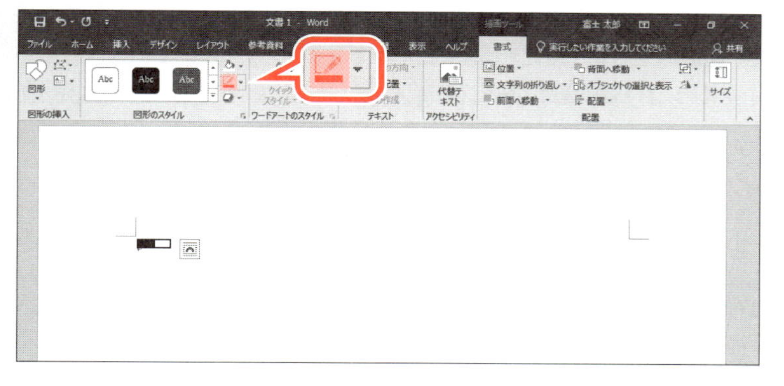

⑮**《図形のスタイル》**グループの（図形の枠線）をクリックします。

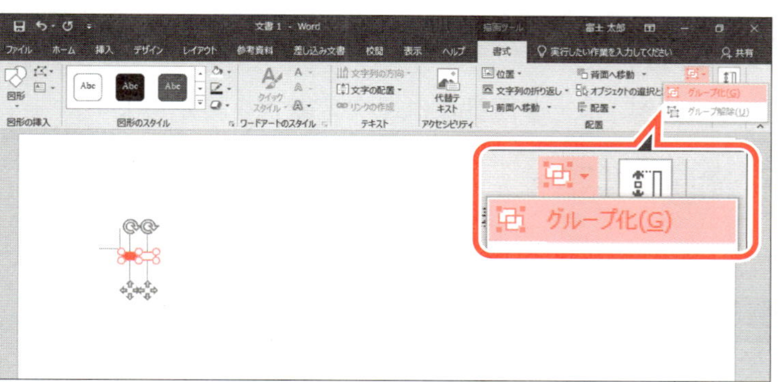

2つの長方形をグループ化します。

⑯2つの長方形を選択します。

※1つ目の長方形を選択し、Shiftを押しながら、2つ目の長方形をクリックします。

⑰**《配置》**グループの（オブジェクトのグループ化）をクリックします。

⑱**《グループ化》**をクリックします。

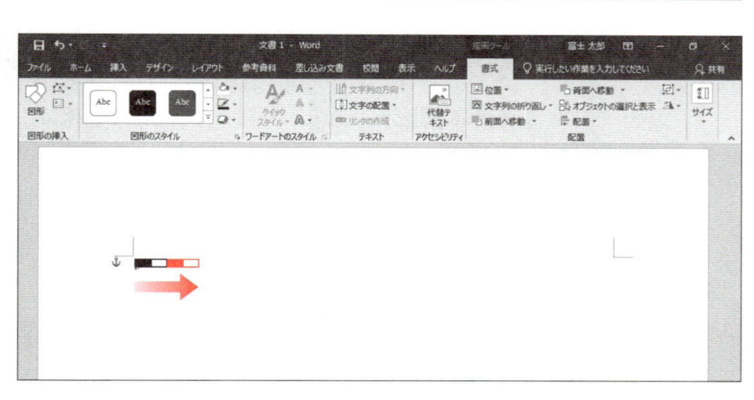

グループ化された長方形をコピーします。

⑲Ctrl＋Shiftを押しながら、グループ化された長方形をドラッグします。

⑳同様に、グループ化された長方形を7つコピーします。

※全部で9つのグループ化された長方形を作成します。

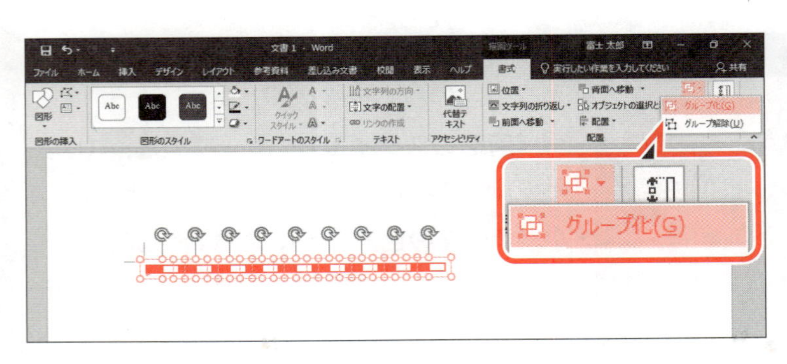

作成した黒と白の線路をすべてグループ化します。

㉑すべての長方形を選択します。

㉒**《配置》**グループの［アイコン］（オブジェクトのグループ化）をクリックします。

㉓**《グループ化》**をクリックします。

STEP UP 図形の上揃え

複数の図形を扱う場合に、図形の上側を一度にそろえることができます。

◆複数の図形を選択→《書式》タブ→《配置》グループの［配置］（オブジェクトの配置）→《上揃え》

STEP UP パーツをグループ化

黒と白の線路のように、小さなパーツを組み合わせて作成した図形は、完成したらグループ化します。グループ化しないと、移動やサイズ変更を行うときにすべての図形を選択して操作を行ったり、別々に微調整しなければならなくなったりします。グループ化しておくと、移動やサイズを変更するときに効率よく操作できます。

2 円弧を使った線路の作成

「円弧」を使って、私鉄の線路を作成しましょう。円弧には、次の書式を設定します。

線の色　：薄い灰色、背景2、黒+基本色50%
線の太さ：6pt

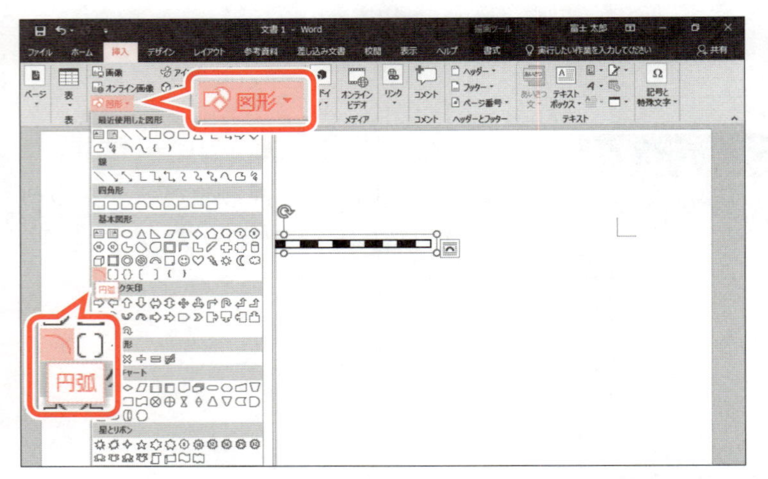

1つ目の私鉄の線路を作成します。

①**《挿入》**タブを選択します。

②**《図》**グループの［図形］（図形の作成）をクリックします。

③**《基本図形》**の［アイコン］（円弧）をクリックします。

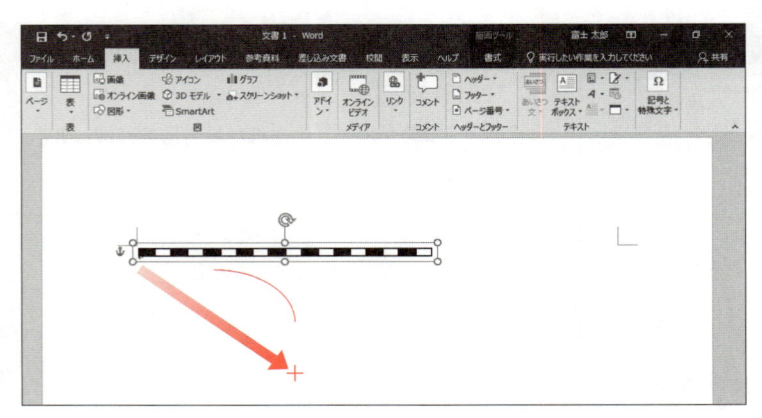

④図のように、ドラッグします。

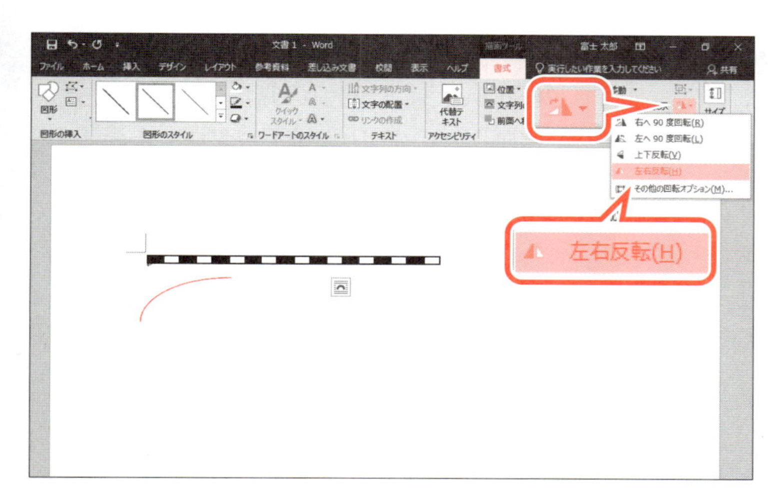

円弧が作成されます。

円弧の向きを調整します。

⑤《**書式**》タブを選択します。

⑥《**配置**》グループの［アイコン］（オブジェクトの回転）をクリックします。

⑦《**左右反転**》をクリックします。

円弧の向きが変わります。

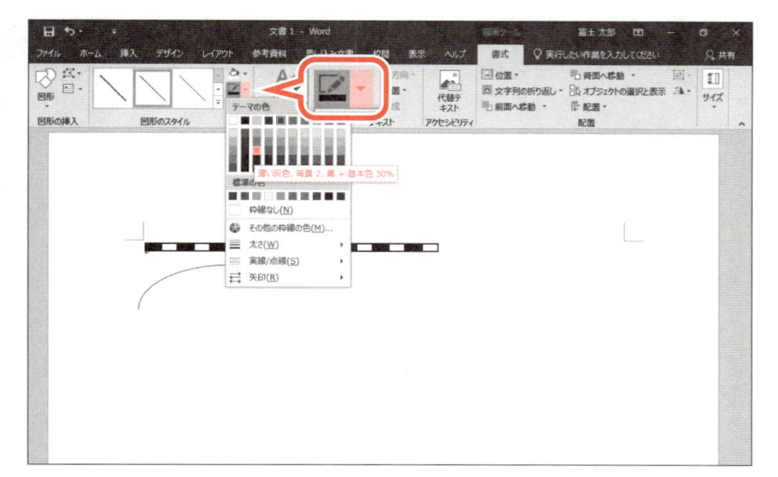

円弧の書式を設定します。

⑧《**図形のスタイル**》グループの［アイコン］（図形の枠線）の［▼］をクリックします。

⑨《**テーマの色**》の《**薄い灰色、背景2、黒+基本色50%**》をクリックします。

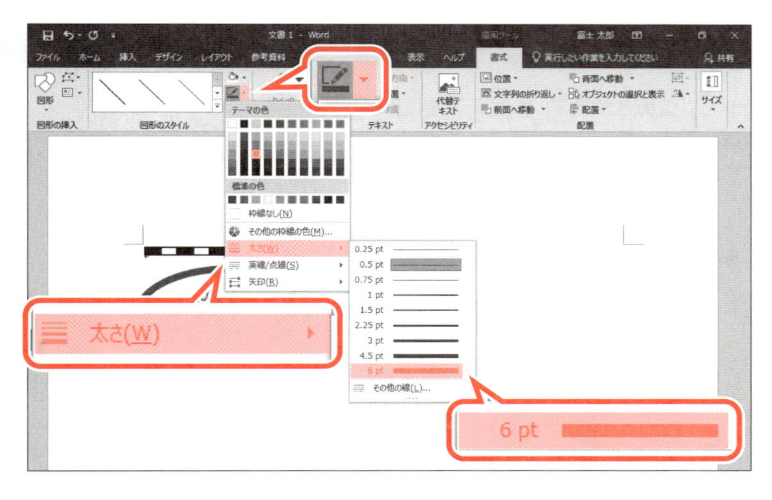

⑩《**図形のスタイル**》グループの［アイコン］（図形の枠線）の［▼］をクリックします。

⑪《**太さ**》をポイントします。

⑫《**6pt**》をクリックします。

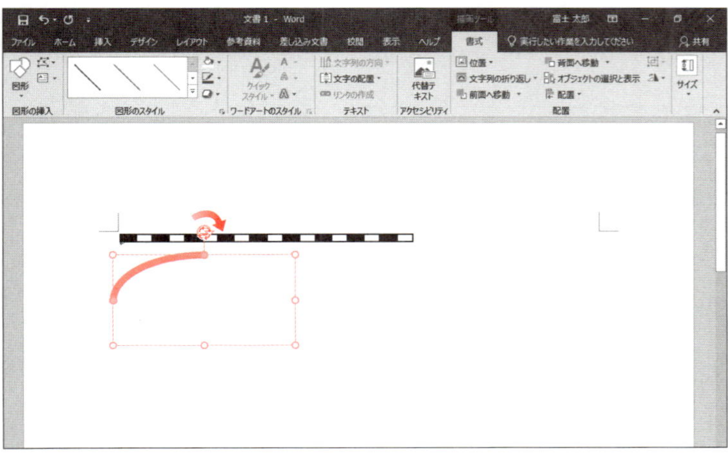

円弧を回転します。

⑬図のように、図形の上側に表示される［アイコン］（ハンドル）をドラッグします。

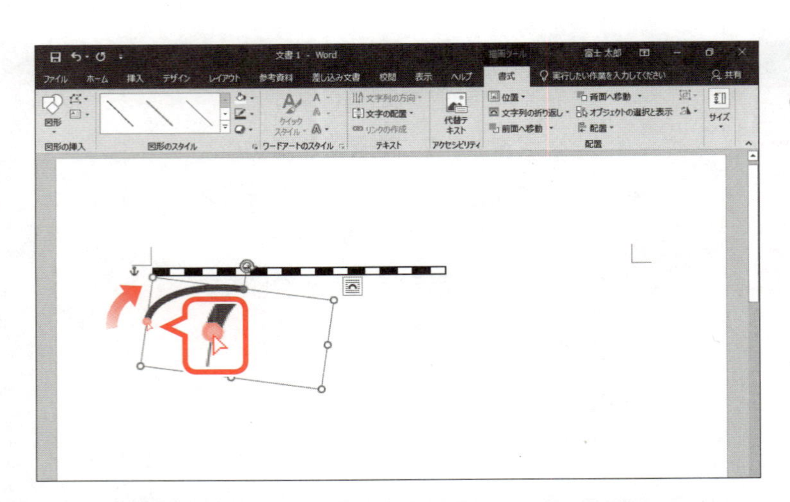

円弧のカーブを調整します。

⑭図のように、円弧の端に表示される黄色の○（ハンドル）をドラッグします。

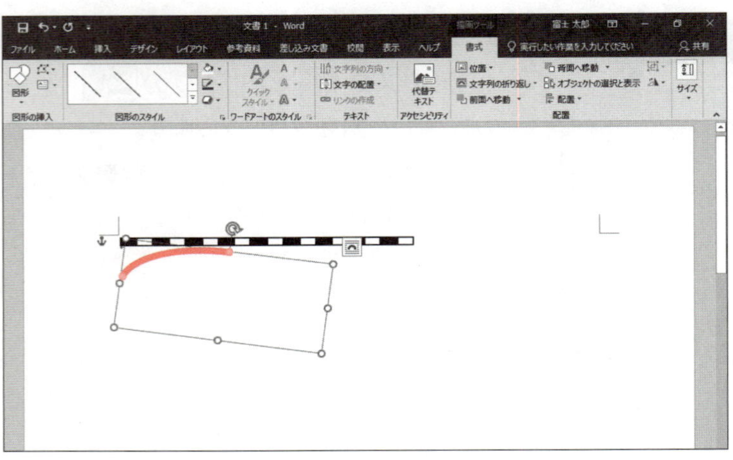

円弧のカーブが調整されます。

※必要に応じて、図形の位置とサイズを調整しておきましょう。

Let's Try ためしてみよう

次のように、2つ目の私鉄の線路を作成し、位置とサイズ、角度を調整しましょう。

※設定する項目名が一覧にない場合は、任意の項目を選択してください。

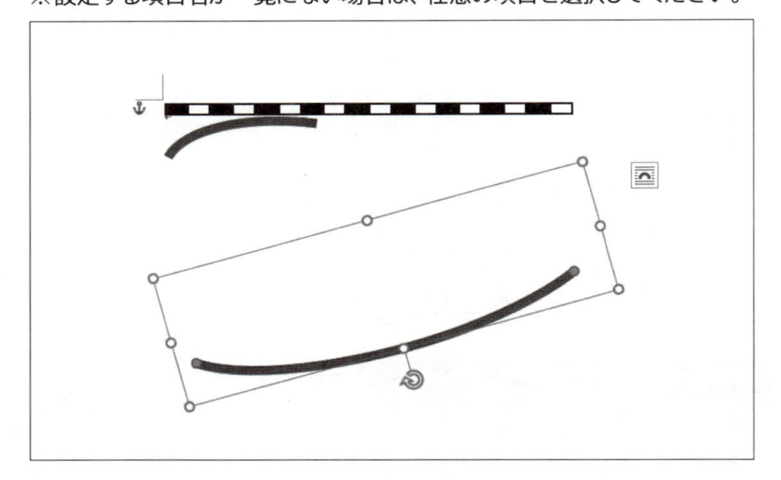

Let's Try Answer

①［Ctrl］を押しながら、私鉄の線路をドラッグしてコピー

②コピーした線路を選択

③《書式》タブを選択

④《配置》グループの（オブジェクトの回転）をクリック

⑤《左右反転》をクリック

⑥《配置》グループの（オブジェクトの回転）をクリック

⑦《上下反転》をクリック

⑧円弧の位置とサイズ、角度を調整

3 道路の作成

道路は、直線を使って作成することもできますが、四角形を使って作成すると道路の幅の違いを表現できます。

※設定する項目名が一覧にない場合は、任意の項目を選択してください。

1 道路の作成

「四角形：角を丸くする」を使って、角丸の四角形の道路を作成しましょう。角丸の四角形には、次の書式を設定します。

図形の塗りつぶし	**：オレンジ、アクセント2、白＋基本色40%**
図形の枠線	**：枠線なし**

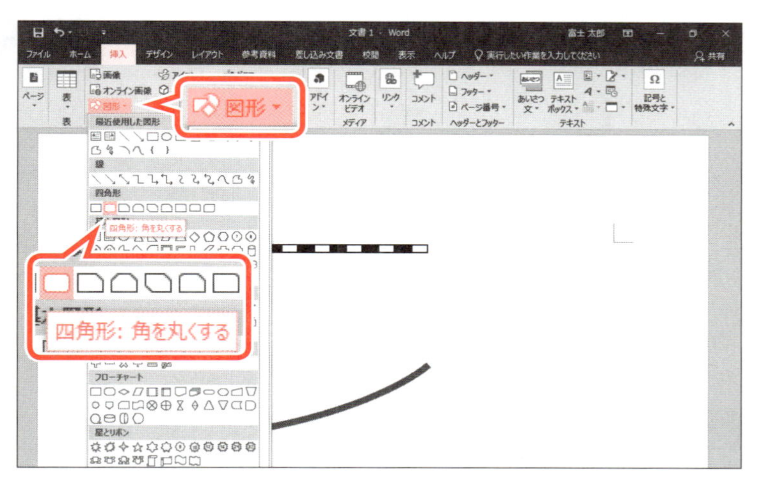

①**《挿入》**タブを選択します。

②**《図》**グループの 図形 （図形の作成）をクリックします。

③**《四角形》**の （四角形：角を丸くする）をクリックします。

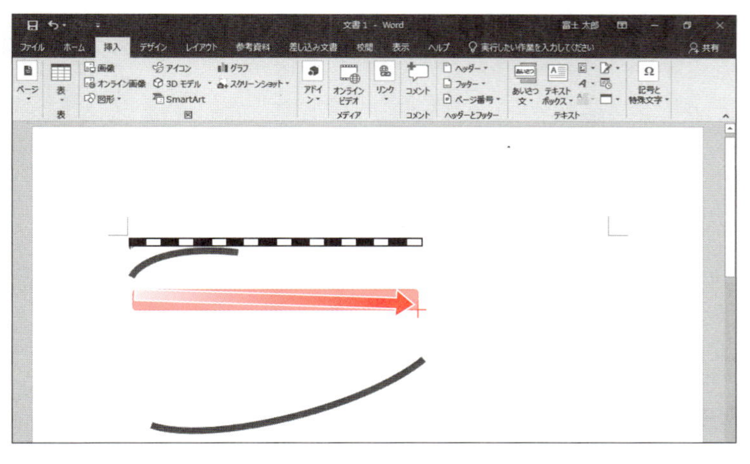

④図のように、左上から右下にドラッグします。

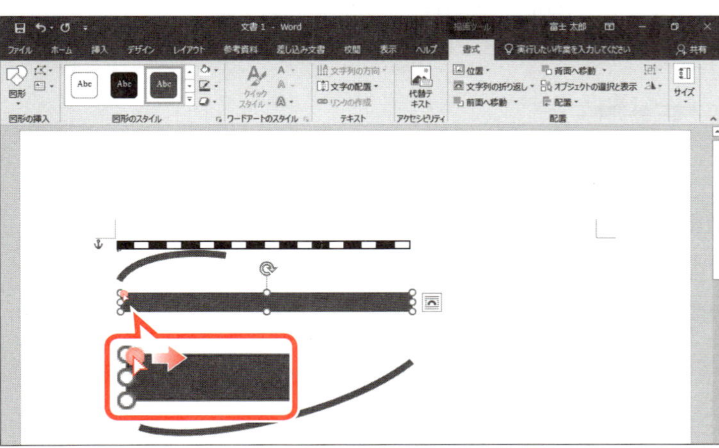

角丸の四角形が作成されます。

角のカーブを調整します。

⑤図のように、角に表示される黄色の○（ハンドル）をドラッグします。

※角丸四角形の高さによっては、黄色の○（ハンドル）が表示されない場合があります。表示されない場合は、角丸四角形の高さを広げて表示します。

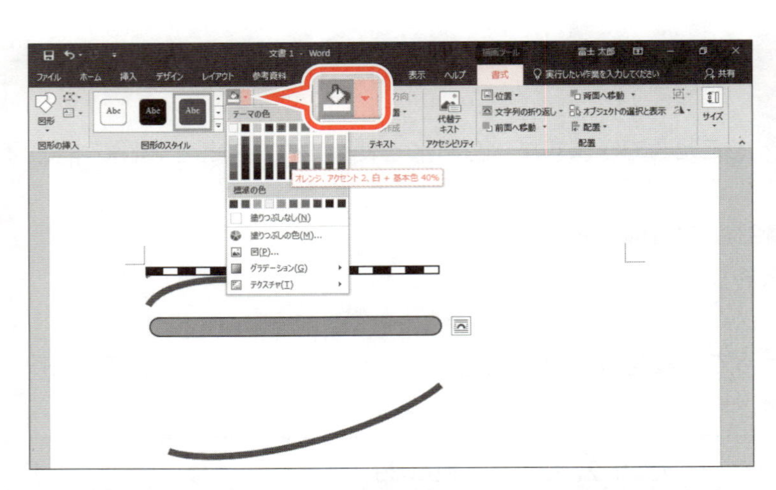

角丸の四角形の書式を設定します。

⑥《書式》タブを選択します。

⑦《図形のスタイル》グループの（図形の塗りつぶし）のをクリックします。

⑧《テーマの色》の《オレンジ、アクセント2、白+基本色40%》をクリックします。

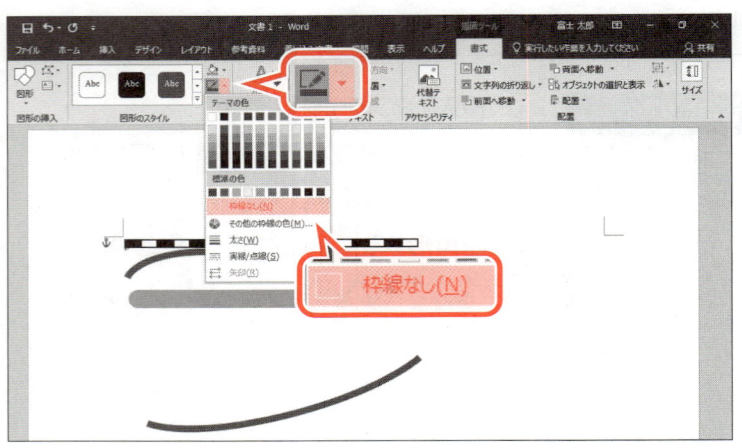

⑨《図形のスタイル》グループの（図形の枠線）のをクリックします。

⑩《枠線なし》をクリックします。

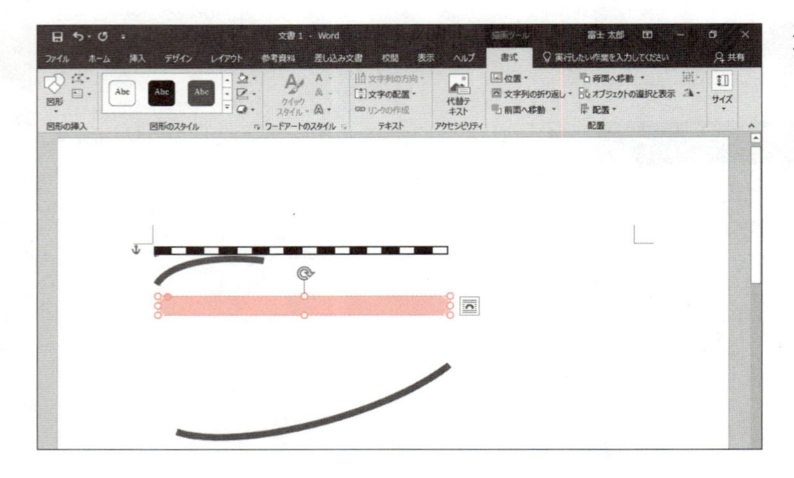

道路が作成されます。

2 その他の道路の作成

作成した道路をコピーして、次のようにその他の道路を作成しましょう。

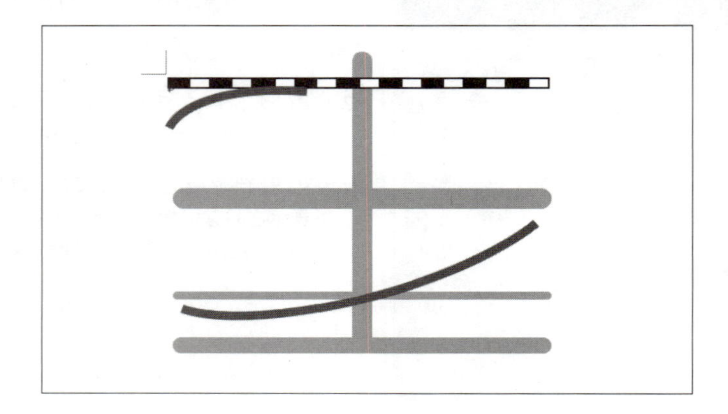

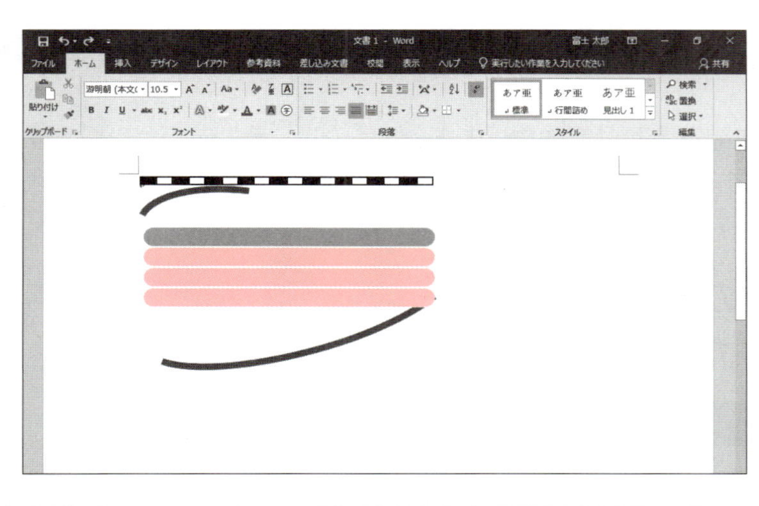

①道路を3つコピーします。

※全部で4つの道路を作成します。

※選択を解除しておきましょう。

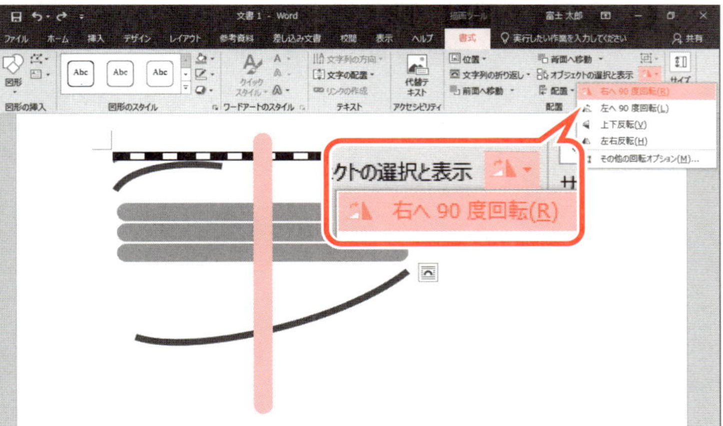

道路を回転します。

②最後にコピーした道路を選択します。

③**《書式》**タブを選択します。

④**《配置》**グループの（オブジェクトの回転）をクリックします。

⑤**《右へ90度回転》**をクリックします。

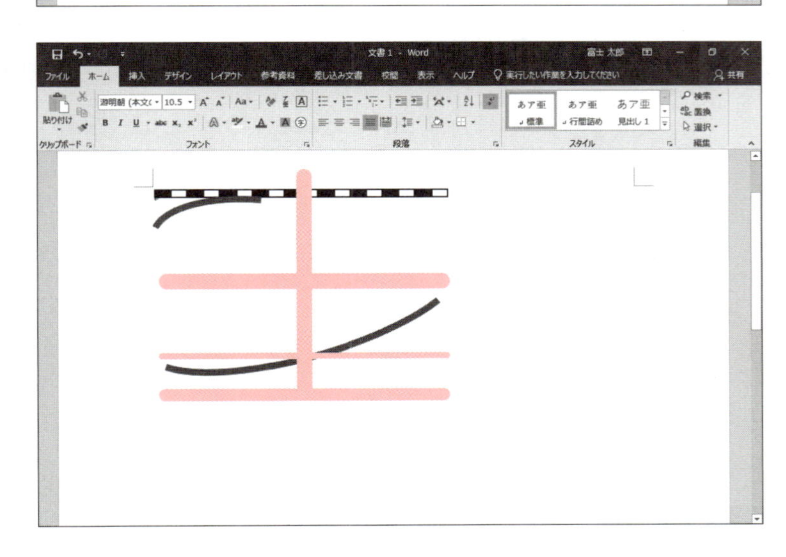

⑥図のように道路を移動します。

※ Shift を押しながら移動すると、水平または垂直に移動できます。

※必要に応じて、図形の位置とサイズを調整しておきましょう。

※選択を解除しておきましょう。

STEP UP 図形の左揃え

複数の図形を扱う場合に、図形の左側を一度にそろえることができます。

◆複数の図形を選択→《書式》タブ→《配置》グループの 配置 （オブジェクトの配置）→《左揃え》

Let's Try ためしてみよう

線路が道路の上に表示されるように、表示順序を変更しましょう。

①黒と白の線路を選択

②《書式》タブを選択

③《配置》グループの 前面へ移動 （前面へ移動）の をクリック

④《最前面へ移動》をクリック

⑤同様に、円弧の線路の表示順序を最前面に変更

4 信号の作成

信号は、円と角丸の四角形を組み合わせて作成します。信号の青、黄、赤の色を設定するときは、標準の色から選択すると、はっきりとした信号の色を表現できます。

※設定する項目名が一覧にない場合は、任意の項目を選択してください。

1 信号のランプ部分の作成

「楕円」を使って、信号のランプ部分を作成しましょう。

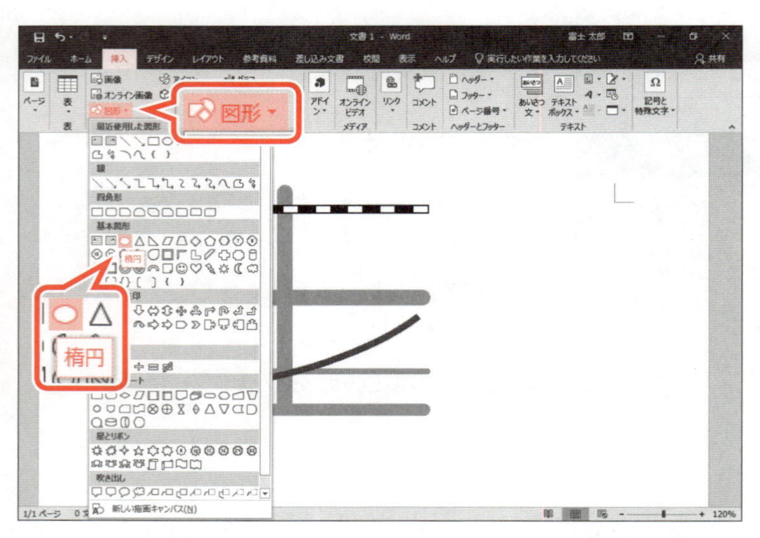

①《挿入》タブを選択します。

②《図》グループの［図形］（図形の作成）をクリックします。

③《基本図形》の［楕円］（楕円）をクリックします。

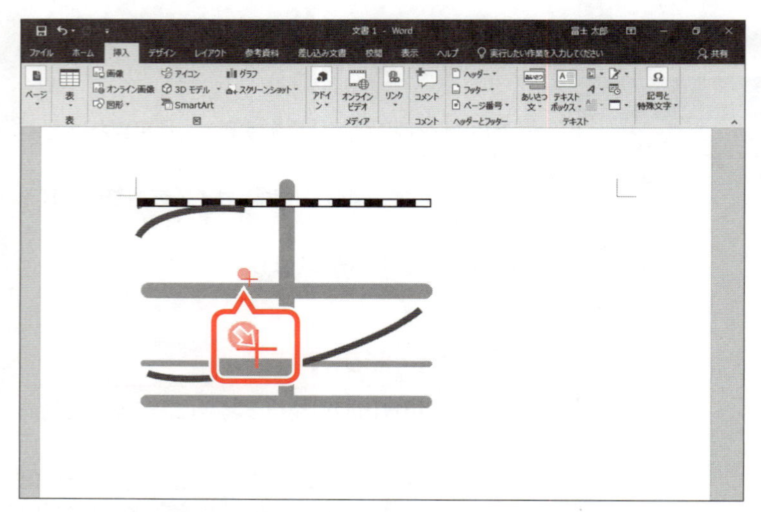

④ Shift を押しながら、左上から右下にドラッグします。

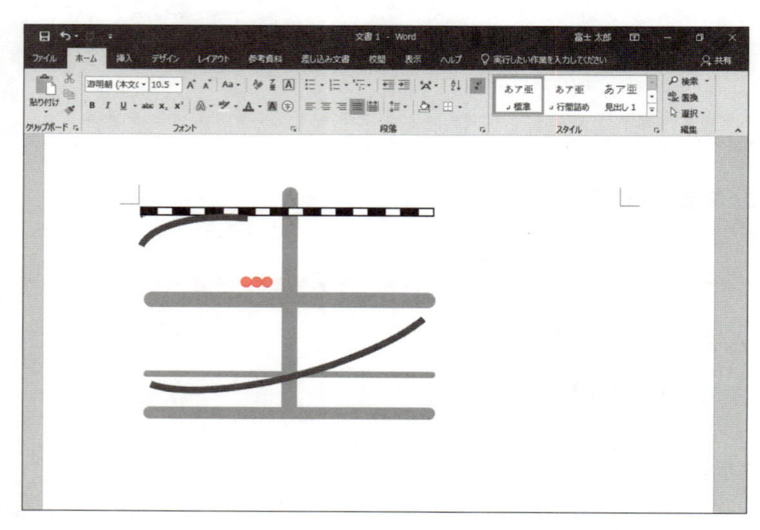

真円が作成されます。

⑤真円を2つコピーします。

※全部で3つの真円を作成します。

※必要に応じて、図形の位置とサイズを調整しておきましょう。

※選択を解除しておきましょう。

Let's Try ためしてみよう

作成した3つの真円の色を、左から「青」「黄」「赤」となるように設定しましょう。図形の枠線は「枠線なし」に設定します。

Let's Try Answer

①左の真円を選択
②《書式》タブを選択
③《図形のスタイル》グループの（図形の塗りつぶし）のをクリック
④《標準の色》の《青》（左から8番目）をクリック
⑤《図形のスタイル》グループの（図形の枠線）をクリック
⑥《枠線なし》をクリック
⑦同様に、中央と右の真円に色と枠線を設定

2 信号の外枠の作成

信号のランプ部分を囲むように、**「四角形：角を丸くする」**を使って、角丸の四角形の外枠を作成しましょう。
信号の外枠には、次の書式を設定します。

図形の塗りつぶし	**：白、背景1**
図形の枠線	**：黒、テキスト1**

①**《挿入》**タブを選択します。
②**《図》**グループの 図形 （図形の作成）をクリックします。
③**《四角形》**の（四角形：角を丸くする）をクリックします。

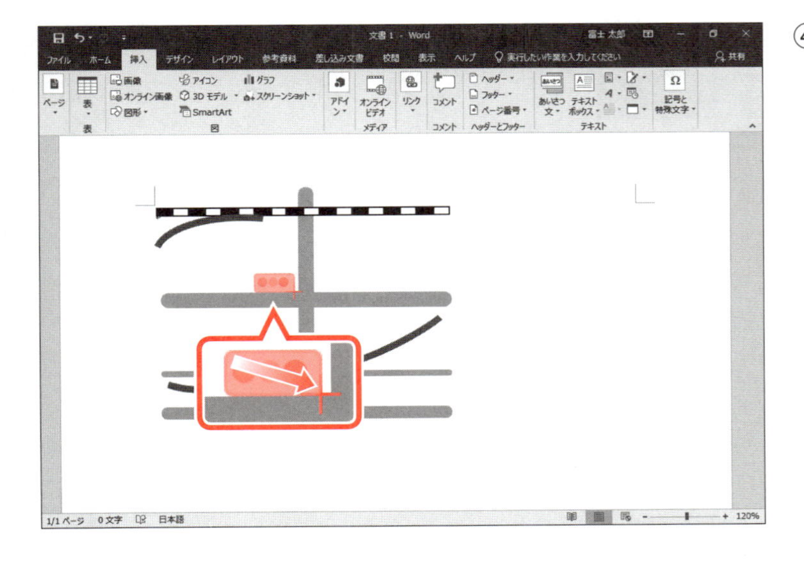

④図のように、信号のランプ部分を囲むようにドラッグします。

1
2
3
4
5
6
7
総合問題
付録
索引

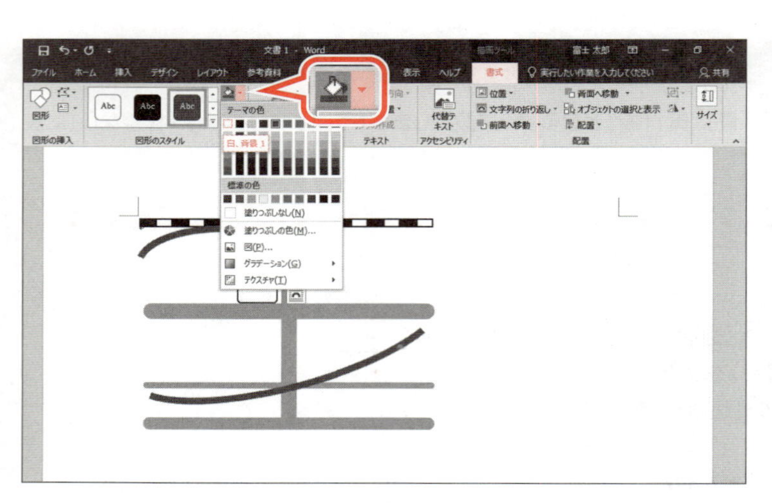

角丸の四角形の書式を設定します。

⑤**《書式》**タブを選択します。

⑥**《図形のスタイル》**グループの （図形の塗りつぶし）の をクリックします。

⑦**《テーマの色》**の**《白、背景1》**をクリックします。

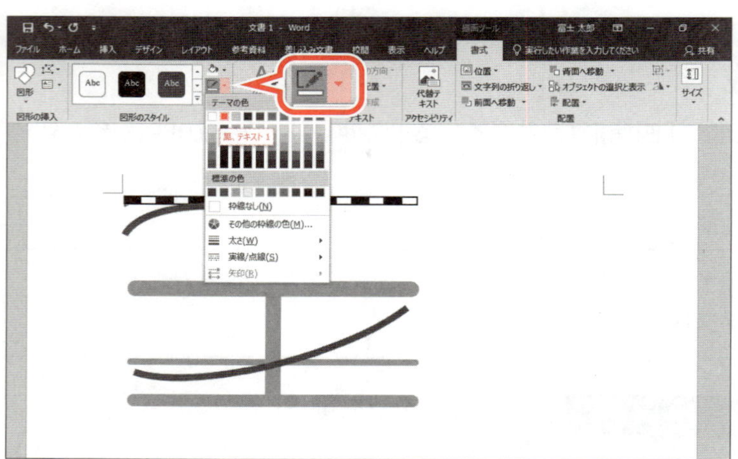

⑧**《図形のスタイル》**グループの （図形の枠線）の をクリックします。

⑨**《テーマの色》**の**《黒、テキスト1》**をクリックします。

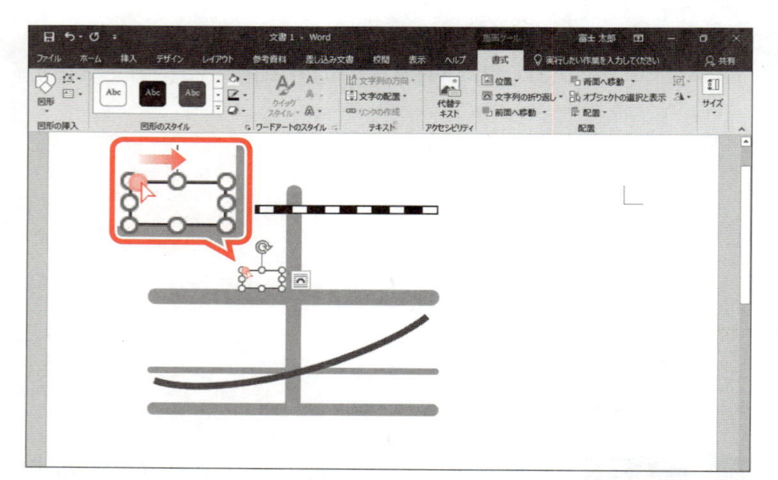

角のカーブを調整します。

⑩図のように、角に表示される黄色の○（ハンドル）をドラッグします。

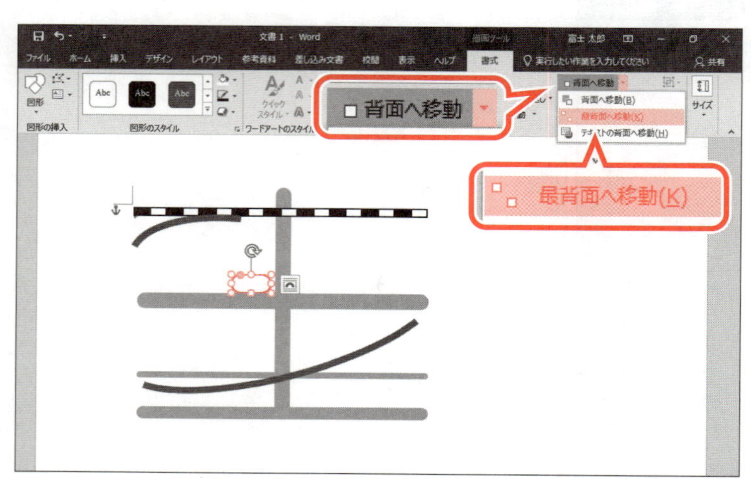

信号のランプ部分が見えるように表示順序を変更します。

⑪**《配置》**グループの 背面へ移動 （背面へ移動）の をクリックします。

⑫**《最背面へ移動》**をクリックします。

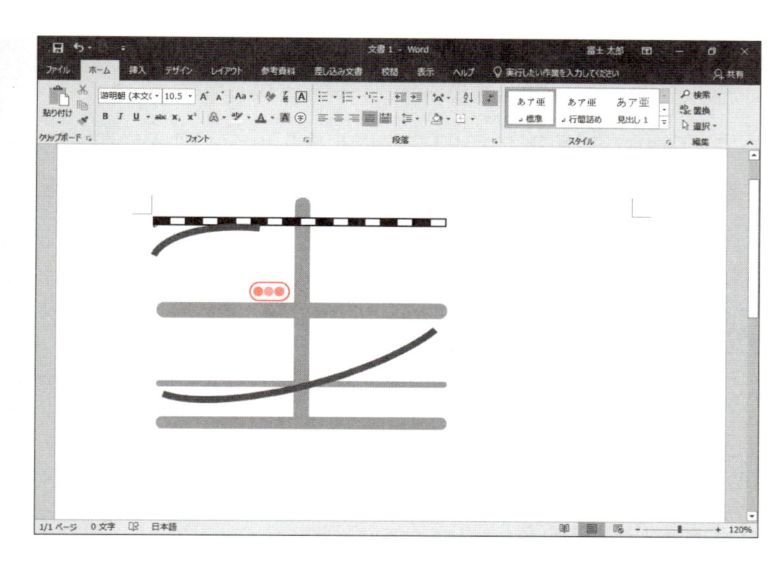

外枠が背面へ移動し、信号のランプ部分が見えるようになります。

※必要に応じて、図形の位置とサイズを調整しておきましょう。

※選択を解除しておきましょう。

Let's Try ためしてみよう

次のように、信号の図形を編集しましょう。

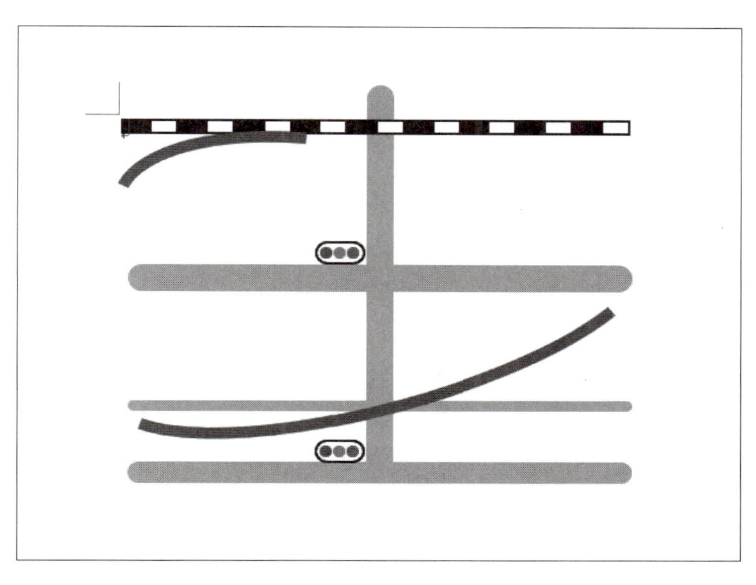

①信号のランプ部分と外枠をグループ化し、サイズを調整しましょう。

②信号をコピーして、交差点に配置しましょう。

Let's Try Answer

①

①3つの真円と角丸の四角形を選択

②《書式》タブを選択

③《配置》グループの（オブジェクトのグループ化）をクリック

④《グループ化》をクリック

⑤信号のサイズを調整

※ Shift を押しながらドラッグすると、縦横の比率を保持したままサイズを調整できます。

②

① Ctrl + Shift を押しながら、信号を交差点までドラッグしてコピー

5 目印の作成

「四角形：角を丸くする」を使って、角丸の四角形の目印を作成しましょう。図形を選択して文字を入力すると、図形に文字を追加できます。また、作成した目印には次の書式を設定します。

※設定する項目名が一覧にない場合は、任意の項目を選択してください。

作成する目印	塗りつぶし	枠線
浜松町駅	黒、テキスト1	枠線なし
竹芝駅	黒、テキスト1	枠線なし
公園	緑、アクセント6	枠線なし
桜高校	青、アクセント1	枠線なし
新オフィス	濃い赤	枠線なし

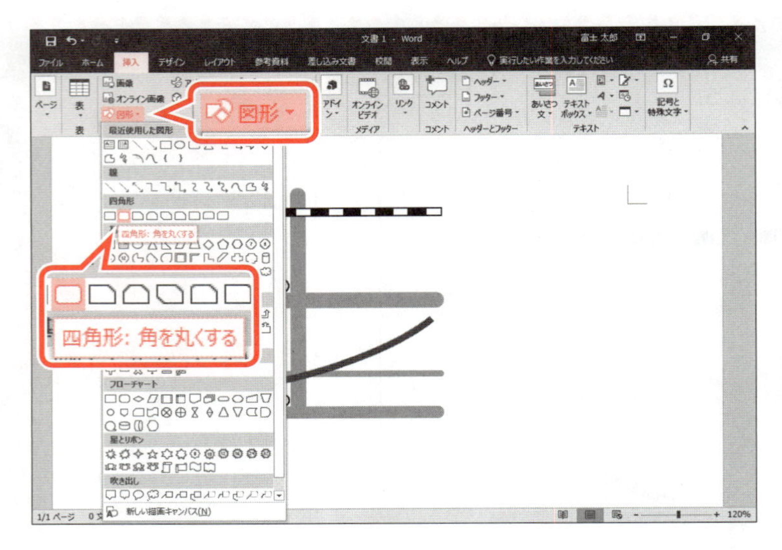

①**《挿入》**タブを選択します。

②**《図》**グループの 図形 （図形の作成）をクリックします。

③**《四角形》**の □ （四角形：角を丸くする）をクリックします。

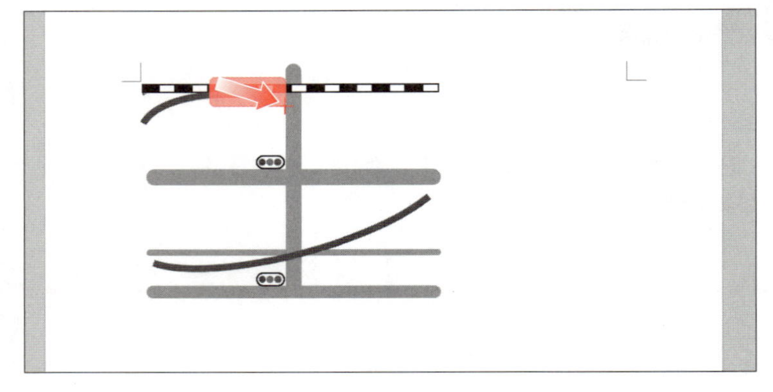

④図のように、ドラッグします。

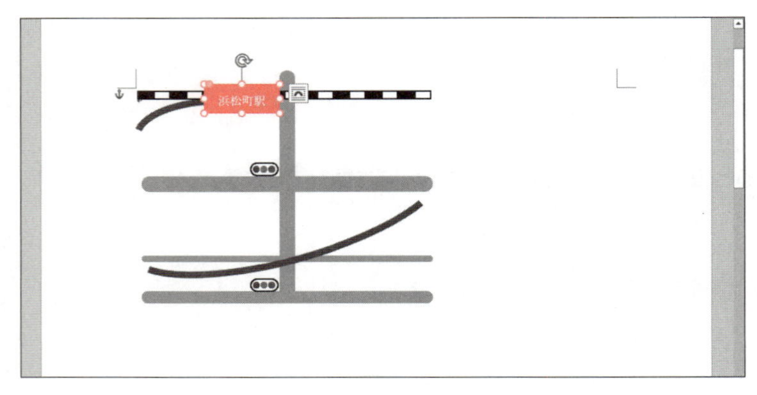

角丸の四角形が作成されます。

駅の名前を入力します。

⑤図形が選択されていることを確認します。

⑥**「浜松町駅」**と入力します。

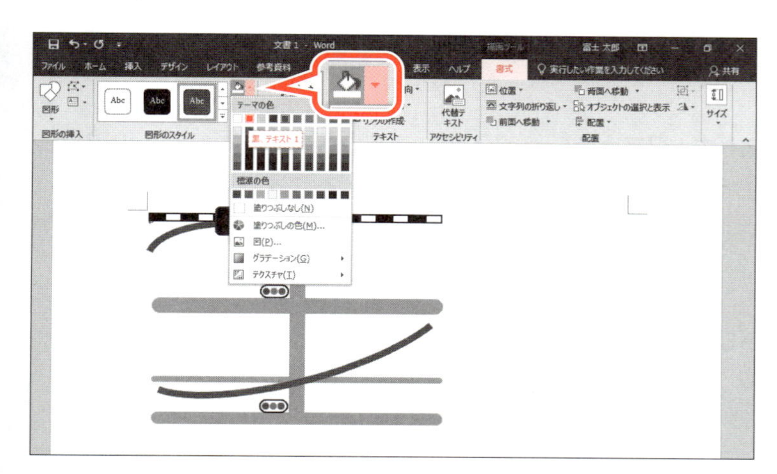

角丸の四角形の書式を設定します。

⑦《**書式**》タブを選択します。

⑧《**図形のスタイル**》グループの（図形の塗りつぶし）のをクリックします。

⑨《**テーマの色**》の《**黒、テキスト1**》をクリックします。

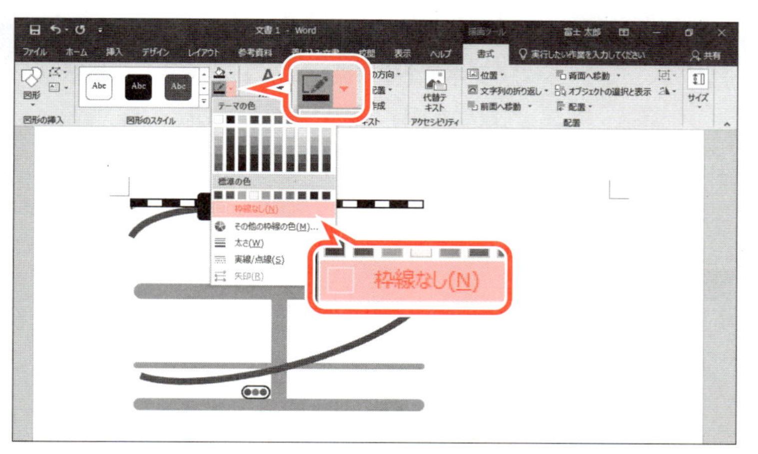

⑩《**図形のスタイル**》グループの（図形の枠線）のをクリックします。

⑪《**枠線なし**》をクリックします。

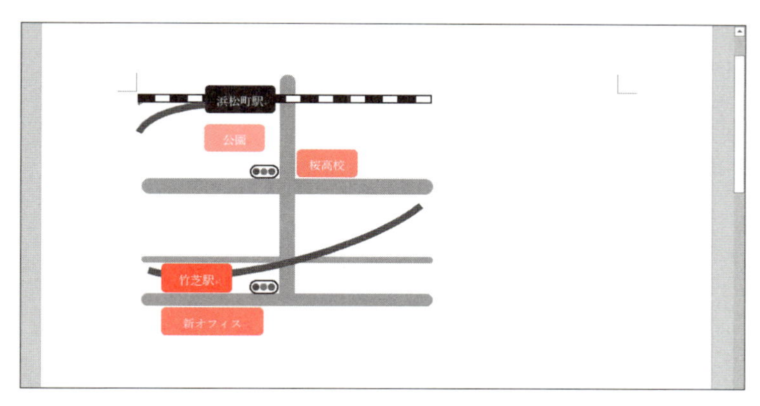

⑫同様に、竹芝駅、公園、桜高校、新オフィスを作成します。

※浜松町駅をコピーして、文字や書式を変更すると効率よく作成できます。

※必要に応じて、図形の位置とサイズを調整しておきましょう。

※選択を解除しておきましょう。

Let's Try ためしてみよう

作成した5つの目印に、次の書式を設定しましょう。

フォント	：MSゴシック
フォントサイズ	：12ポイント
太字	

※必要に応じて、図形のサイズを調整しておきましょう。

Let's Try Answer

①作成した5つの目印を選択

②《ホーム》タブを選択

③《フォント》グループの 游明朝 (本文の（フォント）のをクリックし、一覧から《MSゴシック》を選択

④《フォント》グループの 10.5（フォントサイズ）のをクリックし、一覧から《12》を選択

⑤《フォント》グループの B（太字）をクリック

6 名称の入力

路線や道路の名前は、「**テキストボックス**」を使って入力します。テキストボックスの塗りつぶしや枠線をなしに設定しておくと、道路や目印に重ねることもできます。
テキストボックスを使って、路線名を入力しましょう。作成したテキストボックスに、次の書式を設定します。

図形の塗りつぶし	**：塗りつぶしなし**
図形の枠線	**：枠線なし**
フォント	**：MSゴシック**

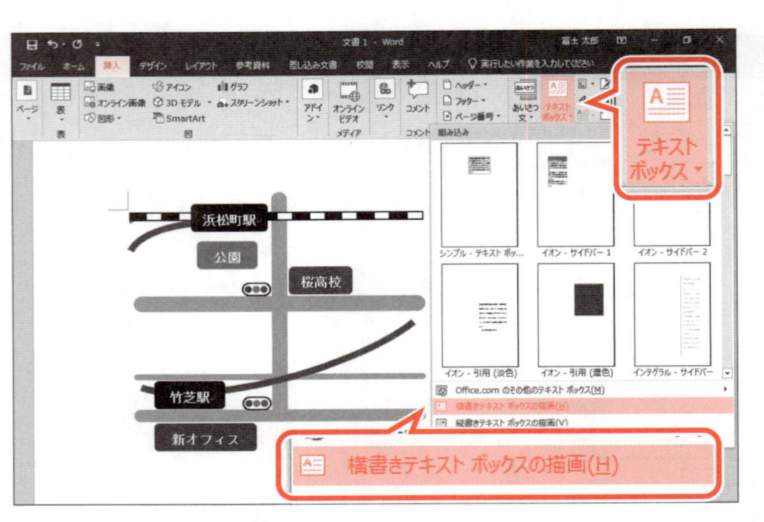

①《**挿入**》タブを選択します。
②《**テキスト**》グループの（テキストボックスの選択）をクリックします。
③《**横書きテキストボックスの描画**》をクリックします。

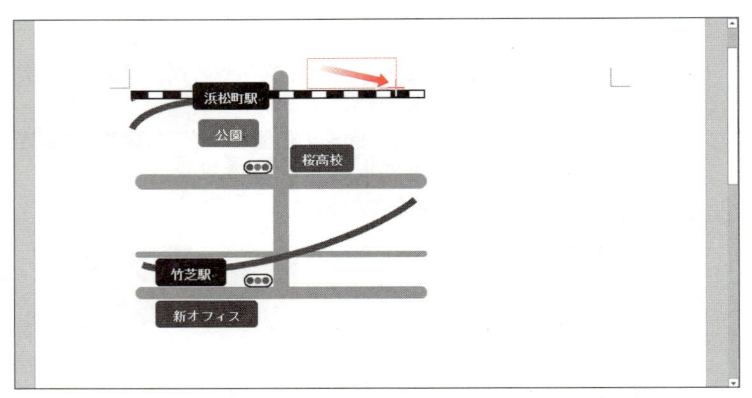

④図のように、左上から右下にドラッグします。

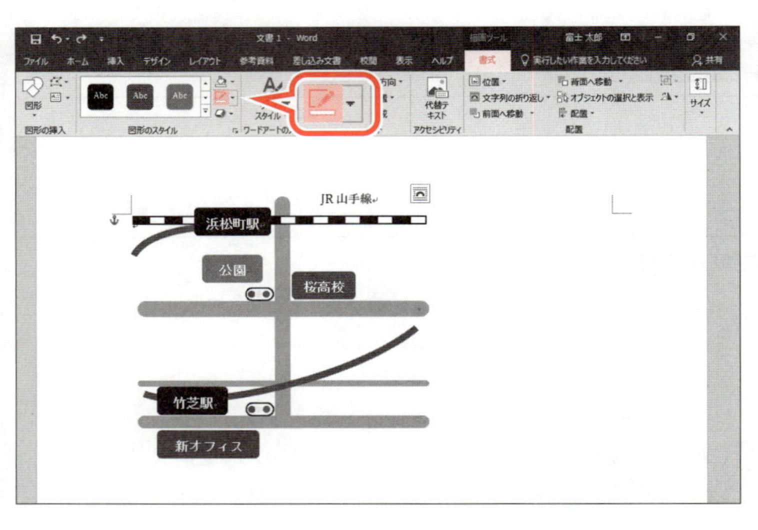

⑤「**JR山手線**」と入力します。
テキストボックスの書式を設定します。
⑥テキストボックスを選択します。
⑦《**書式**》タブを選択します。
⑧《**図形のスタイル**》グループの（図形の塗りつぶし）のをクリックします。
⑨《**塗りつぶしなし**》をクリックします。
⑩《**図形のスタイル**》グループの（図形の枠線）をクリックします。

⑪《**ホーム**》タブを選択します。

⑫《**フォント**》グループの 游明朝 (本文(▾ （フォント）の ▾ をクリックし、一覧から《**MSゴシック**》を選択します。

※必要に応じて、テキストボックスの位置とサイズを調整しておきましょう。

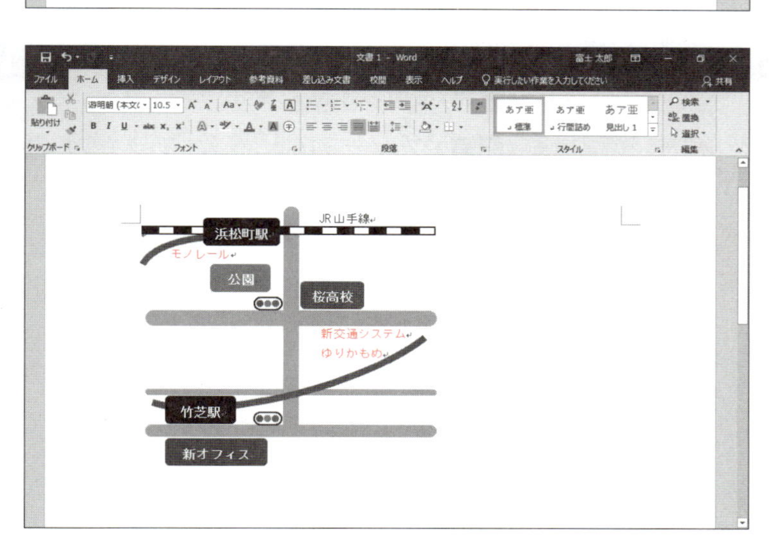

⑬同様に、モノレール、新交通システムゆりかもめを作成します。

※JR山手線をコピーして、文字を変更すると効率よく作成できます。

※必要に応じて、テキストボックスの位置とサイズを調整しておきましょう。

※選択を解除しておきましょう。

7 グループ化

作成した地図の図形をすべて選択してグループ化しましょう。

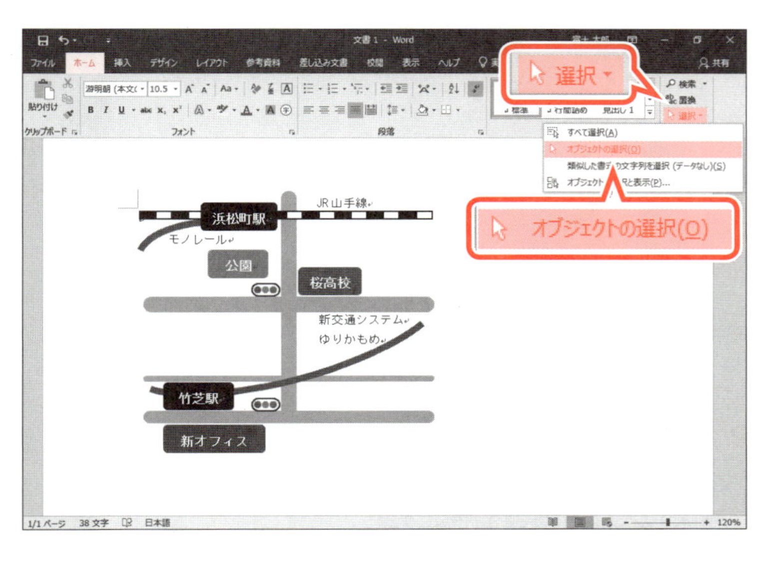

作成した地図の図形をすべて選択します。

①《**ホーム**》タブを選択します。

②《**編集**》グループの 選択 ▾ （選択）をクリックします。

③《**オブジェクトの選択**》をクリックします。

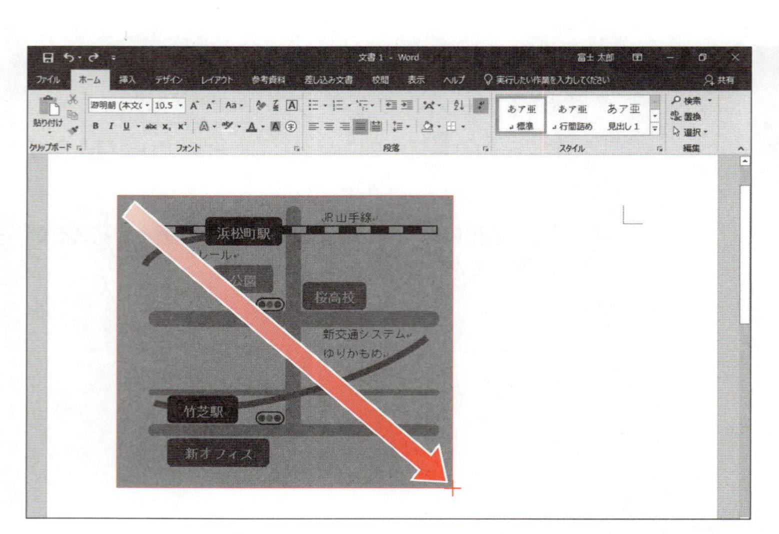

マウスポインターの形が⬉に変わります。

④図のように、図形をすべて囲むようにドラッグします。

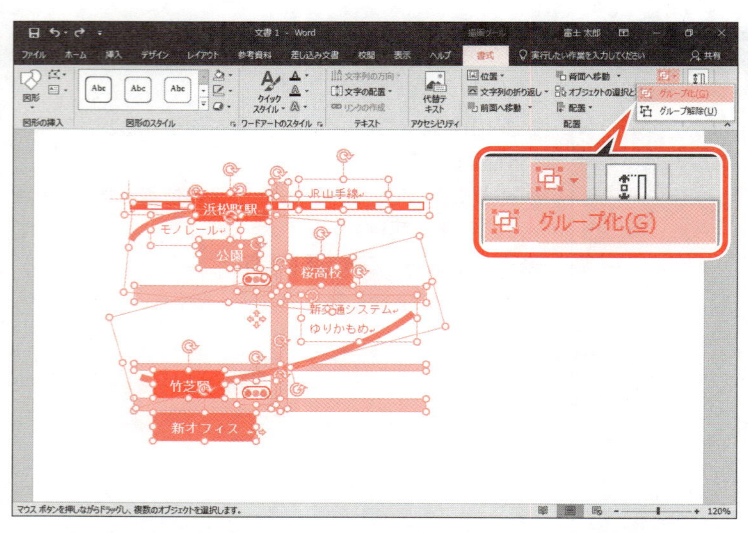

図形がすべて選択されます。

⑤《**書式**》タブを選択します。

⑥《**配置**》グループの［オブジェクトのグループ化］（オブジェクトのグループ化）をクリックします。

⑦《**グループ化**》をクリックします。

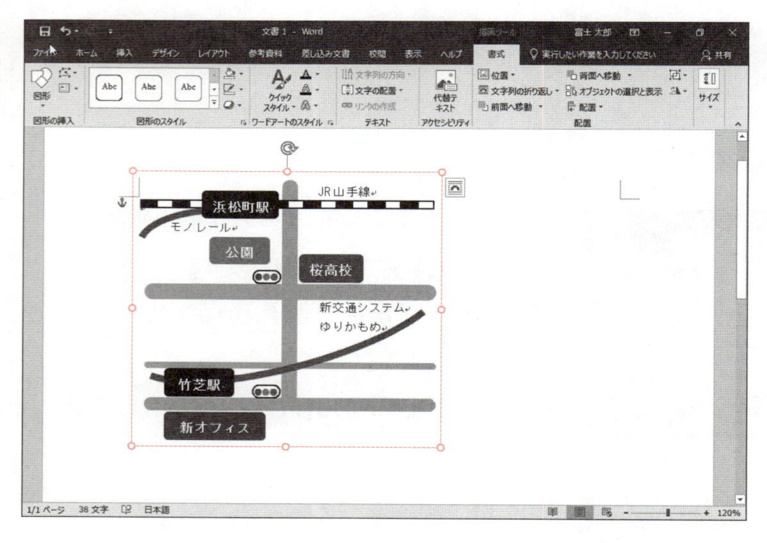

作成した地図がグループ化されます。

※文書に「地図完成」と名前を付けて、フォルダー「第2章」に保存し、閉じておきましょう。

STEP UP オブジェクトの選択の解除

ドラッグでオブジェクトが選択できる状態では、マウスポインターの形が⬉になります。
オブジェクトの選択状態を解除するには、［Esc］を押します。

練習問題

解答 ► 別冊P.3

完成図のような文書を作成しましょう。
※設定する項目名が一覧にない場合は、任意の項目を選択してください。

Wordを起動し、新しい文書を作成しておきましょう。

●完成図

① 次のようにページを設定しましょう。

日本語用のフォント	**：UDデジタル教科書体N-B**
英数字用のフォント	**：日本語用と同じフォント**
フォントサイズ	**：12ポイント**
余白	**：上 90mm**
ページの色	**：テクスチャ 紙**

Hint! ページの色にテクスチャを設定する場合は、《デザイン》タブ→《ページの背景》グループの（ページの色）→《塗りつぶし効果》→《テクスチャ》タブを使います。

② フォルダー**「第2章」**の画像**「山茶花」**を挿入し、文字列の折り返しを**「前面」**に設定しましょう。

③ 完成図を参考に、画像をトリミングし、シャープネス**「シャープネス：50%」**、アート効果**「パステル：滑らか」**を設定しましょう。

※完成図を参考に、画像の位置とサイズを調整しておきましょう。

④ 画像**「山茶花」**の上に表示されるように、ワードアートを使って次の文字を挿入しましょう。ワードアートのスタイルは**「塗りつぶし（グラデーション）：ゴールド、アクセントカラー4；輪郭：ゴールド，アクセントカラー4」**にします。

仕出し弁当↵
山茶花

※↵で Enter を押して改行します。

⑤ 挿入したワードアートの文字を左揃えにしましょう。また、ワードアートの**「山茶花」**の文字のフォントサイズを**「80」**ポイントに設定しましょう。

⑥ フォルダー**「第2章」**のテキストファイル**「献立」**を画像の下の行に挿入し、書式をクリアしましょう。

⑦ **「今月のお弁当「羽衣」」**と**「1,300円（税別）」**のフォントサイズを**「26」**ポイント、フォントの色を**「濃い赤」**に設定しましょう。

⑧ **「●口取り」「●煮物」「●御飯」「●香の物」**のフォントサイズを**「14」**ポイントに設定しましょう。

⑨ フォルダー**「第2章」**の画像**「お弁当（羽衣）」**を挿入し、背景を削除しましょう。また、文字列の折り返しを**「四角形」**に設定し、ページ上で位置を固定しましょう。

※完成図を参考に、画像の位置とサイズを調整しておきましょう。

⑩ フォルダー**「第2章」**の文書**「山茶花地図」**の地図を、文末に図として貼り付けましょう。また、文字列の折り返しを**「前面」**に設定しましょう。

※完成図を参考に、図の位置とサイズを調整しておきましょう。

※文書に「第2章練習問題完成」と名前を付けて、フォルダー「第2章」に保存し、閉じておきましょう。
※文書「山茶花地図」を保存せずに閉じておきましょう。

第3章

差し込み印刷

第3章 この章で学ぶこと

学習前に習得すべきポイントを理解しておき、
学習後には確実に習得できたかどうかを振り返りましょう。

作成する文書を確認する

1 作成する文書の確認

次のような文書を作成しましょう。

〒231-0023
神奈川県横浜市中区山下町 6-4-X
笹本 光司　様

〒236-0034
神奈川県横浜市金沢区朝比奈町 1-XX
田村 孝雄　様

〒222-0022
神奈川県横浜市港北区篠原東 1-8-X
清水 由紀　様

〒220-0034
神奈川県横浜市西区赤門町 2-XX
島田 誠　様

〒235-0011
神奈川県横浜市磯子区丸山 1-3-X
小池 公彦　様

会員 No.20001

阿部 一郎　様

Sea Side Cafe
リニューアルオープン

会員の皆さま、たいへんお待たせいたしました！！！
改装工事が完了し、7月6日（土）に「Sea Side Cafe」は生まれ変わります。

改装した店内は、太陽の光が差し込み、海をゆっくりと眺めることができる全面ガラス張り。
さらに、新しく設けたテラス席では、横浜港に入港する船を一望できます。
汽笛の音に耳を傾けながら、海の景色を楽しんでみませんか？

また、季節に合わせて「ビアガーデン」「バーベキューパーティー」「ワインパーティー」などのイベントを開催する予定です。会員の皆さまには、イベントごとに特典をご用意いたしますので、楽しみにお待ちください。

★★★リニューアルオープン記念「会員特典」★★★
案内状をお持ちいただくと、すべてのメニュー・ワインが10%OFF！！
期間：7月6日（土）～8月3日（土）まで
※ランチタイム、ディナータイムは混み合います。ご予約は、お早めにお願いいたします。

Sea Side Cafe
●TEL　045-123-XXXX
●住所　横浜市中区海岸通 X-X-X
●営業時間　10：00～22：00
●URL　http://seasidecafe.xx.xx
●E-Mail　info@seaside.xx.xx

1	会員No.	氏名	郵便番号	住所	電話番号	職業	誕生日	来店回数	好きなもの	嫌いなもの
2	20001	阿部 一郎	135-0091	東京都港区台場1-5-X	03-5500-22XX	会社員	1968/4/8	8	アワビ	アスパラガス
3	20002	加藤 英夫	101-0021	東京都千代田区外神田8-9-X	03-3222-33XX	自営業	1953/12/3	10	仔羊	ウニ
4	20003	笹本 光司	231-0023	神奈川県横浜市中区山下町6-4-X	045-111-22XX	公務員	1973/8/6	1	エビ	なし
5	20004	田村 孝雄	236-0034	神奈川県横浜市金沢区朝比奈町1-XX	045-999-88XX	会社員	1971/3/29	4	にんにく	レバー
6	20005	中島 恒彦	251-0032	神奈川県藤沢市片瀬5-X	0466-33-44XX	自営業	1951/6/17	6	チーズ	なし
7	20006	木下 良夫	105-0022	東京都港区海岸1-1-X	03-5444-55XX	会社員	1962/9/1	7	仔牛	セロリ
8	20007	清水 由紀	222-0022	神奈川県横浜市港北区篠原東1-8-X	045-222-11XX	主婦	1955/1/31	7	モモ	にんじん
9	20008	江田 京子	220-0023	神奈川県横浜市西区平沼1-3-X	045-555-33XX	会社員	1975/10/29	8	クリ	チーズ
10	20009	島田 誠	220-0034	神奈川県横浜市西区赤門町2-XX	045-666-55XX	会社員	1963/5/18	9	カニ	パセリ
11	20010	津島 貴子	241-0801	神奈川県横浜市旭区若葉台5-1-X	045-444-11XX	主婦	1963/2/4	3	メロン	グリンピース
12	20011	小池 公彦	235-0011	神奈川県横浜市磯子区丸山1-3-X	045-333-77XX	会社員	1969/9/12	6	トリュフ	トマト
13	20012	鈴木 千尋	249-0002	神奈川県逗子市山の根1-X	046-866-33XX	会社員	1978/4/3	1	サーモン	しいたけ

宛先リストの設定

Step2 宛名を差し込んだ文書を印刷する

1 差し込み印刷

「差し込み印刷」とは、WordやExcelで作成した別のファイルのデータを、文書の指定した位置に差し込んで印刷する機能です。
文書の宛先だけを差し替えて印刷したり、宛名ラベルを作成したりできるので、同じ内容の案内状や挨拶状を複数の宛先に送付する場合に便利です。
差し込み印刷を行う場合は、**《差し込み文書》**タブを使います。この**《差し込み文書》**タブには、データを差し込む文書や宛先のリストを指定するボタン、差し込む内容を指定するボタンなど様々なボタンが用意されています。基本的には、**《差し込み文書》**タブの左から順番に操作していくと差し込み印刷ができるようになっています。

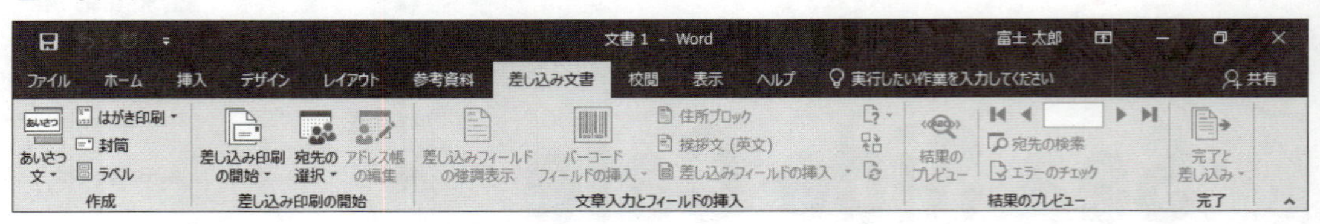

差し込み印刷では、次の2種類のデータを準備します。

●ひな形の文書
データの差し込み先となる文書です。すべての宛先に共通の内容を入力します。
ひな形の文書には、**「レター」**や**「封筒」**、**「ラベル」**などの種類があります。通常のビジネス文書は、**「レター」**にあたります。

●宛先リスト
郵便番号や住所、氏名など、差し込むデータが入力されたファイルです。WordやExcelで作成したファイルのほか、Accessなどで作成したファイルも使うことができます。

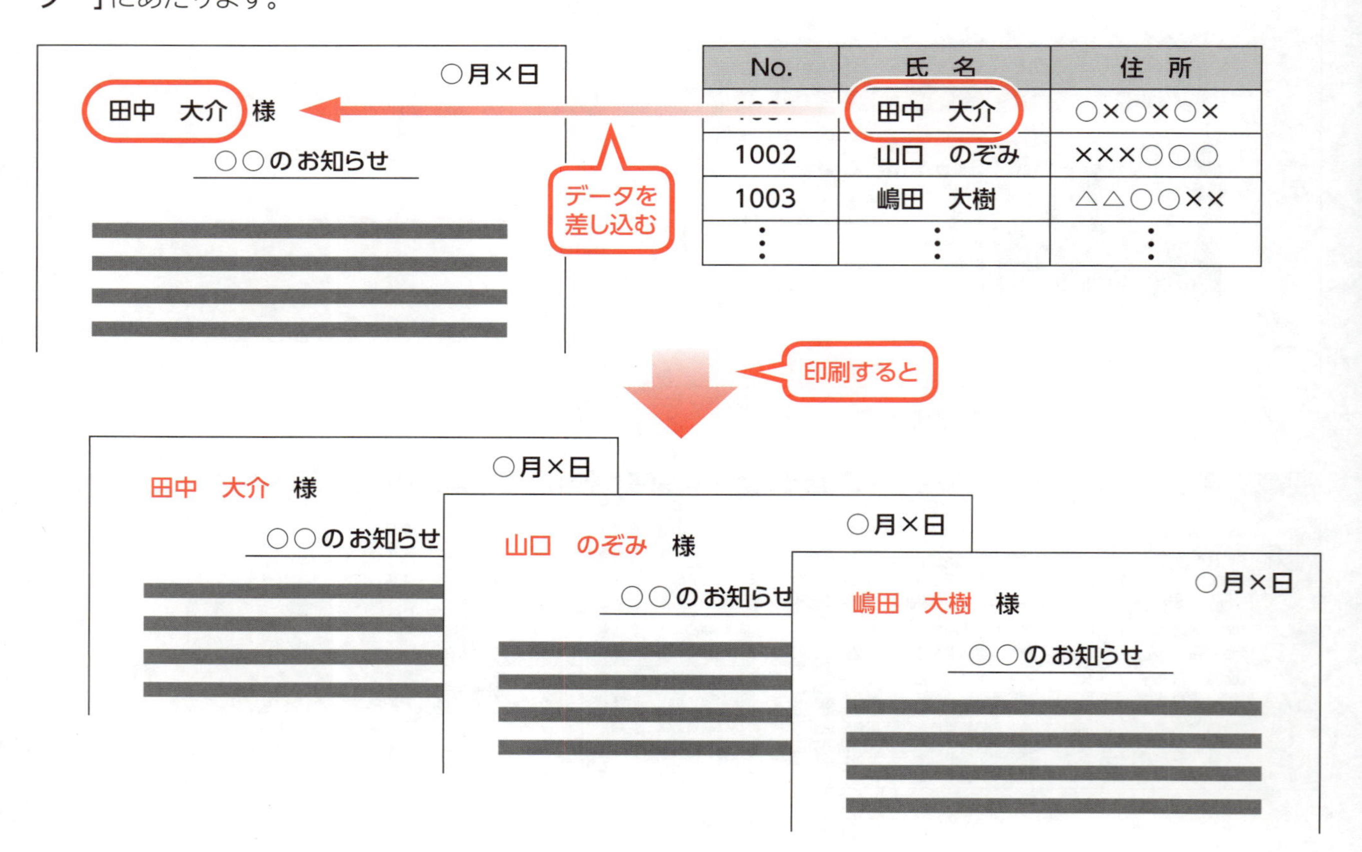

2 差し込み印刷の手順

差し込み印刷の基本的な手順は、次のとおりです。

1 差し込み印刷の開始

ひな形の文書を新しく作成します。または、既存の文書をひな形として指定します。

2 宛先の選択

宛先リストを作成します。または、既存のファイルを宛先リストとして選択します。選択した宛先リストは、必要に応じて、差し込む宛先を抽出したり、並べ替えたりできます。

3 差し込みフィールドの挿入

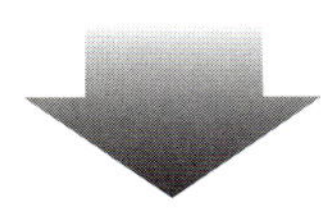

差し込みフィールド（データを差し込むための領域）をひな形の文書に挿入します。

4 結果のプレビュー

差し込んだ結果をプレビューして確認します。

5 印刷の実行

差し込んだ結果を印刷します。

3 差し込み印刷の設定

文書「**差し込み印刷**」にExcelのブック「**会員住所録**」のデータを差し込んで、印刷しましょう。

1 差し込み印刷の開始

文書「**差し込み印刷**」をひな形の文書として指定しましょう。

File OPEN フォルダー「第3章」の文書「差し込み印刷」を開いておきましょう。

ひな形の文書の種類を選択します。

①《**差し込み文書**》タブを選択します。

②《**差し込み印刷の開始**》グループの（差し込み印刷の開始）をクリックします。

③《**レター**》をクリックします。

2 宛先の選択

Excelのブック「**会員住所録**」のシート「**住所録**」を宛先リストとして設定しましょう。

①《**差し込み文書**》タブを選択します。

②《**差し込み印刷の開始**》グループの（宛先の選択）をクリックします。

③《**既存のリストを使用**》をクリックします。

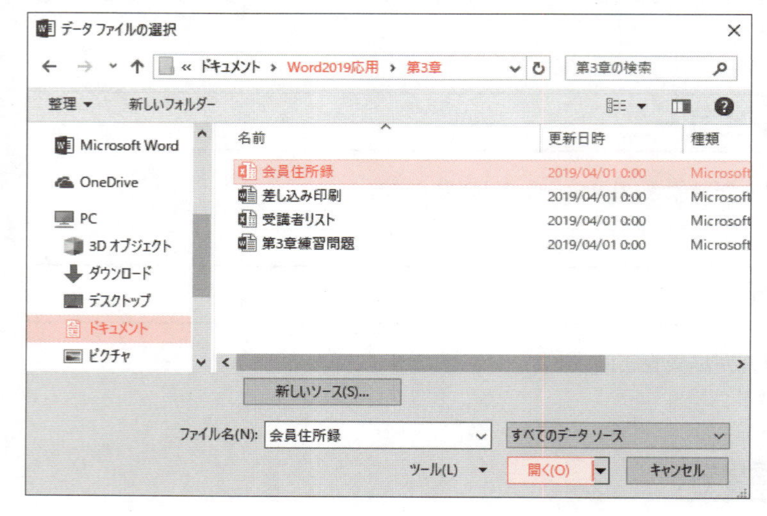

《**データファイルの選択**》ダイアログボックスが表示されます。

Excelのブックが保存されている場所を選択します。

④左側の一覧から《**ドキュメント**》を選択します。

※《ドキュメント》が表示されていない場合は、《PC》をダブルクリックします。

⑤一覧から「**Word2019応用**」を選択します。

⑥《**開く**》をクリックします。

⑦一覧から「**第3章**」を選択します。

⑧《**開く**》をクリックします。

⑨一覧からブック「**会員住所録**」を選択します。

⑩《**開く**》をクリックします。

テーブルの選択

名前	説明	更新日時	作成日時	種類
住所録$		4/1/2019	4/1/2019	TABLE

☑先頭行をタイトル行として使用する(R)　OK　キャンセル

《**テーブルの選択**》ダイアログボックスが表示されます。

差し込むデータのあるシートを指定します。

⑪「**住所録$**」をクリックします。

⑫《**先頭行をタイトル行として使用する**》を☑にします。

⑬《**OK**》をクリックします。

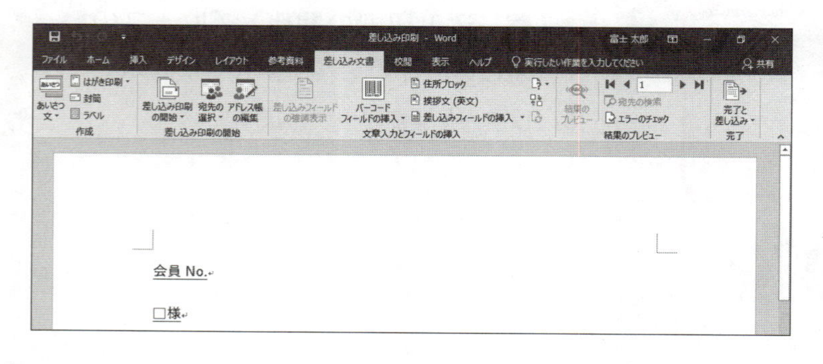

宛先リストが設定されます。

STEP UP 宛先リストの構成

宛先リストは、「フィールド名」「レコード」「フィールド」で構成されます。

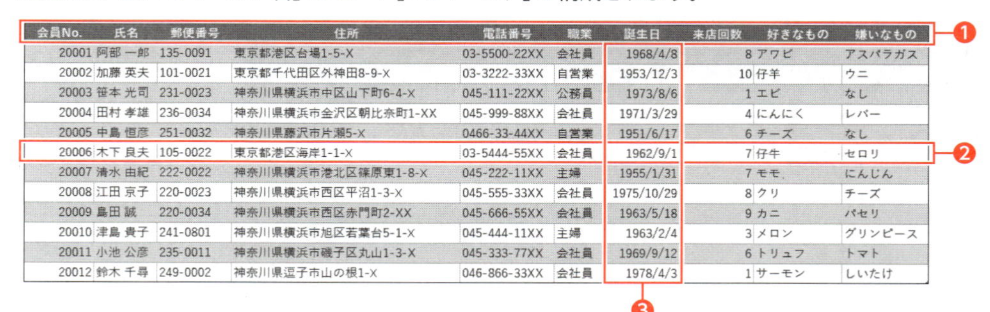

会員No.	氏名	郵便番号	住所	電話番号	職業	誕生日	来店回数	好きなもの	嫌いなもの
20001	阿部 一郎	135-0091	東京都港区台場1-5-X	03-5500-22XX	会社員	1968/4/8	8	アワビ	アスパラガス
20002	加藤 英夫	101-0021	東京都千代田区外神田8-9-X	03-3222-33XX	自営業	1953/12/3	10	仔羊	ウニ
20003	笹本 光司	231-0023	神奈川県横浜市中区山下町6-4-X	045-111-22XX	公務員	1973/8/6	1	エビ	なし
20004	田村 孝雄	236-0034	神奈川県横浜市金沢区朝比奈町1-XX	045-999-88XX	会社員	1971/3/29	4	にんにく	レバー
20005	中島 恒彦	251-0032	神奈川県藤沢市片瀬5-X	0466-33-44XX	自営業	1951/6/17	6	チーズ	なし
20006	木下 良夫	105-0022	東京都港区海岸1-1-X	03-5444-55XX	会社員	1962/9/1	7	仔牛	セロリ
20007	清水 由紀	222-0022	神奈川県横浜市港北区篠原東1-8-X	045-222-11XX	主婦	1955/1/31	7	モモ	にんじん
20008	江田 京子	220-0023	神奈川県横浜市西区平沼1-3-X	045-555-33XX	会社員	1975/10/29	8	クリ	チーズ
20009	島田 誠	220-0034	神奈川県横浜市西区赤門町2-XX	045-666-55XX	会社員	1963/5/18	9	カニ	パセリ
20010	津島 貴子	241-0801	神奈川県横浜市旭区若葉台5-1-X	045-444-11XX	主婦	1963/2/4	3	メロン	グリンピース
20011	小池 公彦	235-0011	神奈川県横浜市磯子区丸山1-3-X	045-333-77XX	会社員	1969/9/12	6	トリュフ	トマト
20012	鈴木 千尋	249-0002	神奈川県逗子市山の根1-X	046-866-33XX	会社員	1978/4/3	1	サーモン	しいたけ

❶フィールド名（列見出し）
各列の先頭に入力されている項目名です。

❷レコード
行ごとに入力されている1件分のデータです。

❸フィールド
列ごとに入力されている同じ種類のデータです。

STEP UP 宛先リストの編集

宛先リストに設定した宛先を並べ替えたり、宛先から外したりすることができます。
宛先リストの宛先を編集する方法は、次のとおりです。

◆《差し込み文書》タブ→《差し込み印刷の開始》グループの（アドレス帳の編集）

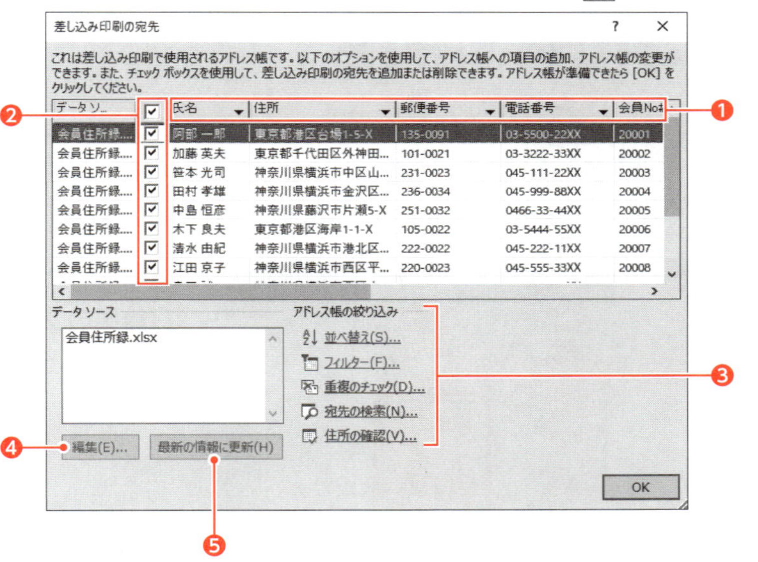

❶列見出し
列見出しをクリックすると、データを並べ替えできます。
▼をクリックすると、条件を指定してデータを抽出したり、並べ替えたりできます。

❷チェックボックス
宛先として差し込むデータを個別に指定できます。
☑：宛先として差し込みます。
☐：宛先として差し込みません。

❸アドレス帳の絞り込み
宛先リストとして指定したデータに対して、並べ替えや抽出を行ったり、重複しているフィールドがないかをチェックしたりできます。

❹編集
差し込んだ宛先リストを編集します。

❺最新の情報に更新
宛先リストを再度読み込んで、変更内容を更新します。

3 差し込みフィールドの挿入

「会員No」と「氏名」の差し込みフィールドをひな形の文書に挿入しましょう。

①「**会員No.**」の後ろにカーソルを移動します。
②《**差し込み文書**》タブを選択します。
③《**文章入力とフィールドの挿入**》グループの 差し込みフィールドの挿入 (差し込みフィールドの挿入)の をクリックします。
④《**会員No**》をクリックします。

「《**会員No**》」が挿入されます。
⑤同様に、「**□様**」の前に、「**氏名**」の差し込みフィールドを挿入します。
※□は全角空白を表します。
※□が表示されていない場合は、《ホーム》タブ→《段落》グループの (編集記号の表示/非表示)をクリックしておきましょう。

4 結果のプレビュー

差し込みフィールドに宛先リストのデータを差し込んで表示しましょう。

①《**差し込み文書**》タブを選択します。
②《**結果のプレビュー**》グループの (結果のプレビュー)をクリックします。

ひな形の文書に1件目の宛先が表示されます。
次の宛先を表示します。
③《**結果のプレビュー**》グループの (次のレコード)をクリックします。

2件目の宛先が表示されます。

※ ▶（次のレコード）をクリックして、3件目以降の宛先を確認しておきましょう。全部で12件の宛先が表示されます。確認後、◀（前のレコード）や⏮（先頭のレコード）をクリックして、1件目の宛先を表示しておきましょう。

STEP UP 宛先の表示の切り替え

宛先の表示を切り替えるには、《結果のプレビュー》グループの次のボタンを使います。

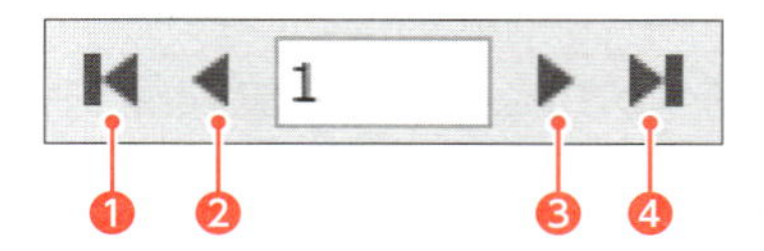

❶先頭のレコード
宛先リストの1件目の宛先を表示します。

❷前のレコード
宛先リストの前の宛先を表示します。

❸次のレコード
宛先リストの次の宛先を表示します。

❹最後のレコード
宛先リストの最後の宛先を表示します。

5 印刷の実行

宛先リストのデータを差し込んで文書を印刷しましょう。

①《**差し込み文書**》タブを選択します。

②《**完了**》グループの（完了と差し込み）をクリックします。

③《**文書の印刷**》をクリックします。

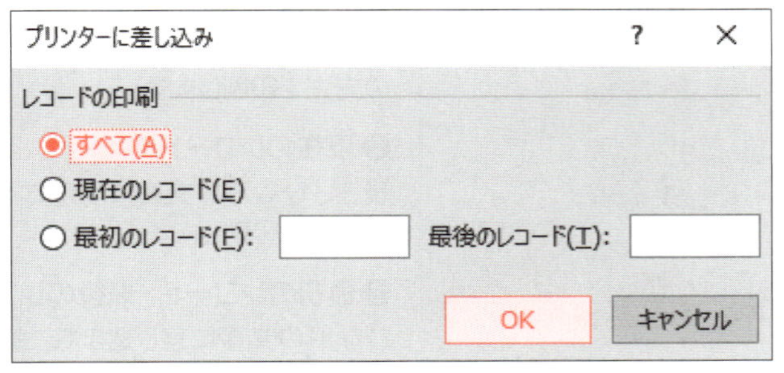

《**プリンターに差し込み**》ダイアログボックスが表示されます。

④《**すべて**》を◉にします。

⑤《**OK**》をクリックします。

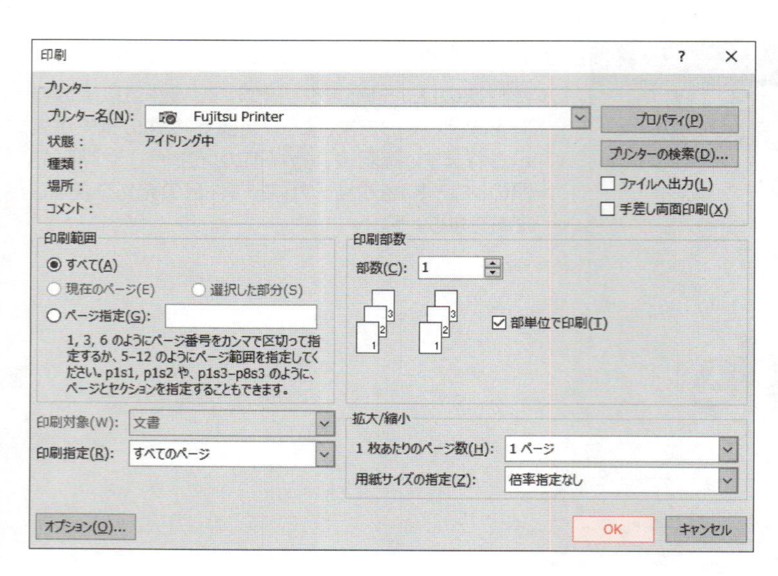

《印刷》ダイアログボックスが表示されます。

⑥《OK》をクリックします。

宛先が差し込まれたひな形の文書が12件分印刷されます。

※文書に「差し込み印刷完成」と名前を付けて、フォルダー「第3章」に保存し、閉じておきましょう。

STEP UP 個々のドキュメントの編集

（完了と差し込み）→《個々のドキュメントの編集》を選択すると、宛先リストのデータを、各ページに挿入して新しい文書を作成することができます。

宛先ごとに別のページで文書が作成されているので、ひな形の文書の内容を個別に修正したい場合などに使用すると便利です。

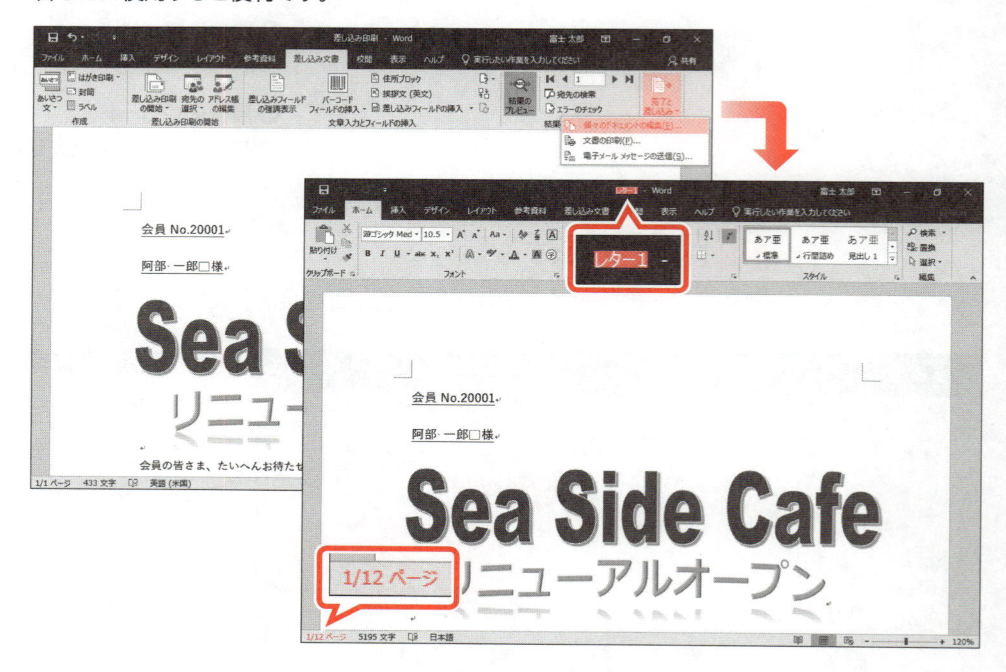

STEP UP 《プリンターに差し込み》ダイアログボックス

《プリンターに差し込み》ダイアログボックスでは、次のような設定ができます。

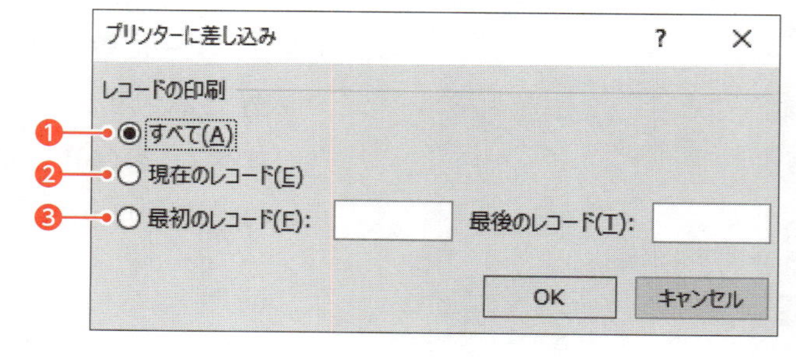

❶すべて

ひな形の文書に差し込まれたすべての宛先を印刷します。

❷現在のレコード

現在、ひな形の文書に表示されている宛先を印刷します。

❸最初のレコード・最後のレコード

ひな形の文書に差し込まれた宛先の中から、範囲を指定して印刷します。

Step3 宛名を差し込んだラベルを印刷する

1 宛名ラベル印刷

複数のラベルに異なる宛先を差し込んで印刷できます。市販されている専用のラベルシールなどに合わせて宛名ラベルを作成できます。
宛名ラベルを作成するには、差し込み印刷と同様に**「ひな形の文書」**と**「宛先リスト」**が必要です。

●宛先リスト：Excelのブック「会員住所録」

会員No.	氏名	郵便番号	住所	電話番号	職業	誕生日	来店回数	好きなもの	嫌いなもの
20001	阿部 一郎	135-0091	東京都港区台場1-5-X	03-5500-22XX	会社員	1968/4/8	8	アワビ	アスパラガス
20002	加藤 英夫	101-0021	東京都千代田区外神田8-9-X	03-3222-33XX	自営業	1953/12/3	10	仔羊	ウニ
20003	笹本 光司	231-0023	神奈川県横浜市中区山下町6-4-X	045-111-22XX	公務員	1973/8/6	1	エビ	なし
20004	田村 孝雄	236-0034	神奈川県横浜市金沢区朝比奈町1-XX	045-999-88XX	会社員	1971/3/29	4	にんにく	レバー
20005	中島 恒彦	251-0032	神奈川県藤沢市片瀬5-X	0466-33-44XX	自営業	1951/6/17	6	チーズ	なし
20006	木下 良夫	105-0022	東京都港区海岸1-1-X	03-5444-55XX	会社員	1962/9/1	7	仔牛	セロリ
20007	清水 由紀	222-0022	神奈川県横浜市港北区篠原東1-8-X	045-222-11XX	主婦	1955/1/31	7	モモ	にんじん
20008	江田 京子	220-0023	神奈川県横浜市西区平沼1-3-X	045-555-33XX	会社員	1975/10/29	8	クリ	チーズ
20009	島田 誠	220-0034	神奈川県横浜市西区赤門町2-XX	045-666-55XX	会社員	1963/5/18	9	カニ	パセリ
20010	津島 貴子	241-0801	神奈川県横浜市旭区若葉台5-1-X	045-444-11XX	主婦	1963/2/4	3	メロン	グリンピース
20011	小池 公彦	235-0011	神奈川県横浜市磯子区丸山1-3-X	045-333-77XX	会社員	1969/9/12	6	トリュフ	トマト
20012	鈴木 千尋	249-0002	神奈川県逗子市山の根1-X	046-866-33XX	会社員	1978/4/3	1	サーモン	しいたけ

神奈川県の宛先だけを
抽出して差し込む

●ひな形の文書：新しい文書

〒231-0023
神奈川県横浜市中区山下町 6-4-X
笹本 光司　様

〒236-0034
神奈川県横浜市金沢区朝比奈町 1-XX
田村 孝雄　様

〒251-0032
神奈川県藤沢市片瀬 5-X
中島 恒彦　様

〒222-0022
神奈川県横浜市港北区篠原東 1-8-X
清水 由紀　様

〒220-0023
神奈川県横浜市西区平沼 1-3-X
江田 京子　様

〒220-0034
神奈川県横浜市西区赤門町 2-XX
島田 誠　様

〒241-0801
神奈川県横浜市旭区若葉台 5-1-X
津島 貴子　様

〒235-0011
神奈川県横浜市磯子区丸山 1-3-X
小池 公彦　様

〒249-0002
神奈川県逗子市山の根 1-X
鈴木 千尋　様

2 宛名ラベル印刷の設定

新しい文書にExcelのブック「**会員住所録**」のデータを差し込んで、宛名ラベルを印刷しましょう。

1 差し込み印刷の開始

ひな形の文書としてラベルを指定すると、ラベルの種類やサイズなどを設定することができます。
新しい文書をひな形の文書として、次のようにラベルを設定しましょう。

プリンター	：ページプリンター
ラベルの製造元	：A-ONE
製品番号	：A-ONE72212

File OPEN　新しい文書を作成しておきましょう。

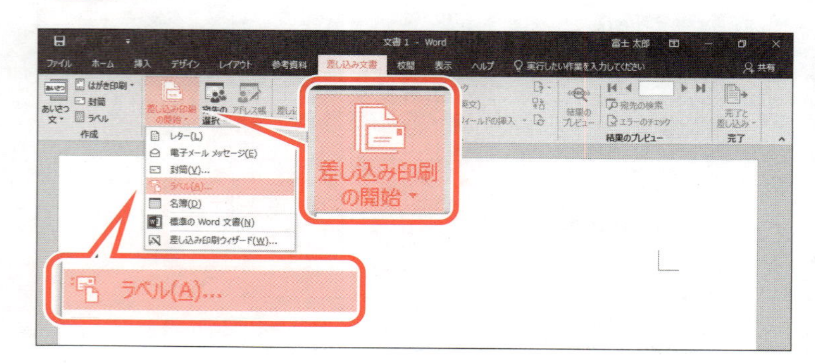

ひな形の文書の種類を選択します。

①《**差し込み文書**》タブを選択します。

②《**差し込み印刷の開始**》グループの （差し込み印刷の開始）をクリックします。

③《**ラベル**》をクリックします。

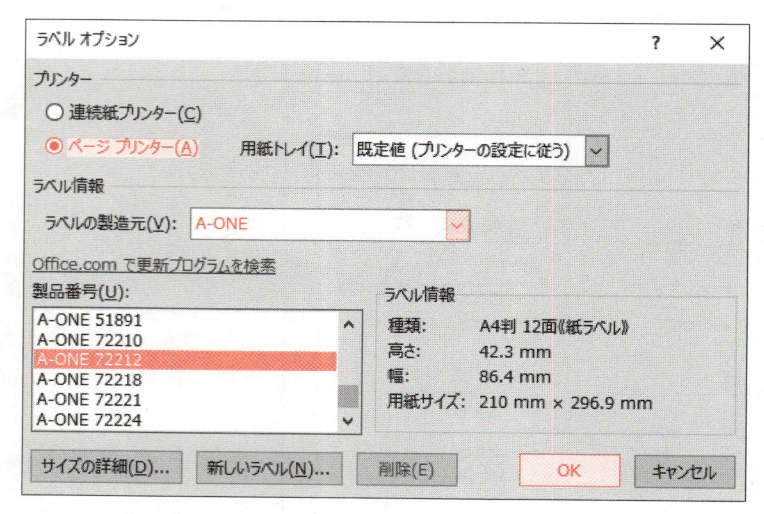

《**ラベルオプション**》ダイアログボックスが表示されます。

④《**ページプリンター**》を◉にします。

※実際に使うプリンターの種類を選択してもかまいません。

⑤《**ラベルの製造元**》の をクリックし、一覧から《**A-ONE**》を選択します。

⑥《**製品番号**》の一覧から《**A-ONE72212**》を選択します。

※実際に使うラベルの種類を選択してもかまいません。

⑦《**OK**》をクリックします。

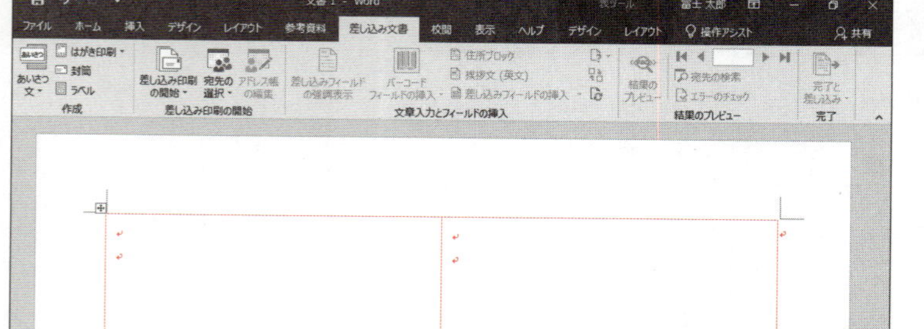

ひな形の文書に、指定したラベルの枠と↵（段落記号）が表示されます。

※ラベルの枠が表示されていない場合は、《表ツール》の《レイアウト》タブ→《表》グループの グリッド線の表示 （表のグリッド線を表示）をクリックしておきましょう。

2 宛先の選択

Excelのブック「**会員住所録**」のシート「**住所録**」を宛先リストとして設定しましょう。

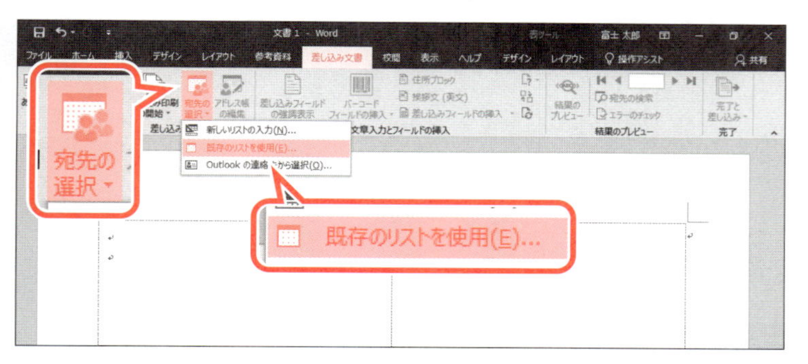

①《**差し込み文書**》タブを選択します。

②《**差し込み印刷の開始**》グループの（宛先の選択）をクリックします。

③《**既存のリストを使用**》をクリックします。

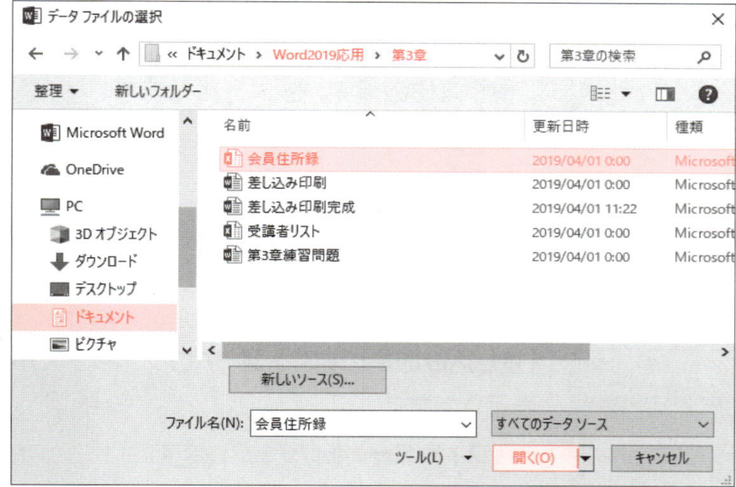

《**データファイルの選択**》ダイアログボックスが表示されます。

Excelのブックが保存されている場所を選択します。

④左側の一覧から《**ドキュメント**》を選択します。

※《ドキュメント》が表示されていない場合は、《PC》をダブルクリックします。

⑤一覧から「**Word2019応用**」を選択します。

⑥《**開く**》をクリックします。

⑦一覧から「**第3章**」を選択します。

⑧《**開く**》をクリックします。

⑨一覧からブック「**会員住所録**」を選択します。

⑩《**開く**》をクリックします。

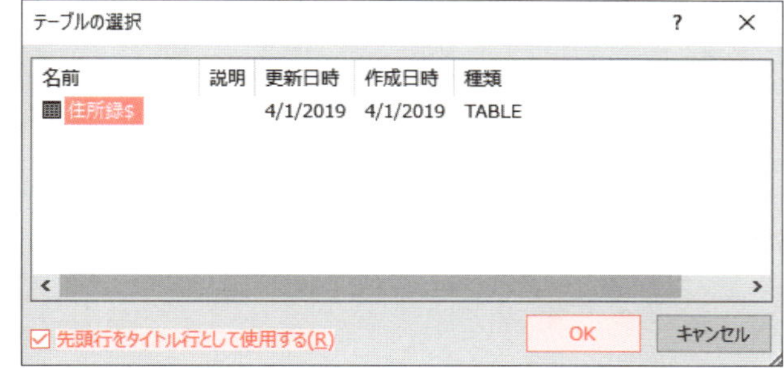

《**テーブルの選択**》ダイアログボックスが表示されます。

差し込むデータのあるシートを指定します。

⑪「**住所録$**」をクリックします。

⑫《**先頭行をタイトル行として使用する**》を☑にします。

⑬《**OK**》をクリックします。

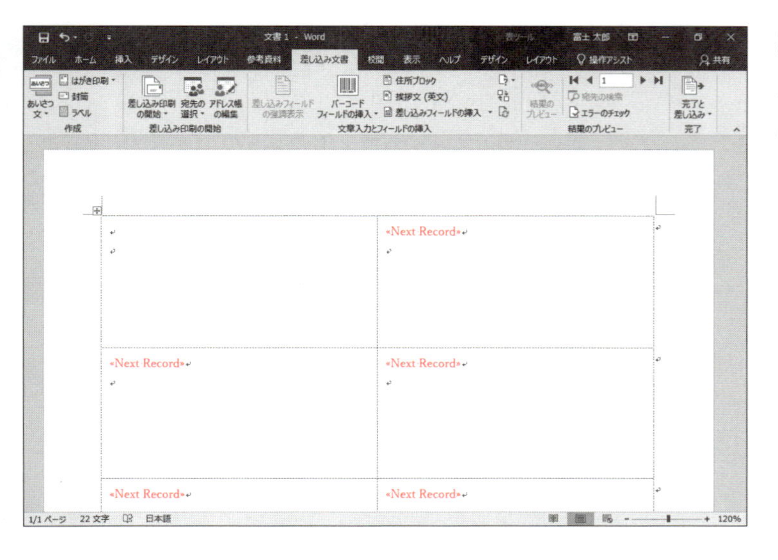

宛先リストが設定されます。

2枚目以降のラベルの位置に「《Next Record》」と表示されます。

STEP UP Next Recordフィールド

《Next Record》は、ひとつのひな形の文書に複数のレコードを挿入する場合に、2件目以降のレコードの挿入位置を示します。
宛名ラベルは、ラベルに複数の異なる宛先を挿入するため、宛先リストを設定すると、2枚目以降のラベルに《Next Record》が自動的に挿入されます。

3 宛先リストの編集

選択した宛先リストは、必要に応じて差し込む宛先を抽出したり、並べ替えたりできます。
住所が神奈川県の人だけを宛先として指定しましょう。

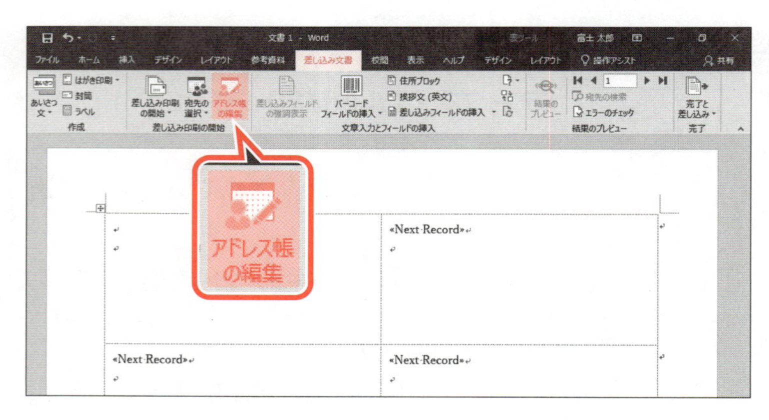

宛先リストを編集します。

①《差し込み文書》タブを選択します。

②《差し込み印刷の開始》グループの（アドレス帳の編集）をクリックします。

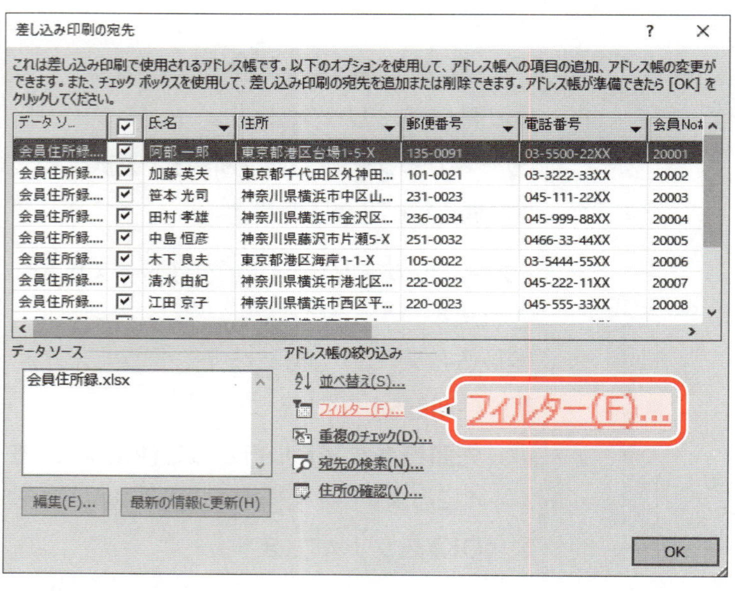

《差し込み印刷の宛先》ダイアログボックスが表示されます。

③《フィルター》をクリックします。

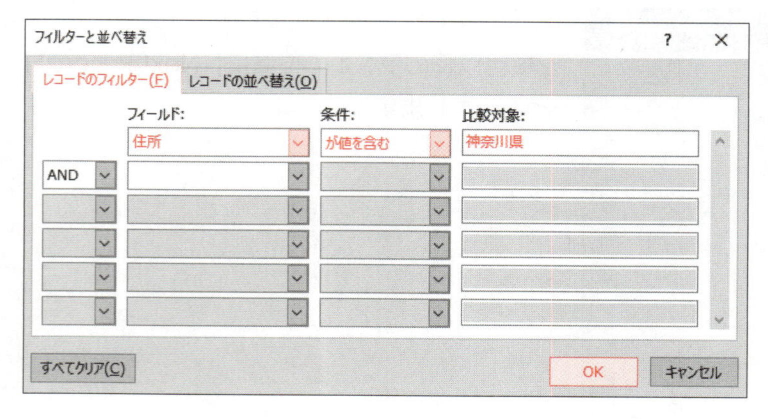

《フィルターと並べ替え》ダイアログボックスが表示されます。

④《レコードのフィルター》タブを選択します。

⑤《フィールド》のをクリックし、一覧から《住所》を選択します。

⑥《条件》のをクリックし、一覧から《が値を含む》を選択します。

※一覧に表示されていない場合は、スクロールして調整します。

⑦《比較対象》に「神奈川県」と入力します。

⑧《OK》をクリックします。

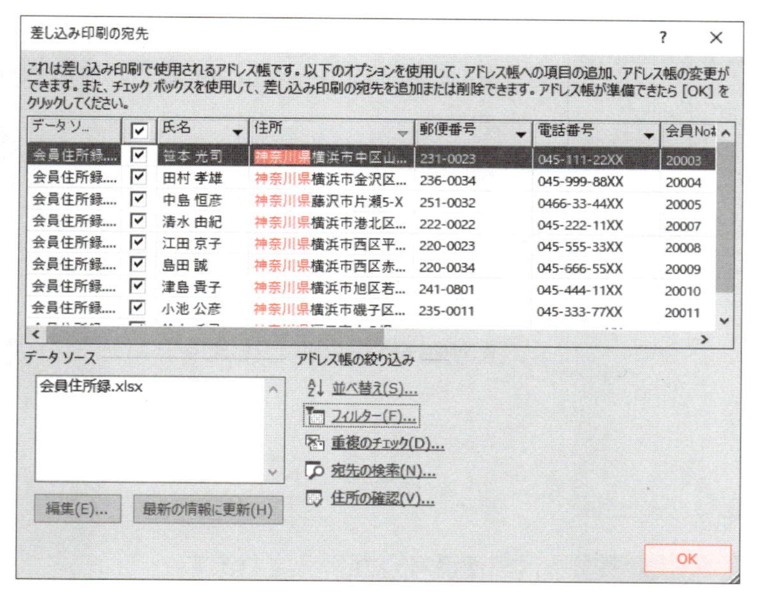

《**差し込み印刷の宛先**》ダイアログボックスに戻り、住所が神奈川県の宛先だけが表示されます。

⑨《OK》をクリックします。

4 差し込みフィールドの挿入

ひな形の文書の最初のラベルに、次のように差し込みフィールドを挿入しましょう。

> **〒《郵便番号》**
> **《住所》↵**
> **↵**
> **《氏名》□様**

※「〒」は「ゆうびん」と入力して変換します。

※↵で Enter を押して改行します。

※□は全角空白を表します。

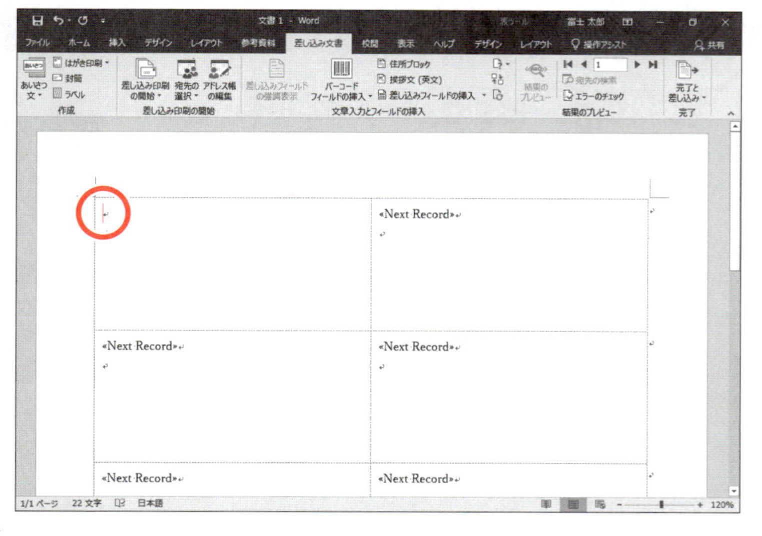

①図の位置にカーソルがあることを確認します。

1
2
3
4
5
6
7
総合問題
付録
索引

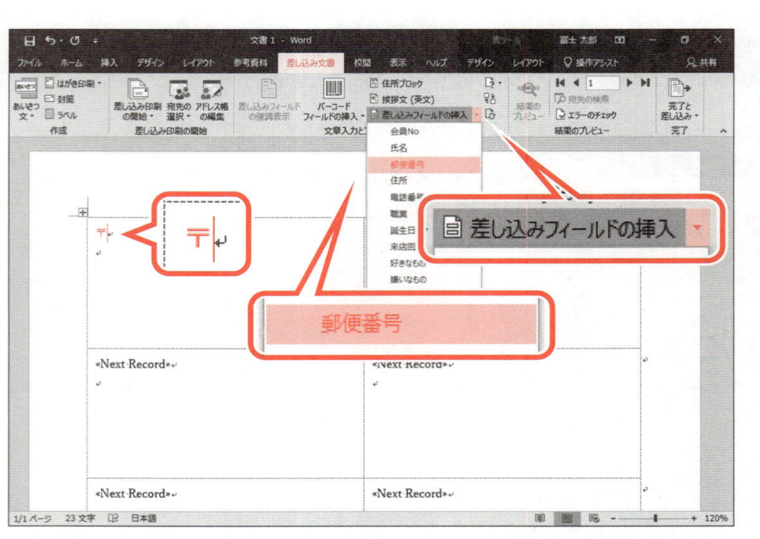

②「〒」と入力します。

③「〒」の後ろにカーソルがあることを確認します。

④《差し込み文書》タブを選択します。

⑤《文章入力とフィールドの挿入》グループの 差し込みフィールドの挿入 ▾（差し込みフィールドの挿入）の ▾ をクリックします。

⑥《郵便番号》をクリックします。

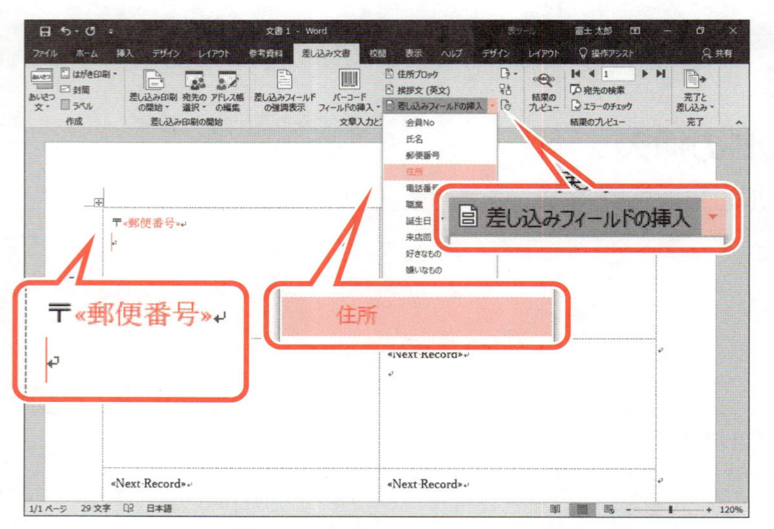

「《郵便番号》」が挿入されます。

2行目にカーソルを移動します。

⑦ ↓ を押します。

図の位置にカーソルが移動します。

⑧《文章入力とフィールドの挿入》グループの 差し込みフィールドの挿入 ▾（差し込みフィールドの挿入）の ▾ をクリックします。

⑨《住所》をクリックします。

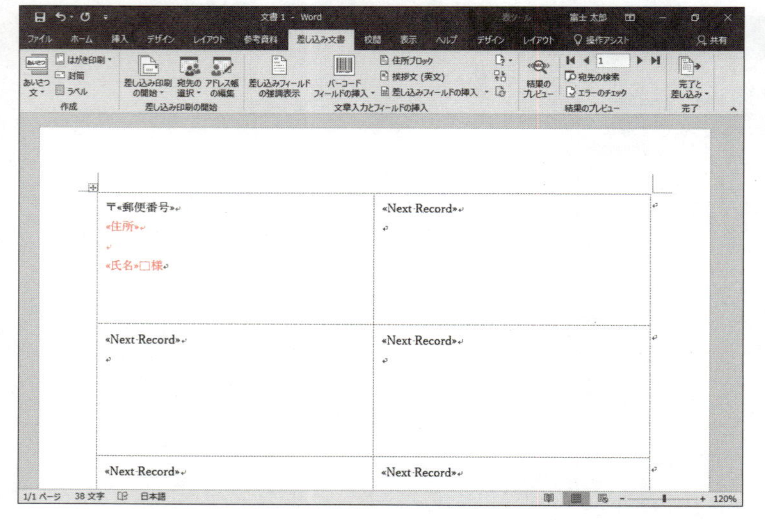

「《住所》」が挿入されます。

改行します。

⑩ Enter を2回押します。

⑪同様に、「《氏名》」を挿入し、「□様」と入力します。

※□は全角空白を表します。

※□が表示されていない場合は、《ホーム》タブ→《段落》グループの （編集記号の表示/非表示）をクリックしておきましょう。

5 ラベルの書式設定

挿入した差し込みフィールドに書式を設定しておくと、宛先リストのデータを差し込んだ際に、その書式が反映されます。

ラベル内の「《氏名》　様」に次の書式を設定し、すべてのラベルに反映させましょう。

フォント	：MSゴシック
フォントサイズ	：16ポイント
太字	

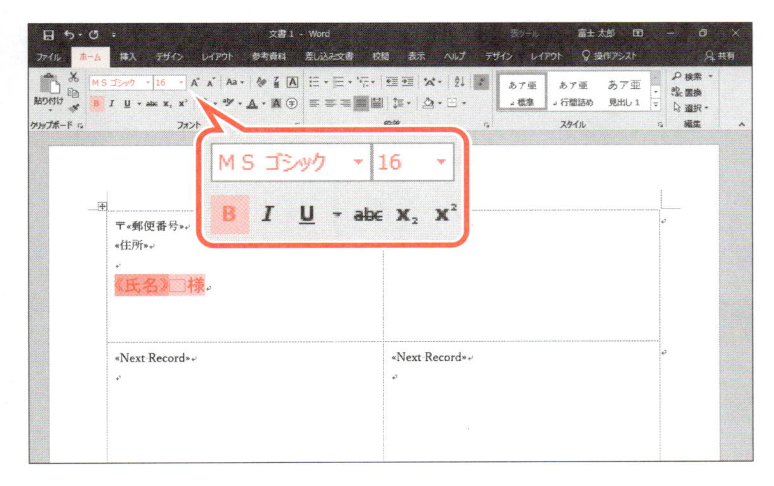

書式を設定します。

① 「《氏名》□様」を選択します。

② 《ホーム》タブを選択します。

③ 《フォント》グループの 游明朝 (本文の ▾ （フォント）の ▾ をクリックし、一覧から《MSゴシック》を選択します。

④ 《フォント》グループの 10.5 ▾ （フォントサイズ）の ▾ をクリックし、一覧から《16》を選択します。

⑤ 《フォント》グループの B （太字）をクリックします。

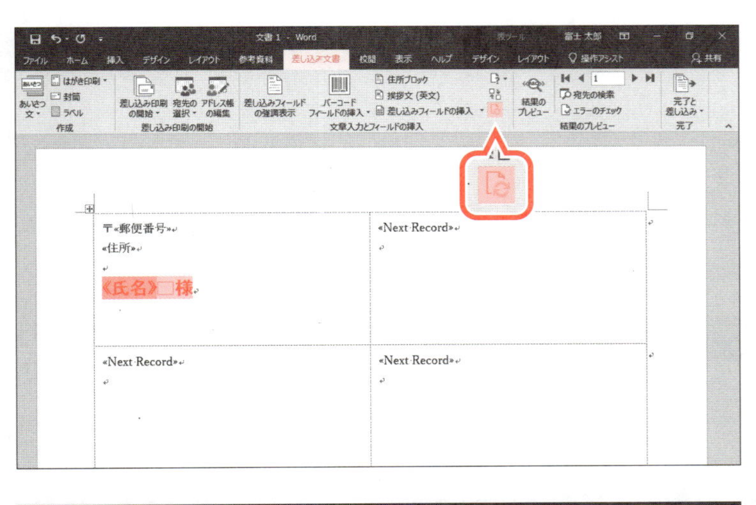

書式が設定されます。

すべてのラベルに反映させます。

⑥ 《差し込み文書》タブを選択します。

⑦ 《文章入力とフィールドの挿入》グループの （複数ラベルに反映）をクリックします。

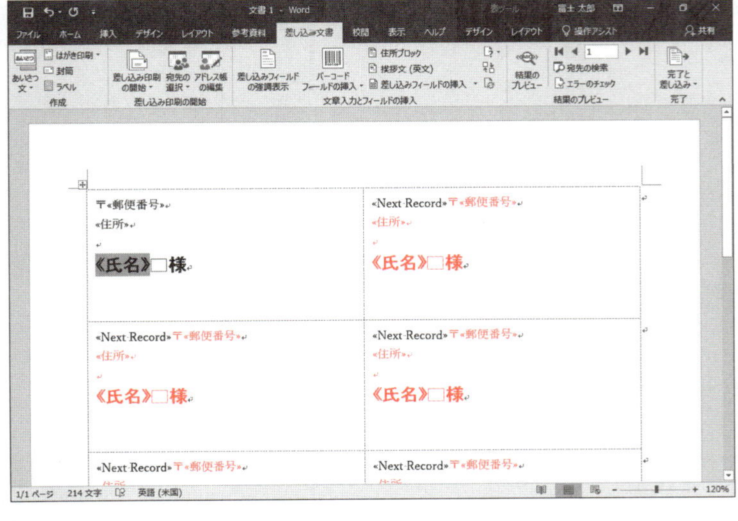

設定した内容がすべてのラベルに反映されます。

※範囲選択を解除しておきましょう。

6 結果のプレビュー

差し込みフィールドに宛先リストのデータを差し込んで表示しましょう。

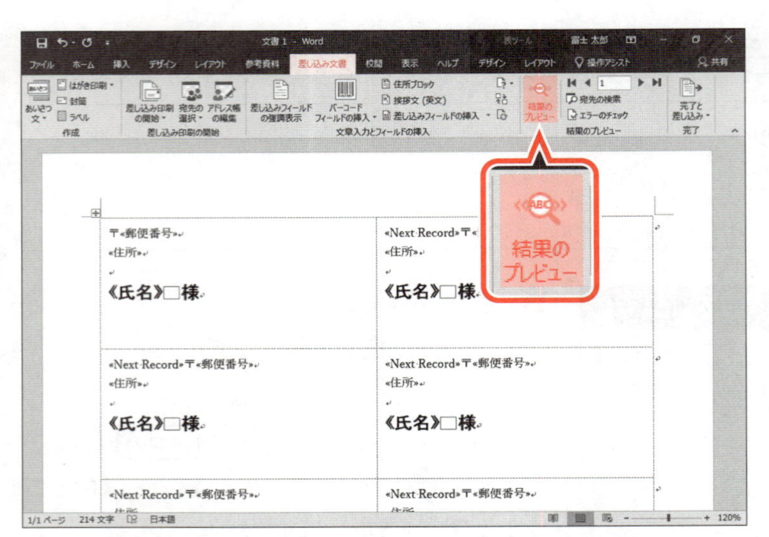

①《**差し込み文書**》タブを選択します。

②《**結果のプレビュー**》グループの（結果のプレビュー）をクリックします。

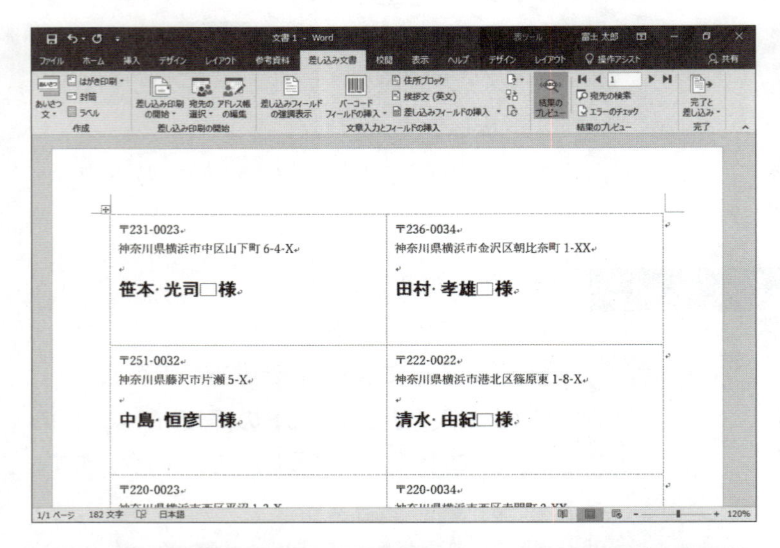

ひな形の文書の各ラベルに、住所が神奈川県の宛先が表示されます。

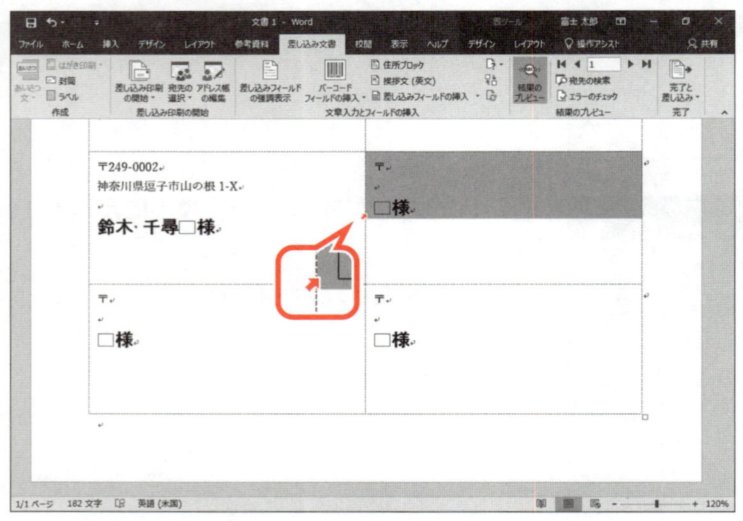

ラベルに入力されている余分な「**〒**」「**□様**」を削除します。

③図の位置でクリックします。

④ラベル内がすべて選択されます。

⑤ Delete を押します。

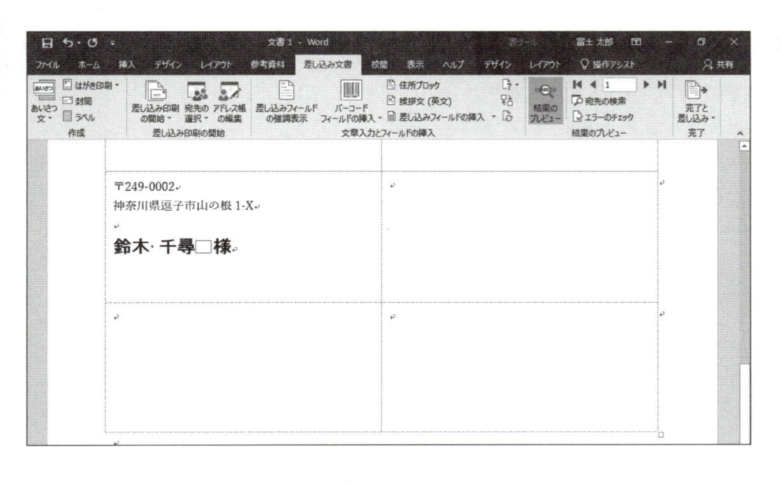

⑥同様に、ラベルに入力されている余分な「〒」「□様」をすべて削除します。

7 印刷の実行

宛名ラベルを印刷しましょう。

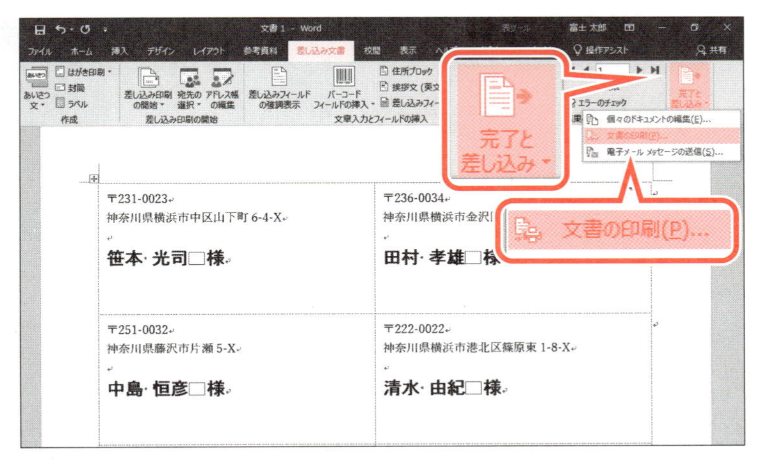

①《差し込み文書》タブを選択します。

②《完了》グループの（完了と差し込み）をクリックします。

③《文書の印刷》をクリックします。

プリンターに差し込み
レコードの印刷
◉すべて(A)
○現在のレコード(E)
○最初のレコード(F):　最後のレコード(T):
OK　キャンセル

《プリンターに差し込み》ダイアログボックスが表示されます。

④《すべて》を◉にします。

⑤《OK》をクリックします。

印刷
プリンター
プリンター名(N): Fujitsu Printer　プロパティ(P)
状態： アイドリング中　プリンターの検索(D)...
種類：
場所：　☐ファイルへ出力(L)
コメント：　☐手差し両面印刷(X)
印刷範囲
◉すべて(A)
○現在のページ(E)　○選択した部分(S)
○ページ指定(G):
1, 3, 6 のようにページ番号をカンマで区切って指定するか、5–12 のようにページ範囲を指定してください。p1s1, p1s2 や、p1s3–p8s3 のように、ページとセクションを指定することもできます。
印刷部数
部数(C): 1
☑部単位で印刷(T)
印刷対象(W): 文書
印刷指定(R): すべてのページ
拡大/縮小
1 枚あたりのページ数(H): 1 ページ
用紙サイズの指定(Z): 倍率指定なし
オプション(O)...　OK　キャンセル

《印刷》ダイアログボックスが表示されます。

⑥《OK》をクリックします。

宛名ラベルが印刷されます。

※文書に「宛名ラベル完成」と名前を付けて、フォルダー「第3章」に保存し、閉じておきましょう。

STEP UP 1件の宛先をラベルに印刷する

1件の宛先をひな形の文書のすべてのラベル、または1枚のラベルに印刷できます。
1件の宛先をひな形の文書のラベルに印刷する方法は、次のとおりです。

◆《差し込み文書》タブ→《作成》グループの ラベル（ラベル）→《ラベル》タブ→《宛先》に宛先を入力→《⦿すべてのラベルに印刷する》／《⦿1枚のラベルに印刷する》

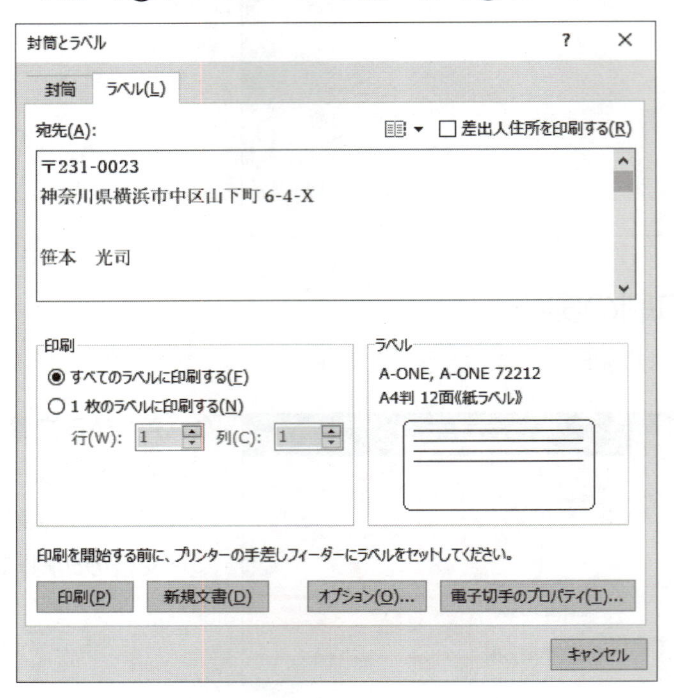

STEP UP ひな形の文書の保存

ひな形の文書を保存すると、差し込み印刷の設定も保存されます。次回、同じ宛先に文書を印刷するときは、ひな形の文書を編集するだけで、差し込み印刷の設定は必要ありません。
また、保存したひな形の文書を開くと、次のようなメッセージが表示されます。作成時に指定した宛先リストからデータを挿入する場合は、《はい》をクリックします。

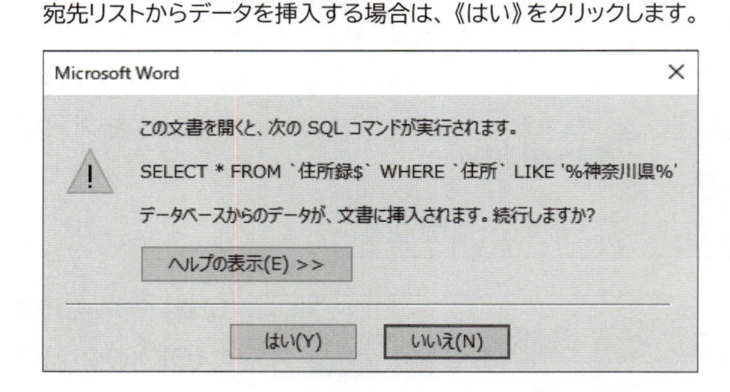

練習問題

解答 ► 別冊P.5

完成図のような文書を作成しましょう。

File OPEN フォルダー「第3章」の文書「第3章練習問題」を開いておきましょう。

●完成図

アイキャン

2019年8月1日

株式会社ABCパソコンスクール
菊池　啓太　様

株式会社　アイキャン

セミナー受講のご案内

拝啓　残暑の候、ますますご健勝のこととお慶び申し上げます。平素は格別のお引き立てをいただき、厚く御礼申し上げます。

さて、先日お申し込みいただきましたセミナーにつきまして、下記のとおりご案内いたします。記載内容に間違いがないかご確認ください。

なお、ご不明な点やお申込み内容に変更がございましたら、ご連絡いただきますよう、お願い申し上げます。

敬具

記

お申込み内容

コース名	ビジネス知識基礎コース
受講日	8月27・28日
受講時間	10時～18時
受講会場	アイキャン新宿教室

以上

【セミナーに関するお問い合わせ先】
セミナー受付専用ダイヤル　0120-555-XXX
（受付時間：月～金　9時～17時）

〒135-0091 東京都港区台場1-5-X 株式会社ABCパソコンスクール 菊池　啓太　様	〒290-0051 千葉県市原市君塚3-9-X 株式会社TKSサービス 北村　真由美　様
〒231-0023 神奈川県横浜市中区山下町6-4-X 富士スクール株式会社 矢吹　健一　様	〒236-0034 神奈川県横浜市金沢区朝比奈町1-2-X 株式会社カンダコンサルタント 田村　康太　様
〒150-0013 東京都渋谷区恵比寿1-2-X オフィスネットワークシステム株式会社 池田　絢子　様	〒222-0022 神奈川県横浜市港北区篠原東1-8-X 株式会社OA教育スクール 小林　友美　様
〒220-0012 神奈川県横浜市西区みなとみらい2-3-X FOMコンピュータスクール株式会社 江頭　美奈子　様	〒160-0023 東京都新宿区西新宿3-5-XX ABKパソコンビジネス株式会社 門脇　亜矢子　様
〒241-0801 神奈川県横浜市旭区若葉台5-1-X シミズ・ネットワーク株式会社 松原　葵　様	〒274-0077 千葉県船橋市薬円台6-X-X 中田コンピュータシステム株式会社 小林　真帆　様
〒270-0002 千葉県松戸市平賀2-X FJパソコンメディア株式会社 八田　恵子　様	〒166-0001 東京都杉並区阿佐谷北2-6-X 株式会社HRサービス 三田　純也　様

① 文書**「第3章練習問題」**を差し込み印刷のひな形の文書として指定しましょう。

② フォルダー**「第3章」**のExcelのブック**「受講者リスト」**のシート**「ビジネス知識基礎コース」**を宛先リストとして設定しましょう。

③ ひな形の文書に、次のように差し込みフィールドを挿入しましょう。

> **会社名　　：2行目の行頭**
> **受講者名：3行目の行頭**
> **受講日　　：表内2行2列目のセル**
> **会場　　　：表内4行2列目のセルの「アイキャン」の後ろ**

④ ひな形の文書に宛先リストのデータを差し込んで表示しましょう。

⑤ ひな形の文書を印刷しましょう。

※文書に「第3章練習問題完成」と名前を付けて、フォルダー「第3章」に保存し、閉じておきましょう。

⑥ 新しい文書をひな形の文書として設定し、次のように宛名ラベルを作成しましょう。

> **プリンター　　　：ページプリンター**
> **ラベルの製造元：Hisago**
> **製品番号　　　　：Hisago ELM007**

⑦ フォルダー**「第3章」**のExcelのブック**「受講者リスト」**のシート**「ビジネス知識基礎コース」**を宛先リストとして設定しましょう。

⑧ ひな形の文書に、次のように差し込みフィールドを挿入しましょう。

> **〒《郵便番号》**
> **《住所1》《住所2》↵**
> **↵**
> **《会社名》↵**
> **《受講者名》□様**

※〒は「ゆうびん」と入力し、変換します。
※↵で Enter を押して改行します。
※□は全角空白を表します。

⑨ ひな形の文書の**「《受講者名》　様」**のフォントサイズを**「14」**ポイントに変更し、すべてのラベルに反映させましょう。

⑩ ひな形の文書に宛先リストのデータを差し込んで表示しましょう。

※文書に「第3章練習問題宛名ラベル完成」と名前を付けて、フォルダー「第3章」に保存し、閉じておきましょう。

第4章

長文の作成

第4章 この章で学ぶこと

学習前に習得すべきポイントを理解しておき、
学習後には確実に習得できたかどうかを振り返りましょう。

1	文書に「見出し」を設定することのメリットを理解し、見出しを設定できる。	☑☑☑ → P.131
2	ステータスバーに行数を表示し、確認できる。	☑☑☑ → P.132
3	見出しを利用して文書内を効率よく移動できる。	☑☑☑ → P.136
4	見出しレベルを指定して表示を切り替えることができる。	☑☑☑ → P.137
5	下位レベルを表示したり、非表示にしたりできる。	☑☑☑ → P.138
6	設定した見出しのレベルを変更できる。	☑☑☑ → P.139
7	見出しを使って文章を入れ替えることができる。	☑☑☑ → P.140
8	スタイルセットとは何かを理解し、スタイルセットを適用できる。	☑☑☑ → P.142
9	登録されているスタイルを変更し、反映することができる。	☑☑☑ → P.143
10	アウトライン番号を設定したり、変更したりできる。	☑☑☑ → P.147
11	表紙を挿入し、編集できる。	☑☑☑ → P.150
12	ヘッダーとフッターを挿入し、編集できる。	☑☑☑ → P.153
13	見出しを利用して目次を作成できる。	☑☑☑ → P.161
14	作成した目次を利用して、文書内を効率よく移動できる。	☑☑☑ → P.164
15	目次を更新できる。	☑☑☑ → P.165
16	脚注を挿入できる。	☑☑☑ → P.167
17	表に図表番号を挿入できる。	☑☑☑ → P.169

Step1 作成する文書を確認する

1 作成する文書の確認

次のような文書を作成しましょう。

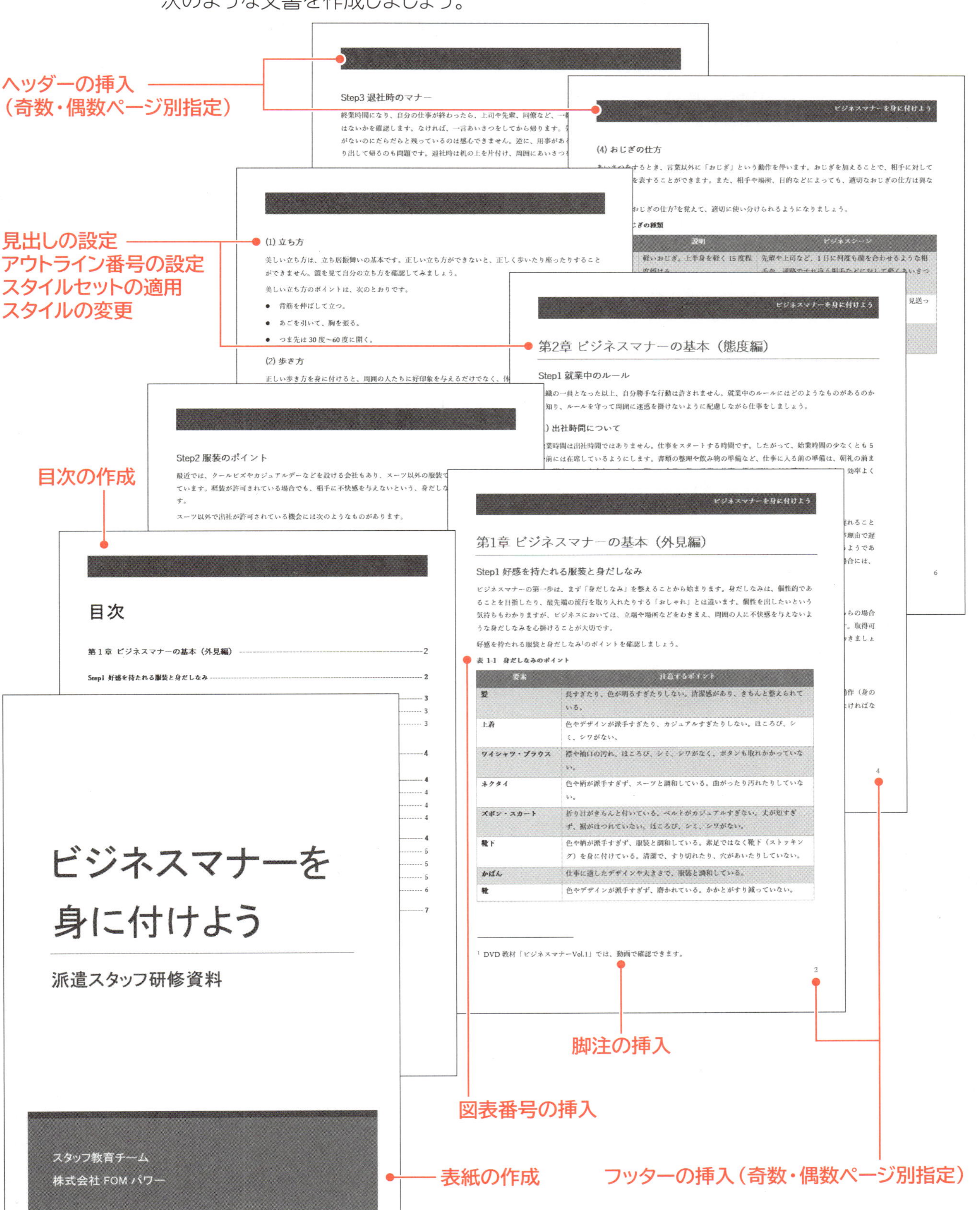

Step2 見出しを設定する

1 見出し

説明書や報告書、論文などのページ数の多い文書の構成を確認したり、変更したりする場合に、文書に**「第1章、第1節、第1項」**や**「第1章、Step1、(1)」**といった階層構造を持たせておくと、文書が管理しやすくなります。
文書に階層構造を持たせる場合は、**「見出し」**と呼ばれるスタイルを設定します。Wordにはあらかじめ、**「見出し1」**から**「見出し9」**までの見出しスタイルが用意されており、見出し1が一番上位のレベルになります。見出しを設定しない説明文などは**「本文」**として扱われます。
見出しを設定しておくと、文書の構成を確認するために見出しだけを抜き出して一覧で表示したり、見出しとその本文を一緒に入れ替えたりすることができます。また、見出しから目次を作成することもできます。

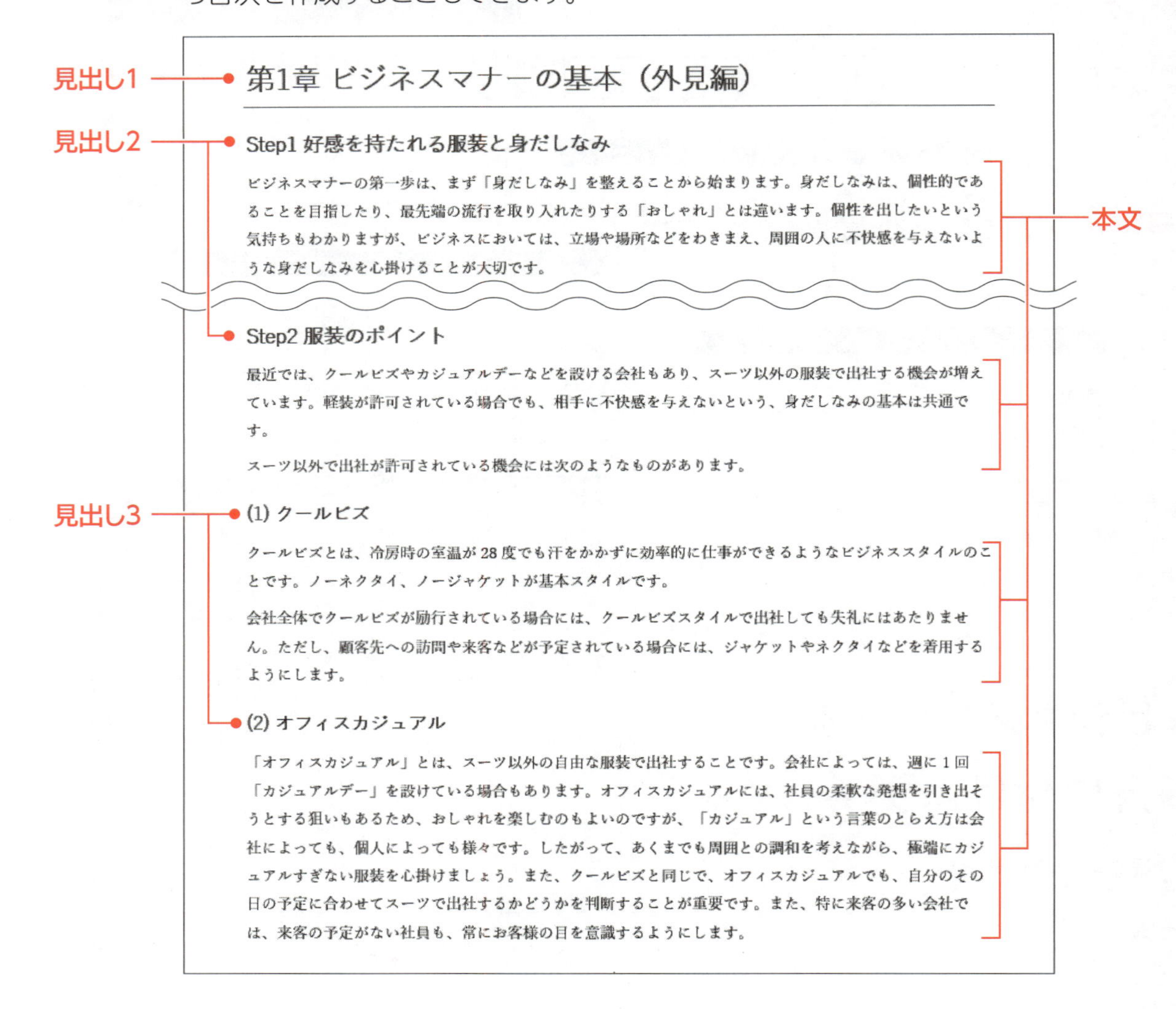

見出し1
第1章 ビジネスマナーの基本（外見編）
見出し2
Step1 好感を持たれる服装と身だしなみ
ビジネスマナーの第一歩は、まず「身だしなみ」を整えることから始まります。身だしなみは、個性的であることを目指したり、最先端の流行を取り入れたりする「おしゃれ」とは違います。個性を出したいという気持ちもわかりますが、ビジネスにおいては、立場や場所などをわきまえ、周囲の人に不快感を与えないような身だしなみを心掛けることが大切です。
本文
Step2 服装のポイント
最近では、クールビズやカジュアルデーなどを設ける会社もあり、スーツ以外の服装で出社する機会が増えています。軽装が許可されている場合でも、相手に不快感を与えないという、身だしなみの基本は共通です。
スーツ以外で出社が許可されている機会には次のようなものがあります。
見出し3
(1) クールビズ
クールビズとは、冷房時の室温が28度でも汗をかかずに効率的に仕事ができるようなビジネススタイルのことです。ノーネクタイ、ノージャケットが基本スタイルです。
会社全体でクールビズが励行されている場合には、クールビズスタイルで出社しても失礼にはあたりません。ただし、顧客先への訪問や来客などが予定されている場合には、ジャケットやネクタイなどを着用するようにします。
(2) オフィスカジュアル
「オフィスカジュアル」とは、スーツ以外の自由な服装で出社することです。会社によっては、週に1回「カジュアルデー」を設けている場合もあります。オフィスカジュアルには、社員の柔軟な発想を引き出そうとする狙いもあるため、おしゃれを楽しむのもよいのですが、「カジュアル」という言葉のとらえ方は会社によっても、個人によっても様々です。したがって、あくまでも周囲との調和を考えながら、極端にカジュアルすぎない服装を心掛けましょう。また、クールビズと同じで、オフィスカジュアルでも、自分のその日の予定に合わせてスーツで出社するかどうかを判断することが重要です。また、特に来客の多い会社では、来客の予定がない社員も、常にお客様の目を意識するようにします。

2 行数の表示

ページの多い文書の操作を行う場合は、カーソルの位置を確認しやすいように、ステータスバーに行数を表示すると便利です。
ステータスバーに行数を表示しましょう。

File OPEN フォルダー「第4章」の文書「長文の作成」を開いておきましょう。

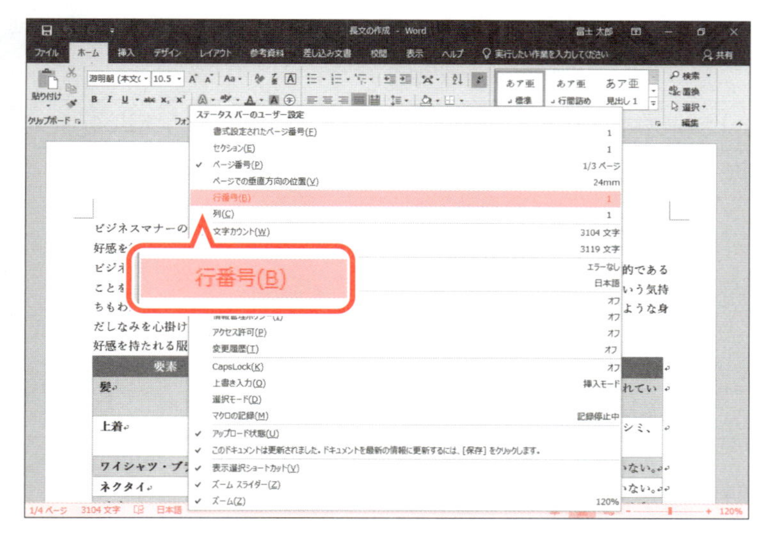

①ステータスバーを右クリックします。
《ステータスバーのユーザー設定》が表示されます。
②**《行番号》**をクリックします。

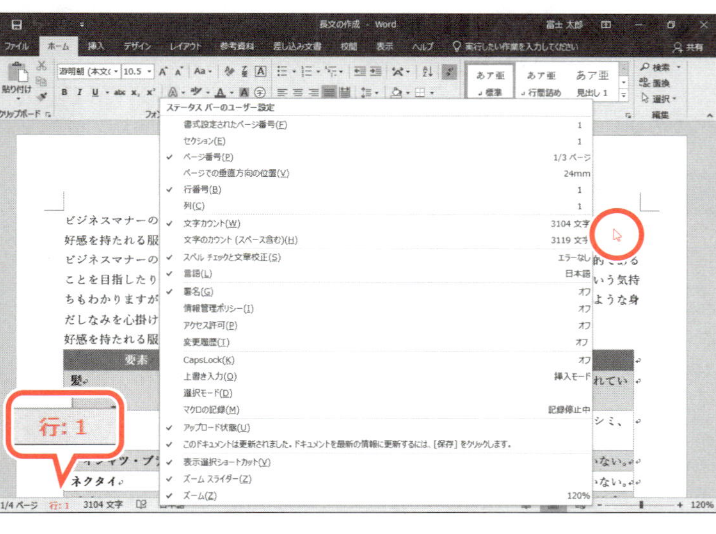

ステータスバーに**《行:1》**が表示されます。
※カーソルのある行数が表示されます。
③**《ステータスバーのユーザー設定》**以外の場所をクリックします。

POINT 行数の非表示

ステータスバーに表示した行数を非表示にする方法は、次のとおりです。
◆ステータスバーを右クリック→《行番号》
※《行番号》に☑が付いていない状態にします。

3 見出しの設定

次のように、文書に見出し1から見出し3を設定しましょう。

ページ	行数	内容	見出しレベル
1ページ	1行目	ビジネスマナーの基本（外見編）	見出し1
	2行目	好感を持たれる服装と身だしなみ	見出し2
	21行目	服装のポイント	
	25行目	クールビズ	見出し3
	31行目	オフィスカジュアル	
2ページ	2行目	ビジネスマナーの基本（態度編）	見出し1
	3行目	就業中のルール	見出し2
	6行目	出社時間について	
	11行目	休暇について	
	15行目	遅刻について	
	21行目	退社時のマナー	
	26行目	好感を持たれる立ち居振舞い	
	30行目	立ち方	見出し3
	37行目	座り方	
3ページ	8行目	歩き方	見出し3
	19行目	おじぎの仕方	

※見出し設定後の行数を記載しています。

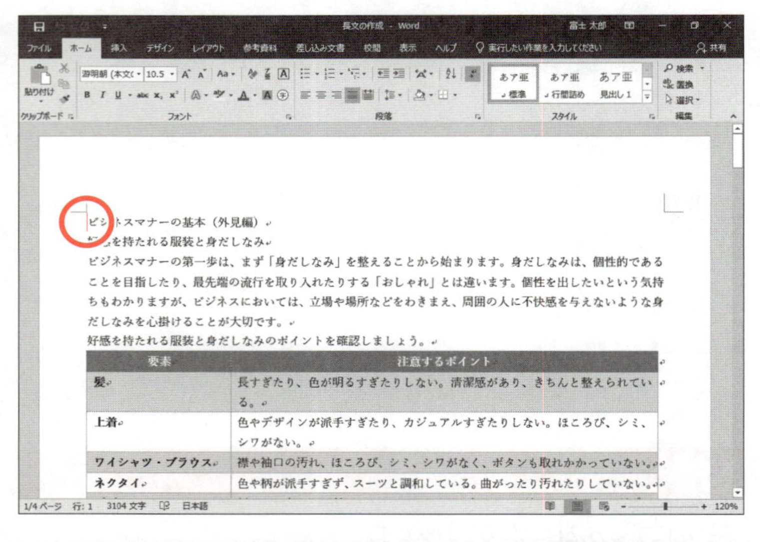

①1ページ1行目にカーソルを移動します。

※ステータスバーで確認します。

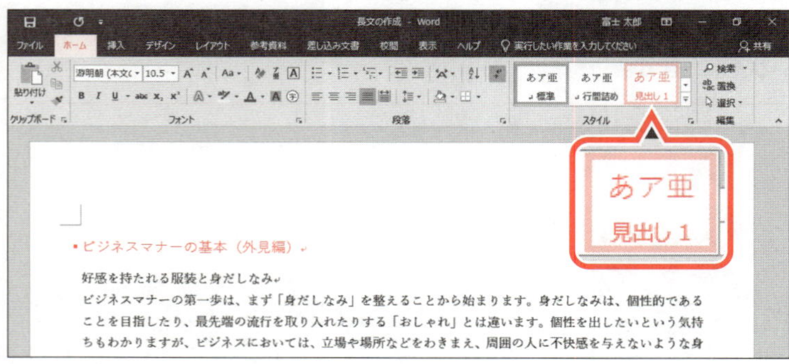

②《ホーム》タブを選択します。

③《スタイル》グループの（見出し1）をクリックします。

「ビジネスマナーの基本(外見編)」に見出し1が設定され、行の左端に「・」が表示されます。

※「・」は印刷されません。

※ナビゲーションウィンドウが表示された場合は、閉じておきましょう。

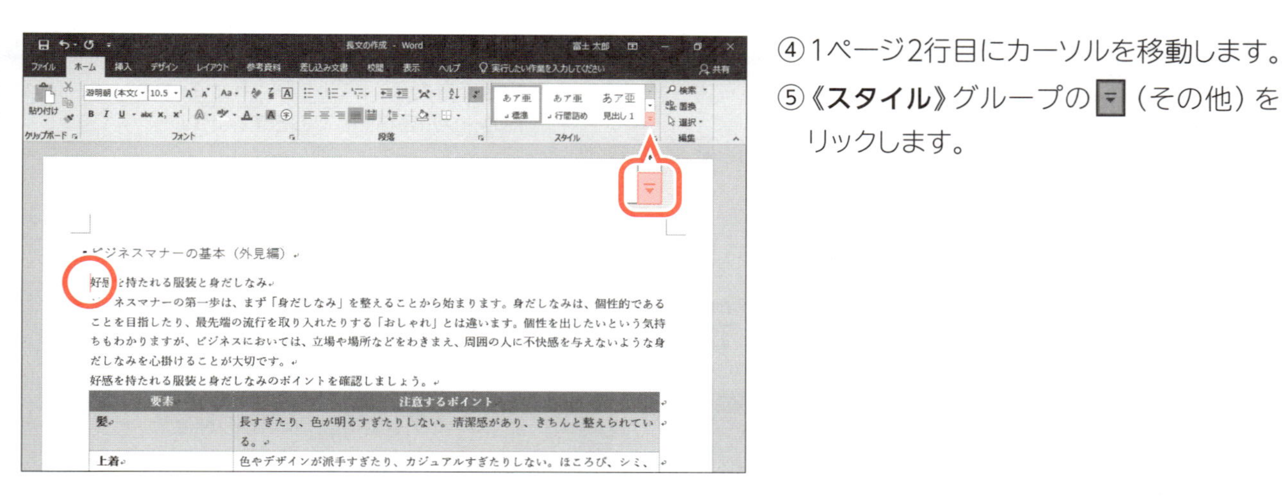

④1ページ2行目にカーソルを移動します。

⑤《**スタイル**》グループの ▽（その他）をクリックします。

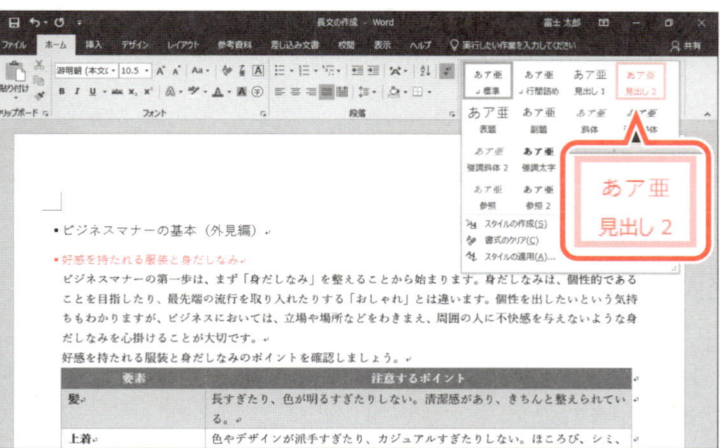

⑥ あア亜 見出し2（見出し2）をクリックします。

「**好感を持たれる服装と身だしなみ**」に見出し2が設定されます。

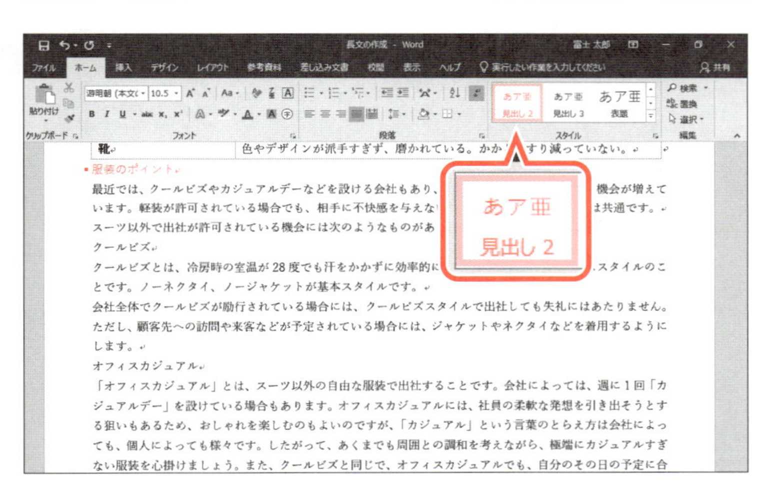

⑦1ページ21行目にカーソルを移動します。

⑧《**スタイル**》グループの あア亜 見出し2（見出し2）をクリックします。

「**服装のポイント**」に見出し2が設定されます。

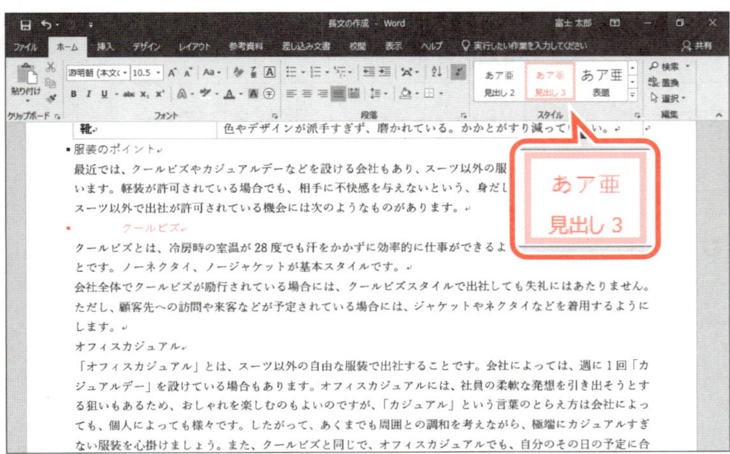

⑨1ページ25行目にカーソルを移動します。

⑩《**スタイル**》グループの あア亜 見出し3（見出し3）をクリックします。

「**クールビズ**」に見出し3が設定されます。

※左インデントが変更されます。

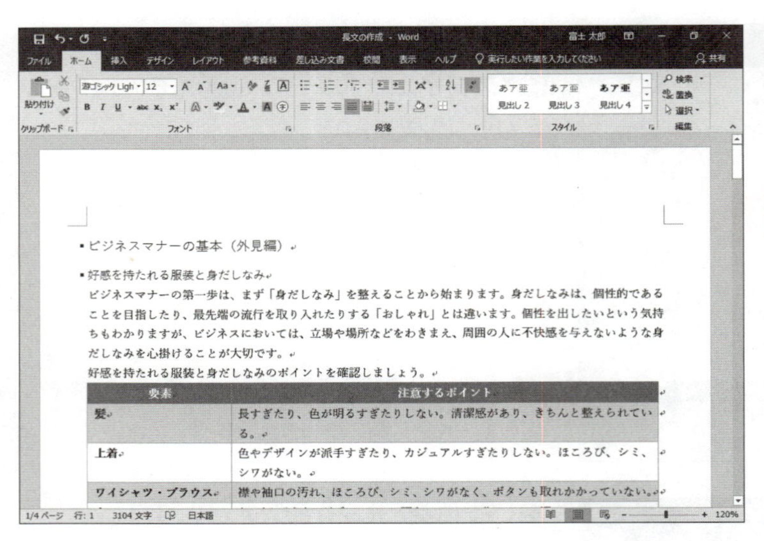

⑪同様に、見出し1から見出し3を設定します。

※設定できたら、Ctrl＋Homeを押して、文頭にカーソルを移動しておきましょう。

STEP UP その他の方法（見出しの設定）

見出し1

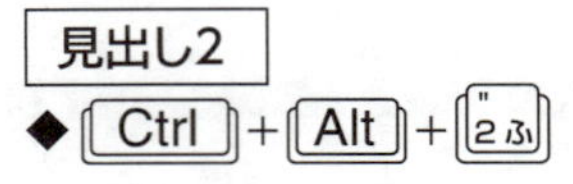

◆Ctrl＋Alt＋1

見出し2

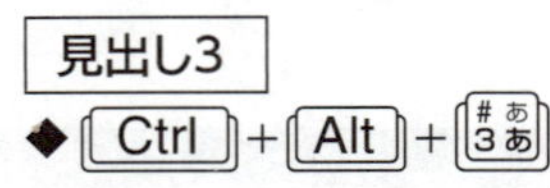

◆Ctrl＋Alt＋2

見出し3

◆Ctrl＋Alt＋3

POINT 禁則文字の設定

行頭や行末に表示されると読みにくくなる文字を「禁則文字」といいます。例えば、句読点や長音、括弧の始まり記号や閉じ記号、拗音、促音などのことをいいます。
初期の設定では、標準的な禁則文字が行頭や行末に表示されないように設定されていますが、設定を変更することもできます。
禁則文字の設定を変更する方法は、次のとおりです。

◆《ファイル》タブ→《オプション》→《文字体裁》→《禁則文字の設定》

※初期の設定では、《標準》に設定されています。

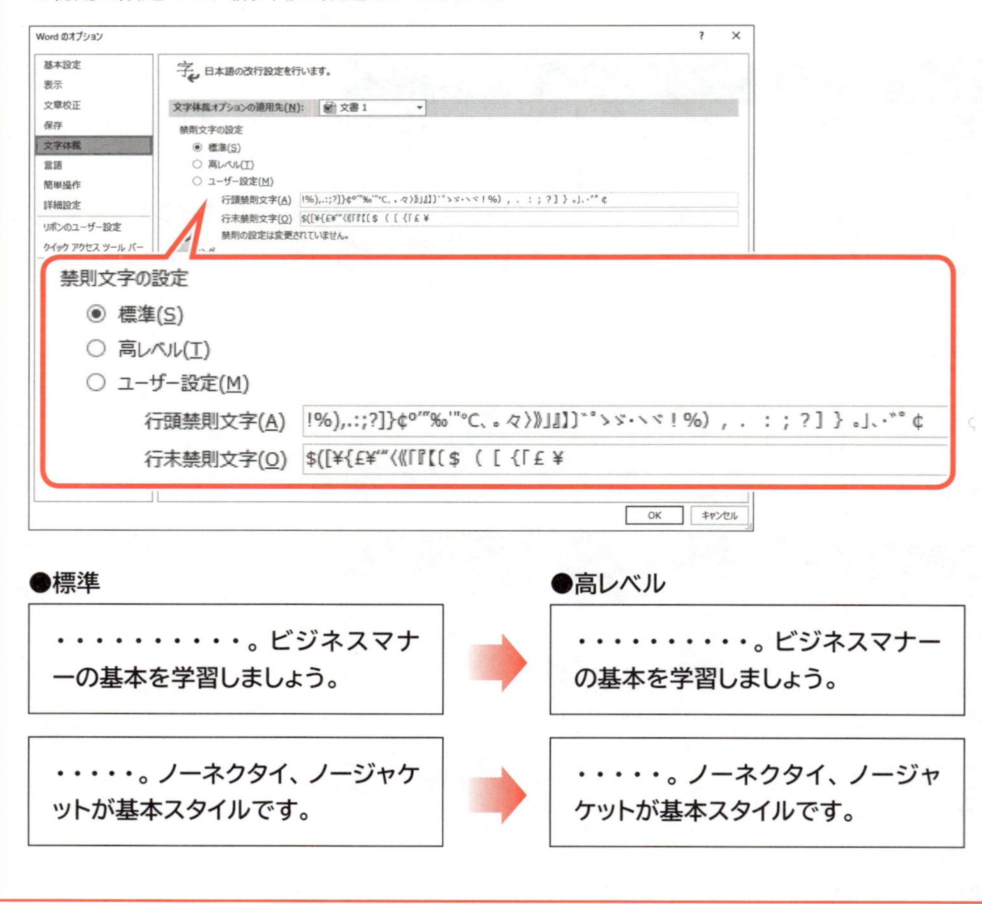

Step3 文書の構成を変更する

1 ナビゲーションウィンドウ

「**ナビゲーションウィンドウ**」とは、文書の構成を確認できるウィンドウです。文書内の見出しを設定した段落が階層表示されます。表示された見出しをクリックするだけで、目的の場所へジャンプしたり、見出しをドラッグするだけで、見出し単位で文章を入れ替えたりできます。

2 ナビゲーションウィンドウの表示

ナビゲーションウィンドウを表示しましょう。

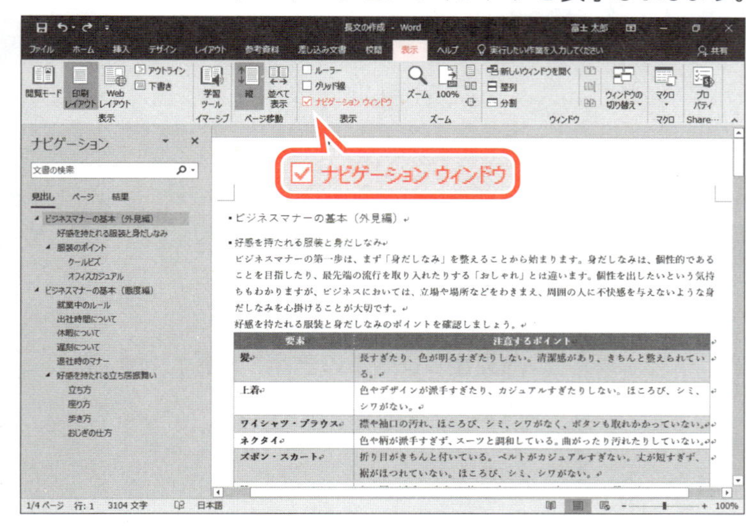

①《**表示**》タブを選択します。

②《**表示**》グループの《**ナビゲーションウィンドウ**》を☑にします。

ナビゲーションウィンドウが表示されます。

※ナビゲーションウィンドウに見出しの一覧が表示されていない場合は、ナビゲーションウィンドウの《見出し》をクリックしておきましょう。

3 見出しを利用した移動

ナビゲーションウィンドウに表示されている見出しをクリックすると、その見出しにジャンプできます。

見出し「**就業中のルール**」をクリックして、画面の表示を切り替えましょう。

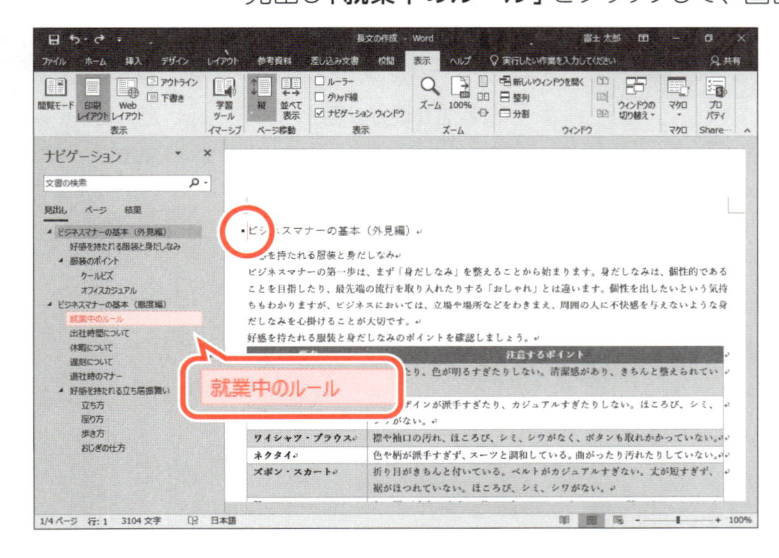

①カーソルが文頭にあることを確認します。

②ナビゲーションウィンドウの「**就業中のルール**」をクリックします。

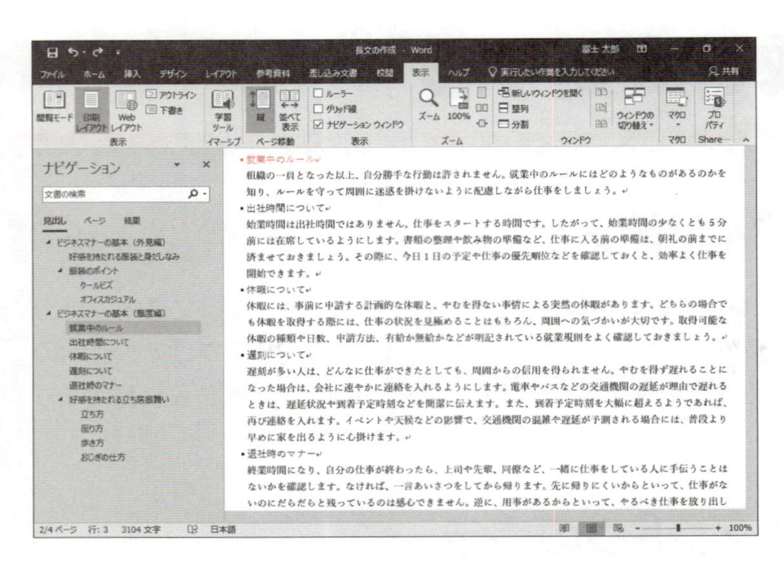

本文中の見出し「**就業中のルール**」が表示されます。

4 見出しレベルを指定して表示

ナビゲーションウィンドウに表示する見出しのレベルを指定して、表示を切り替えることができます。
2レベルまでの見出しの表示に切り替えましょう。

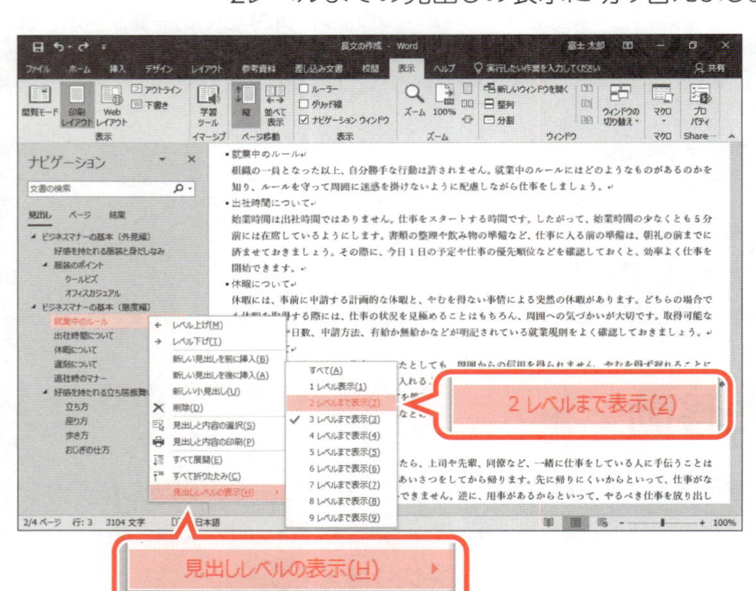

①ナビゲーションウィンドウの見出しを右クリックします。
※どの見出しの上でもかまいません。
②《**見出しレベルの表示**》をポイントします。
③《**2レベルまで表示**》をクリックします。

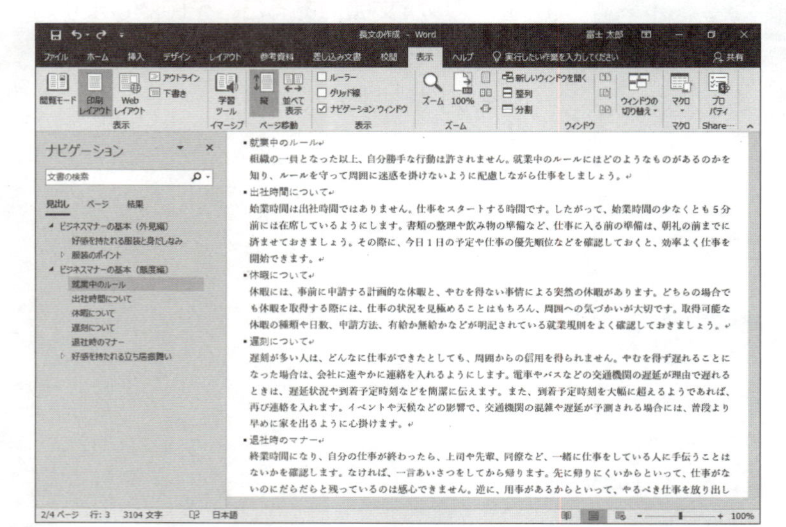

ナビゲーションウィンドウの見出しが2レベルまでの表示に切り替わります。
※確認できたら、見出しを右クリック→《見出しレベルの表示》→《すべて》をクリックして、すべての見出しレベルを表示しておきましょう。

5 下位レベルの表示・非表示

ナビゲーションウィンドウの見出しに付いている◢は、下位のレベルの見出しを含んでいることを表しています。

◢を使うと、部分的に下位のレベルの見出しの表示・非表示を切り替えることができます。

「服装のポイント」の◢をクリックして、下位のレベルを非表示にしましょう。

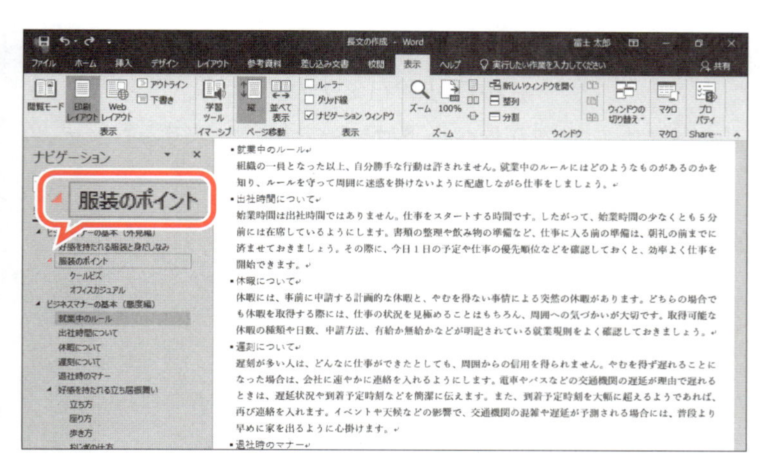

①ナビゲーションウィンドウの**「服装のポイント」**の◢をクリックします。

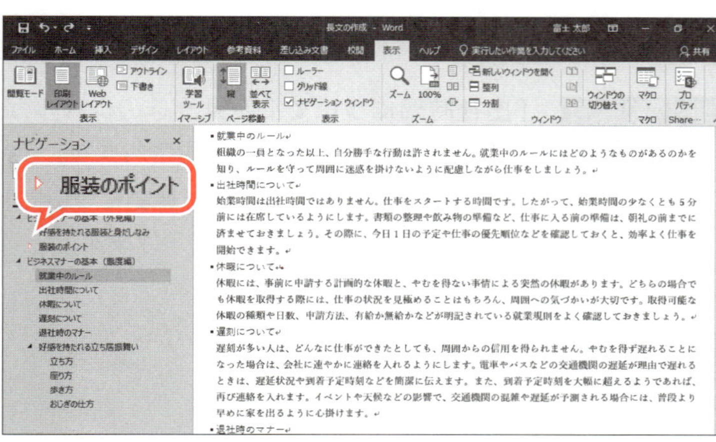

下位のレベルの見出しが折りたたまれ、◢が▷に切り替わります。

※▷をクリックして、下位のレベルの見出しを表示しておきましょう。

POINT 本文の表示・非表示

見出しを設定した行をポイントしても、行の左端に◢が表示されます。
この◢をクリックすると、▷に切り替わり、見出し内の文章を非表示にできます。
また、▷をクリックすると、◢に切り替わり、見出し内の文章が表示されます。

◢▪ビジネス

◢▪ビジネスマナーの基本（外見編）

▪好感を持たれる服装と身だしなみ

ビジネスマナーの第一歩は、まず「身だしなみ」を整えることから始まります。身だしなみは、個性的であることを目指したり、最先端の流行を取り入れたりする「おしゃれ」とは違います。個性を出したいという気持ちもわかりますが、ビジネスにおいては、立場や場所などをわきまえ、周囲の人に不快感を与えないような身だしなみを心掛けることが大切です。

好感を持たれる服装と身だしなみのポイントを確認しましょう。

要素	注意するポイント
髪	長すぎたり、色が明るすぎたりしない。清潔感があり、きちんと整えられている。
上着	色やデザインが派手すぎたり、カジュアルすぎたりしない。ほころび、シミ、シワがない。
ワイシャツ・ブラウス	襟や袖口の汚れ、ほころび、シミ、シワがなく、ボタンも取れかかっていない。
ネクタイ	色や柄が派手すぎず、スーツと調和している。曲がったり汚れたりしていない。
ズボン・スカート	折り目がきちんと付いている。ベルトがカジュアルすぎない。丈が短すぎず、裾がほつれていない。ほころび、シミ、シワがない。
靴下	色や柄が派手すぎず、服装と調和している。素足ではなく靴下（ストッキング）を身に付けている。清潔で、すり切れたり、穴があいたりしていない。
かばん	仕事に適したデザインや大きさで、服装と調和している。

▷▪ビジネス

▷▪ビジネスマナーの基本（外見編）

▪ビジネスマナーの基本（態度編）

▪就業中のルール

組織の一員となった以上、自分勝手な行動は許されません。就業中のルールにはどのようなものがあるのかを知り、ルールを守って周囲に迷惑を掛けないように配慮しながら仕事をしましょう。

▪出社時間について

始業時間は出社時間ではありません。仕事をスタートする時間です。したがって、始業時間の少なくとも５分前には在席しているようにします。書類の整理や飲み物の準備など、仕事に入る前の準備は、朝礼の前までに済ませておきましょう。その際に、今日１日の予定や仕事の優先順位などを確認しておくと、効率よく仕事を開始できます。

▪休暇について

休暇には、事前に申請する計画的な休暇と、やむを得ない事情による突然の休暇があります。どちらの場合でも休暇を取得する際には、仕事の状況を見極めることはもちろん、周囲への気づかいが大切です。取得可能な休暇の種類や日数、申請方法、有給か無給かなどが明記されている就業規則をよく確認しておきましょう。

▪遅刻について

遅刻が多い人は、どんなに仕事ができたとしても、周囲からの信用を得られません。やむを得ず遅れることになった場合は、会社に速やかに連絡を入れるようにします。電車やバスなどの交通機関の遅延が理由で遅れるときは、遅延状況や到着予定時刻などを簡潔に伝えます。また、到着予定時刻を大幅に超えるようであれば、

6 見出しのレベルの変更

ナビゲーションウィンドウに表示されている見出しを使って、見出しのレベルを変更することができます。文書の構成を確認しながらレベルを変更できるので便利です。
「出社時間について」「休暇について」「遅刻について」の見出しのレベルを1段階下げましょう。

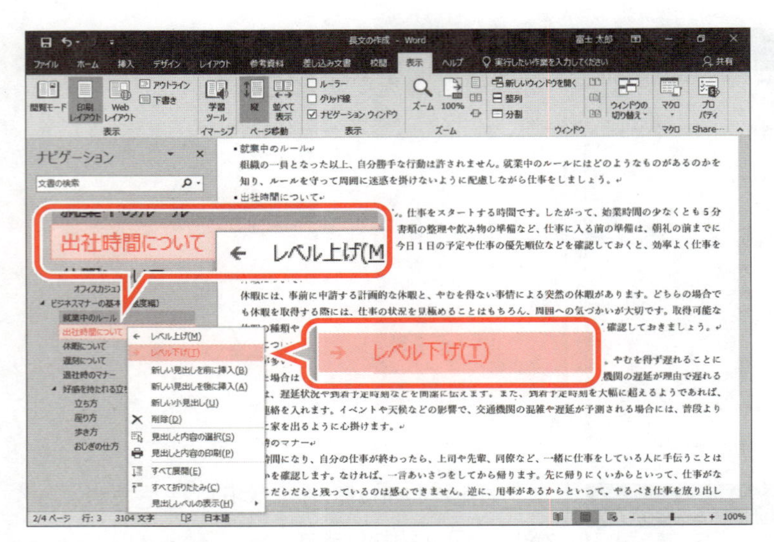

①ナビゲーションウィンドウの**「出社時間について」**を右クリックします。
②**《レベル下げ》**をクリックします。

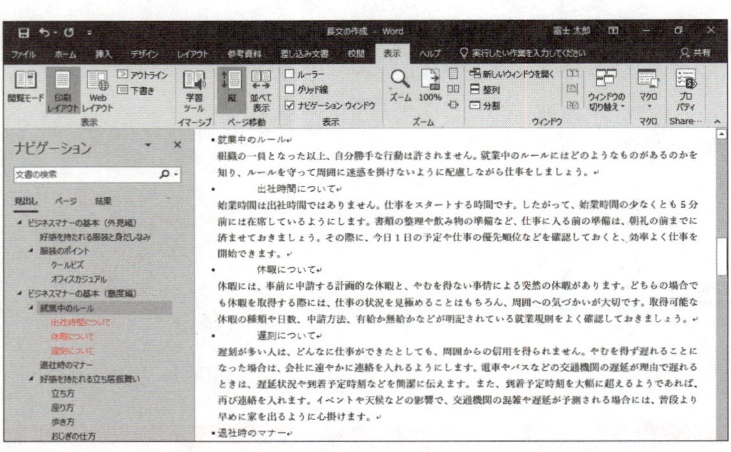

「出社時間について」の見出しのレベルが1段階下がり、見出し3に変更されます。
③同様に、**「休暇について」「遅刻について」**の見出しのレベルを1段階下げます。

POINT 見出しのレベルの変更

下位のレベルが含まれる見出しのレベルを変更すると、下位のレベルを含めてレベルが変更されます。

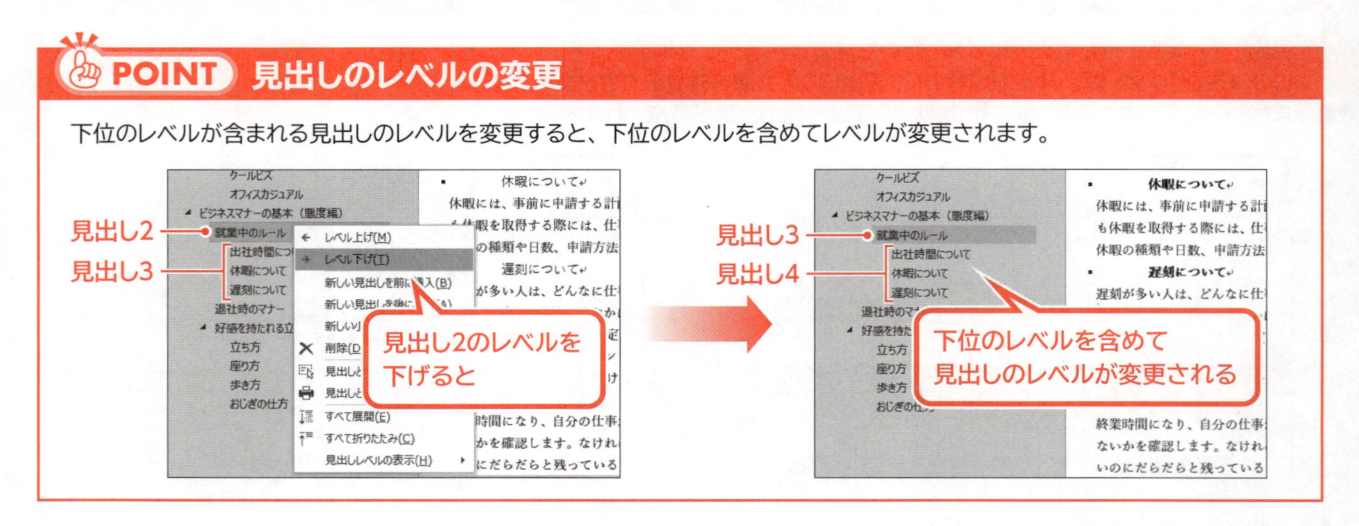

7 見出しの入れ替え

ナビゲーションウィンドウに表示されている見出しをドラッグして、文章の順番を入れ替えることができます。文書の構成を確認しながら入れ替えできるので便利です。

「好感を持たれる立ち居振舞い」を**「退社時のマナー」**の前に移動しましょう。

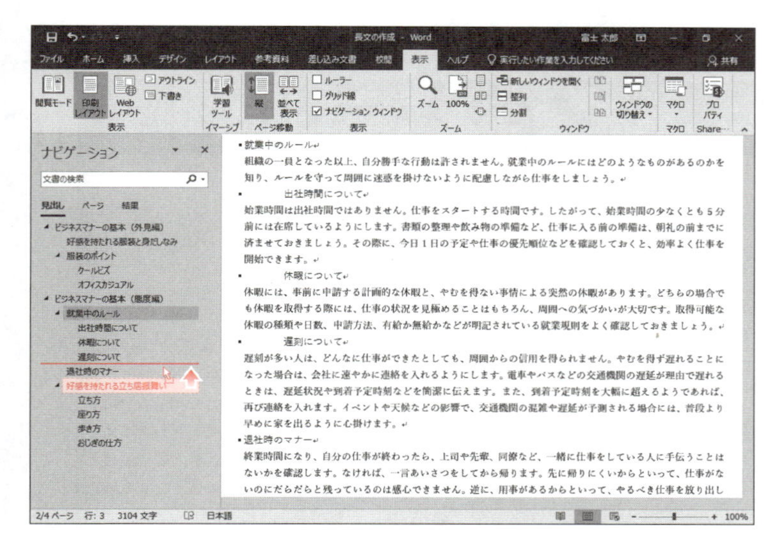

①ナビゲーションウィンドウの**「好感を持たれる立ち居振舞い」**を、図のようにドラッグします。

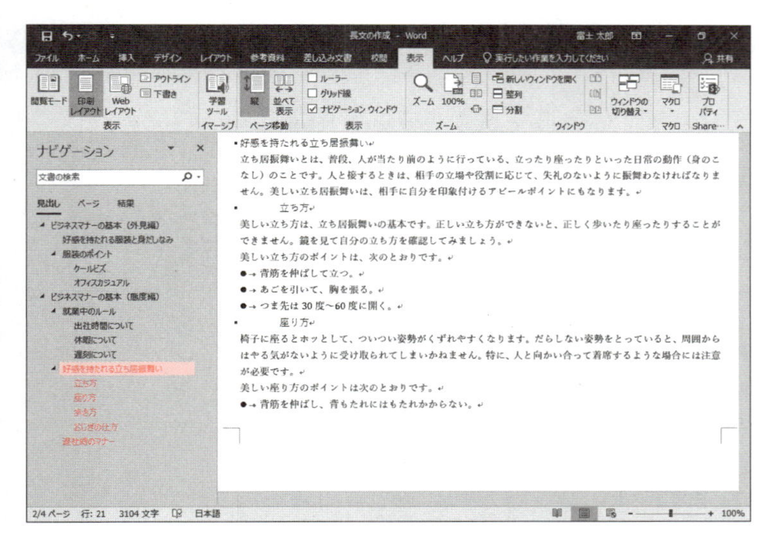

下位のレベルも含めて見出しが入れ替わります。

※選択を解除しておきましょう。

POINT 見出しの削除

ナビゲーションウィンドウに表示されている見出しを削除すると、その見出しに含まれる下位のレベルや本文などの内容も同時に削除されます。
見出しを削除する方法は、次のとおりです。

◆削除する見出しを右クリック→《削除》

STEP UP アウトライン表示での文書の操作

文書の構成を確認したり変更したりする機能として「アウトライン」があります。
アウトライン機能を使う場合は、文書をアウトライン表示に切り替えてから操作します。
アウトライン表示に切り替えると、《アウトライン》タブが表示され、見出しレベルを変更したり、下位のレベルを折りたたんで表示したりできます。
アウトライン表示に切り替える方法は、次のとおりです。

◆《表示》タブ→《表示》グループの アウトライン (アウトライン表示)

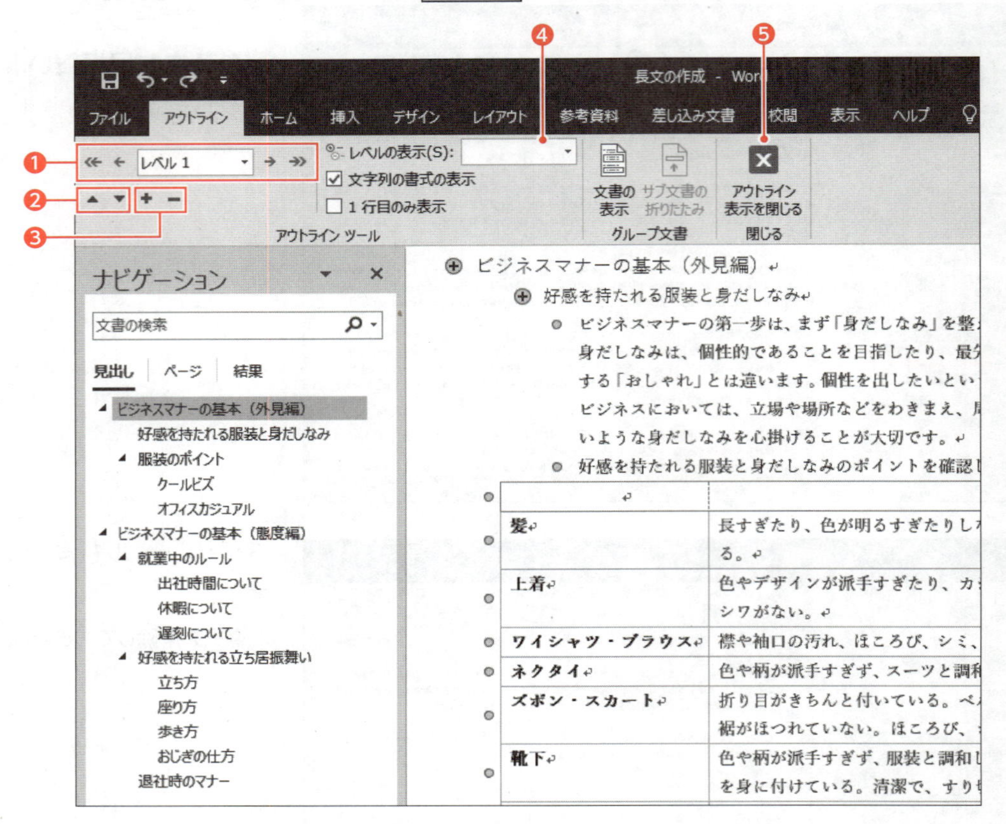

❶見出しのレベルを上げたり、下げたり、本文に戻したりできます。
❷見出しを上下に移動できます。
❸下位レベルの見出しを展開して表示したり、折りたたんで非表示にしたりできます。
❹表示するレベルを指定できます。
❺アウトライン表示を終了します。

Step4 スタイルを適用する

1 スタイルとスタイルセット

「スタイル」とは、フォントやフォントサイズ、下線、インデントなど複数の書式をまとめて登録し、名前を付けたものです。スタイルには、**「見出し1」**や**「見出し2」**といった見出しのスタイル以外にも**「表題」**や**「引用文」**などのスタイルが豊富に用意されています。
また、それらのスタイルをまとめて、統一した書式を設定できるようにしたものを**「スタイルセット」**といい、**「カジュアル」**や**「影付き」**などの名前が付けられています。
あらかじめ文書にスタイルを設定しておくと、スタイルセットを適用するだけで、スタイルの書式がまとめて変更され、統一感のある文書が作成できます。
スタイルセットを適用する手順は、次のとおりです。

1 スタイルを設定

「見出し1」や「表題」、「副題」などのスタイルを設定します。

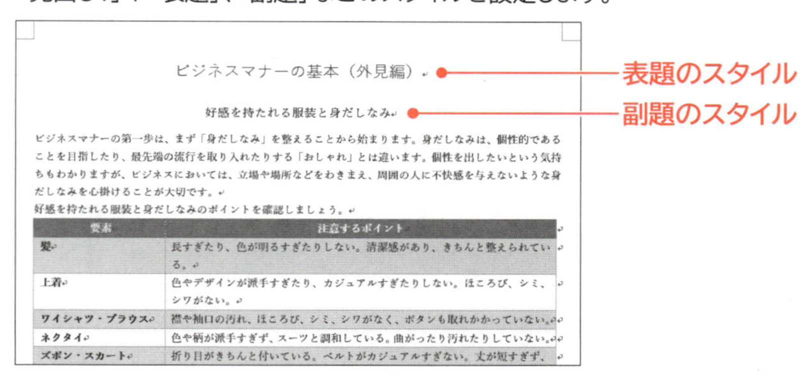
ビジネスマナーの基本（外見編）

好感を持たれる服装と身だしなみ

ビジネスマナーの第一歩は、まず「身だしなみ」を整えることから始まります。身だしなみは、個性的であることを目指したり、最先端の流行を取り入れたりする「おしゃれ」とは違います。個性を出したいという気持ちもわかりますが、ビジネスにおいては、立場や場所などをわきまえ、周囲の人に不快感を与えないような身だしなみを心掛けることが大切です。
好感を持たれる服装と身だしなみのポイントを確認しましょう。

要素	注意するポイント
髪	長すぎたり、色が明るすぎたりしない。清潔感があり、きちんと整えられている。
上着	色やデザインが派手すぎたり、カジュアルすぎたりしない。ほころび、シミ、シワがない。
ワイシャツ・ブラウス	襟や袖口の汚れ、ほころび、シミ、シワがなく、ボタンも取れかかっていない。
ネクタイ	色や柄が派手すぎず、スーツと調和している。曲がったり汚れたりしていない。
ズボン・スカート	折り目がきちんと付いている。ベルトがカジュアルすぎない。丈が短すぎず、

2 スタイルセットを適用

スタイルセットを適用すると、スタイルの書式がまとめて変更されます。
※スタイルセットで適用された書式は個別に変更することもできます。

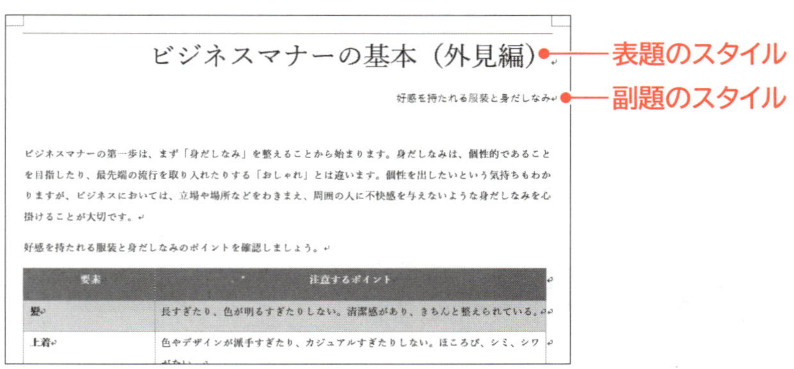
ビジネスマナーの基本（外見編）

好感を持たれる服装と身だしなみ

ビジネスマナーの第一歩は、まず「身だしなみ」を整えることから始まります。身だしなみは、個性的であることを目指したり、最先端の流行を取り入れたりする「おしゃれ」とは違います。個性を出したいという気持ちもわかりますが、ビジネスにおいては、立場や場所などをわきまえ、周囲の人に不快感を与えないような身だしなみを心掛けることが大切です。

好感を持たれる服装と身だしなみのポイントを確認しましょう。

要素	注意するポイント
髪	長すぎたり、色が明るすぎたりしない。清潔感があり、きちんと整えられている。
上着	色やデザインが派手すぎたり、カジュアルすぎたりしない。ほころび、シミ、シワ

2 スタイルセットの適用

スタイルセット**「線（シンプル）」**を適用しましょう。

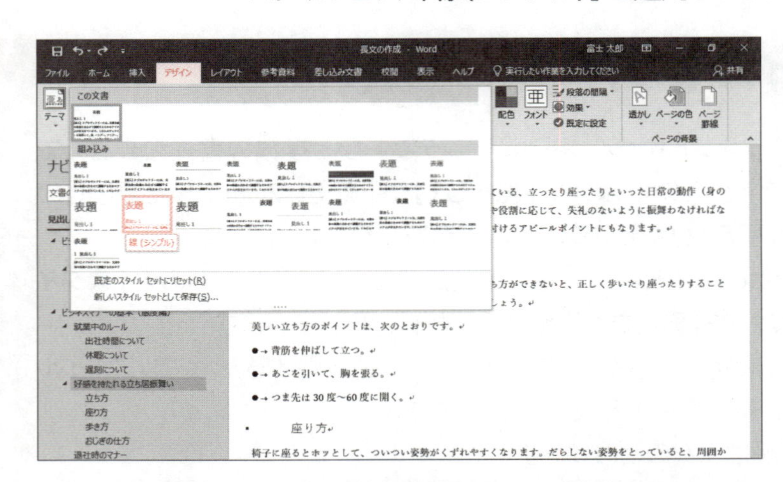

①**《デザイン》**タブを選択します。
②**《ドキュメントの書式設定》**グループの（その他）をクリックします。
③**《組み込み》**の**《線（シンプル）》**をクリックします。

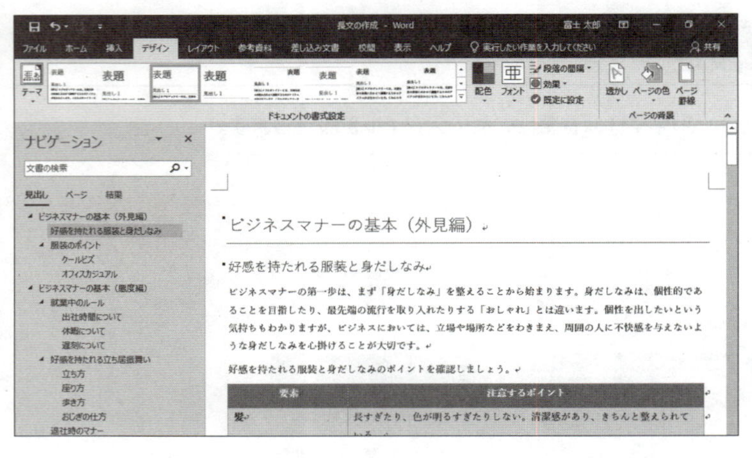

文書にスタイルセットが適用されます。
※スクロールして確認しておきましょう。

3 スタイルの書式の変更

スタイルセットで適用されたスタイルの書式は、必要に応じて変更できます。スタイルの書式を変更する場合は、スタイルを設定した箇所の書式を変更し、その書式をもとにスタイルを更新します。スタイルを更新すると、文書内の同じスタイルを設定した箇所すべてに書式が反映されます。
「クールビズ」の行の書式を次のように変更し、見出し3のスタイルを更新しましょう。

> **左インデント：0字**
> **太字**

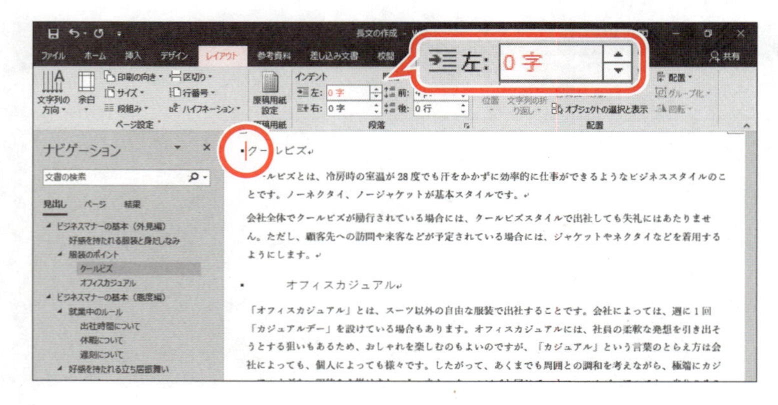

①**「クールビズ」**の行にカーソルを移動します。
※ナビゲーションウィンドウの「クールビズ」をクリックすると、効率よく移動できます。
②**《レイアウト》**タブを選択します。
③**《段落》**グループの**左:**（左インデント）を**「0字」**に設定します。
※「0mm」でもかまいません。

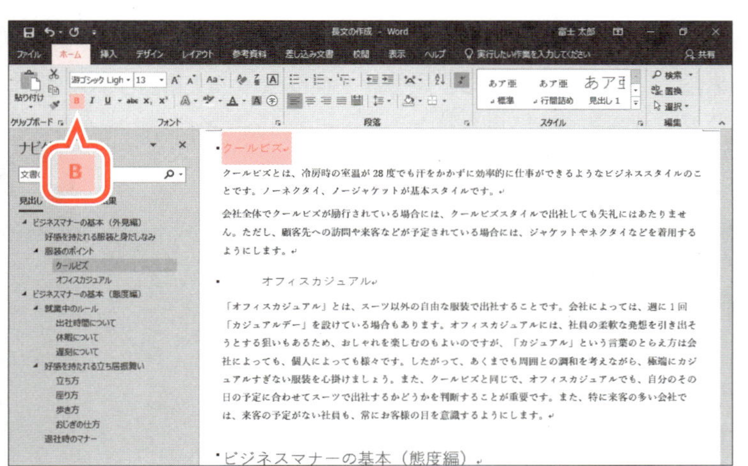

左インデントが0字に設定されます。

④「**クールビズ**」の行を選択します。

⑤《**ホーム**》タブを選択します。

⑥《**フォント**》グループの B（太字）をクリックします。

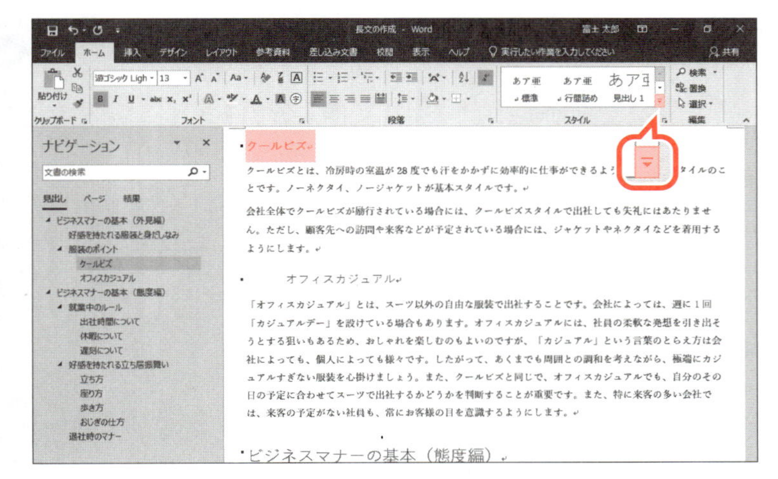

太字が設定されます。

⑦「**クールビズ**」の行が選択されていることを確認します。

⑧《**スタイル**》グループの ▼（その他）をクリックします。

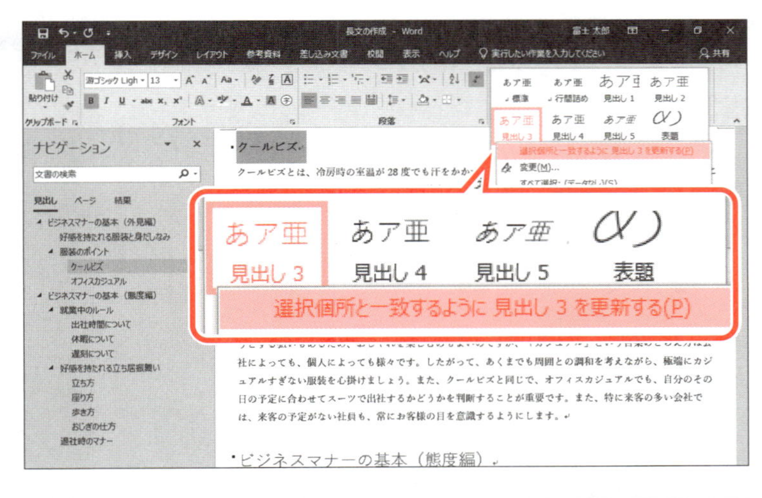

⑨ あア亜 見出し3（見出し3）を右クリックします。

⑩《**選択個所と一致するように見出し3を更新する**》をクリックします。

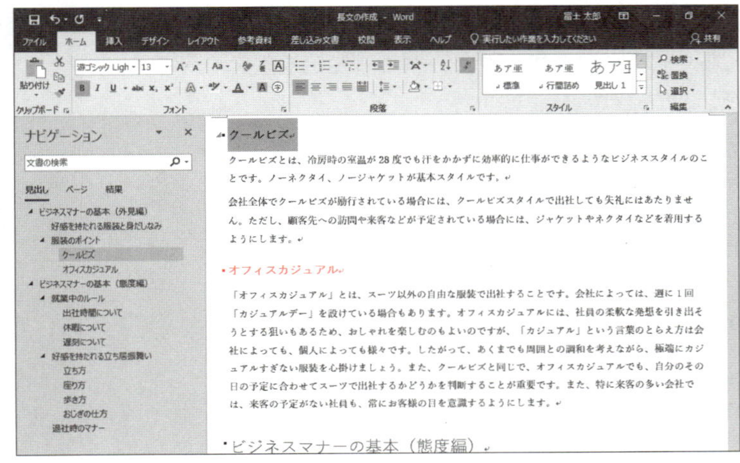

文書内の見出し3のスタイルが更新されます。

※スクロールして確認しておきましょう。

STEP UP 水平ルーラーを使った左インデントの調整

左インデントを調整する場合に、ルーラーのインデントマーカーを使うと、位置を確認しながら操作できるので便利です。
ルーラーを表示する方法は、次のとおりです。

◆《表示》タブ→《表示》グループの《☑ルーラー》

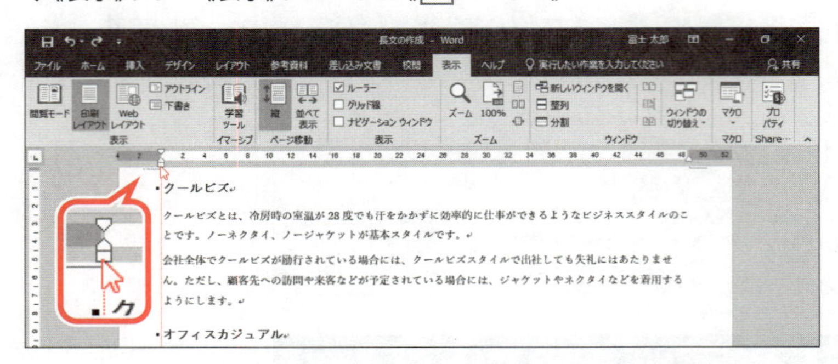

Let's Try ためしてみよう

見出し1と見出し2のスタイルを次のように更新しましょう。

●見出し1

フォントサイズ：20ポイント
太字

●見出し2

太字

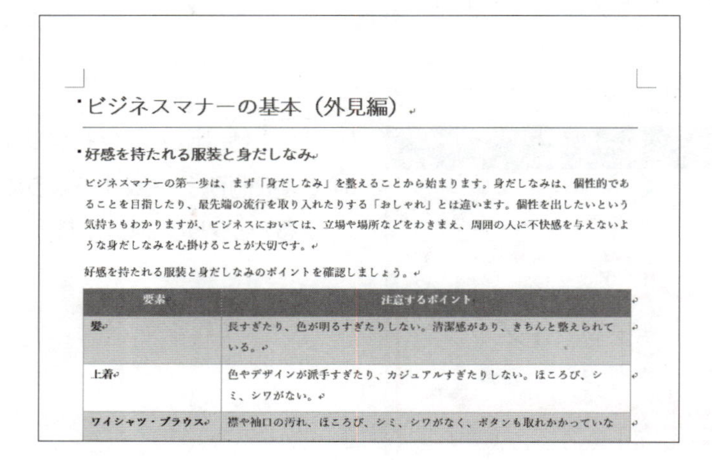

Let's Try Answer

①見出し1が設定されている「ビジネスマナーの基本（外見編）」の行を選択
※見出し1が設定されている行であればどこでもかまいません。
②《ホーム》タブを選択
③《フォント》グループの 18 ▾（フォントサイズ）の ▾ をクリックし、一覧から《20》を選択
④《フォント》グループの B（太字）をクリック
⑤《スタイル》グループの あア亜 見出し1（見出し1）を右クリック
⑥《選択個所と一致するように見出し1を更新する》をクリック
⑦見出し2が設定されている「好感が持たれる服装と身だしなみ」の行を選択
※見出し2が設定されている行であればどこでもかまいません。
⑧《フォント》グループの B（太字）をクリック
⑨《スタイル》グループの ▾（その他）をクリック
⑩ あア亜 見出し2（見出し2）を右クリック
⑪《選択個所と一致するように見出し2を更新する》をクリック

STEP UP スタイルの作成

よく使う書式の組み合わせを登録して、独自のスタイルを作成できます。
スタイルを作成して登録する方法は、次のとおりです。

◆《ホーム》タブ→《スタイル》グループの（スタイル）→（新しいスタイル）

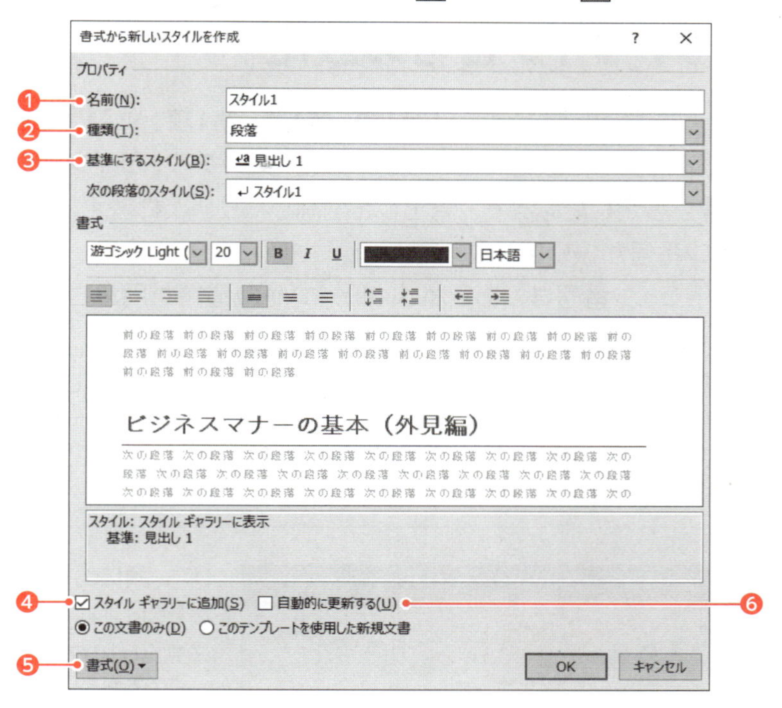

❶作成するスタイルの名前を入力します。
❷作成するスタイルの種類を選択します。

スタイルの種類	内容
段落	段落に対して、文字の配置や行間隔、インデントなどの書式をまとめて設定できます。
文字	文字に対して、フォントやフォントサイズ、フォントの色などの書式をまとめて設定できます。
リンク	段落と文字に対して、書式をまとめて設定できます。
表	表に対して、罫線や網かけ、配置などの書式をまとめて設定できます。
リスト	リスト（箇条書き）に対して、段落番号や行頭文字などの書式をまとめて設定できます。

❸スタイルを作成するときに基準にするスタイルを選択します。
　カーソルのある位置に設定されているスタイル名が表示されます。
❹《ホーム》タブの《スタイル》グループの一覧に追加するかどうかを選択します。
❺作成するスタイルに登録する書式を設定します。
❻スタイルを適用した個所の書式を変更したときに、同じスタイルが適用されているすべての個所に自動的に変更を反映し、スタイルを更新するかどうかを選択します。

Step5 アウトライン番号を設定する

1 アウトライン番号の設定

設定した見出しに対して、**「第1章、第1節、第1項」**や**「1、1-1、1-1-1」**のように、階層化した連続番号を設定できます。この番号を**「アウトライン番号」**といいます。アウトライン番号を設定したあとで、見出しを削除したり、入れ替えたりした場合でも自動的にアウトライン番号が振りなおされます。
アウトライン番号は、あらかじめいくつかの種類が用意されていますが、自分で作成することもできます。
文書内の見出し1に対して、次のアウトライン番号を設定しましょう。

アウトライン番号	**：第1章**
番号に続く空白の扱い	**：スペース**

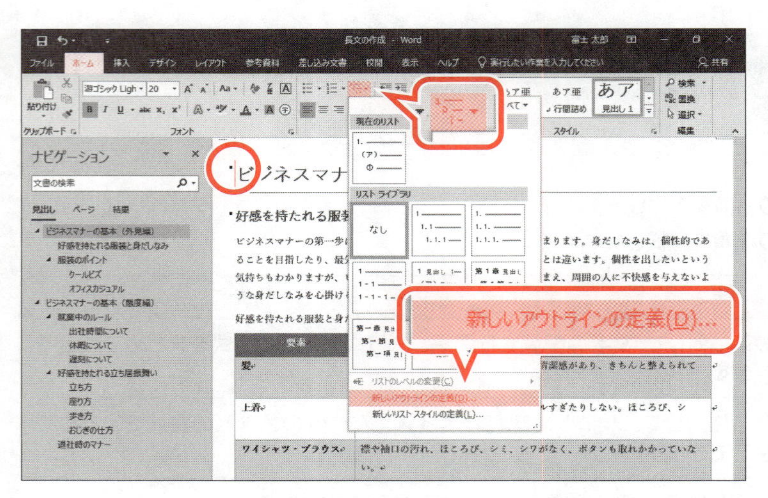

①文頭にカーソルを移動します。
※ Ctrl + Home を押すと、効率よく移動できます。
※見出し1のスタイルが設定されている行であればどこでもかまいません。
②**《ホーム》**タブを選択します。
③**《段落》**グループの （アウトライン）をクリックします。
④**《新しいアウトラインの定義》**をクリックします。

新しいアウトラインの定義
変更するレベルをクリックしてください(V):
1 2 3 4 5 6 7 8 9
第1章
1.1
1.1.1
1.1.1.1
1.1.1.1.1
1.1.1.1.1.1
1.1.1.1.1.1.1
1.1.1.1.1.1.1.1
1.1.1.1.1.1.1.1.1
番号書式
番号書式(O): 第1章
フォント(F)...
このレベルに使用する番号の種類(N): 1, 2, 3, …
次のレベルの番号を含める(D):
配置
番号の整列(U): 左揃え
左インデントからの距離(A): 0 mm
インデント位置(I): 7.5 mm
すべてのレベルに設定(E)...
オプション(M) >>
OK
キャンセル

《新しいアウトラインの定義》ダイアログボックスが表示されます。
⑤**《変更するレベルをクリックしてください》**の**《1》**をクリックします。
⑥**《番号書式》**の**《1》**の両側に**「第」**と**「章」**を入力します。
※あらかじめ入力されている《1》は削除しないようにします。
⑦**《オプション》**をクリックします。

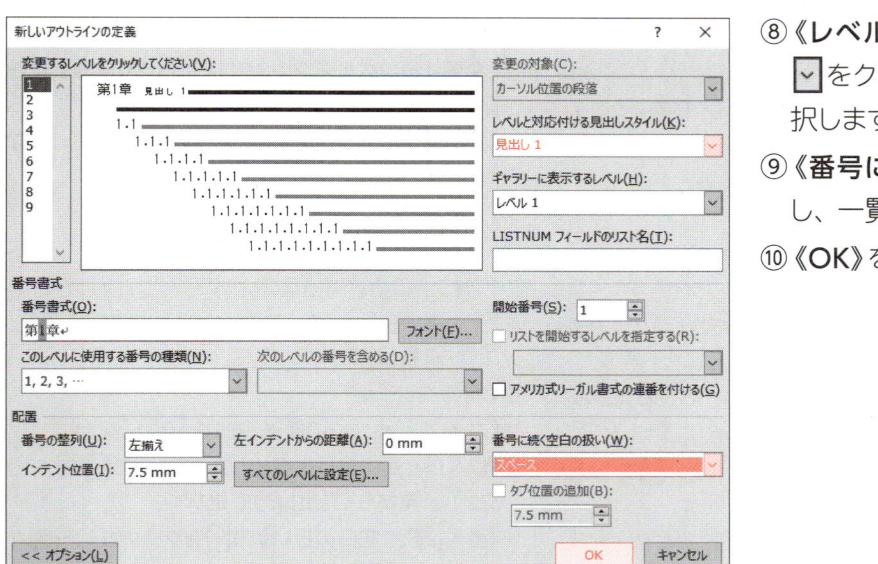

⑧《レベルと対応付ける見出しスタイル》の☑をクリックし、一覧から《見出し1》を選択します。

⑨《番号に続く空白の扱い》の☑をクリックし、一覧から《スペース》を選択します。

⑩《OK》をクリックします。

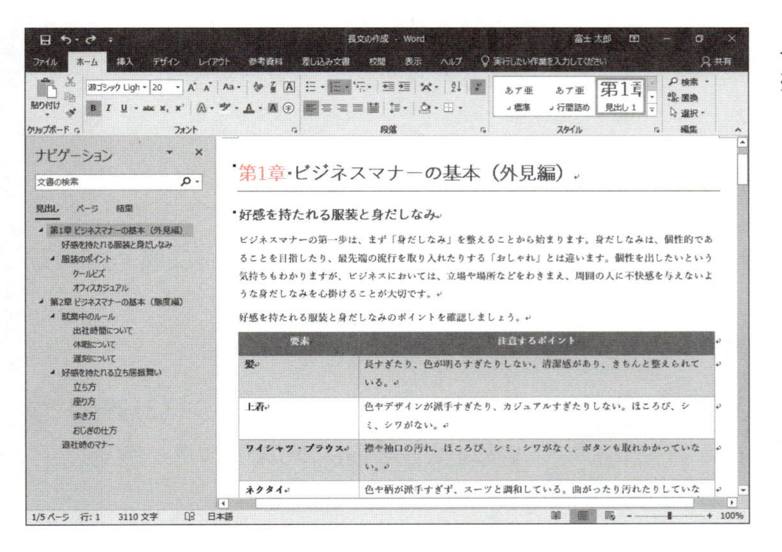

見出し1にアウトライン番号が設定されます。

※スクロールして確認しておきましょう。

STEP UP レベルに使用する番号

《番号書式》にあらかじめ入力されている番号を削除してしまった場合は、《このレベルに使用する番号の種類》の☑をクリックして一覧から番号を選択すると、番号が再度表示されます。
また、《このレベルに使用する番号の種類》を選択して、番号の種類を半角数字や全角数字、漢数字などに変更できます。

Let's Try ためしてみよう

見出し2、見出し3に次のアウトライン番号を設定しましょう。

Step1 就業中のルール

組織の一員となった以上、自分勝手な行動は許されません。就業中のルールにはどのようなものがあるのかを知り、ルールを守って周囲に迷惑を掛けないように配慮しながら仕事をしましょう。

(1) 出社時間について

始業時間は出社時間ではありません。仕事をスタートする時間です。したがって、始業時間の少なくとも5分前には在席しているようにします。書類の整理や飲み物の準備など、仕事に入る前の準備は、朝礼の前までに済ませておきましょう。その際に、今日1日の予定や仕事の優先順位などを確認しておくと、効率よく仕事を開始できます。

(2) 休暇について

休暇には、事前に申請する計画的な休暇と、やむを得ない事情による突然の休暇があります。どちらの場合でも休暇を取得する際には、仕事の状況を見極めることはもちろん、周囲への気づかいが大切です。取得可

●見出し2

アウトライン番号	：Step1
左インデントからの距離	：0mm
番号に続く空白の扱い	：スペース

●見出し3

アウトライン番号	：(1)
フォントの色	：青、アクセント1
左インデントからの距離	：0mm
番号に続く空白の扱い	：スペース

①文頭にカーソルを移動
※ Ctrl + Home を押すと、効率よく移動できます。
※見出し1のスタイルが設定されている行であればどこでもかまいません。
②《ホーム》タブを選択
③《段落》グループの［アイコン］（アウトライン）をクリック
④《新しいアウトラインの定義》をクリック
⑤《変更するレベルをクリックしてください》の《2》をクリック
⑥《番号書式》の左側の「1.」を削除し、「Step」と入力
⑦《左インデントからの距離》を「0mm」に設定
⑧《レベルと対応付ける見出しスタイル》の［∨］をクリックし、一覧から《見出し2》を選択
※表示されていない場合は《オプション》をクリックします。
⑨《番号に続く空白の扱い》の［∨］をクリックし、一覧から《スペース》を選択
⑩《変更するレベルをクリックしてください》の《3》をクリック
⑪《番号書式》の左側の「1.1.」を削除し、「（1）」となるように入力
⑫《フォント》をクリック
⑬《フォント》タブを選択
⑭《フォントの色》の［∨］をクリック
⑮《テーマの色》の《青、アクセント1》（左から5番目、上から1番目）をクリック
⑯《OK》をクリック
⑰《左インデントからの距離》を「0mm」に設定
⑱《レベルと対応付ける見出しスタイル》の［∨］をクリックし、一覧から《見出し3》を選択
⑲《番号に続く空白の扱い》の［∨］をクリックし、一覧から《スペース》を選択
⑳《OK》をクリック

2 アウトライン番号の更新

アウトライン番号を設定したあとに、見出しの入れ替えを行うと、アウトライン番号が自動的に振りなおされます。

「（3）遅刻について」を**「（2）休暇について」**の前に移動しましょう。

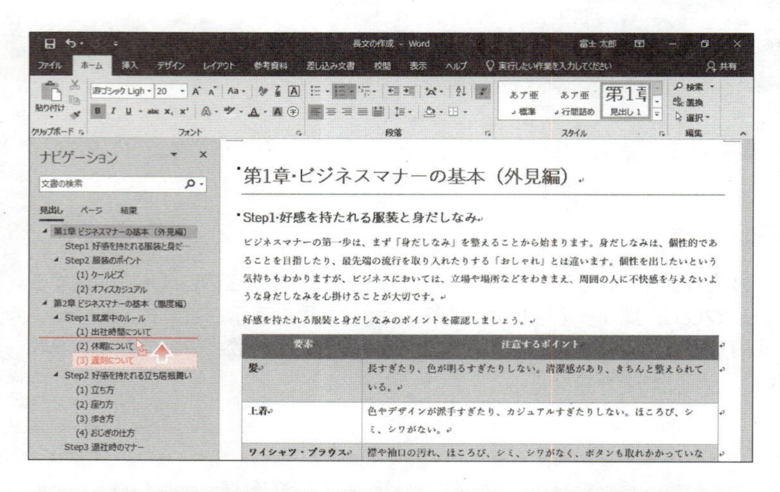

①ナビゲーションウィンドウの**「（3）遅刻について」**を、図のようにドラッグします。

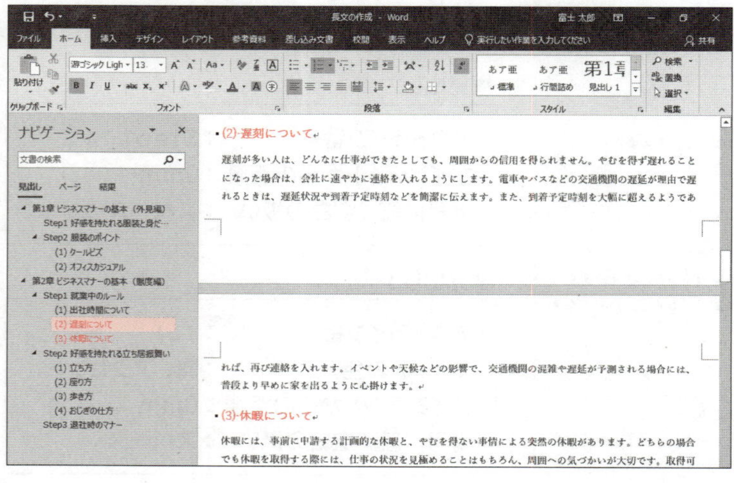

見出しが入れ替わり、アウトライン番号が自動的に振りなおされます。
※選択を解除しておきましょう。

表紙を作成する

1 表紙

文書の先頭ページに表紙を挿入できます。あらかじめ表紙のスタイルが数多く用意されており、一覧から選択するだけで、洗練されたデザインの表紙を作成できます。
挿入した表紙には、タイトルや日付、名前などが入力できるように**「コンテンツコントロール」**が設定されています。コンテンツコントロールは削除したり、書式を変更したりすることもできます。コンテンツコントロールを変更すると、文書のプロパティの内容が変更されます。

2 表紙の挿入

組み込みスタイル**「レトロスペクト」**を使って表紙を挿入し、次のように入力しましょう。

タイトル　　　：ビジネスマナーを身に付けよう
サブタイトル：派遣スタッフ研修資料
作成者　　　　：スタッフ教育チーム
会社　　　　　：株式会社FOMパワー

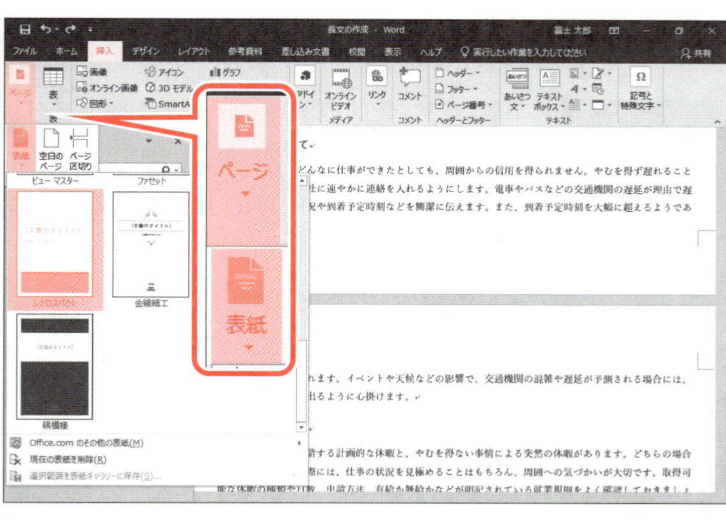

①**《挿入》**タブを選択します。
②**《ページ》**グループの（表紙の追加）をクリックします。
※《ページ》グループが（ページ）で表示されている場合は、（ページ）をクリックすると、《ページ》グループのボタンが表示されます。
③**《組み込み》**の**《レトロスペクト》**をクリックします。
※一覧に表示されていない場合は、スクロールして調整します。

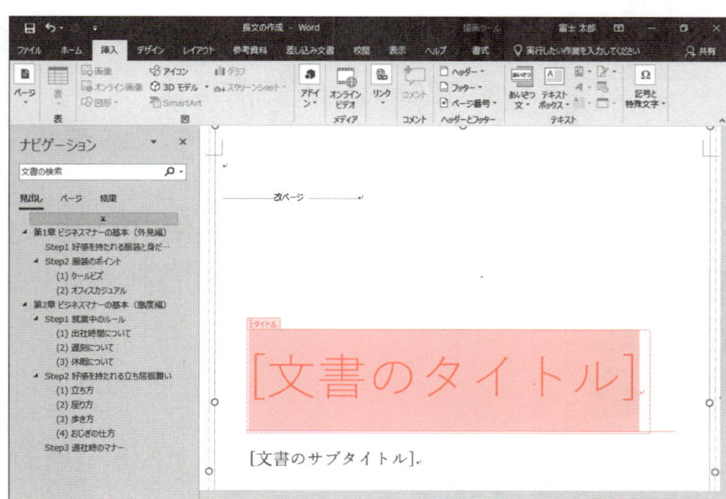

1ページ目に表紙が挿入されます。
タイトルのコンテンツコントロールを選択します。
④**「[文書のタイトル]」**をクリックします。
コンテンツコントロールの上部に タイトル が表示されます。
※ タイトル が表示されない場合は、再度「[文書のタイトル]」をクリックします。
《タイトル》のコンテンツコントロールが選択されます。

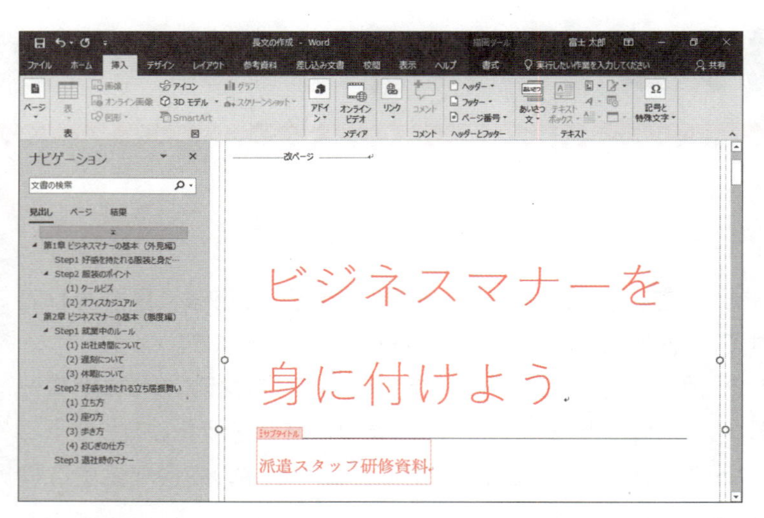

タイトルを入力します。

⑤「**ビジネスマナーを身に付けよう**」と入力します。

⑥「**[文書のサブタイトル]**」をクリックします。

コンテンツコントロールの上部に［サブタイトル］が表示されます。

《**サブタイトル**》のコンテンツコントロールが選択されます。

⑦「**派遣スタッフ研修資料**」と入力します。

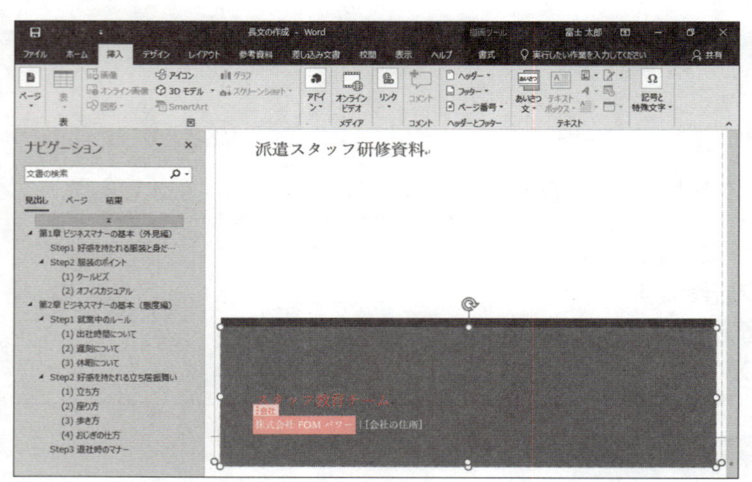

⑧「**[作成者名]**」をクリックします。

コンテンツコントロールの上部に［作成者］が表示されます。

《**作成者**》のコンテンツコントロールが選択されます。

⑨「**スタッフ教育チーム**」と入力します。

⑩同様に、《**会社**》のコンテンツコントロールに「**株式会社FOMパワー**」と入力します。

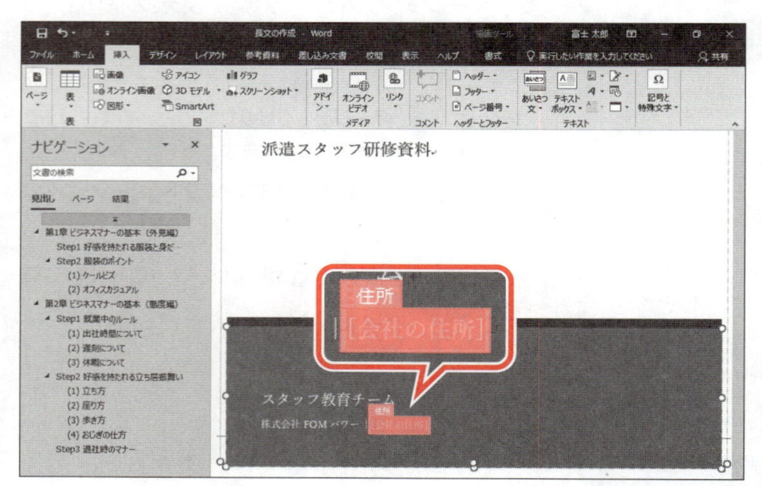

不要なコンテンツコントロールを削除します。

⑪「**[会社の住所]**」をクリックします。

コンテンツコントロールの上部に［住所］が表示されます。

⑫［住所］をクリックします。

《**住所**》のコンテンツコントロールが選択されます。

⑬［Delete］を押します。

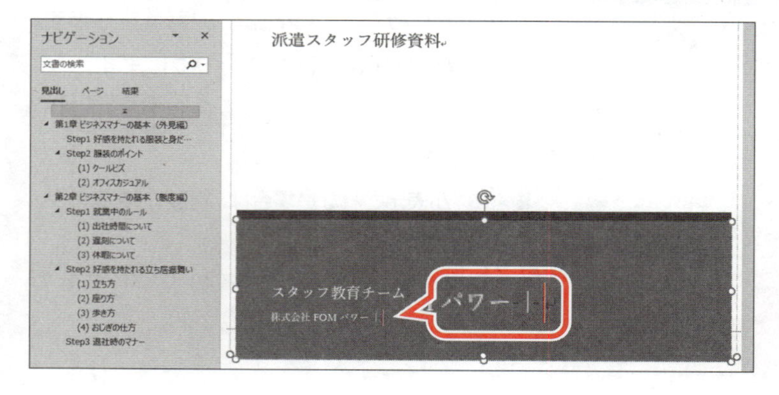

不要な空白と記号を削除します。

⑭図の位置にカーソルがあることを確認します。

⑮［Back Space］を3回押して、「**株式会社FOMパワー**」の後ろにある空白と記号を削除します。

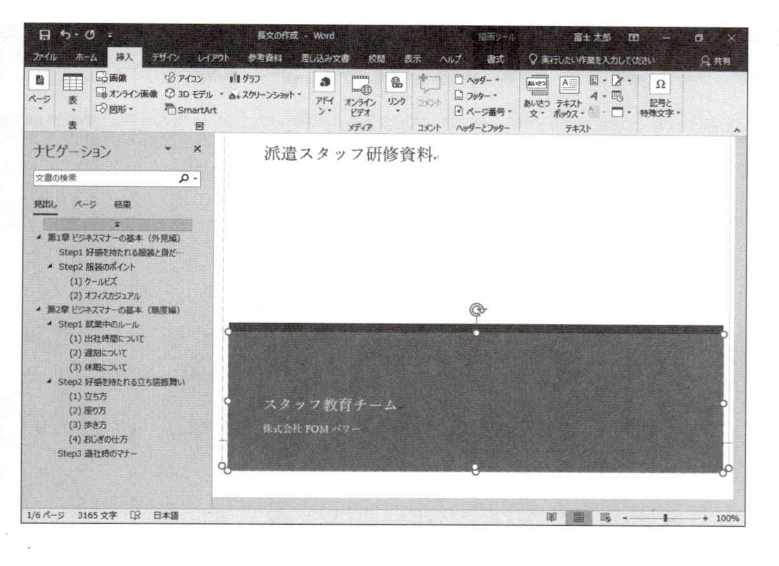

不要な空白と記号が削除されます。

Let's Try ためしてみよう

コンテンツコントロールに、次の書式を設定しましょう。

ビジネスマナーを
身に付けよう

派遣スタッフ研修資料

スタッフ教育チーム
株式会社 FOM パワー

●タイトル

フォント　　　：MSPゴシック
フォントサイズ：58ポイント

●サブタイトル

フォント　　　：MSPゴシック
フォントサイズ：28ポイント

●作成者・会社

フォント　　　：MSPゴシック
フォントサイズ：18ポイント

①《タイトル》のコンテンツコントロールを選択
②《ホーム》タブを選択
③《フォント》グループの 游ゴシック Ligh (フォント)の ▼ をクリックし、一覧から《MSPゴシック》を選択
④《フォント》グループの 54 (フォントサイズ)の 54 をクリックし、「58」と入力
⑤ Enter を押す
⑥《サブタイトル》のコンテンツコントロールを選択
⑦《フォント》グループの 游明朝 (本文((フォント)の ▼ をクリックし、一覧から《MSPゴシック》を選択
⑧《フォント》グループの 18 (フォントサイズ)の ▼ をクリックし、一覧から《28》を選択
⑨《作成者》のコンテンツコントロールを選択
⑩《フォント》グループの 游明朝 (本文((フォント)の ▼ をクリックし、一覧から《MSPゴシック》を選択
⑪《フォント》グループの 16 (フォントサイズ)の ▼ をクリックし、一覧から《18》を選択
⑫ 同様に、《会社》のコンテンツコントロールにフォントとフォントサイズを設定

Step7 ヘッダーとフッターを作成する

1 ヘッダーとフッター

「**ヘッダー**」はページの上部、「**フッター**」はページの下部にある余白部分の領域で、ページ番号や日付、文書のタイトルなどの文字、会社のロゴやグラフィックなどを挿入できます。ヘッダーやフッターは、特に指定しない限り、すべてのページに同じ内容が表示されますが、奇数ページと偶数ページで別指定することもできます。また、表紙がある文書の場合は、先頭ページのみ別指定することもできます。
ヘッダーやフッターには、あらかじめ組み込みスタイルとして図形や書式などを組み合わせたパーツが用意されています。ヘッダーやフッターを自分で作成することもできますが、組み込みスタイルを使うと、見栄えのするヘッダーやフッターが簡単に作成できます。

2 ヘッダーの挿入

組み込みスタイル「**縞模様**」を使って、ヘッダーに文書のタイトルを挿入しましょう。

1 奇数・偶数ページで別指定

通常、ヘッダーとフッターは、文書内で共通の内容を表示しますが、奇数ページと偶数ページで個別に設定することもできます。その場合、奇数、偶数のそれぞれのページにヘッダーを設定する必要があります。
奇数ページの文書のタイトルは削除し、偶数ページだけに文書のタイトルを表示しましょう。

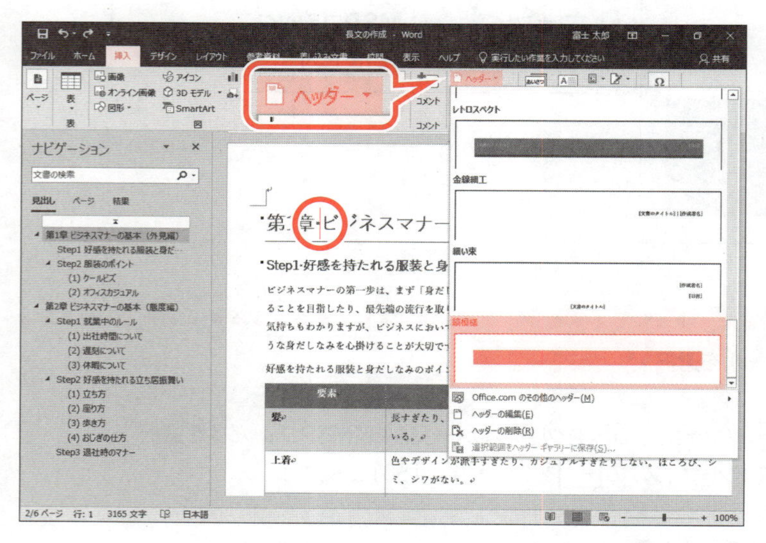

①表紙の次のページにカーソルを移動します。
※ナビゲーションウィンドウの「第1章 ビジネスマナーの基本（外見編）」をクリックすると、効率よく移動できます。
②《**挿入**》タブを選択します。
③《**ヘッダーとフッター**》グループの ヘッダー（ヘッダーの追加）をクリックします。
④《**組み込み**》の《**縞模様**》をクリックします。
※一覧に表示されていない場合は、スクロールして調整します。

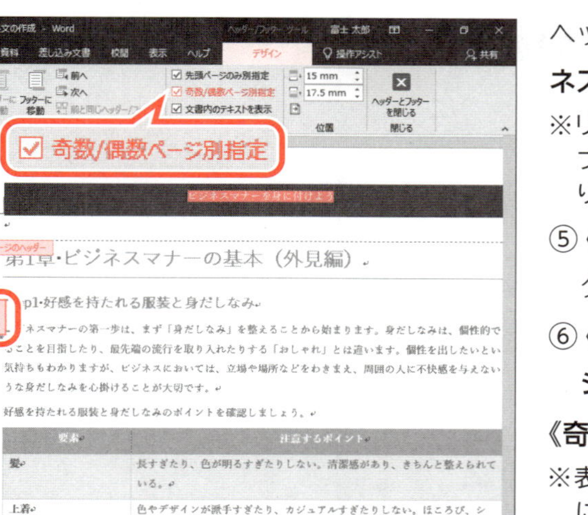

ヘッダーが挿入され、文書のタイトル「**ビジネスマナーを身に付けよう**」が表示されます。

※リボンに《ヘッダー/フッターツール》の《デザイン》タブが表示され、自動的に《デザイン》タブに切り替わります。

⑤**《ヘッダー/フッターツール》**の**《デザイン》**タブを選択します。

⑥**《オプション》**グループの**《奇数/偶数ページ別指定》**を☑にします。

《奇数ページのヘッダー》と表示されます。

※表紙を挿入すると《先頭ページのみ別指定》が☑になります。そのため2ページ目が1ページ目として認識されます。

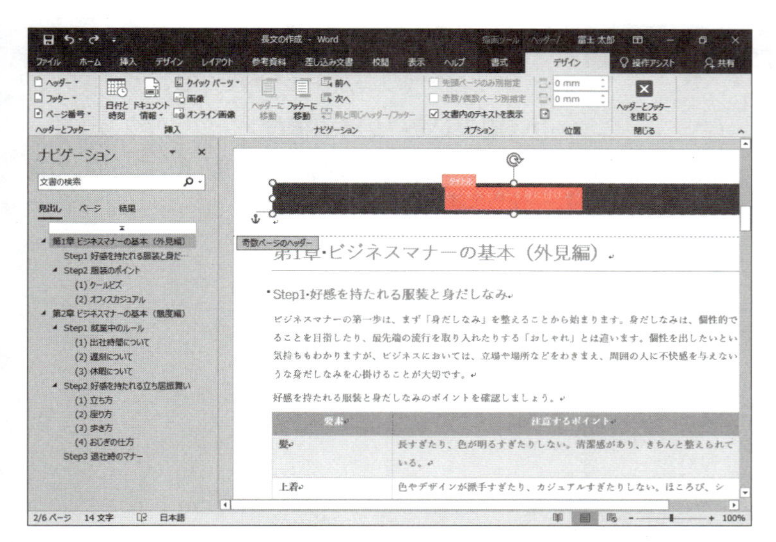

文書のタイトルを削除します。

⑦**《タイトル》**のコンテンツコントロールを選択します。

⑧ Delete を押します。

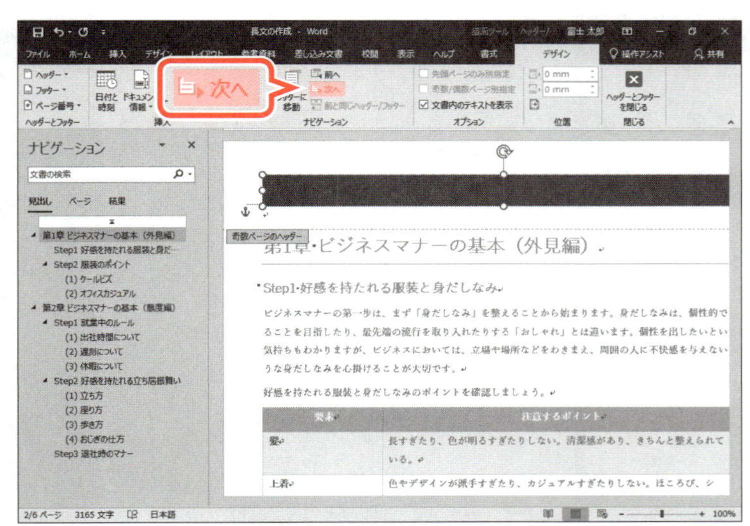

タイトルが削除されます。

偶数ページにヘッダーを挿入します。

⑨**《ナビゲーション》**グループの 次へ （次へ）をクリックします。

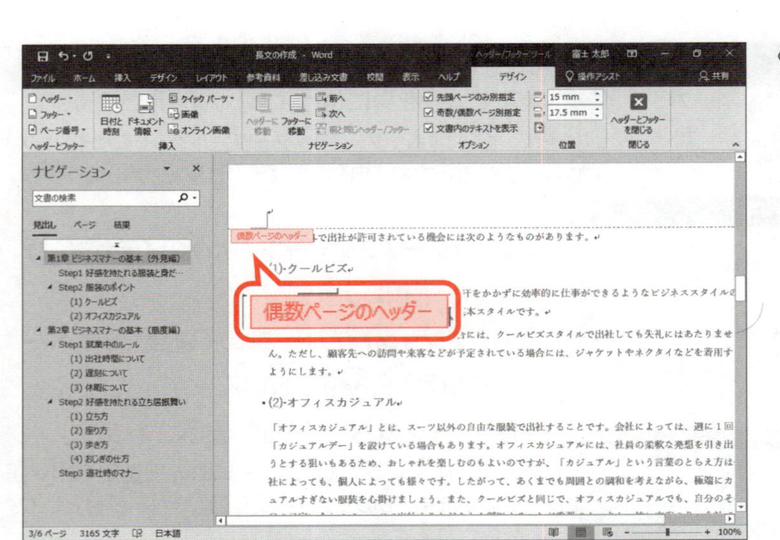

《偶数ページのヘッダー》が表示されます。

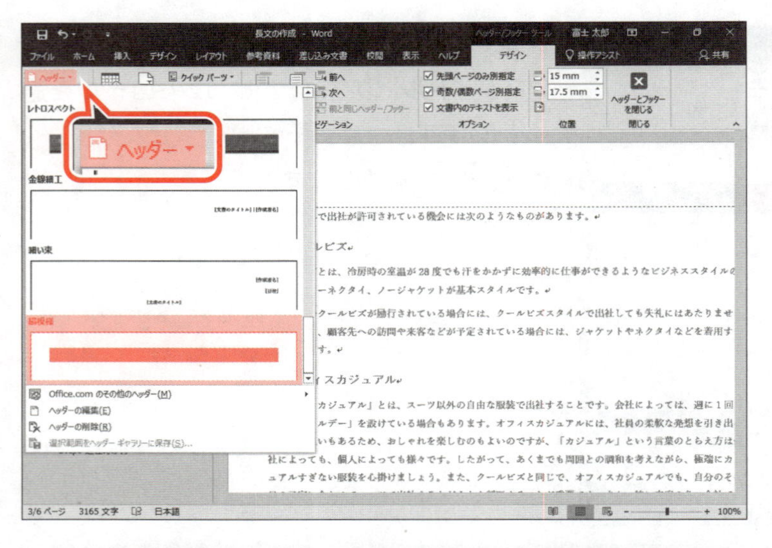

⑩《ヘッダーとフッター》グループの ヘッダー （ヘッダーの追加）をクリックします。

⑪《組み込み》の《縞模様》をクリックします。

※一覧に表示されていない場合は、スクロールして調整します。

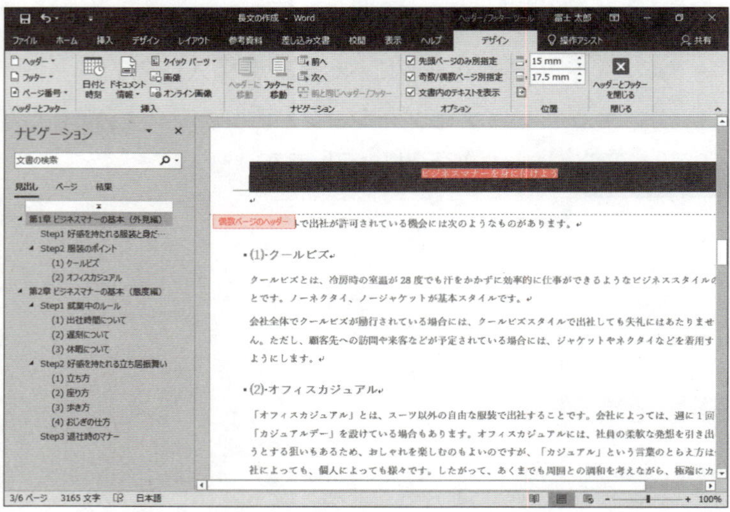

偶数ページのヘッダーに文書のタイトルが表示されます。

POINT 先頭ページのみ別指定

ヘッダーとフッターは、先頭ページだけ別に設定することができます。表紙のある文書を作成した場合は、必要に応じてヘッダーやフッターを非表示にするとよいでしょう。

ヘッダーとフッターを先頭ページだけ別に設定する方法は、次のとおりです。

◆《ヘッダー/フッターツール》の《デザイン》タブ→《オプション》グループの《☑先頭ページのみ別指定》

※《表紙の挿入》で表紙を作成した場合は、自動的に《先頭ページのみ別指定》が☑になります。

2 ヘッダーの書式設定

偶数ページのヘッダーの文書のタイトルを太字に設定し、ページの右端に表示しましょう。

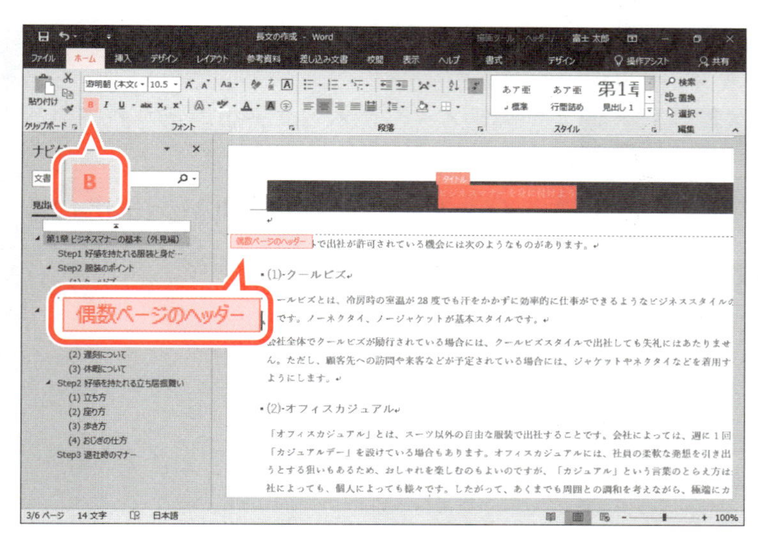

①偶数ページのヘッダーが表示されていることを確認します。

②《**タイトル**》のコンテンツコントロールを選択します。

③《**ホーム**》タブを選択します。

④《**フォント**》グループの B（太字）をクリックします。

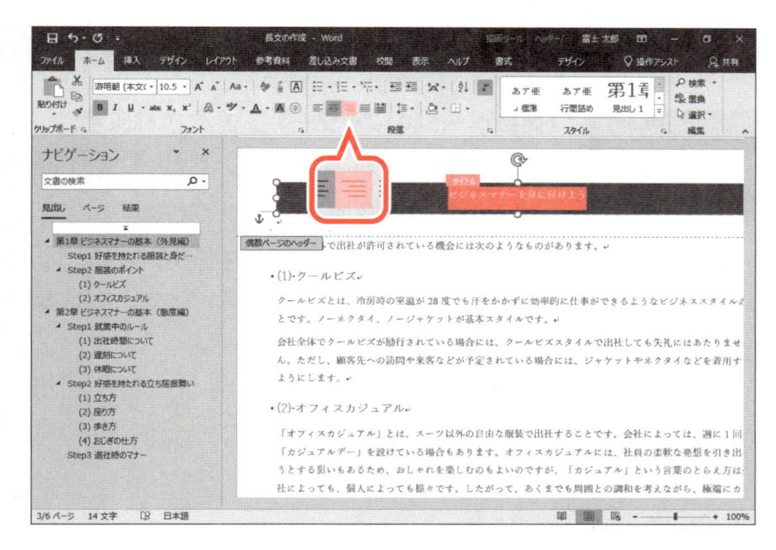

文書のタイトルが太字になります。

⑤《**段落**》グループの ≡（右揃え）をクリックします。

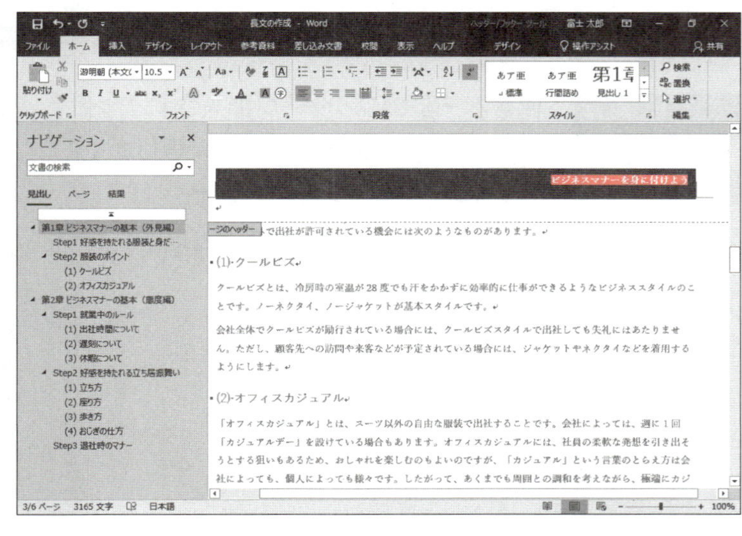

文書のタイトルがページの右端に表示されます。

※選択を解除しておきましょう。

3 フッターの挿入

組み込みスタイル「**縞模様**」を使って、フッターにページ番号を挿入しましょう。偶数ページはページの右端、奇数ページはページの左端に表示します。

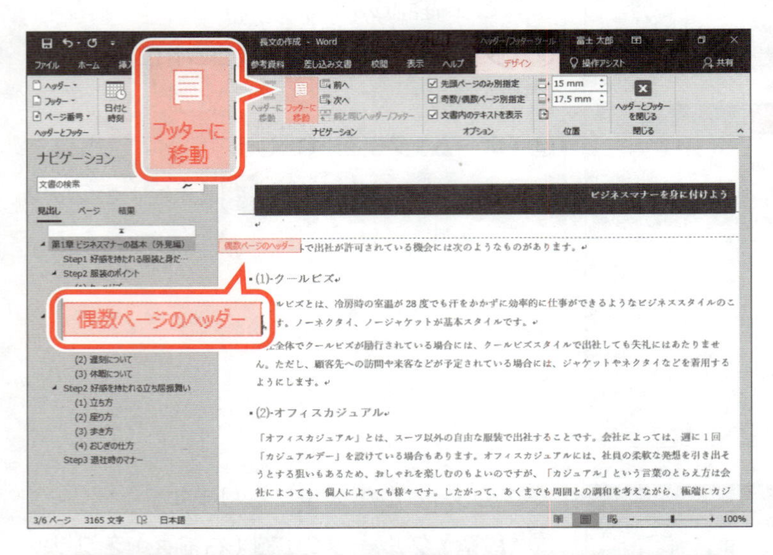

①偶数ページのヘッダーが表示されていることを確認します。

②**《ヘッダー/フッターツール》**の**《デザイン》**タブを選択します。

③**《ナビゲーション》**グループの（フッターに移動）をクリックします。

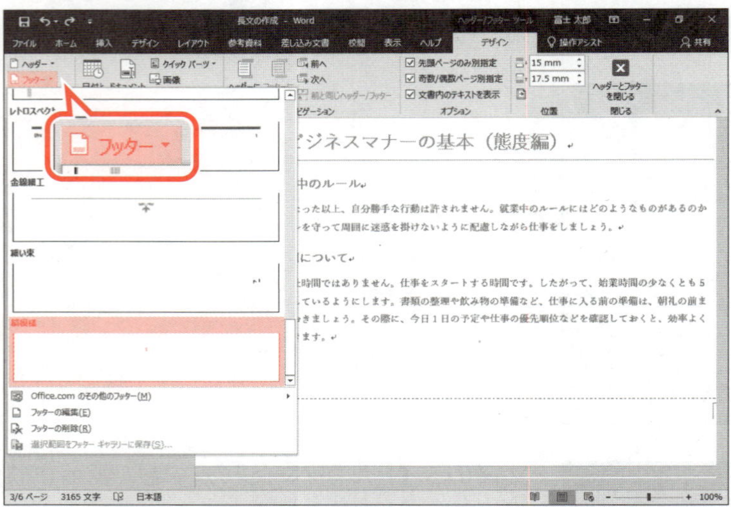

《偶数ページのフッター》が表示されます。

④**《ヘッダーとフッター》**グループの フッター（フッターの追加）をクリックします。

⑤**《組み込み》**の**《縞模様》**をクリックします。

※一覧に表示されていない場合は、スクロールして調整します。

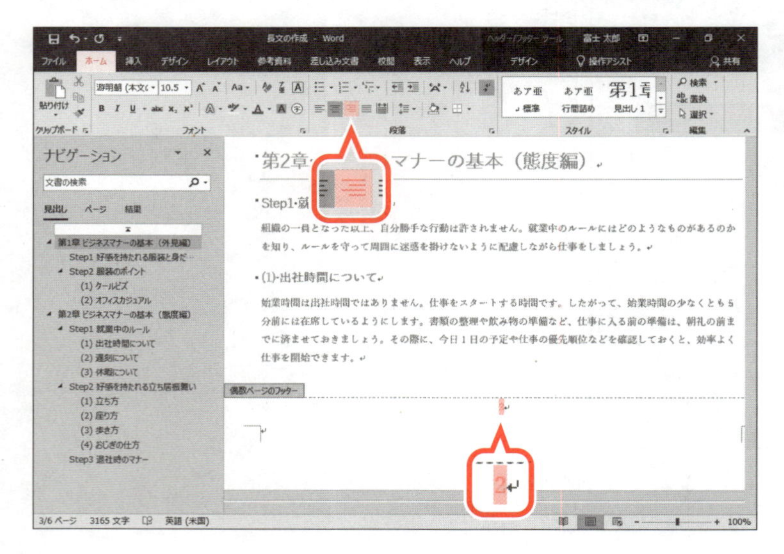

偶数ページのフッターが挿入されます。

ページ番号の位置を右端に変更します。

⑥**《ホーム》**タブを選択します。

⑦**《段落》**グループの（右揃え）をクリックします。

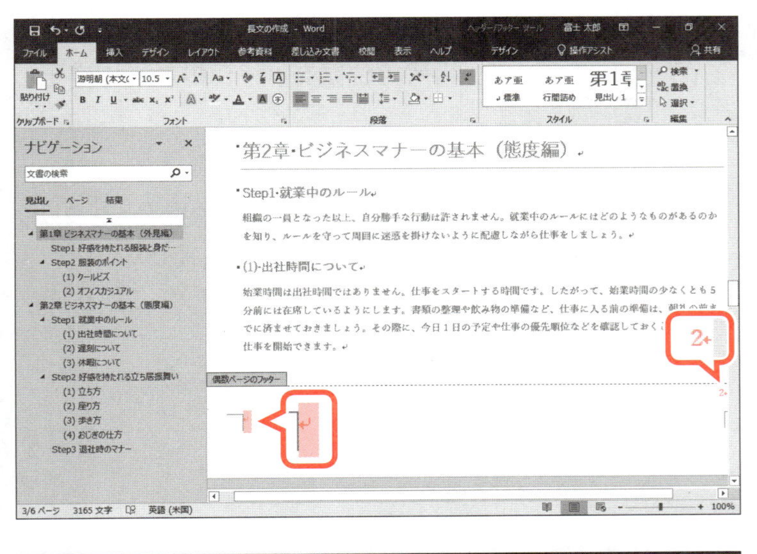

偶数ページのページ番号が右端に表示されます。

余分な行を削除します。

⑧フッターの最終行の↵を選択します。

⑨ Delete を押します。

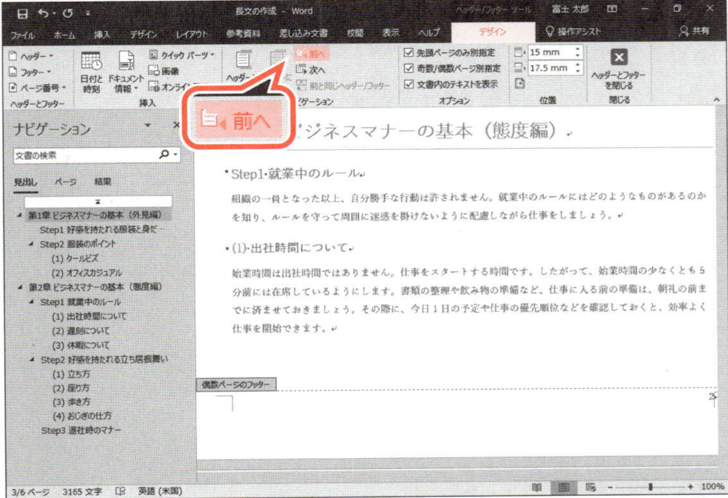

奇数ページのフッターを挿入します。

⑩ **《ヘッダー/フッターツール》**の**《デザイン》**タブを選択します。

⑪ **《ナビゲーション》**グループの 前へ （前へ）をクリックします。

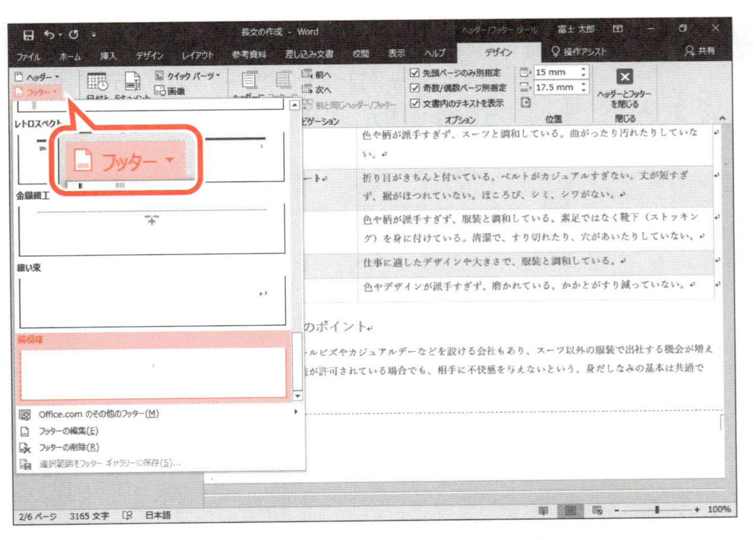

《奇数ページのフッター》が表示されます。

⑫ **《ヘッダーとフッター》**グループの フッター （フッターの追加）をクリックします。

⑬ **《組み込み》**の**《縞模様》**をクリックします。

※一覧に表示されていない場合は、スクロールして調整します。

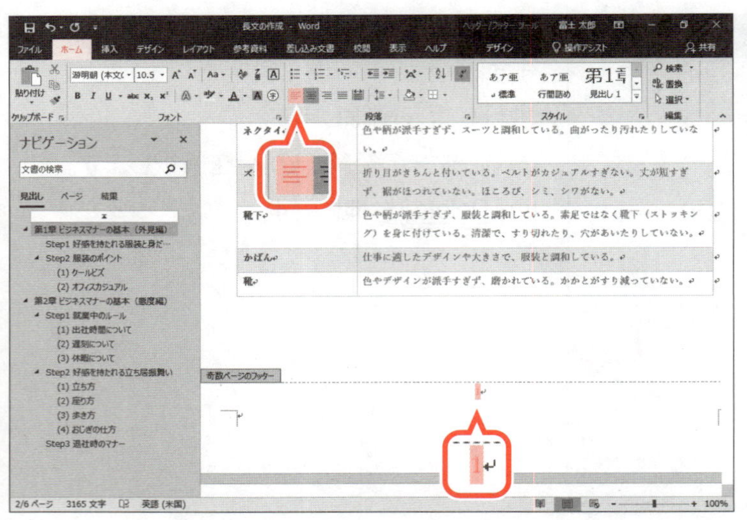

奇数ページのフッターが挿入されます。

ページ番号の位置をページの左端に変更します。

⑭《**ホーム**》タブを選択します。

⑮《**段落**》グループの（左揃え）をクリックします。

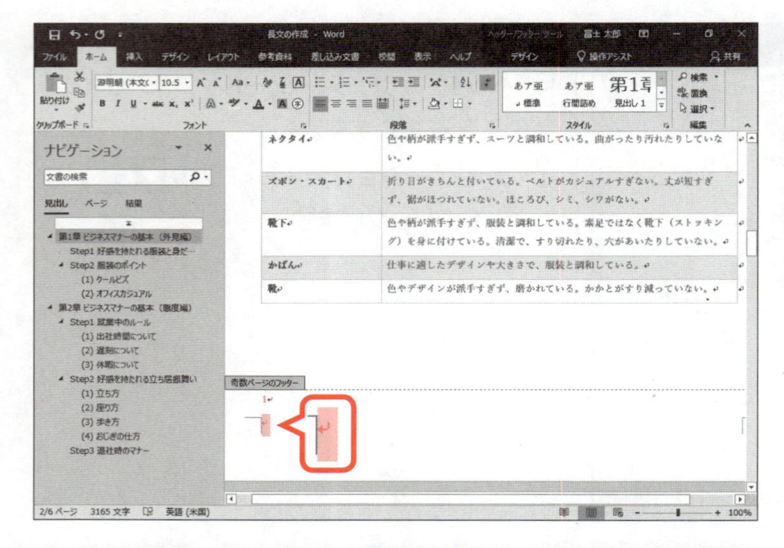

奇数ページのページ番号が左端に表示されます。

余分な行を削除します。

⑯フッターの最終行の↵を選択します。

⑰ Delete を押します。

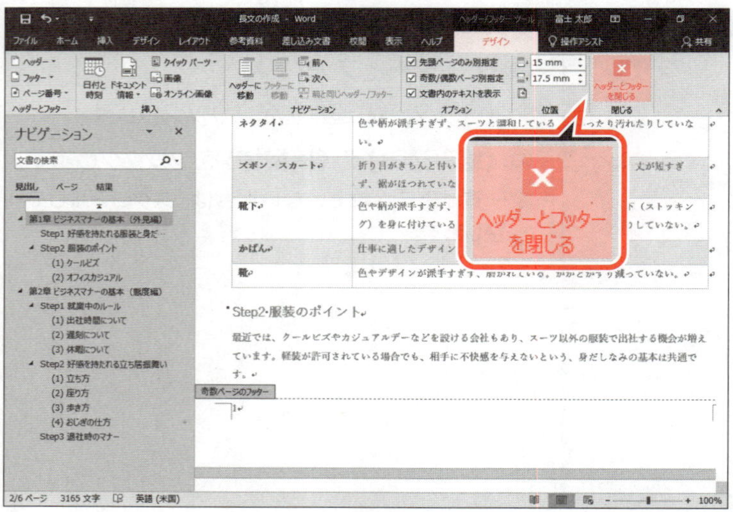

ヘッダーとフッターの編集を終了します。

⑱《**ヘッダー/フッターツール**》の《**デザイン**》タブを選択します。

⑲《**閉じる**》グループの（ヘッダーとフッターを閉じる）をクリックします。

ヘッダーとフッターの編集が終了します。

※スクロールして、ヘッダーとフッターが奇数ページと偶数ページに正しく表示されていることを確認しておきましょう。

POINT ヘッダーとフッターの編集

ヘッダーまたはフッターを再度編集するには、ヘッダーとフッターの領域を表示します。
ヘッダーとフッターを表示して編集する方法は、次のとおりです。

◆《挿入》タブ→《ヘッダーとフッター》グループの ヘッダー （ヘッダーの追加）または フッター （フッターの追加）→《ヘッダーの編集》または《フッターの編集》

STEP UP ヘッダーとフッターの位置の調整

ヘッダーとフッターの位置を用紙の端からの距離で調整できます。
ヘッダーとフッターの位置を調整する方法は、次のとおりです。

◆ヘッダーまたはフッターを表示→《ヘッダー/フッターツール》の《デザイン》タブ→《位置》グループの （上からのヘッダー位置）または （下からのフッター位置）を設定

STEP UP 文書パーツオーガナイザー

Wordには、文書をレイアウトするための「文書パーツ」と呼ばれる図形や項目が登録されています。あらかじめフォントやフォントサイズ、配置、色、図形などを組み合わせた様々なデザインが設定されているので、すばやく見栄えのする文書を作成できます。文書パーツは、ヘッダーやフッター、表紙など、分類ごとのボタンをクリックすると、組み込みスタイルとして一覧で表示されます。すべての分類の文書パーツは、「文書パーツオーガナイザー」で管理されているので、文書パーツオーガナイザーを使って挿入することもできます。
文書パーツオーガナイザーを使って、文書パーツを挿入する方法は、次のとおりです。

◆《挿入》タブ→《テキスト》グループの （クイックパーツの表示）→《文書パーツオーガナイザー》

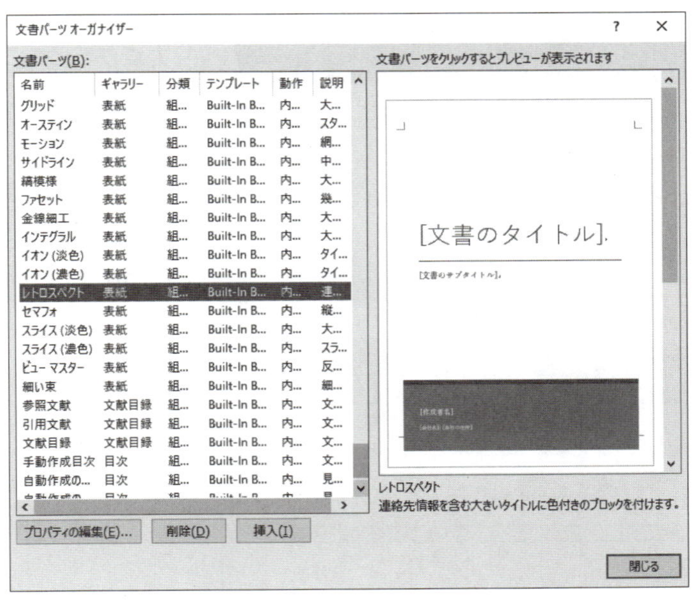

また、自分で作成した表紙やヘッダー、フッターなどを文書パーツとして登録することができます。
自分で作成したパーツを登録する方法は、次のとおりです。

◆登録するパーツを選択→《挿入》タブ→《テキスト》グループの （クイックパーツの表示）→《選択範囲をクイックパーツギャラリーに保存》

Step8 目次を作成する

1 目次

見出しのスタイルが設定されている項目を抜き出して、**「目次」**を作成できます。項目やページ番号を入力する手間が省け、入力ミスを防ぐことができるので便利です。
目次を作成する手順は、次のとおりです。

1 見出しスタイルの設定

目次にする見出しに、見出しスタイルを設定します。

2 目次の作成

見出しスタイルが設定されている項目を抜き出して目次を作成します。
※目次のスタイルを選択して作成することもできます。

2 目次の作成

見出しスタイルが設定されている項目を抜き出して、目次を作成しましょう。

1 改ページの挿入

目次を表紙の次のページに作成します。
第1章から次のページに表示されるように、改ページを挿入しましょう。

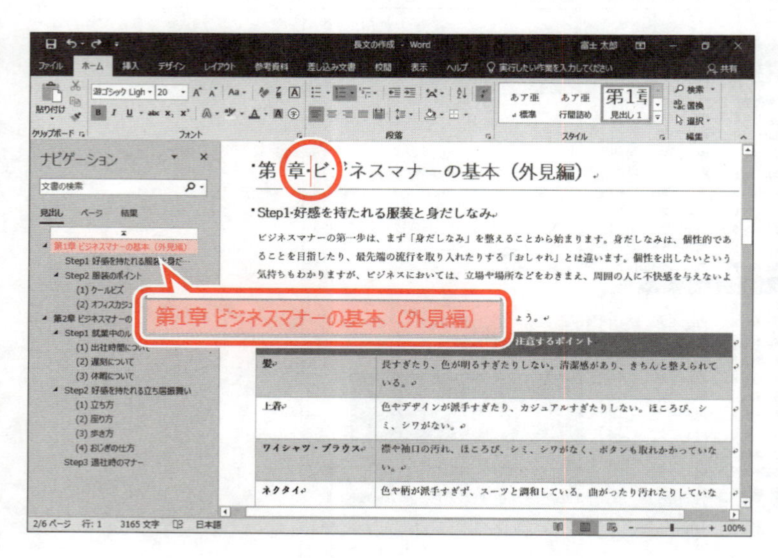

①ナビゲーションウィンドウの**「第1章　ビジネスマナーの基本（外見編）」**をクリックします。
②カーソルが**「第1章」**の後ろに表示されていることを確認します。
③ Ctrl + Enter を押します。

改ページされます。

STEP UP その他の方法（改ページの挿入）

◆改ページを挿入する位置にカーソルを移動→《挿入》タブ→《ページ》グループの［ページ区切り］（ページ区切りの挿入）

Let's Try ためしてみよう

次のように、入力・編集しましょう。

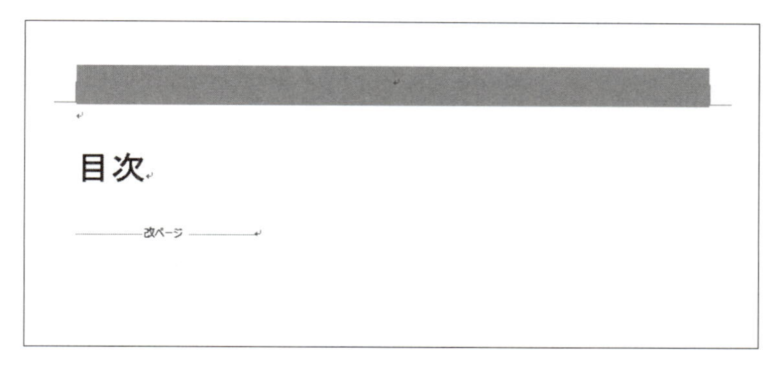

①表紙の次のページの1行目に「目次」と入力し、改行しましょう。

②入力した「目次」に、次の書式を設定しましょう。

フォント　　　　：MSPゴシック
フォントサイズ：28ポイント

①

①2ページ1行目に「目次」と入力

②［Enter］を押す

②

①「目次」の行を選択

②《ホーム》タブを選択

③《フォント》グループの［游明朝 (本文(］（フォント）の［▼］をクリックし、一覧から《MSPゴシック》を選択

④《フォント》グループの［10.5］（フォントサイズ）の［▼］をクリックし、一覧から《28》を選択

2 目次の作成

「目次」の下に、次のような目次を作成しましょう。

書式	：クラシック
タブリーダー	：--------
アウトラインレベル	：3

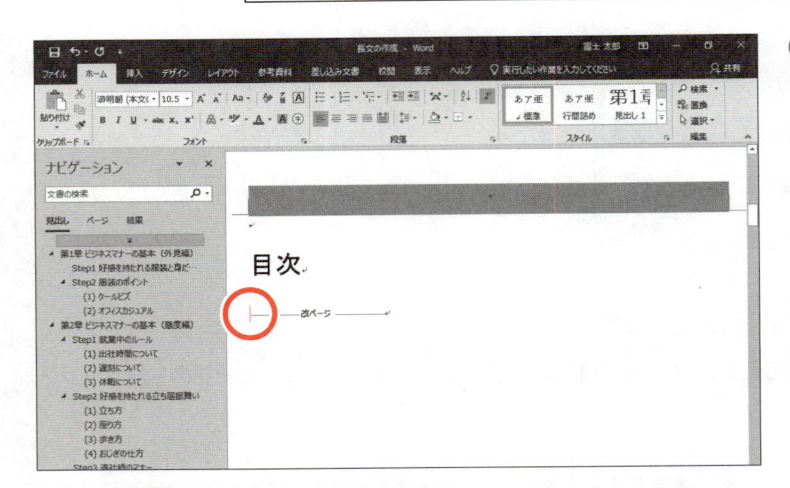

①2ページ目の「目次」の下の行にカーソルを移動します。

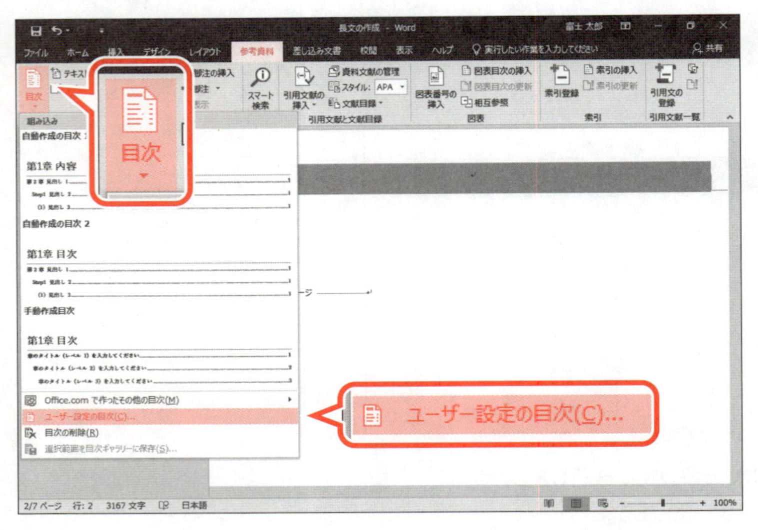

②《参考資料》タブを選択します。

③《目次》グループの (目次)をクリックします。

④《ユーザー設定の目次》をクリックします。

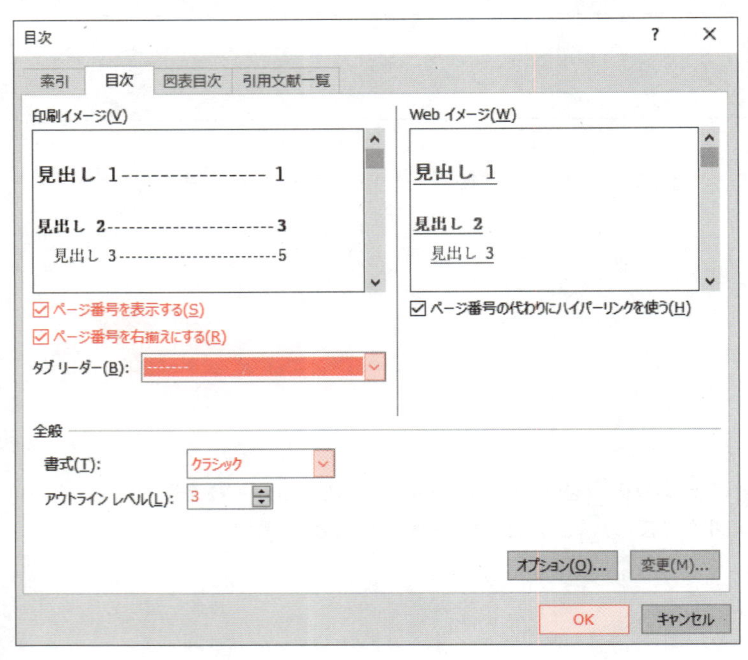

《目次》ダイアログボックスが表示されます。

⑤《ページ番号を表示する》が☑になっていることを確認します。

⑥《ページ番号を右揃えにする》が☑になっていることを確認します。

⑦《書式》の をクリックし、一覧から《クラシック》を選択します。

⑧《タブリーダー》の をクリックし、一覧から《--------》を選択します。

⑨《アウトラインレベル》が「3」になっていることを確認します。

⑩《OK》をクリックします。

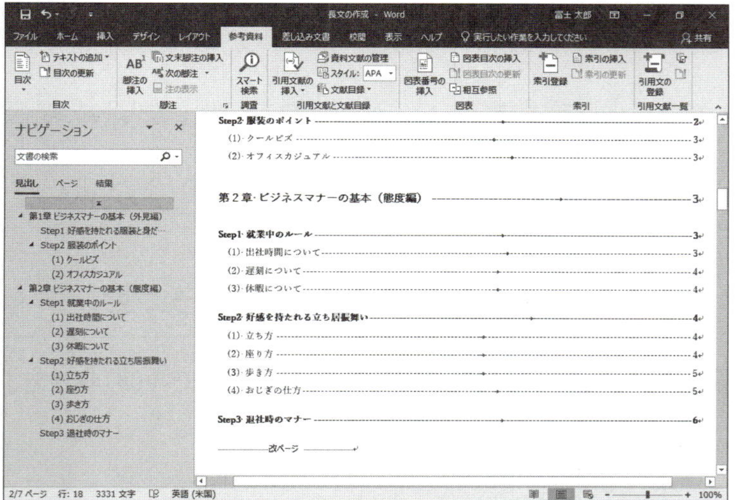

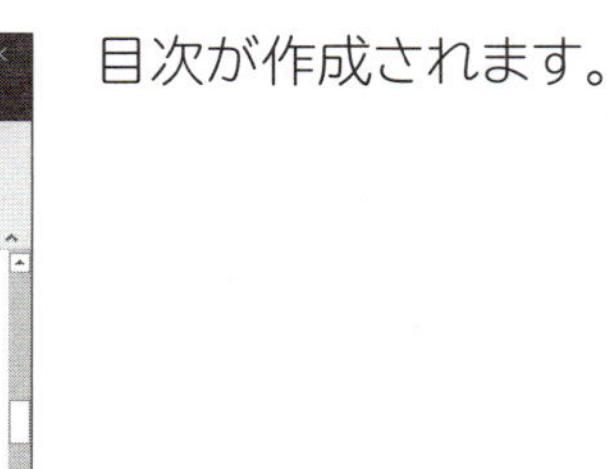

目次が作成されます。

3 目次を利用してジャンプ

作成された目次の部分を**「目次フィールド」**といいます。目次フィールドをクリックすると、その見出しにジャンプできます。
目次フィールド**「第2章　ビジネスマナーの基本（態度編）」**をクリックして画面の表示を切り替えましょう。

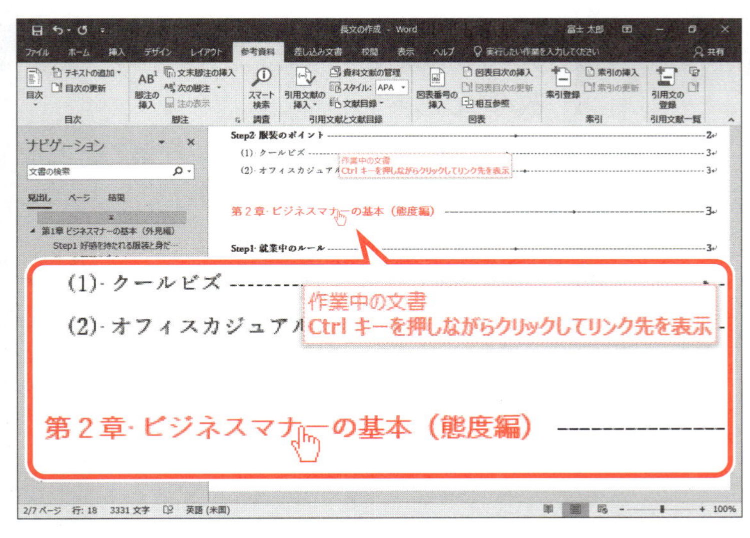

①**「第2章　ビジネスマナーの基本（態度編）」**をポイントし、ポップヒントに**《作業中の文書》**と表示されることを確認します。
② Ctrl を押しながら、クリックします。
※ Ctrl を押している間、マウスポインターの形が👆に変わります。

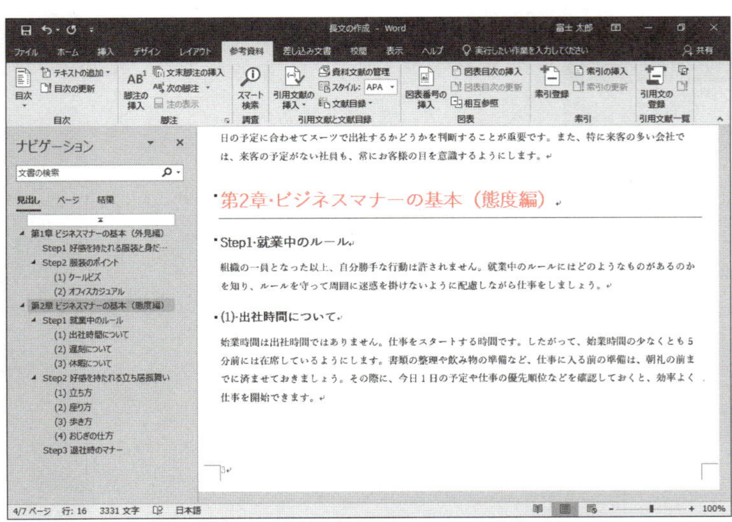

本文中の見出し**「第2章　ビジネスマナーの基本（態度編）」**が表示されます。

4 目次の更新

目次を作成したあとで、本文中の見出しを変更したり、ページ数を変更したりした場合は、目次を更新する必要があります。
次のように変更し、目次を更新しましょう。

> **「(3) 歩き方」を「(2) 座り方」の前に移動**
> **「第2章 ビジネスマナーの基本（態度編）」から次のページに表示されるように改ページ**

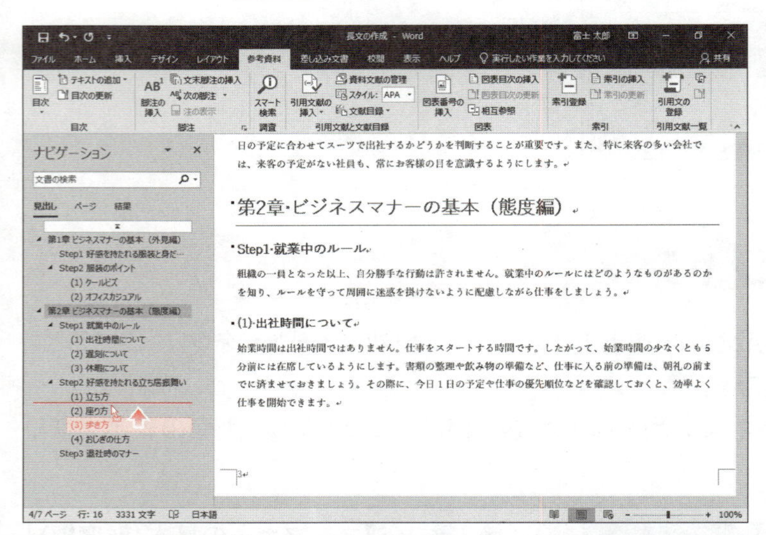

①ナビゲーションウィンドウの**「(3) 歩き方」**を、図のように移動します。

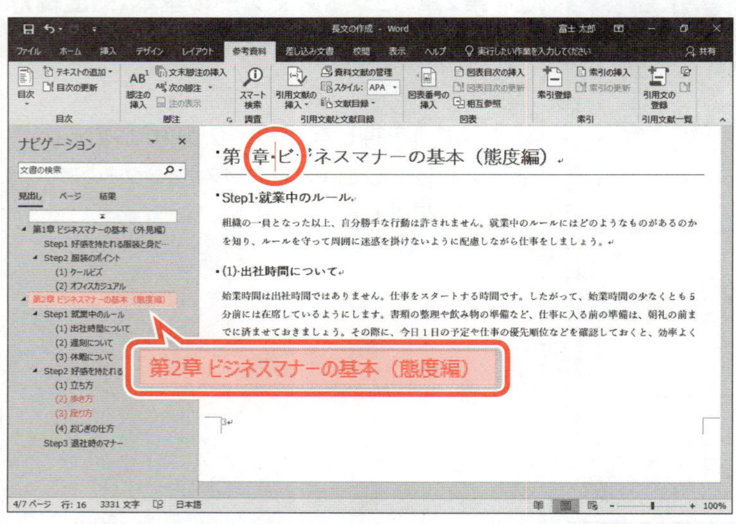

見出しが入れ替わります。
改ページします。

②ナビゲーションウィンドウの**「第2章 ビジネスマナーの基本（態度編）」**をクリックします。

③カーソルが**「第2章」**の後ろに表示されていることを確認します。

④ Ctrl + Enter を押します。

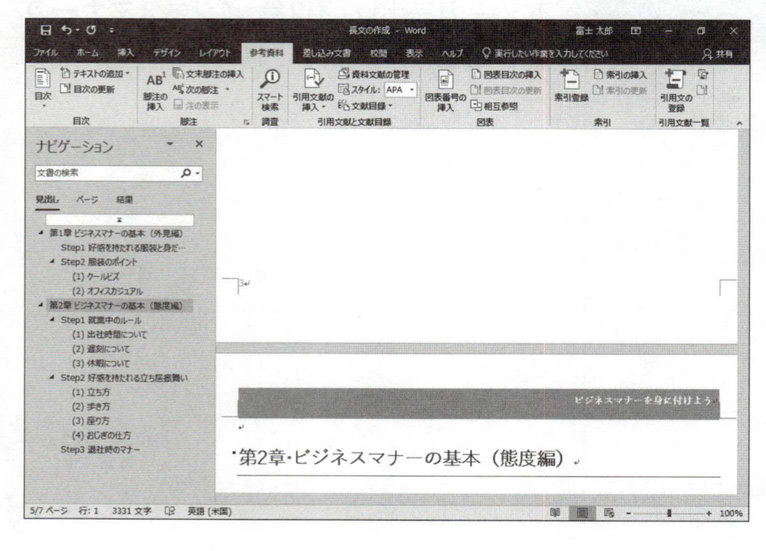

改ページされます。

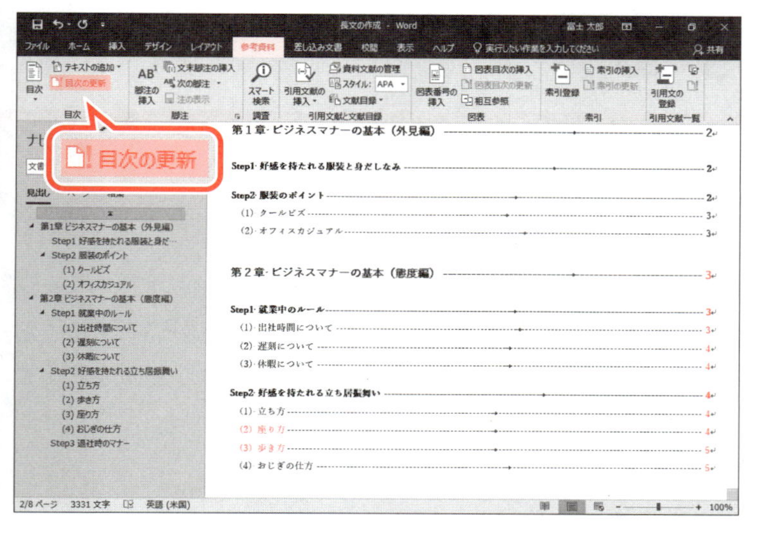

目次を確認します。

⑤変更した内容が目次に反映されていないことを確認します。

目次フィールドを更新します。

⑥《参考資料》タブを選択します。

⑦《目次》グループの 目次の更新 （目次の更新）をクリックします。

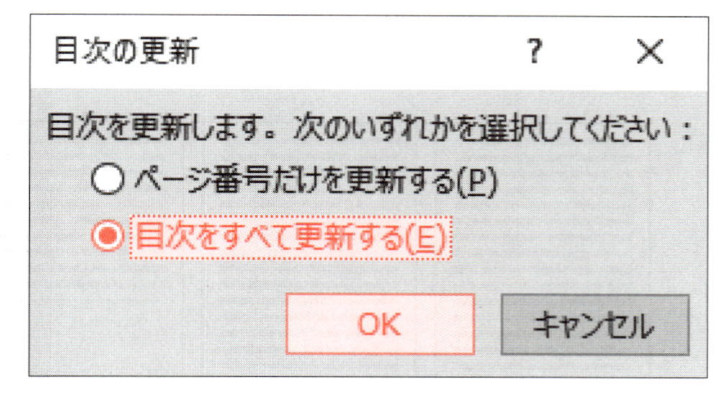

《目次の更新》ダイアログボックスが表示されます。

⑧《目次をすべて更新する》を◉にします。

⑨《OK》をクリックします。

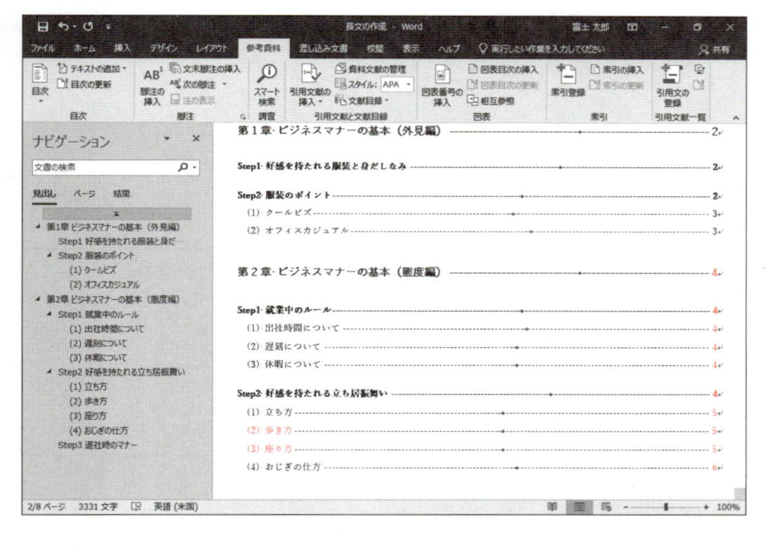

目次が更新されます。

その他の方法（目次の更新）

◆目次フィールドを右クリック→《フィールド更新》

◆目次フィールド内にカーソルを移動→F9

Step9 脚注を挿入する

1 脚注

文書内に説明を追加したい単語がある場合は、その単語の後ろに記号を付けて、ページの下部の領域や文末に説明や補足などを入力できます。単語の後ろに振られる記号を**「脚注記号」**、説明や補足の文章を**「脚注内容」**といいます。資料や論文などを作成するときに、本文と区別して説明を補う場合に使います。
脚注には、次の2つがあります。

●脚注
各ページの最後に、脚注内容が表示されます。

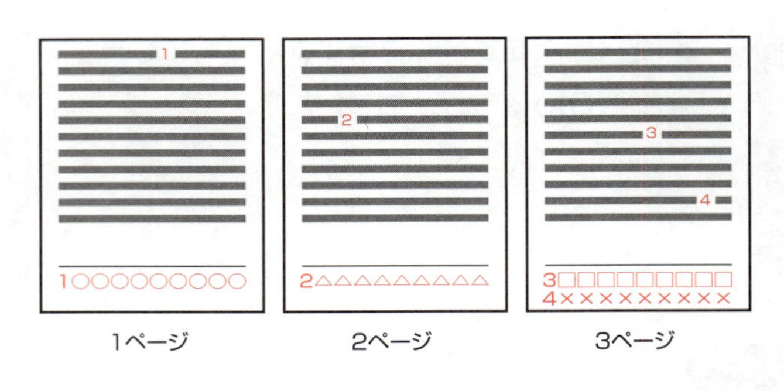

●文末脚注
文書やセクションの最後に、脚注内容がまとめて表示されます。

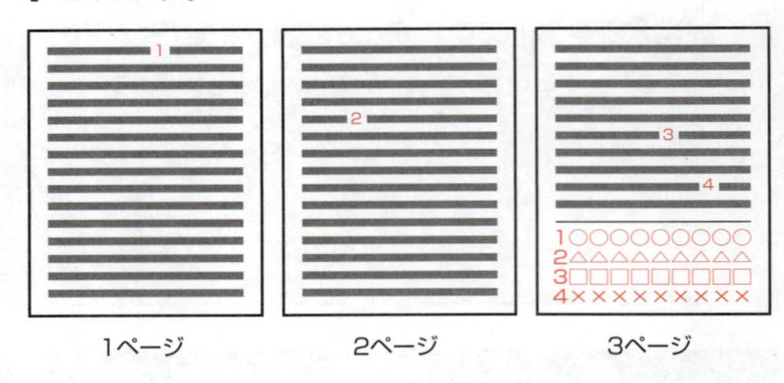

2 脚注の挿入

次のように脚注を挿入しましょう。

位置　　：3ページ7行目の「好感を持たれる服装と身だしなみ」の後ろ
脚注内容：DVD教材「ビジネスマナーVol.1」では、動画で確認できます。

位置　　：7ページ5行目の「次の3つのおじぎの仕方」の後ろ
脚注内容：DVD教材「ビジネスマナーVol.2」では、動画で確認できます。

※ページ番号はステータスバーで確認します。

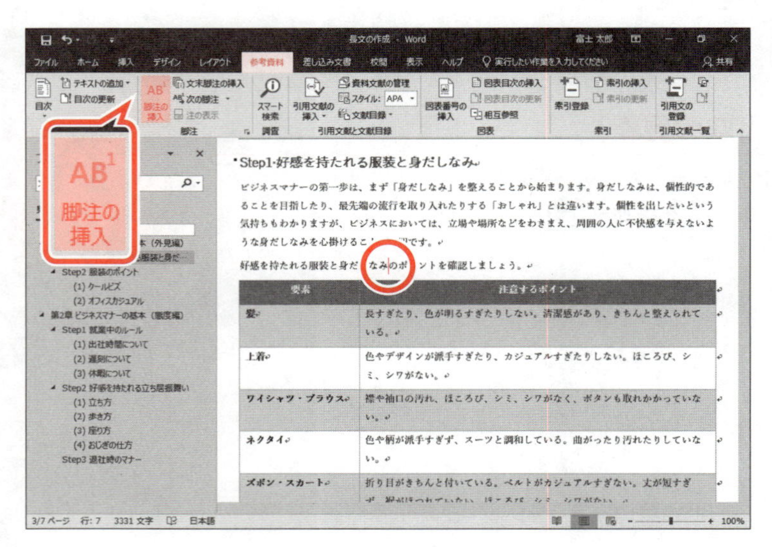

①3ページ7行目の**「好感を持たれる服装と身だしなみ」**の後ろにカーソルを移動します。
※ナビゲーションウィンドウの「Step1 好感を持たれる服装と身だしなみ」をクリックすると、効率よく表示できます。
②**《参考資料》**タブを選択します。
③**《脚注》**グループの（脚注の挿入）をクリックします。

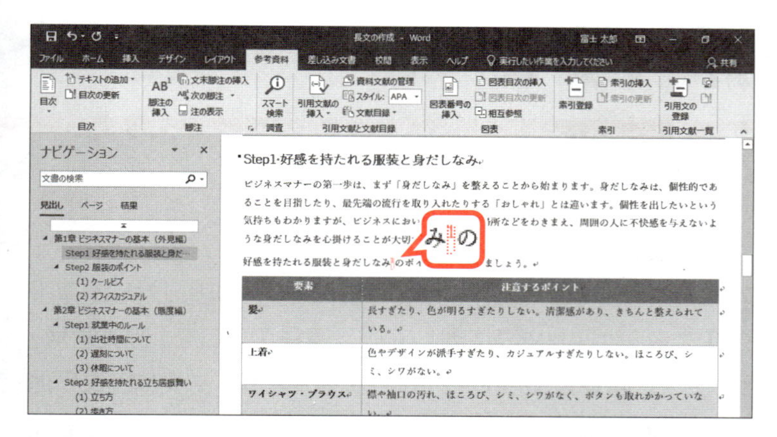

カーソルの位置に脚注番号が挿入され、ページ下部の領域にカーソルが移動します。
※スクロールして、脚注番号を確認しておきましょう。

④ページ下部の領域にカーソルが表示されていることを確認します。

⑤**「DVD教材「ビジネスマナーVol.1」では、動画で確認できます。」**と入力します。

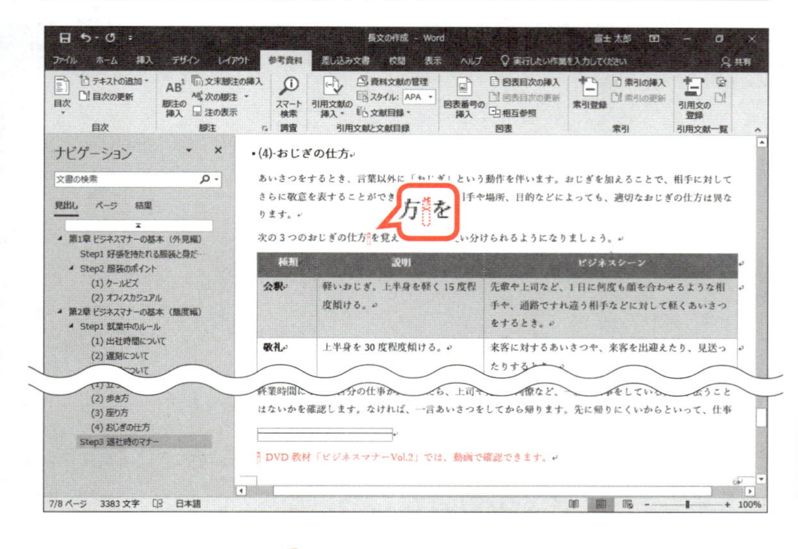

⑥同様に、7ページ5行目の**「次の3つのおじぎの仕方」**の後ろに脚注を挿入します。

STEP UP その他の方法（脚注の挿入）

◆ Ctrl + Alt + F

POINT 脚注の削除

脚注を削除する方法は、次のとおりです。

◆本文中の脚注記号を選択→ Delete

※本文中の脚注記号を削除すると、ページ下部にある脚注記号と脚注内容も削除され、番号が自動的に振りなおされます。

STEP UP 文末脚注の挿入

文末脚注を挿入する方法は、次のとおりです。

◆脚注を挿入する位置にカーソルを移動→《参考資料》タブ→《脚注》グループの 文末脚注の挿入 （文末脚注の挿入）

Step 10 図表番号を挿入する

1 図表番号

文書内にある複数の画像やSmartArtグラフィックなどのオブジェクトや表に対して連番を振ることができます。文書内のオブジェクトや表に対して振る連番のことを**「図表番号」**といいます。図表番号の機能を使って連番を振っておくと、途中でオブジェクトや表を追加したり削除したりした場合でも自動的に番号が振りなおされます。

2 図表番号の挿入

文書内の表に、次のように図表番号を挿入しましょう。

3ページ目の表の上：「表1-1□身だしなみのポイント」と表示
7ページ目の表の上：「表2-1□おじぎの種類」と表示

※□は全角空白を表します。

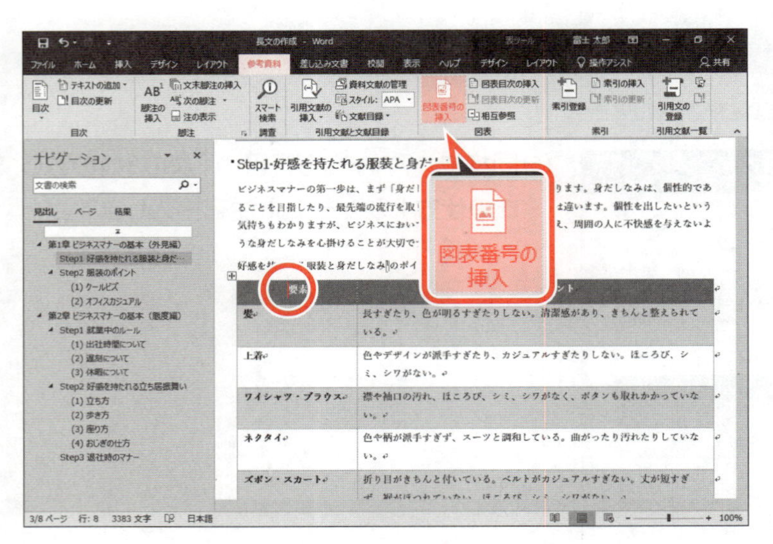

①3ページ目の表内にカーソルを移動します。

②**《参考資料》**タブを選択します。

③**《図表》**グループの（図表番号の挿入）をクリックします。

図表番号
図表番号(C):
表 1
オプション
ラベル(L): 表
位置(P): 選択した項目の上
ラベルを図表番号から除外する(E)
ラベル名(N)... ラベル削除(D) 番号付け(U)...
自動設定(A)... OK キャンセル

《図表番号》ダイアログボックスが表示されます。

④**《ラベル》**が**《表》**になっていることを確認します。

※《表》になっていない場合はをクリックし、一覧から《表》を選択します。

⑤**《位置》**が**《選択した項目の上》**になっていることを確認します。

⑥**《番号付け》**をクリックします。

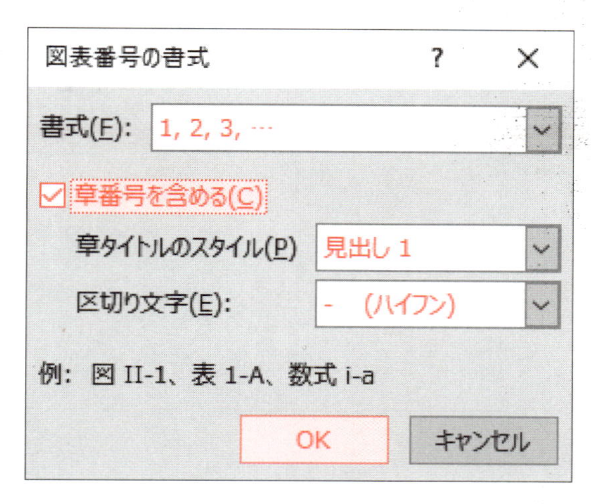

《図表番号の書式》ダイアログボックスが表示されます。

⑦《書式》が《1,2,3,…》になっていることを確認します。

⑧《章番号を含める》を☑にします。

⑨《章タイトルのスタイル》が《見出し1》になっていることを確認します。

⑩《区切り文字》が《-(ハイフン)》になっていることを確認します。

⑪《OK》をクリックします。

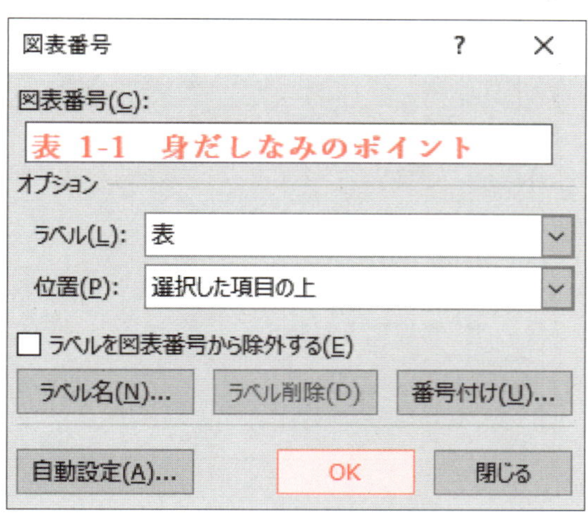

《図表番号》ダイアログボックスに戻ります。

⑫《図表番号》に「表1-1」とカーソルが表示されていることを確認します。

⑬「□身だしなみのポイント」と入力します。

※□は全角空白を表します。

⑭《OK》をクリックします。

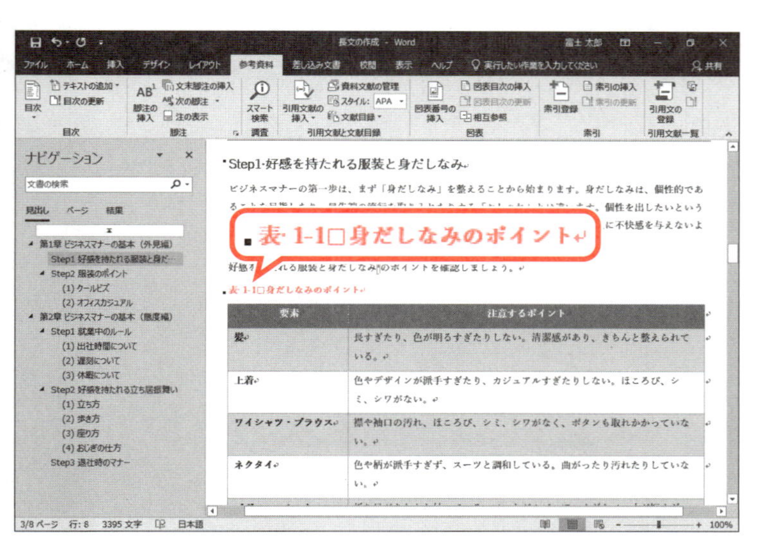

表の上側に図表番号が挿入されます。

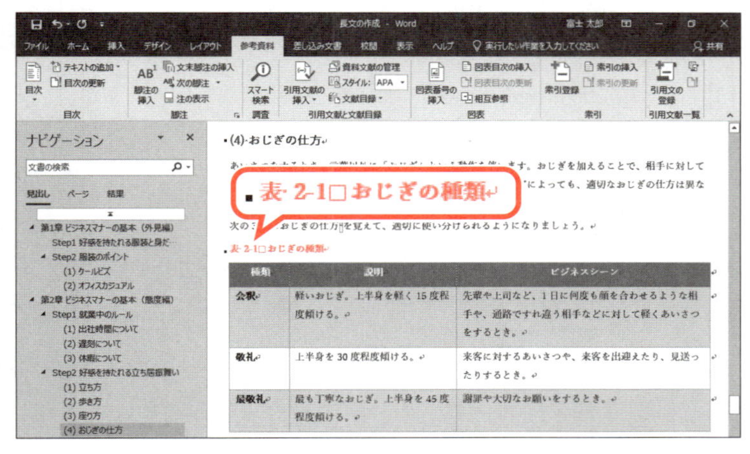

⑮同様に、7ページ目の表に図表番号を挿入します。

※目次を更新しておきましょう。

※ステータスバーの行番号を非表示にしておきましょう。

※ナビゲーションウィンドウを閉じておきましょう。

※文書に「長文の作成完成」と名前を付けて、フォルダー「第4章」に保存し、閉じておきましょう。

練習問題

解答 ▶ 別冊P.6

完成図のような文書を作成しましょう。

フォルダー「第4章」の文書「第4章練習問題」を開いておきましょう。

●完成図

マイビジネス導入について

電子申請・決済システム

目次

第１章　マイビジネスとは

第１節マイビジネス導入の目的

社内の人事勤労および総務関係の手続きには、有給休暇願や時間外勤務願、出張時の旅費申請願など比較的頻度の高い手続きもあれば、休職願や婚姻願のように会社在籍中に何度も発生しない手続きもあります。このような事務手続きは発生頻度に関係なく遅滞のない手続きが求められますが、手続き方法が不明であったり、申請用紙の取り寄せに時間がかかったりして、スムーズに手続きができないことから、作業が負担になっている従業員が多いようです。

第２節マイビジネスのメニュー構成

マイビジネスのメニュー構成は、次のとおりです。

申請	日常業務	有給休暇願
		出張旅費申請願
		時間外勤務願

第２章 マイビジネスの利用方法

第１節 基本操作

(1) ログオン（システムの起動）

マイビジネスを使用できる状態にする操作を「ログオン」といいます。

利用者の ID と個人別に設定するパスワードが必要です。

※利用者の ID と個人別に設定するパスワードにより個人情報のセキュリティーを設けています。

【操作】

①マイビジネスのアイコンをダブルクリックします。

②利用者の「ID」と「パスワード」を入力します。

マイビジネスのメインメニューが表示されます。

(2) 新規申請

申請を新規に行う場合の操作です。

【操作】

①マイビジネスのメインメニューを表示します。

②「申請」シートの申請する項目をクリックします。

申請内容を入力する画面が表示されます。

③申請内容を入力します。

④必要な内容が入力できたら「承認依頼」をクリックします。

⑤作業が完了したら「戻る」をクリックします。

マイビジネスのメインメニューに戻ります。

4 / 7

(3) 申請内容参照

過去に作成した申請内容を参照し、新規に申請を行う場合の操作です。

【操作】

①マイビジネスのメインメニューを表示します。

②「申請」シートの「照会」をクリックします。

過去に申請した申請票の一覧が表示されます。

④承認を取り消す申請票をクリックします。

指定した申請票の内容が表示されます。

⑤「取消」をクリックします。

⑥作業が完了したら「戻る」をクリックします。

マイビジネスのメインメニューに戻ります。

第２節申請時の注意点

人事関連の申請処理で注意する点は、次のとおりです。

住所変更願	現住所・家族住所・緊急連絡先を変更するときに申請します。 ※変更が生じたら速やかに申請してください。
改姓願	氏名を変更するときに申請します。 ※変更が生じたら速やかに申請してください。

① 次のように見出しを設定しましょう。

ページ	行数	内容	見出しレベル
1ページ	1行目	マイビジネスとは	見出し1
	2行目	マイビジネス導入の目的	見出し2
2ページ	1行目	マイビジネスのメニュー構成	見出し2
3ページ	1行目	マイビジネスの利用方法	見出し1
	2行目	基本操作	見出し2
	3行目	ログオン（システムの起動）	見出し3
	12行目	ログアウト（システムの終了）	
	19行目	新規申請	
	30行目	申請内容参照	
4ページ	7行目	承認依頼取消	見出し3
	20行目	申請時の注意点	見出し2

※行数を確認する場合は、ステータスバーに行番号を表示します。

② ナビゲーションウィンドウを使って、見出し**「ログアウト（システムの終了）」**を見出し**「承認依頼取消」**の後ろに移動しましょう。

③ スタイルセット**「基本（スタイリッシュ）」**を適用しましょう。

④ 見出し1と見出し3のスタイルを次のように更新しましょう。

●見出し1

フォント　　　：MSゴシック
段落前の間隔　：6pt

●見出し3

左インデント　：0字
段落前の間隔　：0行

⑤ 見出し1から見出し3に次のアウトライン番号を設定しましょう。それぞれの番号に続く空白の扱いはスペースにし、見出し2と見出し3の左インデントからの距離を**「0mm」**にします。

見出し1　：第1章
見出し2　：第1節
見出し3　：(1)

Hint! 《ホーム》タブ→《段落》グループの（アウトライン）→《リストライブラリ》の《第1章、第1節、第1項》をもとに設定し、その後「見出し2」と「見出し3」を修正します。

⑥ 組み込みスタイル**「セマフォ」**を使って、フッターにページ番号を挿入しましょう。
また、余分な行は削除しましょう。

⑦ 組み込みスタイル**「金線細工」**を使って表紙を挿入し、次のように編集しましょう。
また、**「日付」「会社」「住所」**のコンテンツコントロールが入っているテキストボックスを削除しましょう。

タイトル　　　：マイビジネス導入について **サブタイトル：電子申請・決済システム**

⑧ 第1章から次のページに表示されるように改ページしましょう。

⑨ 表紙の次のページの1行目に**「目次」**と入力し、改行しましょう。
また、入力した**「目次」**に、次の書式を設定しましょう。

フォント　　　：MSゴシック **フォントサイズ：20ポイント**

⑩ 2ページ目の**「目次」**の下に、次のような目次を挿入しましょう。

書式　　　　　　　：エレガント **アウトラインレベル：3**

⑪ **「第2節 申請時の注意点」**から次のページに表示されるように改ページしましょう。

⑫ 目次のページ番号を更新しましょう。

※文書に「第4章練習問題完成」と名前を付けて、フォルダー「第4章」に保存し、閉じておきましょう。

第5章

文書の校閲

第5章 この章で学ぶこと

学習前に習得すべきポイントを理解しておき、
学習後には確実に習得できたかどうかを振り返りましょう。

Step 1 作成する文書を確認する

1 作成する文書の確認

次のような文書を作成しましょう。

議 事 録

作成日：2019 年 9 月 2 日

件名	セミナー企画担当者会議
日時	2019 年 9 月 2 日（月）14:00～16:00
場所	本社　第一会議室
出席者	山田部長、黒本課長　　企画 G）長澤、竹田　　後方支援 G）塩本、富士　（敬称略）
書記	富士
議題	2019 年度 7 月開講セミナー集客状況報告

2019 年度 7 月開講セミナー集客状況報告

資料については別紙参照

5 教室とも 4 月開講セミナーに比べてダウン（15～20%程度）。

＜山田部長より＞

例年、7 月開講セミナーは受講率が低下するが、企画担当側に危機感が感じられない。創意工夫が足りていないのではないか。プロジェクトチームを作って 7 月開講の集客率アップを目指す。

＜現状分析＞

- 4 月開講の集客率が好調な理由としては、野外セミナーの人気が高いことが大きな要因ではないか。それを 7 月開講につなげられない。10 月開講では、再度、野外セミナーの人気が高まる傾向にある。
- 野外セミナー愛好者にとって、7 月は休息の時期となっていることが考えられる。（実際、4 月と 10 月の野外セミナーを申し込む受講者は多い）
- 過去 2 年間における集客率が高い企画は次のとおり。
  「四国八十八か所　心洗われるお遍路の旅」（2017 年度通年企画）
  「劇団 camellia ミュージカル「On a rainy day」の世界に迫る」（2018 年 4 月）
  「デジタルカメラでぶらり散歩＆写真集作成」（2018 年 10 月）

＜目標＞

次年度 7 月開講セミナーの集客率 20%増

次年度の 7 月開講セミナーについては「例年どおり」という言い訳をしない。過去のデータ分析と創意工夫で好転させる。

＜今後の作業予定＞

- プロジェクトチームの発足
- 現状分析
- 他社分析
- 潜在ニーズの発掘
- 野外セミナーから屋内セミナーへの流れを作る

＜次回予定＞

日時　2019 年 10 月 7 日（月）13:00～16:00

場所　本社　第二会議室

表記ゆれチェック

文章校正

翻訳

スペルチェック

変更履歴の記録と反映

コメントの挿入・削除

Step2 文章を校正する

1 文章の校正

文章を校正する機能を使うと、誤字や脱字、文体の統一、い抜き言葉、ら抜き言葉などをチェックできます。また、**「フォルダ」**と**「フォルダー」**といった表記のゆれや、英単語のスペルミスがないかどうかなどもチェックできます。入力した文章を読みなおして校正する手間を省くことができるので効率的です。
文章を校正する機能には、次のようなものがあります。

●文章校正
●表記ゆれチェック
●スペルチェック

2 スペルチェックと文章校正の設定

初期の設定では、入力中にスペルチェックや文章校正が行われ、問題のある箇所に赤色の波線や青色の二重線が表示されます。スペルチェックと文章校正は、入力中に行われないように設定したり、校正のレベルを作成中の文書に合わせて変更したりすることもできます。
校正のレベルを**「通常の文」**に設定しましょう。

File OPEN フォルダー「第5章」の文書「文書の校閲」を開いておきましょう。

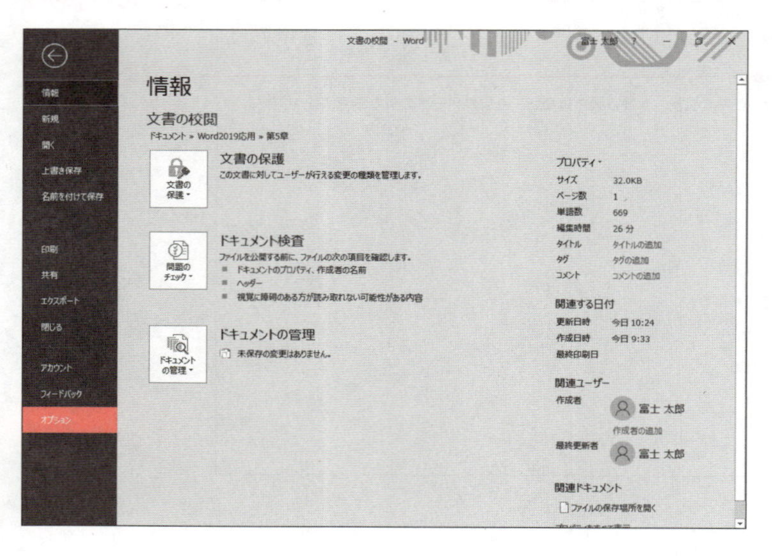

①**《ファイル》**タブを選択します。
②**《オプション》**をクリックします。

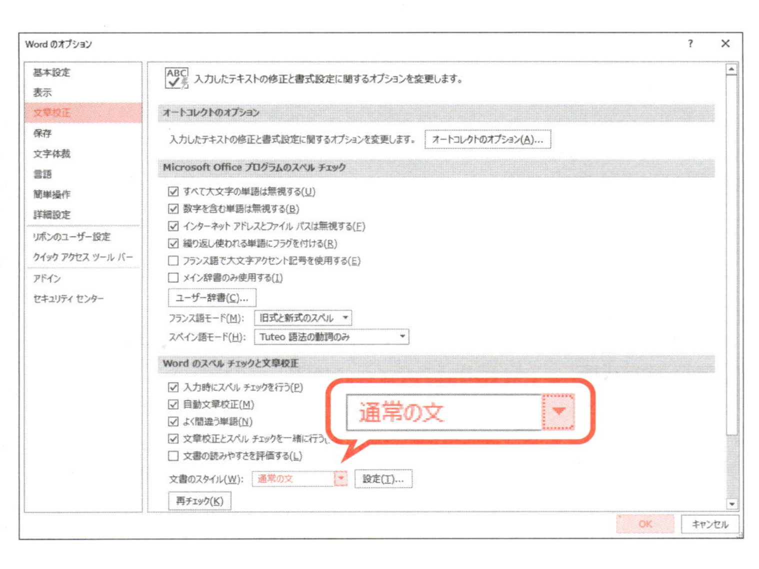

《Wordのオプション》ダイアログボックスが表示されます。

③左側の一覧から**《文章校正》**を選択します。

④**《Wordのスペルチェックと文章校正》**の**《文書のスタイル》**の▼をクリックし、一覧から**《通常の文》**を選択します。

⑤**《OK》**をクリックします。

校正のレベルが設定されます。

POINT 校正のレベル

校正のレベルに「くだけた文」が設定されていると、い抜き言葉に青色の二重線が表示されません。

3 文章校正

文法が間違っている可能性がある文章には、自動的に青色の二重線が付きます。
い抜き言葉の**「なってる」**を**「なっている」**に修正しましょう。

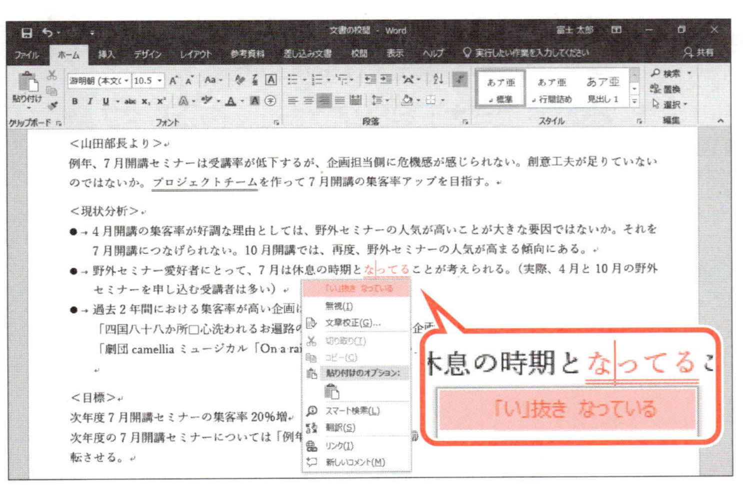

①**「●野外セミナー愛好者にとって…」**の行にある青色の二重線の付いた**「なってる」**を右クリックします。

※青色の二重線上であれば、どこでもかまいません。

②**《「い」抜き なっている》**をクリックします。

<山田部長より>
例年、7月開講セミナーは受講率が低下するが、企画担当側に危機感が感じられない。創意工夫が足りていないのではないか。プロジェクトチームを作って7月開講の集客率アップを目指す。

<現状分析>
● 4月開講の集客率が好調な理由としては、野外セミナーの人気が高いことが大きな要因ではないか。それを7月開講につなげられない。10月開講では、再度、野外セミナーの人気が高まる傾向にある。
● 野外セミナー愛好者にとって、7月は休息の時期となっていることが考えられる。(実際、4月と10月の野外セミナーを申し込む受講者は多い)
● 過去2年間における集客率が高い企画は次のとおり。
「四国八十八か所□心洗われるお遍路の旅」(2017年度通年企画)
「劇団camellia ミュージカル「On a rain day」の世界に迫る」(2018年4月)

<目標>
次年度7月開講セミナーの集客率20%増
次年度の7月開講セミナーについては「例年どおり」という言い訳をしない。過去のデータ分析と創意工夫で好転させる。

「なっている」に修正され、青色の二重線が消えます。

4 表記ゆれチェック

「フォルダ」と「フォルダー」や「パソコン」と「ﾊﾟｿｺﾝ」などのように、表記が統一されていない場合は、自動的に青色の二重線が付きます。
青色の二重線の箇所をひとつずつ修正していくこともできますが、**「表記ゆれチェック」**を使うと、文書内の表記ゆれをまとめて修正することができます。
表記ゆれチェックを使って、文書内の表記ゆれをまとめて修正しましょう。

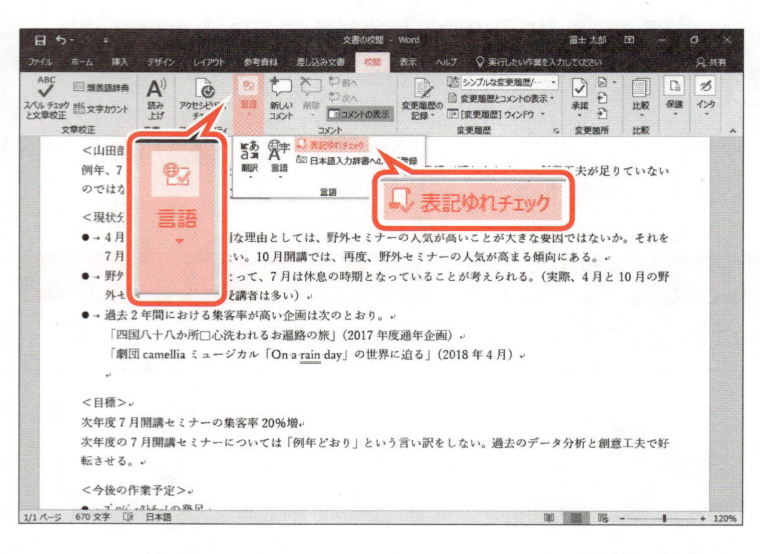

①**《校閲》**タブを選択します。
※カーソルはどこでもかまいません。
②**《言語》**グループの 表記ゆれチェック （表記ゆれチェック）をクリックします。
※《言語》グループが（言語）で表示されている場合は、（言語）をクリックすると、《言語》グループのボタンが表示されます。

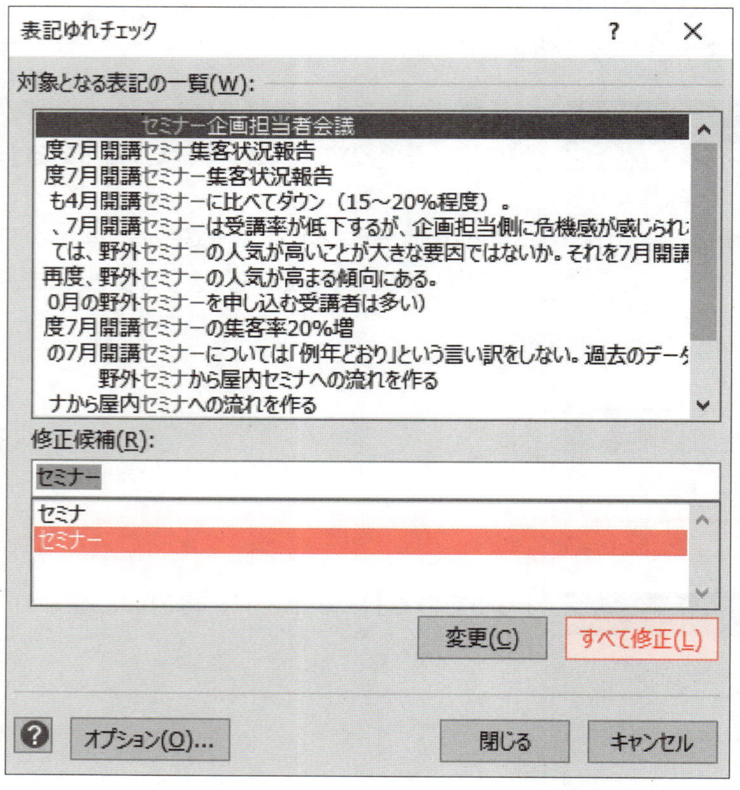

《表記ゆれチェック》ダイアログボックスが表示されます。
《対象となる表記の一覧》に表記ゆれを含む文章が表示されます。
「セミナ」を**「セミナー」**に修正します。
③**《修正候補》**の**「セミナー」**をクリックします。
④**《すべて修正》**をクリックします。

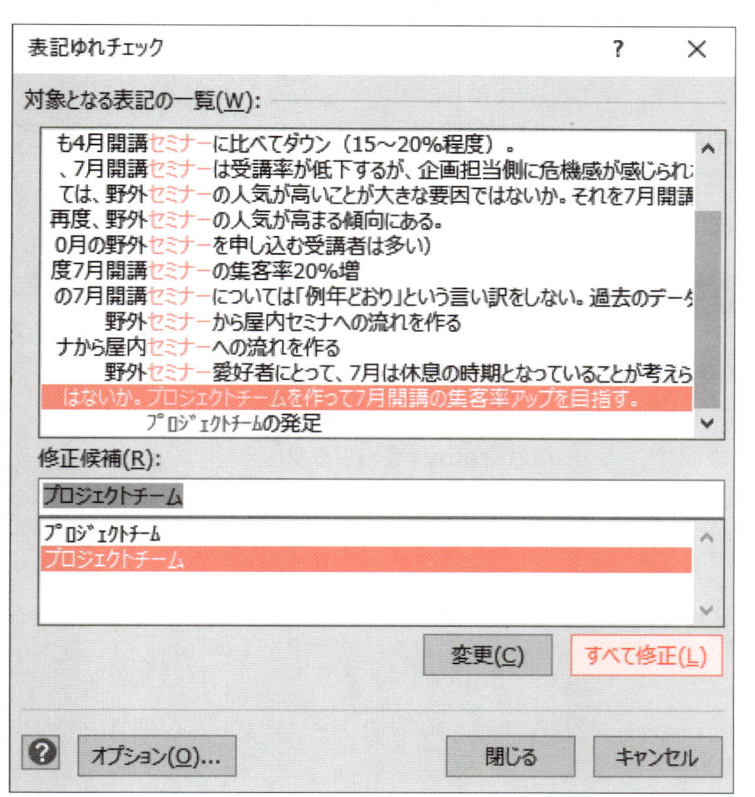

《**対象となる表記の一覧**》がすべて「**セミナー**」に修正されます。

「**プロジェクトチーム**」の表記をすべて全角に修正します。

⑤《**対象となる表記の一覧**》から「**プロジェクトチーム**」を含む文章をクリックします。

※一覧に表示されていない場合は、スクロールして調整します。

※半角でも全角でもどちらでもかまいません。

⑥《**修正候補**》の全角の「**プロジェクトチーム**」をクリックします。

⑦《**すべて修正**》をクリックします。

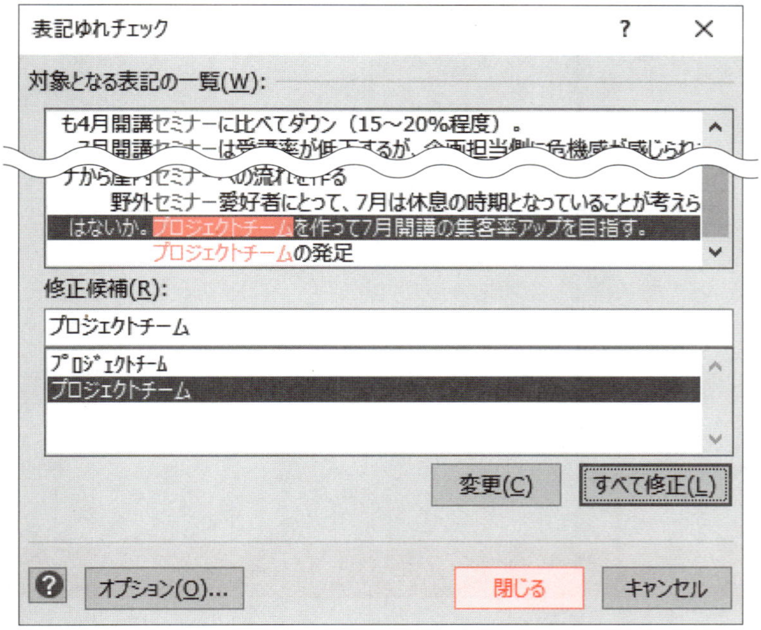

《**対象となる表記の一覧**》がすべて全角の「**プロジェクトチーム**」に修正されます。

⑧《**閉じる**》をクリックします。

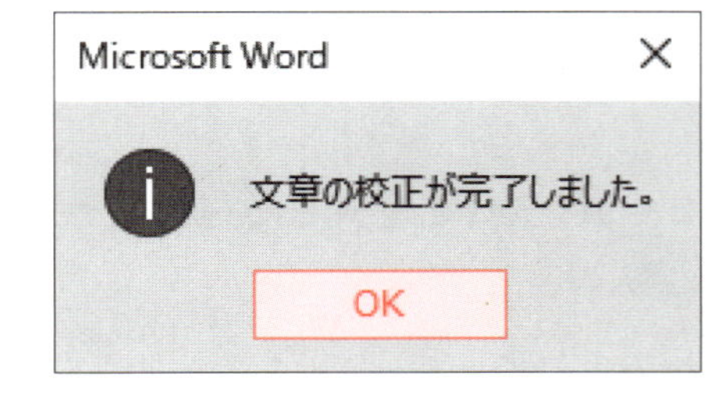

図のようなメッセージが表示されます。

⑨《**OK**》をクリックします。

※修正された箇所を確認しておきましょう。

STEP UP 一箇所ずつの修正

表記ゆれを一箇所ずつ確認しながら修正していく方法は、次のとおりです。

◆《校閲》タブ→《言語》グループの［表記ゆれチェック］（表記ゆれチェック）→《対象となる表記の一覧》から修正する文章を選択→《修正候補》を選択→《変更》

5 スペルチェック

スペルミスの可能性がある英単語には赤色の波線、スペルは正しくても文法上、間違っている可能性がある英単語には青色の二重線が付きます。
「On a rain day」と入力された文章を「On a rainy day」に修正しましょう。

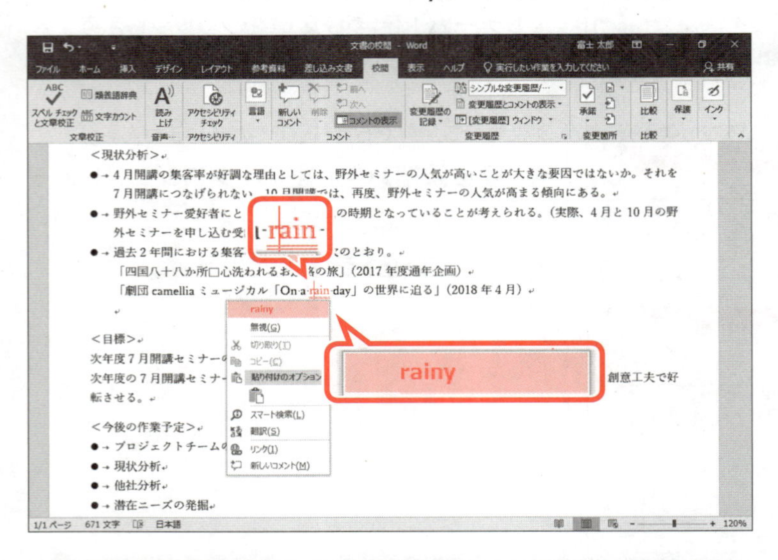

①「**劇団camelliaミュージカル…**」の行にある青色の二重線が付いた「**rain**」を右クリックします。
※青色の二重線上であれば、どこでもかまいません。
②《**rainy**》をクリックします。

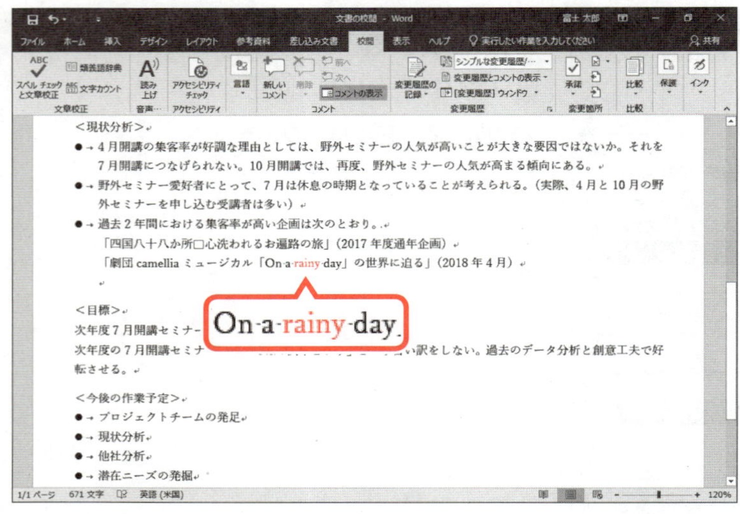

「**rainy**」に修正され、青色の二重線が消えます。

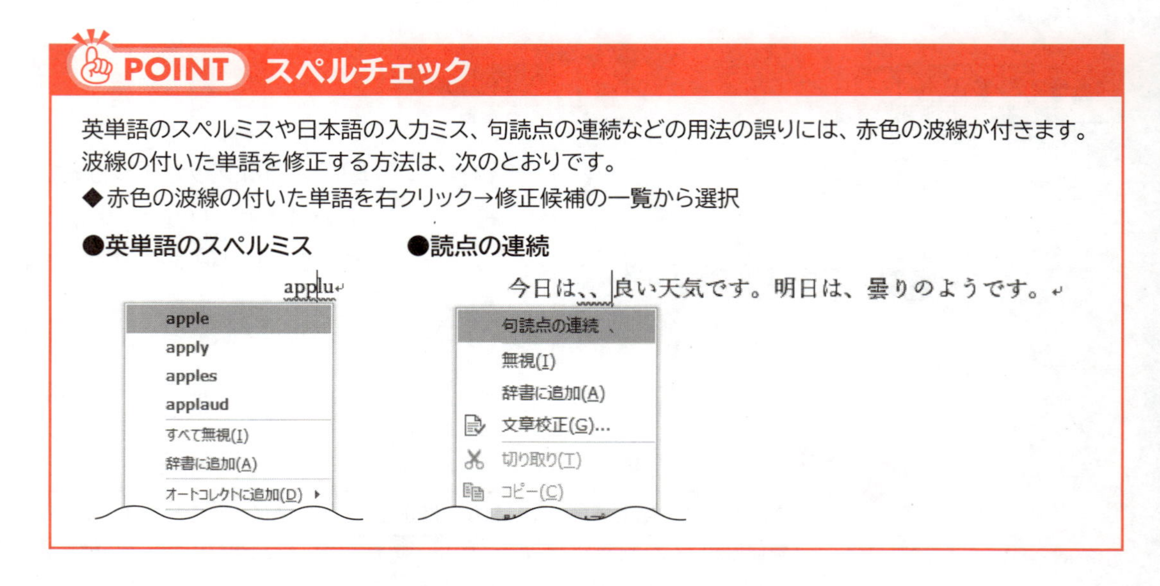

POINT スペルチェック

英単語のスペルミスや日本語の入力ミス、句読点の連続などの用法の誤りには、赤色の波線が付きます。
波線の付いた単語を修正する方法は、次のとおりです。

◆赤色の波線の付いた単語を右クリック→修正候補の一覧から選択

●英単語のスペルミス

●読点の連続

STEP UP スペルチェックと文章校正

「スペルチェックと文章校正」を使うと、《文章校正》作業ウィンドウが表示され、文章校正や表記ゆれ、スペルチェックなどを一括して行えます。あとから文書全体をまとめて校正する場合など、校正結果を表す波線をひとつひとつ確認する手間が省けるので効率よく作業できます。
文書全体をまとめて校正する方法は、次のとおりです。

◆《校閲》タブ→《文章校正》グループの（スペルチェックと文章校正）

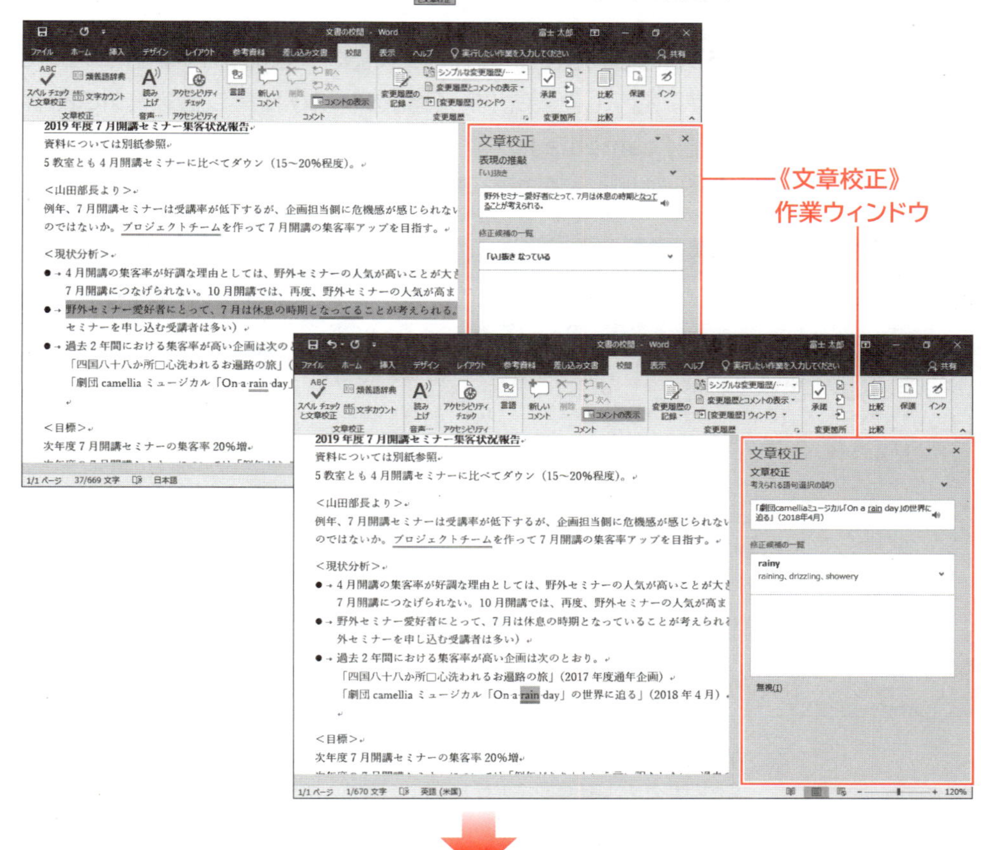

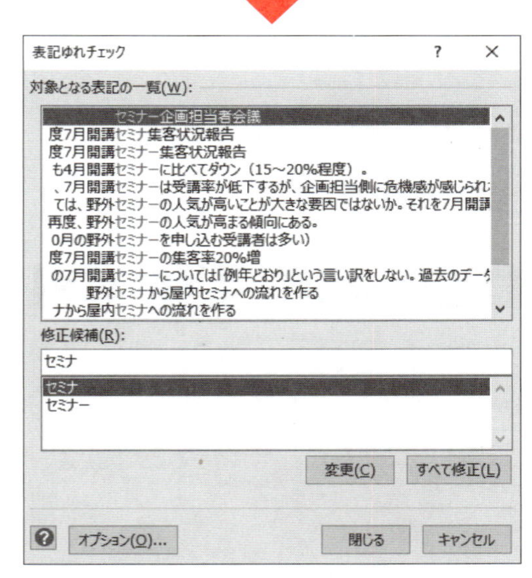

STEP UP 波線や二重線の非表示

赤色の波線や青色の二重線は非表示にすることができます。

◆《ファイル》タブ→《オプション》→《文章校正》→《例外》の《☑この文書のみ、結果を表す波線を表示しない》／《☑この文書のみ、文章校正の結果を表示しない》

Step3 翻訳する

1 選択した文字の翻訳

文書内の文字は、日本語から英語、英語から日本語といったように、別の言語に翻訳できます。翻訳した結果は、**《翻訳ツール》**作業ウィンドウに表示されます。
英単語「camellia」の意味を調べましょう。
※インターネットに接続できる環境が必要です。

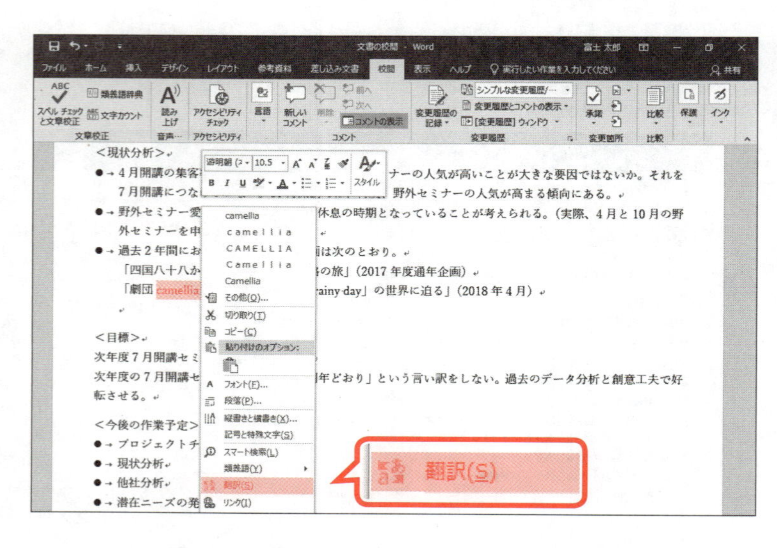

①「camellia」を選択し、右クリックします。
②**《翻訳》**をクリックします。

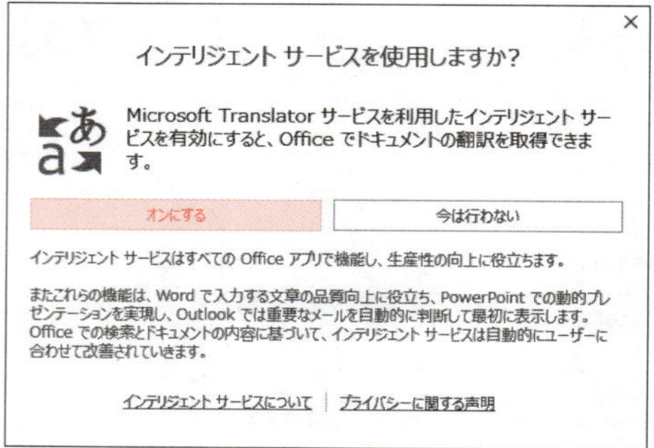

図のようなメッセージが表示されます。
③**《オンにする》**をクリックします。

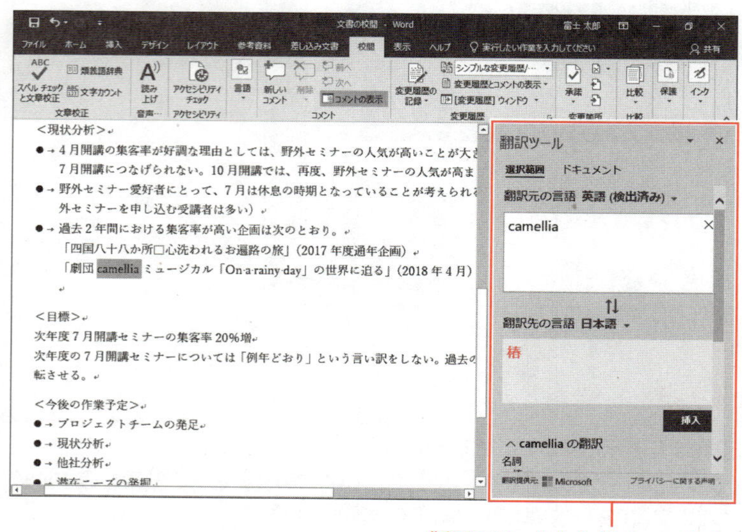

《翻訳ツール》作業ウィンドウ

《翻訳ツール》作業ウィンドウが表示されます。
④「camellia」の翻訳結果を確認します。
※ × (閉じる)をクリックし、《翻訳ツール》作業ウィンドウを閉じておきましょう。

STEP UP その他の方法(選択した文字の翻訳)

◆翻訳する文字を選択→《校閲》タブ→《言語》グループの (翻訳)→《翻訳の選択範囲》

POINT 《翻訳ツール》作業ウィンドウ

《翻訳ツール》作業ウィンドウは、《翻訳元の言語》に直接、検索対象の文字列を入力したり、翻訳元と翻訳先の言語を切り替えたりすることができます。

STEP UP ドキュメントの翻訳

ドキュメント全体を指定した言語で翻訳できます。
ドキュメント全体を指定した言語で翻訳する方法は、次のとおりです。

◆《校閲》タブ→《言語》グループの（翻訳）→《文書の翻訳言語の設定》→《翻訳ツール》作業ウィンドウの《翻訳先の言語》の ▼ →翻訳言語を選択→《翻訳》

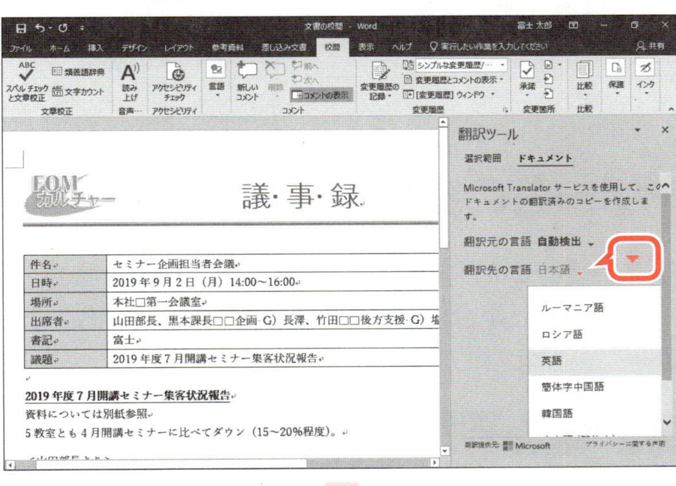

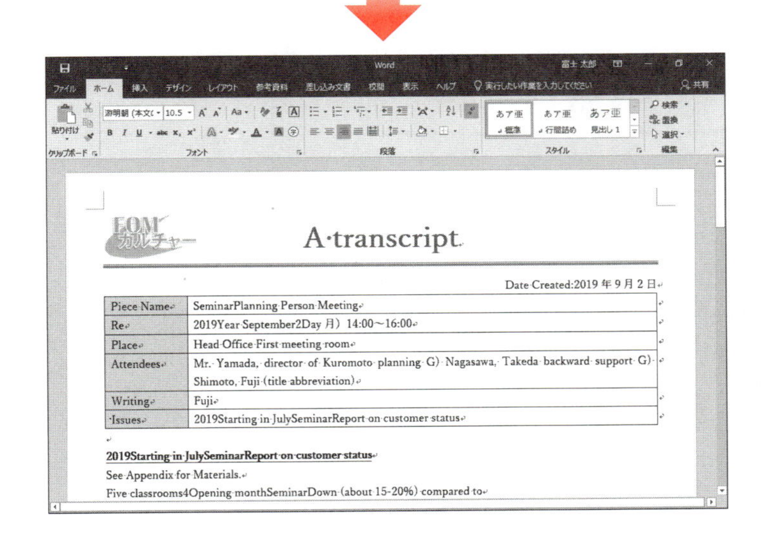

Step4 コメントを挿入する

1 コメント

「**コメント**」とは、文書内の文字や任意の場所に対して付けることのできるメモのようなものです。コメントは色の付いた吹き出しで挿入されます。
自分が文書を作成している最中に、あとで調べようと思ったことをコメントとしてメモしておいたり、ほかの人が作成した文書に対して、修正してほしいことや気になった点を書き込んだりするときに使うと便利です。
また、コメントに対して返答することもできます。
挿入されているコメントに直接返答できるので、修正・確認済みであることを伝えたり、再確認したいことを書き込むときに便利です。

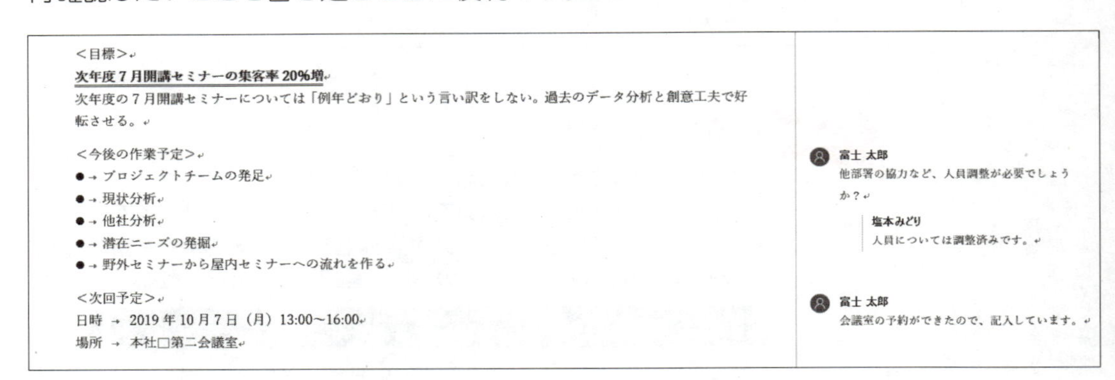

<目標>
次年度7月開講セミナーの集客率20%増
次年度の7月開講セミナーについては「例年どおり」という言い訳をしない。過去のデータ分析と創意工夫で好転させる。

<今後の作業予定>
● プロジェクトチームの発足
● 現状分析
● 他社分析
● 潜在ニーズの発掘
● 野外セミナーから屋内セミナーへの流れを作る

<次回予定>
日時 → 2019年10月7日（月）13:00～16:00
場所 → 本社□第二会議室

富士 太郎
他部署の協力など、人員調整が必要でしょうか？
　塩本みどり
　人員については調整済みです。

富士 太郎
会議室の予約ができたので、記入しています。

2 ユーザー名の確認

コメントを挿入すると、挿入したコメントに「**ユーザー名**」が表示されます。ほかの人のパソコンで作業を行う場合には、必要に応じてユーザー名を変更するとよいでしょう。
ユーザー名を確認しましょう。

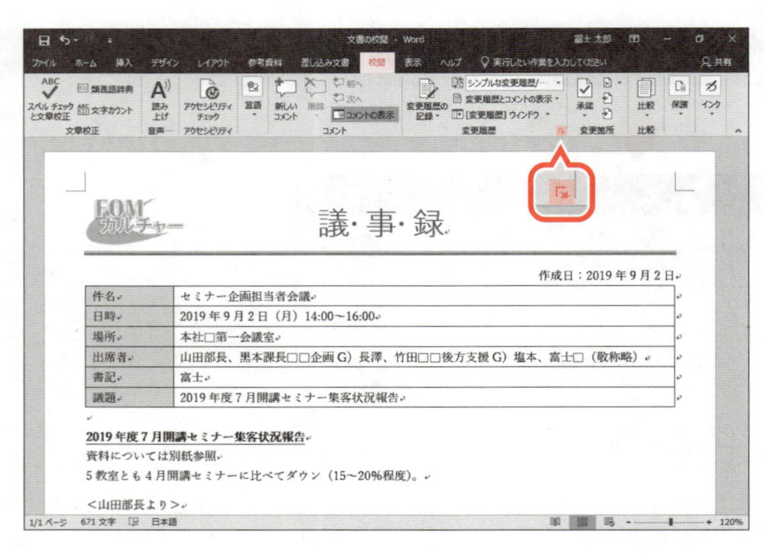

議・事・録

作成日：2019年9月2日

件名	セミナー企画担当者会議
日時	2019年9月2日（月）14:00～16:00
場所	本社□第一会議室
出席者	山田部長、黒本課長□□企画G）長澤、竹田□□後方支援G）塩本、富士□（敬称略）
書記	富士
議題	2019年度7月開講セミナー集客状況報告

2019年度7月開講セミナー集客状況報告
資料については別紙参照。
5教室とも4月開講セミナーに比べてダウン（15～20%程度）。

<山田部長より>

①《**校閲**》タブを選択します。
②《**変更履歴**》グループの [変更履歴オプション] （変更履歴オプション）をクリックします。

変更履歴オプション
表示
コメント(C) 更新箇所の強調表示(H)
インク(I) その他の校閲者(O)
挿入と削除(D) コメントの横に表示される画像(T)
書式(F)
[すべての変更履歴/コメント] ビューで吹き出しに表示する内容 (B): コメントと書式
[変更履歴] ウィンドウ(P): オフ
詳細オプション(A)... ユーザー名の変更(N)...
OK キャンセル

《**変更履歴オプション**》ダイアログボックスが表示されます。

③《**ユーザー名の変更**》をクリックします。

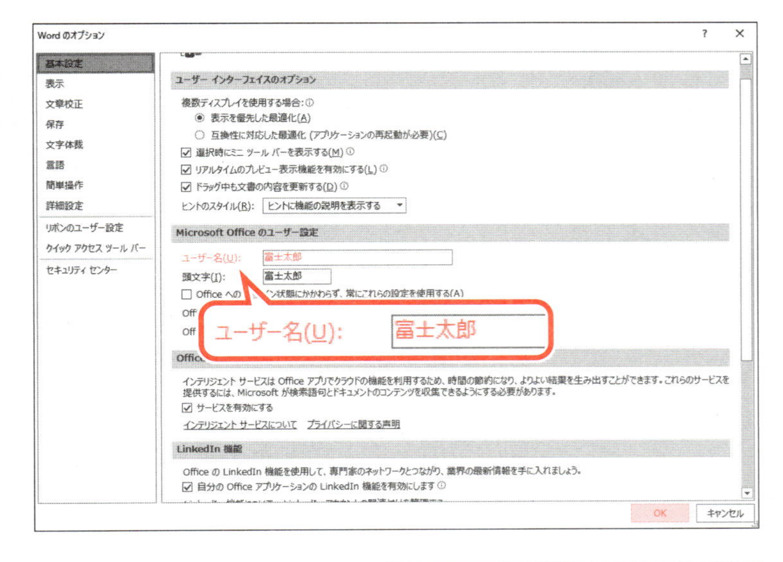

《**Wordのオプション**》ダイアログボックスが表示されます。

④《**Microsoft Officeのユーザー設定**》の《**ユーザー名**》を確認します。

※Officeにサインインしているユーザー名が表示されます。本書では「富士太郎」としています。

⑤《**OK**》をクリックします。

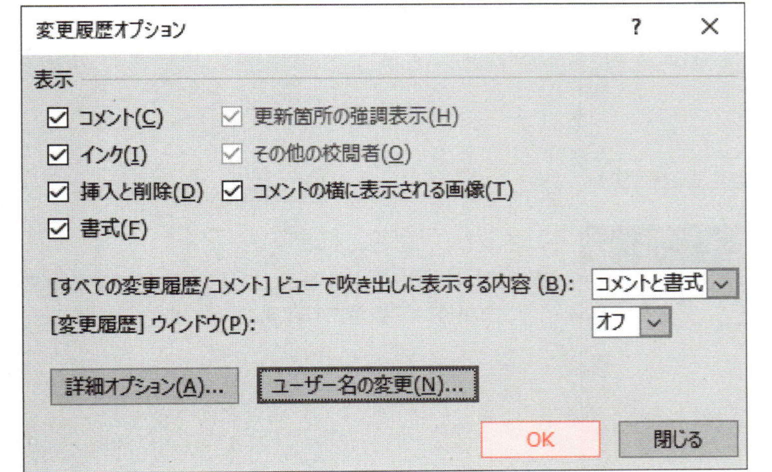

《**変更履歴オプション**》ダイアログボックスに戻ります。

⑥《**OK**》をクリックします。

POINT ユーザー名

《Microsoft Officeのユーザー設定》の《ユーザー名》は、コメントの挿入者や変更履歴を記録する校閲者の名前などに使われます。
Officeにサインインしているときは、《Wordのオプション》ダイアログボックスでユーザー名を変更しても変更が反映されません。
変更したユーザー名を反映する場合は、《Officeへのサインイン状態にかかわらず、常にこれらの設定を使用する》を☑にします。

3 コメントの挿入

今後の作業予定の項目である箇条書きに対して、**「作業順序とスケジュールについては確認後に記載する」**というコメントを挿入しましょう。

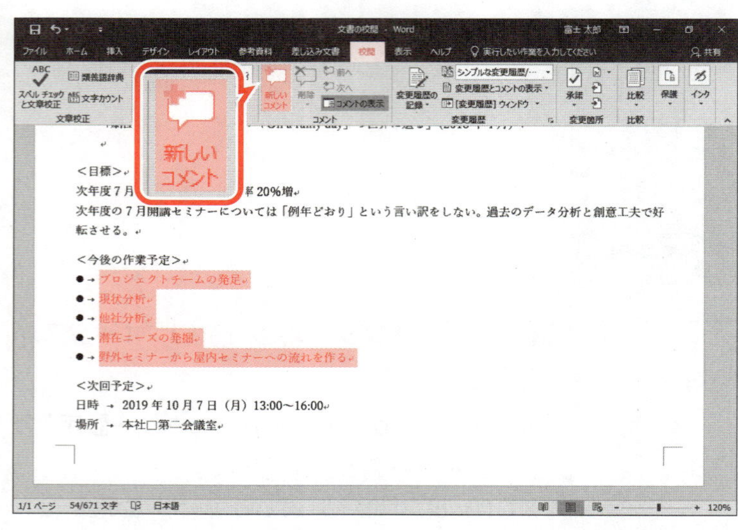

①**「●プロジェクトチーム…」**で始まる行から**「●野外セミナー…」**で始まる行を選択します。

②**《校閲》**タブを選択します。

③**《コメント》**グループの（コメントの挿入）をクリックします。

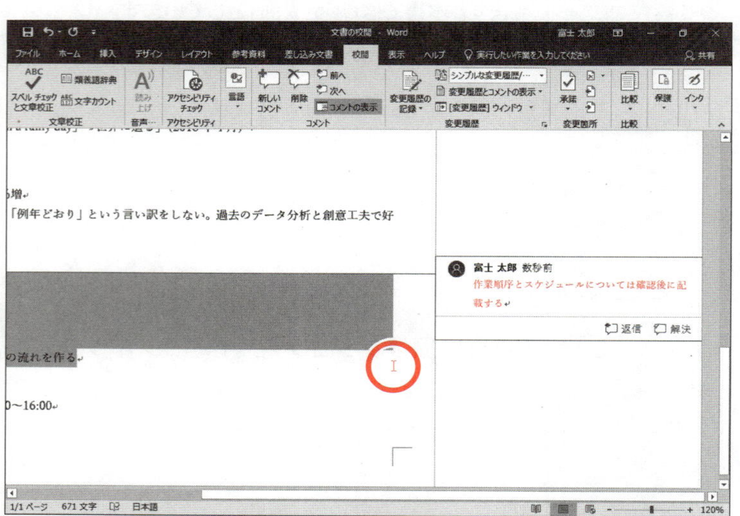

コメント用の吹き出しが表示されます。

④**「作業順序とスケジュールについては確認後に記載する」**と入力します。

コメントを確定します。

⑤図の位置をクリックします。

※文書内であれば、どこでもかまいません。

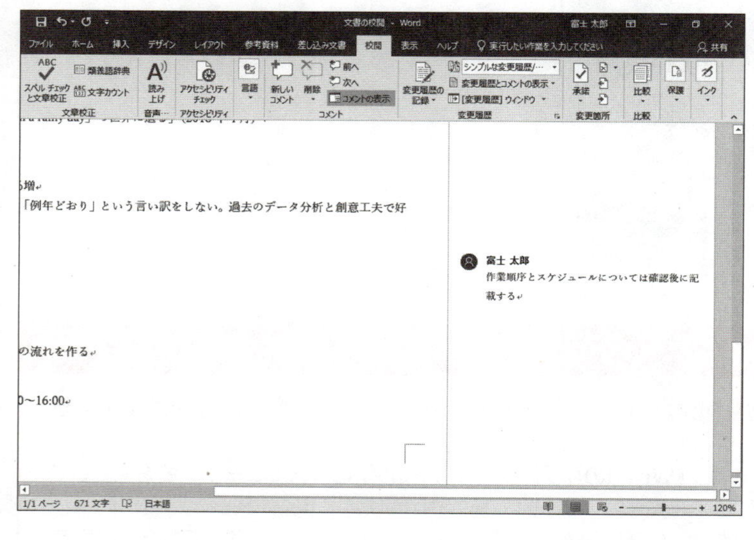

コメントが確定されます。

※コメントをポイントすると、コメントに対応する本文に色が付いて表示されます。

STEP UP
その他の方法
（コメントの挿入）
◆ Ctrl + Alt + M

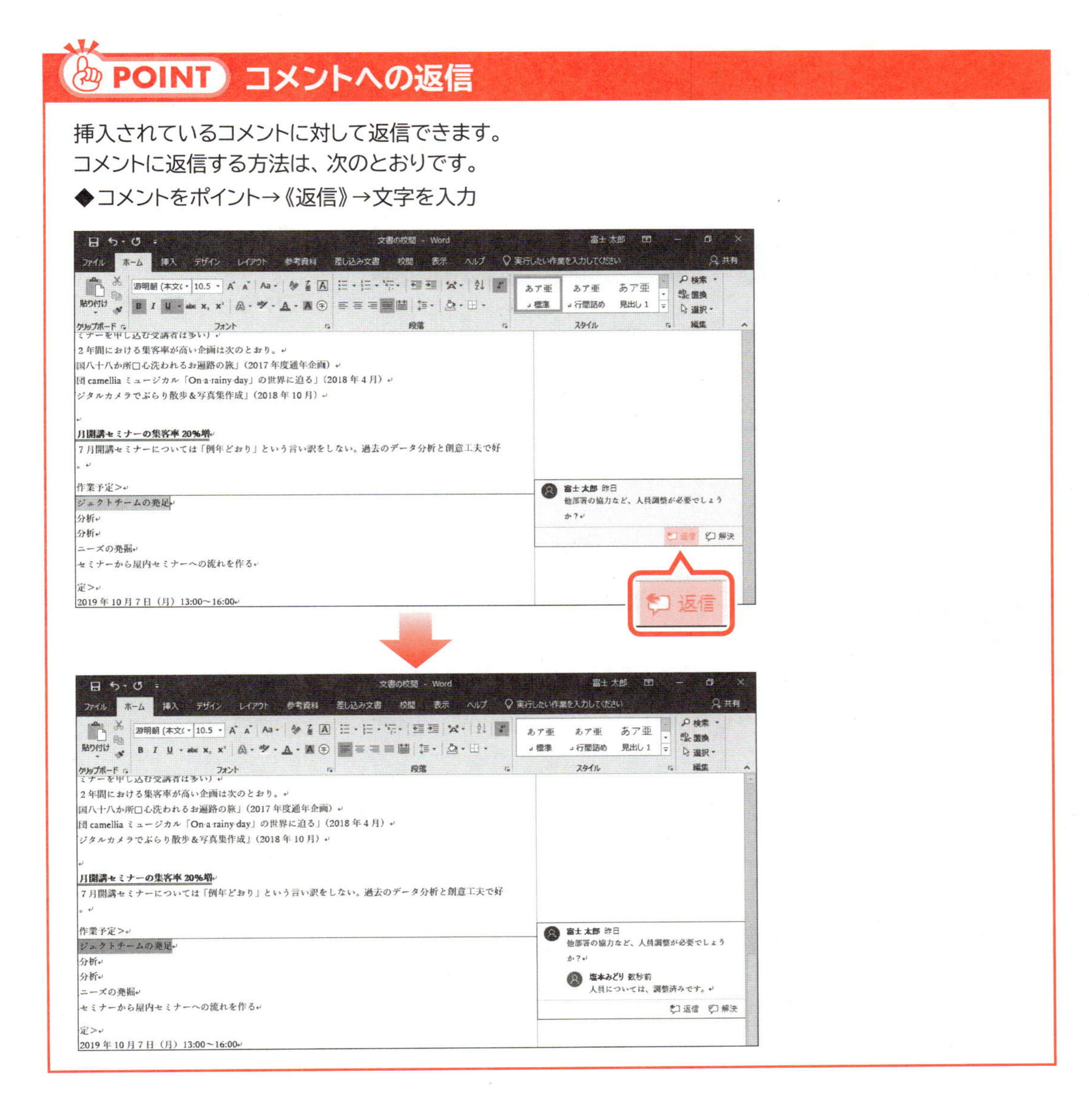

POINT コメントへの返信

挿入されているコメントに対して返信できます。
コメントに返信する方法は、次のとおりです。
◆コメントをポイント→《返信》→文字を入力

STEP UP コメントの印刷

コメントが挿入された状態で印刷すると、画面表示と同様の表示で印刷されます。
コメントを印刷しないようにする方法は、次のとおりです。
◆《ファイル》タブ→《印刷》→《設定》の《すべてのページを印刷》→《変更履歴/コメントの印刷》
※《変更履歴/コメントの印刷》に☑が付いていない状態にします。

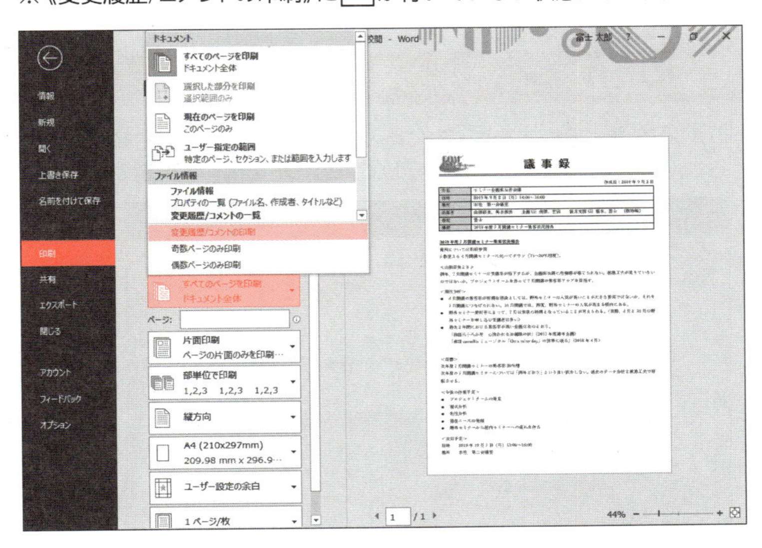

4 コメントの表示・非表示

挿入したコメントは、必要に応じて表示したり非表示にしたりできます。
コメントの表示と非表示を切り替えましょう。

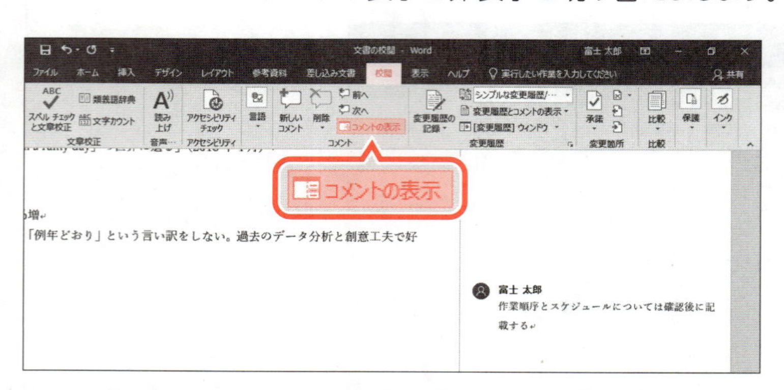

①《校閲》タブを選択します。

②《コメント》グループの コメントの表示 （コメントの表示）をクリックします。

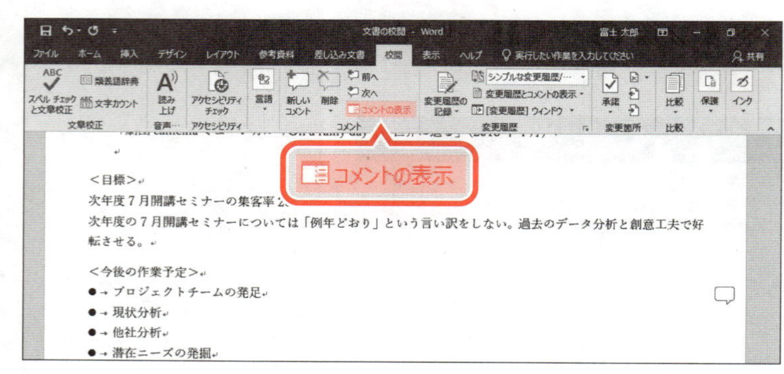

コメントが非表示になります。

再度、コメントを表示します。

③《コメント》グループの コメントの表示 （コメントの表示）をクリックします。

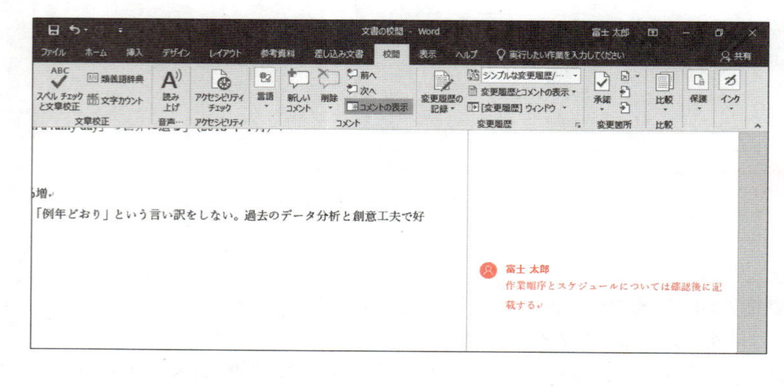

コメントが表示されます。

※表示されていない場合は、横方向にスクロールして調整します。

STEP UP その他の方法（コメントの表示・非表示）

◆《校閲》タブ→《変更履歴》グループの 変更履歴とコメントの表示 （変更履歴とコメントの表示）→《コメント》

※《コメント》に ✓ が付いていない状態にします。

POINT コメントの表示

コメントを非表示にすると、コメントが挿入されていた行の右端に 💬 が表示されます。💬 をクリックすると、《コメント》ウィンドウを表示して、コメントの内容を確認できます。

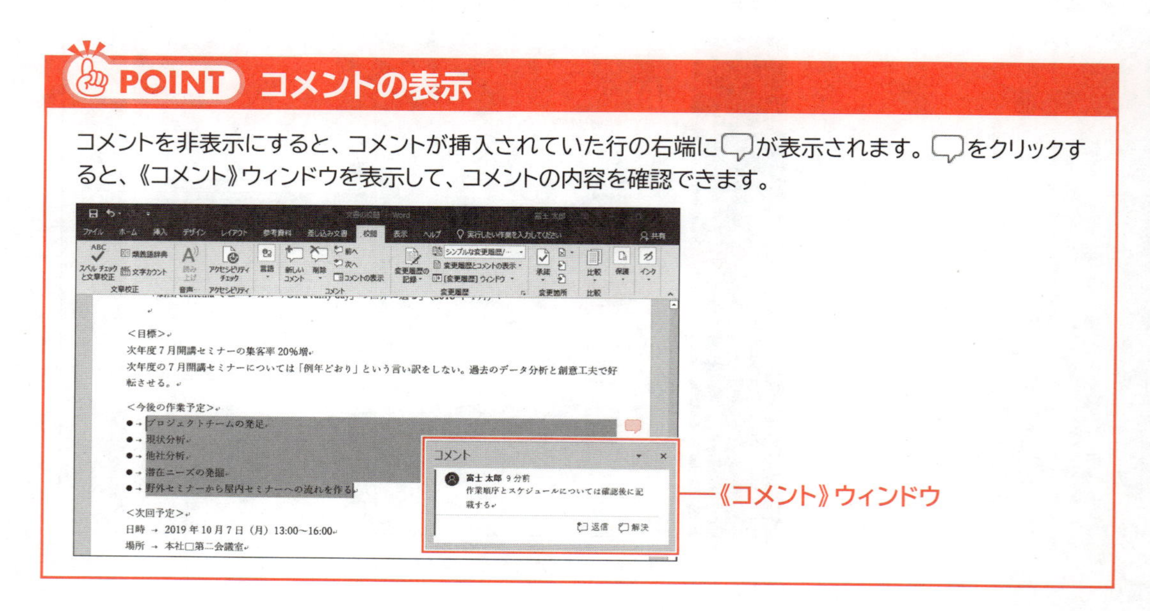

5 コメントの削除

挿入したコメントを削除しましょう。

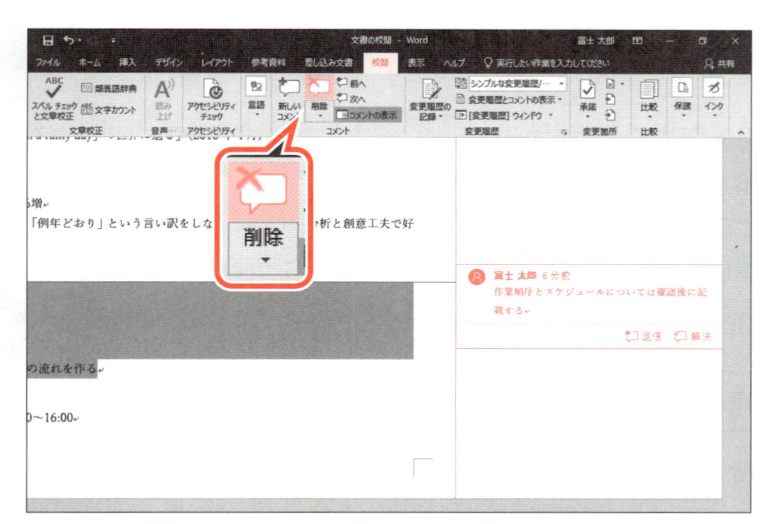

①コメントをクリックします。

②《校閲》タブを選択します。

③《コメント》グループの （コメントの削除）をクリックします。

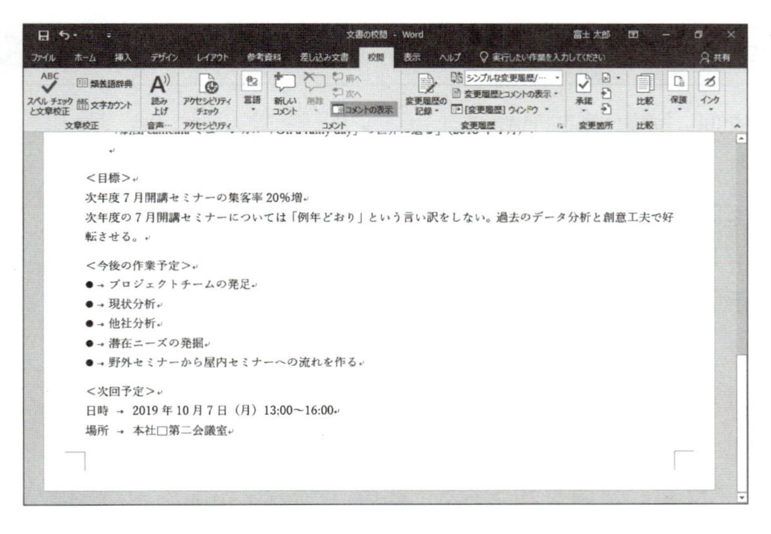

コメントが削除されます。

※選択を解除しておきましょう。

STEP UP その他の方法（コメントの削除）

◆削除するコメントを右クリック→《コメントの削除》

STEP UP コメントの淡色表示

コメントに対する処理が終わったあとなどに、コメントを残したまま淡色表示にできます。
淡色表示にしても編集は可能です。
コメントを淡色表示にする方法は、次のとおりです。

◆コメントをポイント→《解決》

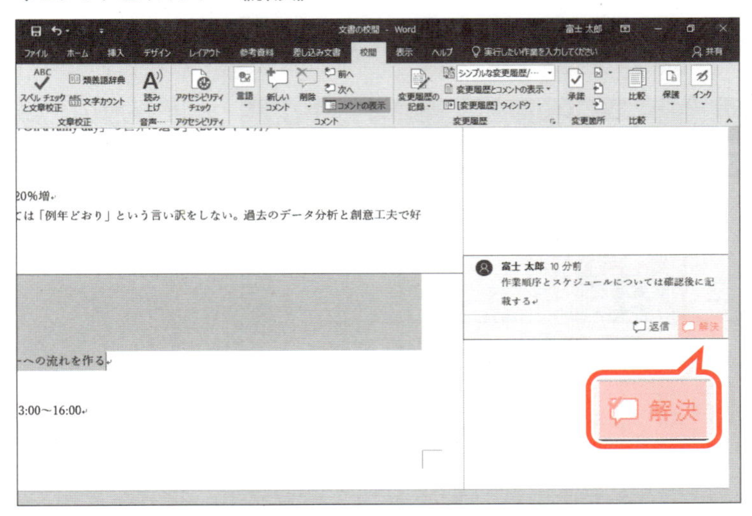

Step5 変更履歴を使って文書を校閲する

1 変更履歴

「変更履歴」とは、文書の変更箇所やその内容を記録したものです。変更履歴を記録すると、誰が、いつ、どのように編集したかを確認できます。
校閲された内容はひとつひとつ確認しながら承諾したり、もとに戻したりできます。作成した文書をほかの人にチェックしてもらうときに変更履歴を利用すると便利です。
変更履歴を記録する手順は、次のとおりです。

1 変更履歴の記録開始

変更箇所が記録される状態にします。

2 文書の校閲

文書を校閲し、編集作業を行います。

3 変更履歴の記録終了

変更箇所が記録されない状態（通常の状態）にします。

2 変更履歴の記録

変更履歴の記録を開始してから文書に変更を加えると、変更した行の左端に赤色の線が表示されます。
変更履歴の記録を開始し、次のように文章を変更しましょう。

11行目 ：「15～20％」を「15％」に変更
23行目 ：「「デジタルカメラでぶらり散歩&写真集作成」（2018年10月）」を追加
25行目 ：太字、二重下線の書式を設定

※行数を確認する場合は、ステータスバーに行番号を表示します。

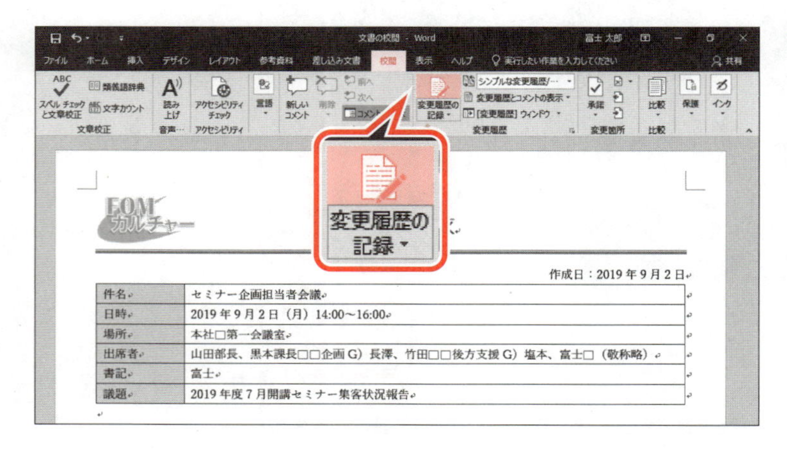

変更履歴の記録を開始します。
①**《校閲》**タブを選択します。
②**《変更履歴》**グループの （変更履歴の記録）をクリックします。

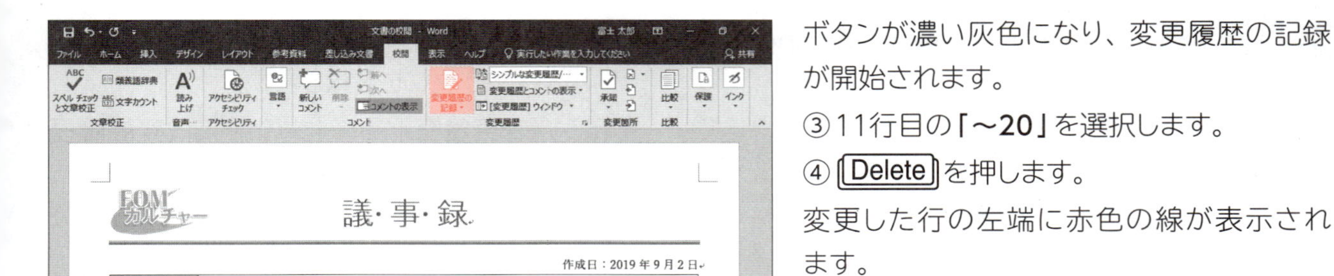

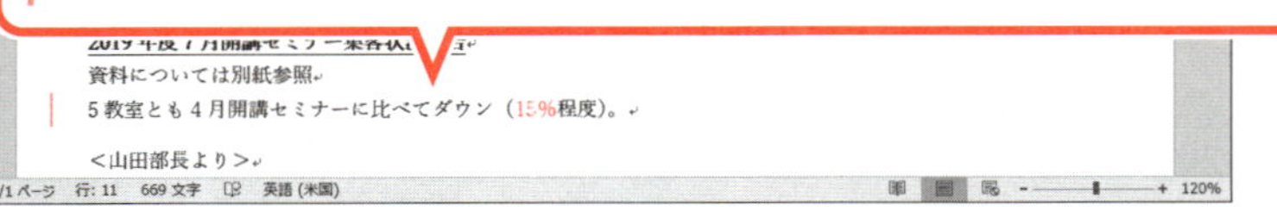

ボタンが濃い灰色になり、変更履歴の記録が開始されます。

③11行目の**「～20」**を選択します。

④ Delete を押します。

変更した行の左端に赤色の線が表示されます。

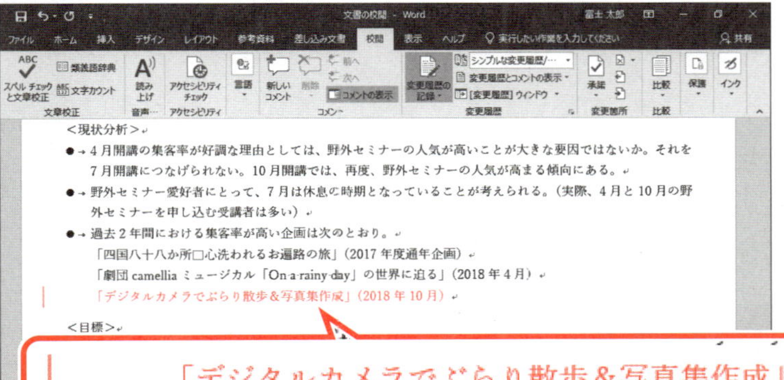

⑤23行目にカーソルを移動します。

⑥**「「デジタルカメラでぶらり散歩&写真集作成」（2018年10月）」**と入力します。

変更した行の左端に赤色の線が表示されます。

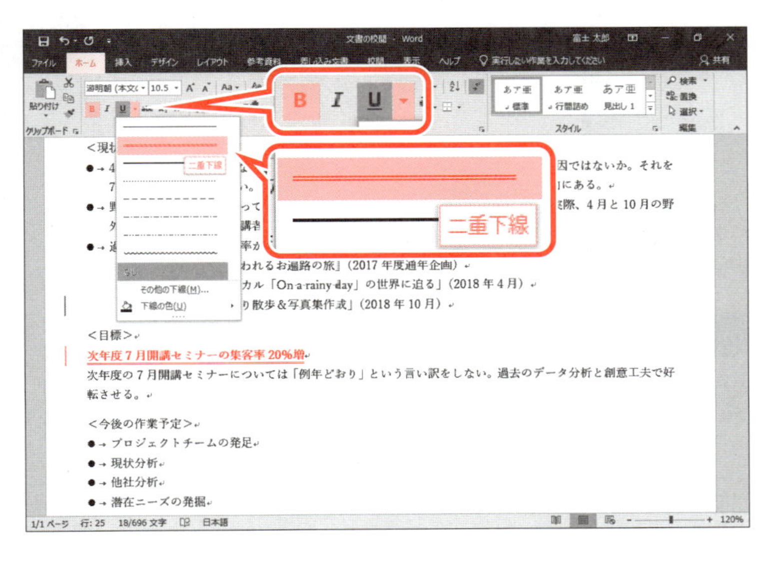

⑦25行目を選択します。

⑧**《ホーム》**タブを選択します。

⑨**《フォント》**グループの B（太字）をクリックします。

⑩**《フォント》**グループの U ▾（下線）の ▾ をクリックします。

⑪《════════》（二重下線）をクリックします。

※選択を解除しておきましょう。

変更した行の左端に赤色の線が表示されます。

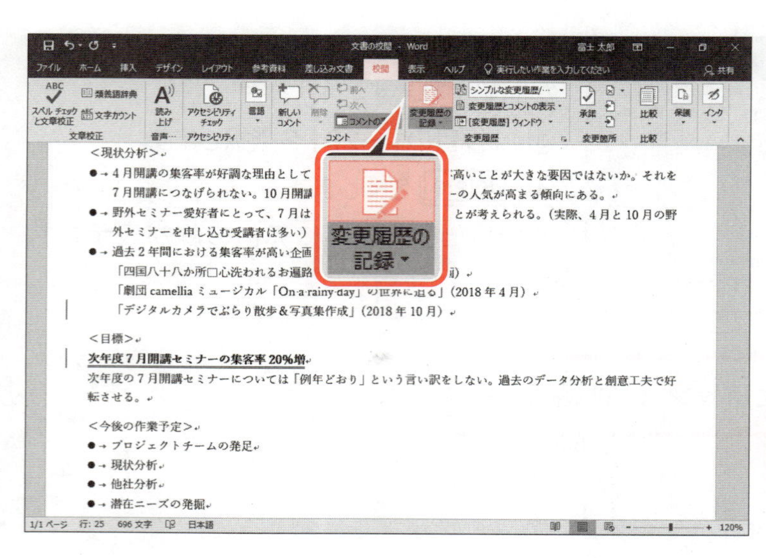

変更履歴の記録を終了します。

⑫《校閲》タブを選択します。

⑬《変更履歴》グループの （変更履歴の記録）をクリックします。

ボタンが標準の色に戻ります。

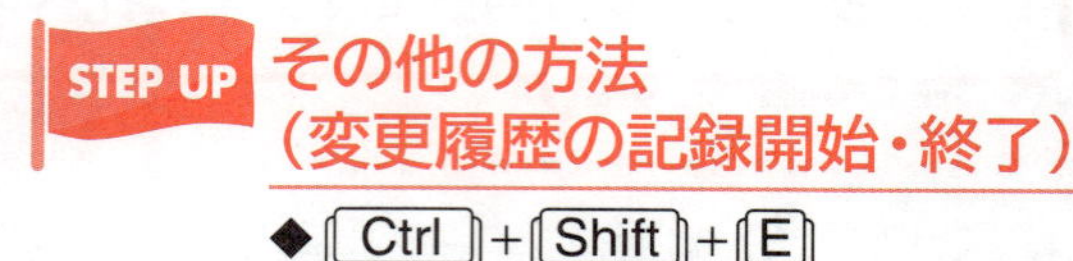

STEP UP その他の方法（変更履歴の記録開始・終了）

◆ Ctrl ＋ Shift ＋ E

3 変更内容の表示

変更履歴の記録中に内容を変更すると、変更した行の左端に赤色の線が表示されます。
赤色の線をクリックすると、どのように変更したのかが表示されます。
変更履歴を表示して変更内容を確認しましょう。

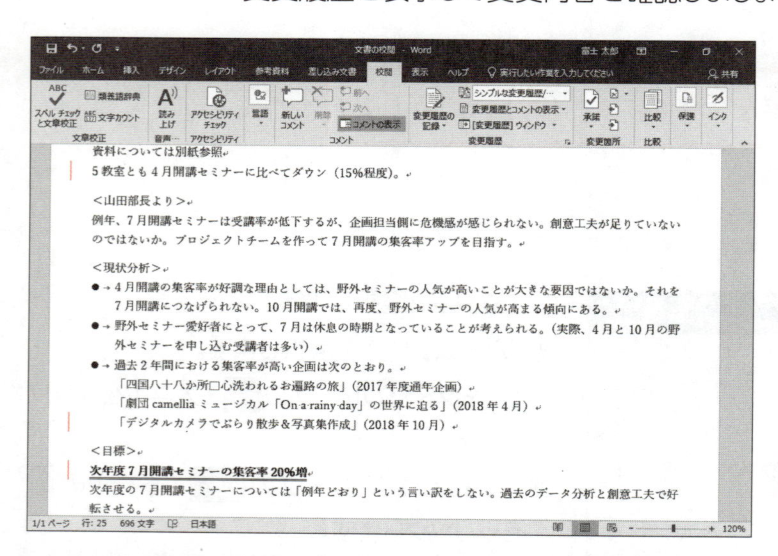

変更履歴を表示します。

①変更した行の左端の赤色の線をクリックします。

※変更した箇所であれば、どの赤色の線でもかまいません。

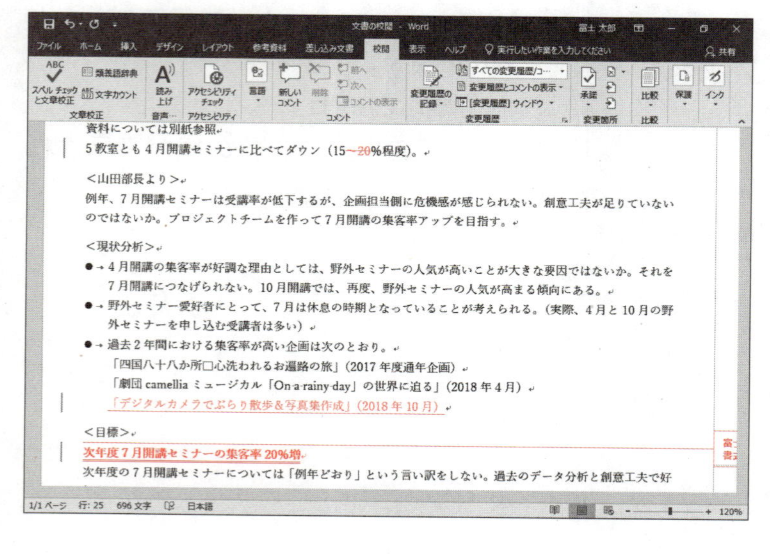

すべての変更履歴が表示されます。

変更した行の赤色の線が灰色に変わります。

※《変更履歴》グループの シンプルな変更履歴/… （変更内容の表示）が《すべての変更履歴/コメント》になります。

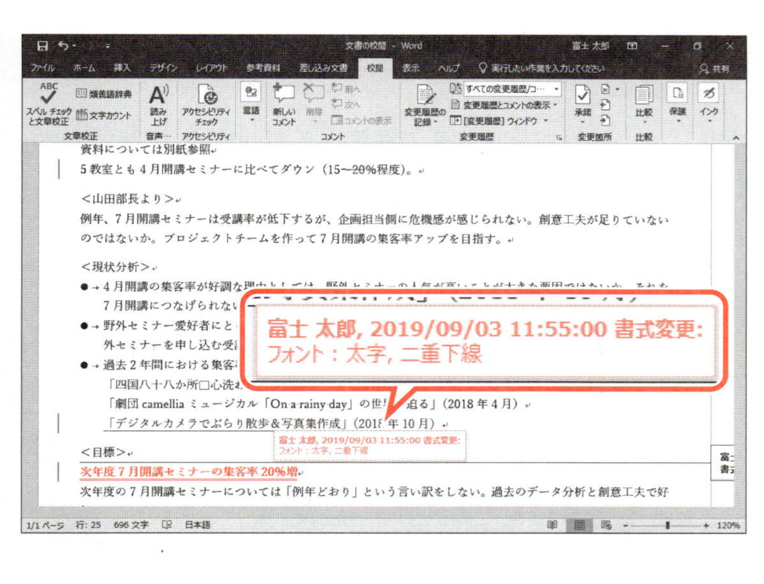

②変更箇所をポイントします。
※変更した箇所であれば、どこでもかまいません。
変更内容が表示され、誰が、いつ、どのように変更したのかを確認できます。

POINT 変更履歴に表示されるユーザー名

変更箇所をポイントしたときに表示されるユーザー名は、コメントに表示されるユーザー名と同じです。

STEP UP 変更内容の表示

初期の設定で、変更履歴は「シンプルな変更履歴」で表示されるように設定されています。
シンプルな変更履歴/… (変更内容の表示)をクリックすると、表示方法を変更できます。
変更履歴を反映する前に、すべて反映した状態を確認したり、変更前の文書を確認したりできます。

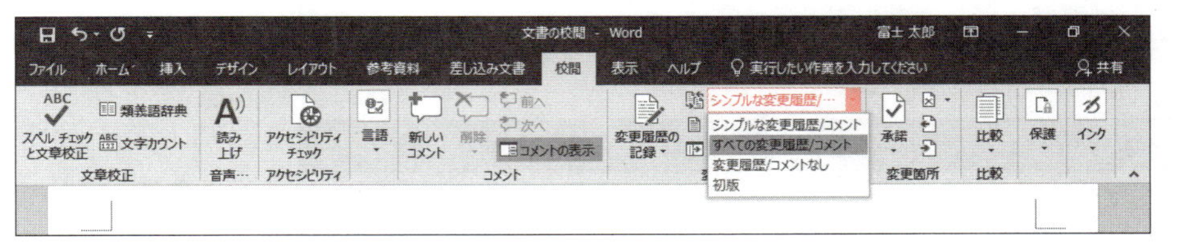

変更内容の表示には、次のようなものがあります。

表示方法	表示結果
シンプルな変更履歴/コメント	初期の表示方法です。変更した結果だけが表示され、変更した行の左端に赤色の線が表示されます。
すべての変更履歴/コメント	文書内に変更した内容がすべて表示されます。変更した行の左端に灰色の線が表示されます。
変更履歴/コメントなし	変更した結果だけが表示されます。
初版	変更前の文書が表示されます。

4 変更履歴の反映

作成した文書をほかの人に校閲してもらったあとは、その結果を反映します。記録された変更履歴は、変更内容を確認しながら承諾したり、もとに戻したりします。
変更内容を次のように反映しましょう。

> 11行目 ：元に戻す
> 23行目 ：承諾
> 25行目 ：承諾

※一般的に変更履歴の反映は、文書の作成者が行います。ここでは、変更履歴を反映する手順を確認するために、続けて操作します。

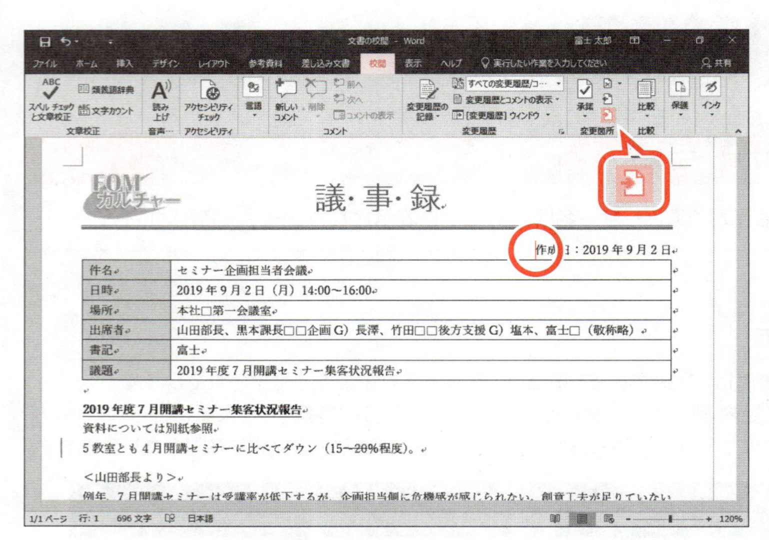

①変更履歴が表示されていることを確認します。

※変更履歴が非表示になっている場合は、変更した行の左端の赤色の線をクリックして、すべての変更履歴を表示します。

文書の先頭から変更履歴を確認します。

②文頭にカーソルを移動します。

※ Ctrl + Home を押すと、効率よく移動できます。

③《校閲》タブを選択します。

④《変更箇所》グループの（次の変更箇所）をクリックします。

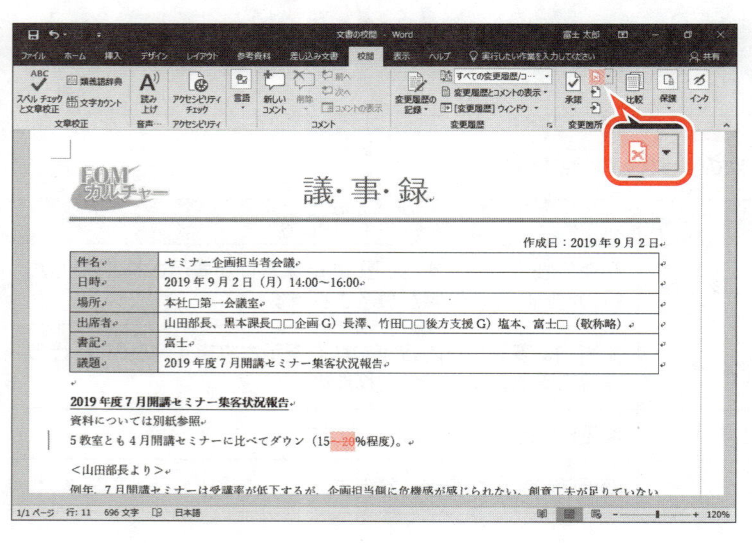

最初の変更箇所（11行目）が選択されます。

⑤《変更箇所》グループの（元に戻して次へ進む）をクリックします。

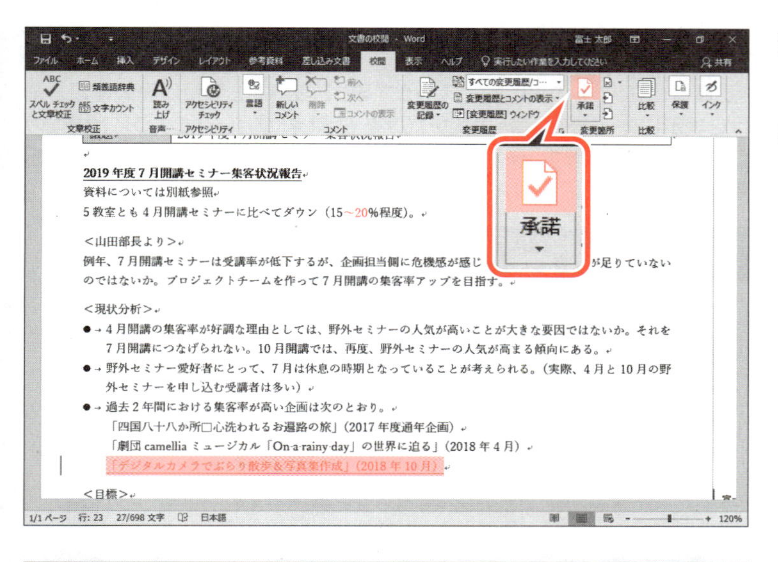

変更内容が破棄され、次の変更箇所（23行目）が選択されます。

⑥《**変更箇所**》グループの（承諾して次へ進む）をクリックします。

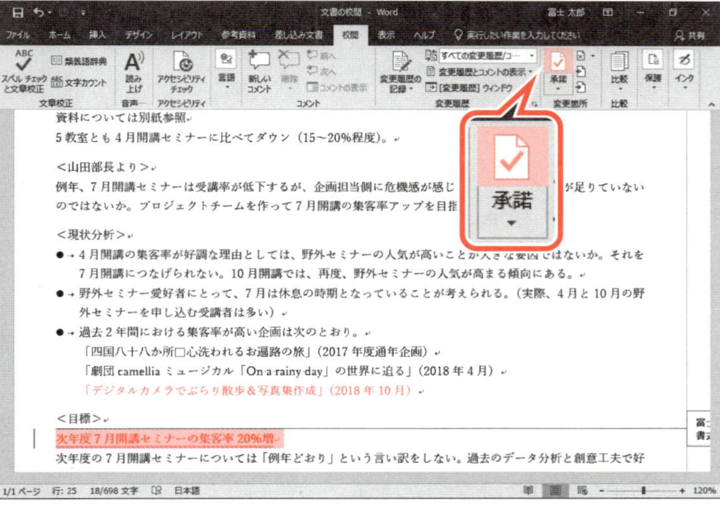

変更内容が反映され、次の変更箇所（25行目）が選択されます。

⑦《**変更箇所**》グループの（承諾して次へ進む）をクリックします。

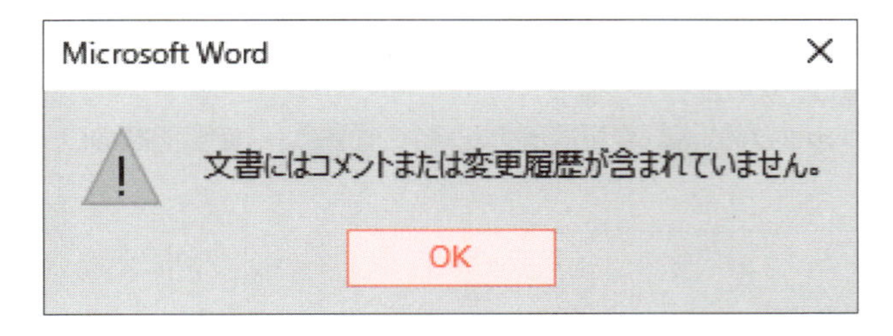

変更内容が反映され、図のようなメッセージが表示されます。

⑧《OK》をクリックします。

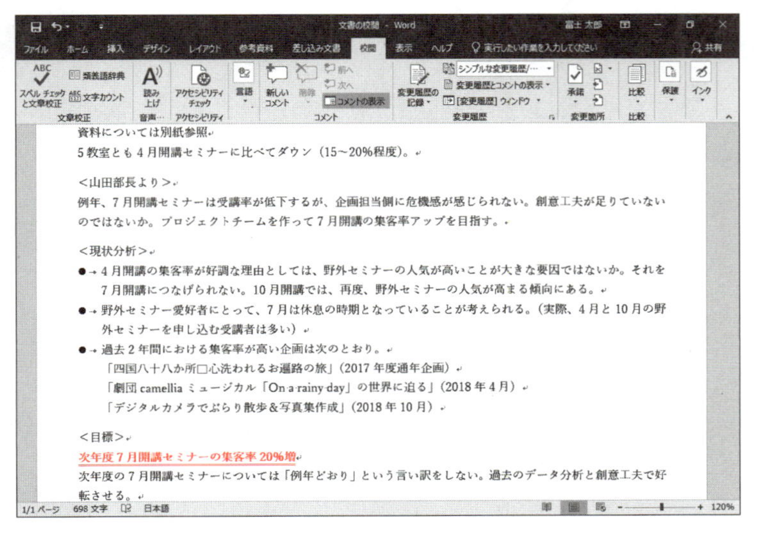

変更内容が反映されます。

※《変更履歴》グループの すべての変更履歴/コ… （変更内容の表示）をクリックして、変更履歴の表示を《シンプルな変更履歴/コメント》に戻しておきましょう。

※ステータスバーの行番号を非表示にしておきましょう。

※文書に「文書の校閲完成」と名前を付けて、フォルダー「第5章」に保存し、閉じておきましょう。

STEP UP 変更履歴とコメントの表示

《変更履歴とコメントの表示》（変更履歴とコメントの表示）をクリックすると、表示する変更履歴の種類を選択できます。コメントだけを表示したり、書式設定の変更だけを表示したりといったように、編集の種類ごとに表示を切り替えることができます。また、複数の人が校閲した場合は、特定の校閲者を選択して変更内容を表示できます。

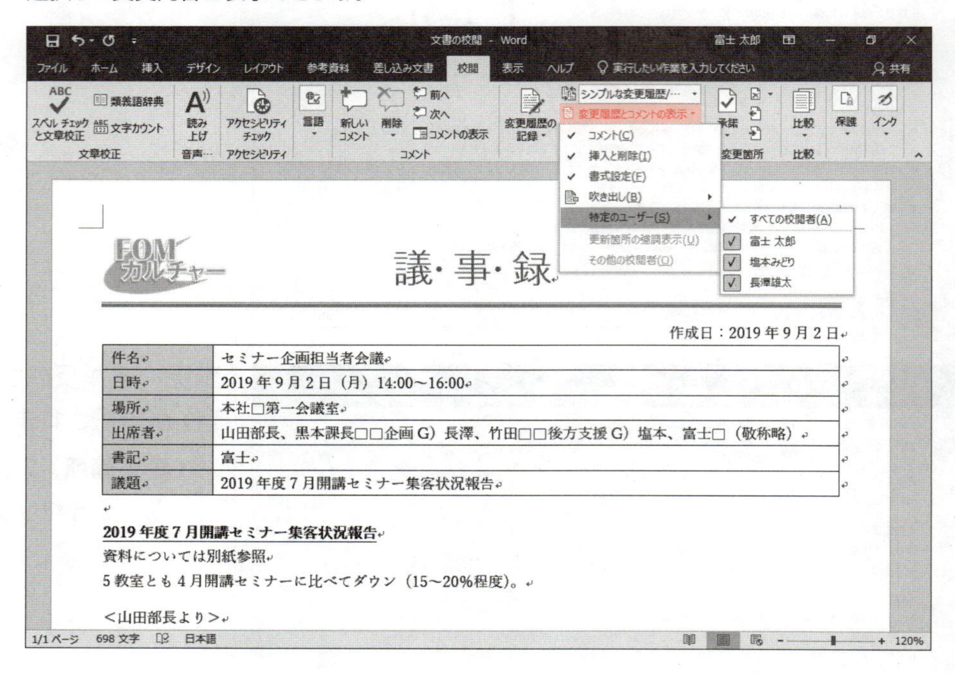

STEP UP 変更履歴のロック

複数の人が文書を校閲している場合、ほかのユーザーが変更履歴を操作できないようにロックをかけることができます。ロックをかけると、変更履歴の記録を開始したり終了したりする操作や、変更内容を承諾したり元に戻したりする操作が行えなくなります。
ロックをかけるにはパスワードが必要で、パスワードを知っている人だけが変更履歴を操作できます。
変更履歴のロックの解除は、変更履歴のロックをかけるときと同様の手順で解除できます。
変更履歴にロックをかける方法は、次のとおりです。

◆《校閲》タブ→《変更履歴》グループの（変更履歴の記録）の《変更履歴の記録》→《変更記録のロック》→パスワードを入力

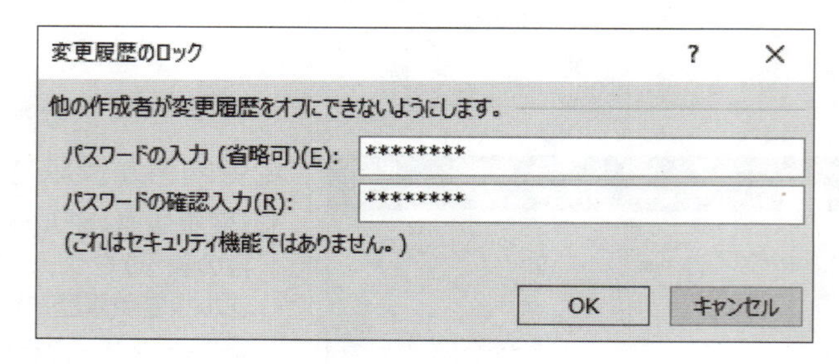

参考学習　2つの文書を比較する

1　文書の比較

「**文書の比較**」を使うと、2つの文書を比較して、文章の違いや書式の違いなどを変更履歴として表示できます。比較した結果は、新規文書に表示したり、もとの文書に表示したりできます。

文書「**文書の比較-1**」をもとに「**文書の比較-2**」を比較し、相違点を新しい文書に表示しましょう。

File OPEN　フォルダー「第5章」の文書「文書の比較-1」を開いておきましょう。

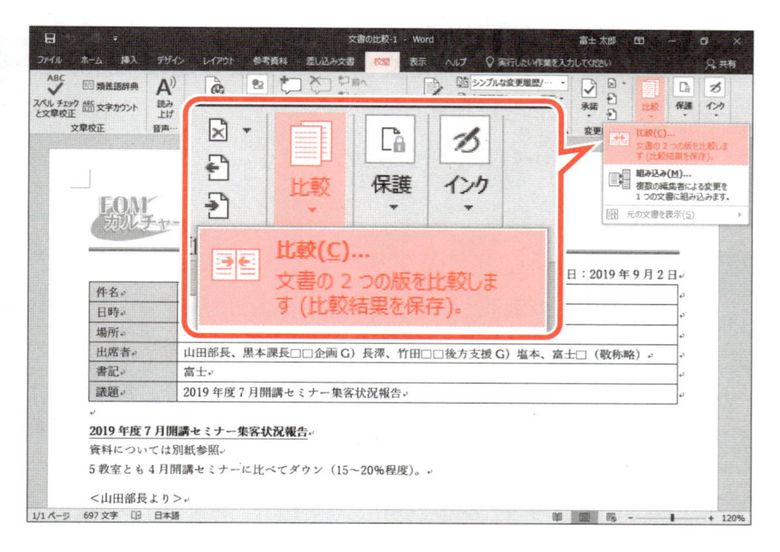

①《**校閲**》タブを選択します。

②《**比較**》グループの（比較）をクリックします。

③《**比較**》をクリックします。

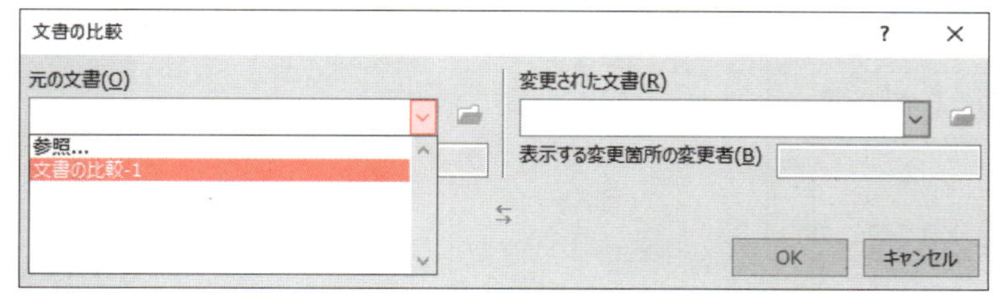

《**文書の比較**》ダイアログボックスが表示されます。

もとの文書を選択します。

④《**元の文書**》のをクリックします。

⑤一覧から「**文書の比較-1**」を選択します。

《**元の文書**》に「**文書の比較-1**」が表示されます。

比較する文書を選択します。

⑥《**変更された文書**》のをクリックします。

1
2
3
4
5
6
7
総合問題
付録
索引

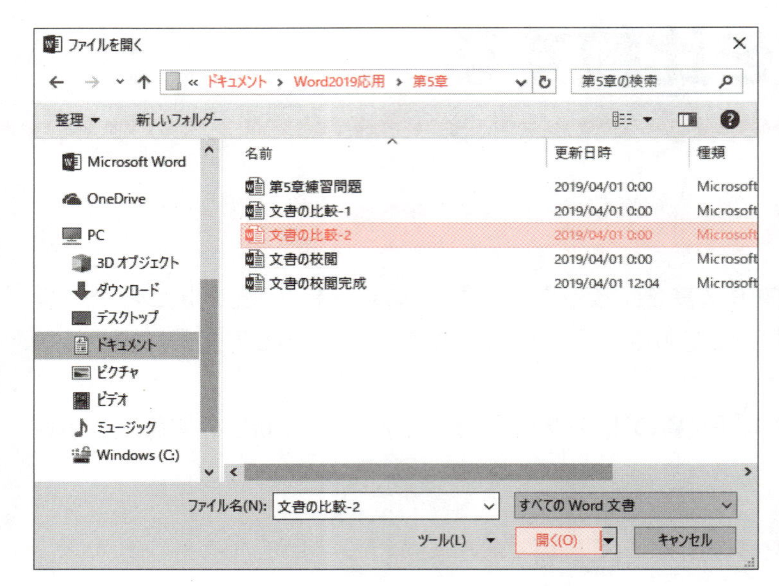

《ファイルを開く》ダイアログボックスが表示されます。

⑦《ドキュメント》が開かれていることを確認します。

※《ドキュメント》が開かれていない場合は、《PC》→《ドキュメント》をクリックします。

⑧一覧から「Word2019応用」を選択します。

⑨《開く》をクリックします。

⑩一覧から「第5章」を選択します。

⑪《開く》をクリックします。

⑫一覧から「文書の比較-2」を選択します。

⑬《開く》をクリックします。

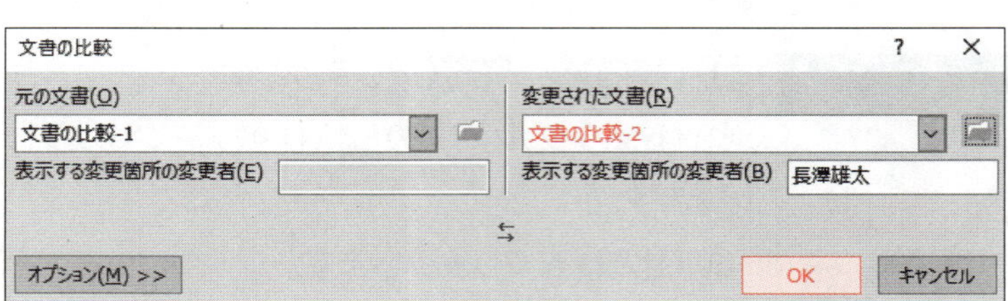

《文書の比較》ダイアログボックスに戻ります。

《変更された文書》に「文書の比較-2」が表示されます。

⑭《OK》をクリックします。

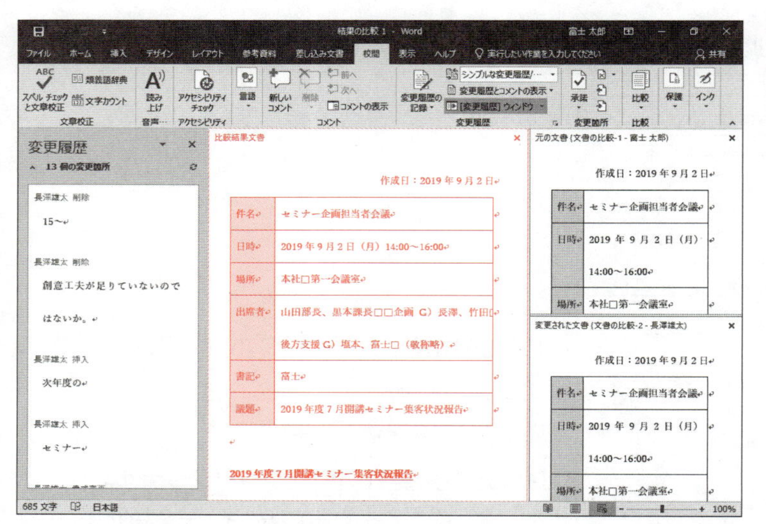

新しい文書が作成され、比較結果が表示されます。

⑮スクロールして比較結果を確認します。

※比較結果の文書に「文書の比較結果」と名前を付けて、フォルダー「第5章」に保存し、すべての文書を閉じておきましょう。

STEP UP 比較結果を表示する文書

初期の設定では、文書を比較した結果は新しい文書に表示されます。

《文書の比較》ダイアログボックスの《オプション》をクリックすると、2つの文書を比較した結果を表示する文書を選択できます。

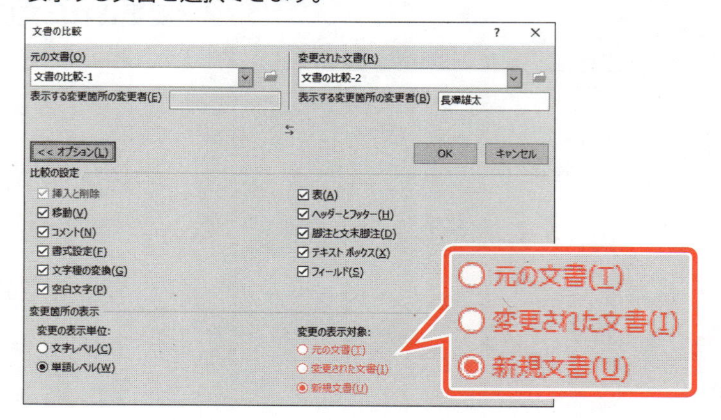

練習問題

解答 ► 別冊P.8

完成図のような文書を作成しましょう。

フォルダー「第5章」の文書「第5章練習問題」を開いておきましょう。

●完成図

事例から学ぼう！　Vol.5

情報漏えい

今月の事例から学ぼう！は、「情報漏えい」についてです。
次の事例を読んで、問題点を考えてみましょう。

事例 05

保険会社のＴ社は外回りの営業担当者が多く、週に一度しか事務所に顔を出さないという担当者も多くいます。もちろん、社内掲示板や勤怠入力システムなどの環境は整備されており、社外からでも ID とパスワードで社内システムにアクセスできるようなっています。
最近になり、保険の契約者から「Ｔ社と契約してからというもの、勧誘の電話が急増した。ほかに心当たりもないので、そちらから情報が漏れているのではないか」という問合せが入るようになりました。
Ｔ社の情報システム部では緊急対策チームを結成し、社内調査を実施したところ、漏えいしているのは「保険契約者リスト」のデータで、深夜にそのデータにアクセスしているログがあることが判明しました。ログを解析してみると、利用者は営業部のＡさんのものでした。
Ａさんに確認したところ、深夜にアクセスした覚えはないとのことでした。ただ、一週間ほど前に情報システム部と名乗る人からＡさんに次のような電話がかかってきたということでした。

Ｂ「情報システム部のＢです。Web システムのメンテナンス中で ID とパスワードを再登録しています。確認させてもらえますか？」
Ａ「はい。ID は『88686』でパスワードは『AN701005』です。」

実際には、情報システム部にはＢという担当者はおらず、部外者による「なりすまし」でした。さらに「保険契約者リスト」以外にも漏えいしているデータがあることが判明しました。

確認しよう

ソーシャルエンジニアリング
「ソーシャルエンジニアリング」とは、巧みな話術・盗み見・盗み聞きなどの方法を駆使して、不正アクセスのための情報を収集することです。
具体的な方法としては、なりすましやのぞき見、トラッシング、侵入などが考えられます。

対策案

ID やパスワードはどんな状況でも他人には教えない。
代行処理などでやむを得ず教えた場合は速やかにパスワードを変更する。
ID やパスワードが漏えいしたと考えられる場合は、速やかに連絡する。

発行元：情報システム部　セキュリティ対策室

①文章校正を使って**「漏れてるのでは」**を**「漏れているのでは」**に修正しましょう。

②表記ゆれチェックを使って、カタカナの表記ゆれを全角のカタカナに修正しましょう。

Hint! 図形内の文字も含めて表記ゆれチェックを行う場合は、図形内にカーソルを移動して 表記ゆれチェック (表記ゆれチェック)を押します。

③スペルチェックにより、チェックされている**「Webu」**を**「Web」**に修正しましょう。

④**「漏えい」**のコメントを削除しましょう。

⑤変更履歴の記録を開始し、次のように文書を変更しましょう。
次に、変更履歴を表示しましょう。

5行目　：「・盗み聞き」を削除
7行目　：「トラッシング」の後ろに「、侵入」を追加
10行目：「IDやパスワードが漏えいしたと考えられる場合は、速やかに連絡する。」と入力

※行数を確認する場合は、ステータスバーに行番号を表示します。
※事例05の文章は、図形内に入力しているため、行数のカウントには含まれません。

⑥変更内容を次のように反映しましょう。

5行目　：元に戻す
7行目　：承諾
10行目：承諾

※文書に「第5章練習問題完成」と名前を付けて、フォルダー「第5章」に保存し、閉じておきましょう。

第6章

Excelデータを利用した文書の作成

第6章 この章で学ぶこと

学習前に習得すべきポイントを理解しておき、
学習後には確実に習得できたかどうかを振り返りましょう。

1 Excelの表を貼り付ける方法を理解し、必要に応じて使い分けられる。 →P.205

2 リンク貼り付けの意味を理解し、利用方法がわかる。 →P.206

3 Excelのグラフを貼り付ける方法を理解し、必要に応じて使い分けられる。 →P.206

4 埋め込みの意味を理解し、利用方法がわかる。 →P.207

5 Excelの表をWordの表として貼り付けることができる。 →P.208

6 Excelの表をWordの表としてリンク貼り付けすることができる。 →P.210

7 リンク貼り付けした表を更新できる。 →P.213

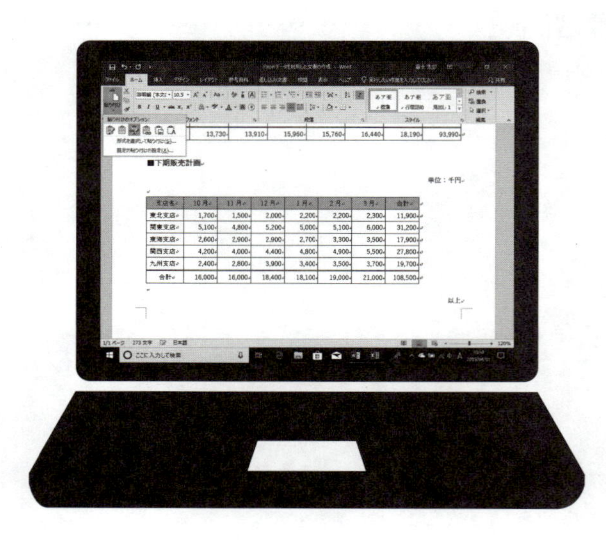

支店名	10月	11月	12月	1月	2月	3月	合計
東北支店	1,700	1,500	2,000	2,200	2,200	2,300	11,900
関東支店	5,100	4,800	5,200	5,000	5,100	6,000	31,200
東海支店	2,600	2,900	2,900	2,700	3,300	3,500	17,900
関西支店	4,200	4,000	4,400	4,800	4,900	5,500	27,800
九州支店	2,400	2,800	3,900	3,400	3,500	3,700	19,700
合計	16,000	16,000	18,400	18,100	19,000	21,000	108,500

Step1 作成する文書を確認する

1 作成する文書の確認

次のような文書を作成しましょう。

2019年10月17日

支店長　各位

販売推進部長

2018年度上期販売実績 および 下期販売計画について

平素は拡販にご尽力いただきまして誠にありがとうございます。
さて、下記のとおり、各支店の2018年度上期販売実績ならびに下期販売計画をお知らせいたします。
つきましては、具体的な拡販施策を掲げ、目標達成に向けて努力していただきますよう、よろしくお願いいたします。

記

■上期販売実績

単位：千円

支店名	4月	5月	6月	7月	8月	9月	合計
東北支店	1,520	1,400	1,820	2,040	1,980	2,100	10,860
関東支店	4,250	3,980	4,300	4,160	4,210	4,970	25,870
東海支店	2,330	2,630	2,610	2,480	3,040	3,180	16,270
関西支店	3,480	3,360	3,690	3,970	4,060	4,620	23,180
九州支店	2,150	2,540	3,540	3,110	3,150	3,320	17,810
合計	13,730	13,910	15,960	15,760	16,440	18,190	93,990

■下期販売計画

単位：千円

支店名	10月	11月	12月	1月	2月	3月	合計
東北支店	1,700	1,500	2,000	2,200	2,200	2,300	11,900
関東支店	5,100	4,800	5,200	5,000	5,100	6,000	31,200
東海支店	2,600	2,900	2,900	2,700	3,300	4,500	18,900
関西支店	4,200	4,000	4,400	4,800	4,900	5,500	27,800
九州支店	2,400	2,800	3,900	3,400	3,500	3,700	19,700
合計	16,000	16,000	18,400	18,100	19,000	22,000	109,500

以上

Excelデータの貼り付け　Excelデータのリンク貼り付け　リンクの更新

Step2 Excelデータを貼り付ける方法を確認する

1 Excelデータの貼り付け方法

Excelで作成した表やグラフをWord文書で利用することができます。
「Excelで売上の集計や分析などを行い、その結果の表やグラフをWord文書に貼り付けて、報告書として仕上げる」という作業は、業務の種類を問わずよく見かけます。
Excelデータを貼り付ける際は、あとからExcelデータに修正が行われるかどうかによって、貼り付け方法を決めるとよいでしょう。

1 Excelの表を貼り付ける方法

Excelの表をWord文書に貼り付ける場合は、（貼り付け）の貼り付けを使います。
Excelの表をWord文書に貼り付ける方法には、次のようなものがあります。

●Wordの表として貼り付ける

ボタン	ボタン名	説明
	元の書式を保持	Excelで設定した書式のまま、貼り付けます。 ※初期の設定では（貼り付け）をクリックすると、この形式で貼り付けられます。
	貼り付け先のスタイルを使用	Wordの標準の表のスタイルで貼り付けます。

●Excelの表とリンクしたWordの表として貼り付ける

ボタン	ボタン名	説明
	リンク（元の書式を保持）	Excelで設定した書式のまま、Excelデータと連携された状態で貼り付けます。
	リンク（貼り付け先のスタイルを使用）	Wordの標準の表のスタイルで、Excelデータと連携された状態で貼り付けます。

●図として貼り付ける

ボタン	ボタン名	説明
	図	Excelで設定した書式のまま、図として貼り付けます。 ※図としての扱いになるため、入力されているデータの変更はできなくなります。

●文字だけを貼り付ける

ボタン	ボタン名	説明
	テキストのみ保持	Excelで設定した書式を削除し、文字だけを貼り付けます。 ※データの区切りは →（タブ）で表されます。

POINT 表のリンク

「リンク」には、つなぐ、連結するという意味があり、作成元のアプリと連携されている状態のことを指します。
Excelの表をWord文書にリンクして貼り付けると、貼り付け元と貼り付け先のデータが連携されているので、もとのExcelの表を修正すると、リンクして貼り付けたWord文書の表も更新されます。

●Excelの表をリンク貼り付けしたWord文書

支店名	10月	11月	12月	1月	2月	3月	合計
東北支店	1,700	1,500	2,000	2,200	2,200	2,300	11,900
関東支店	5,100	4,800	5,200	5,000	5,100	6,000	31,200
東海支店	2,600	2,900	2,900	2,700	3,300	3,500	17,900
関西支店	4,200	4,000	4,400	4,800	4,900	5,500	27,800
九州支店	2,400	2,800	3,900	3,400	3,500	3,700	19,700
合計	16,000	16,000	18,400	18,100	19,000	21,000	108,500

	A	B	C	D	E	F	G	H	I
5		支店名	10月	11月	12月	1月	2月	3月	合計
6		東北支店	1,700	1,500	2,000	2,200	2,200	2,300	11,900
7		関東支店	5,100	4,800	5,200	5,000	5,100	6,000	31,[illegible]
8		東海支店	2,600	2,900	2,900	2,700	3,300	4,500	18,900
9		関西支店	4,200	4,000	4,400	4,800	4,900	5,500	27,800
10		九州支店	2,400	2,800	3,900	3,400	3,500	3,700	19,700
11		合計	16,000	16,000	18,400	18,100	19,000	22,000	109,500

Excelの表を修正
3,500→4,500

支店名	10月	11月	12月	1月	2月	3月	合計
東北支店	1,700	1,500	2,000	2,200	2,200	2,300	11,900
関東支店	5,100	4,800	5,200	5,000	5,100	6,000	31,[illegible]
東海支店	2,600	2,900	2,900	2,700	3,300	4,500	18,900
関西支店	4,200	4,000	4,400	4,800	4,900	5,500	27,800
九州支店	2,400	2,800	3,900	3,400	3,500	3,700	19,700
合計	16,000	16,000	18,400	18,100	19,000	22,000	109,500

Word文書も更新

2 Excelのグラフを貼り付ける方法

ExcelのグラフをWord文書に貼り付ける場合は、（貼り付け）の 貼り付け を使います。
ExcelのグラフをWord文書に貼り付ける方法には、次のようなものがあります。

●Excelのグラフを埋め込んで貼り付ける

ボタン	ボタン名	説明
	元の書式を保持しブックを埋め込む	Excelで設定した書式のまま、Word文書に埋め込みます。
	貼り付け先のテーマを使用しブックを埋め込む	Excelで設定した書式を削除し、Word文書に設定されているテーマで埋め込みます。

●Excelのグラフをリンクして貼り付ける

ボタン	ボタン名	説明
	元の書式を保持しデータをリンク	Excelで設定した書式のまま、Excelデータと連携された状態で貼り付けます。
	貼り付け先テーマを使用しデータをリンク	Excelで設定した書式を削除し、Word文書に設定されているテーマで、Excelデータと連携された状態で貼り付けます。

●図として貼り付ける

ボタン	ボタン名	説明
	図	Excelで設定した書式のまま、図として貼り付けます。 ※図としての扱いになるため、データの変更はできなくなります。

POINT グラフの埋め込み

「埋め込み」とは、作成元のデータと連携せずにデータを貼り付ける状態のことです。
ExcelのグラフをWord文書に埋め込むと、Excelでデータを修正しても、Wordに埋め込まれたグラフは変更されません。

●Excelのグラフを埋め込んだWord文書

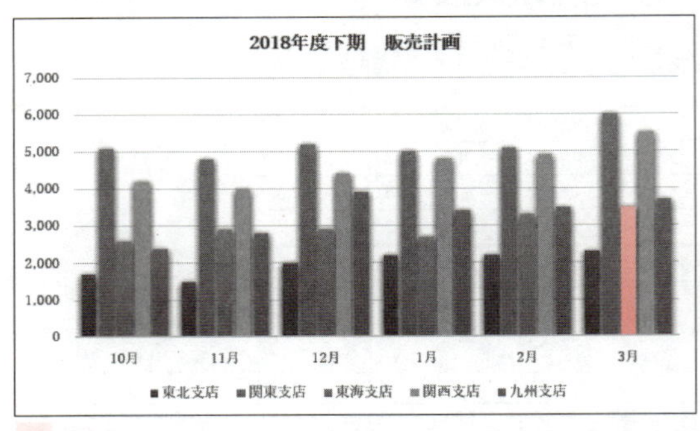

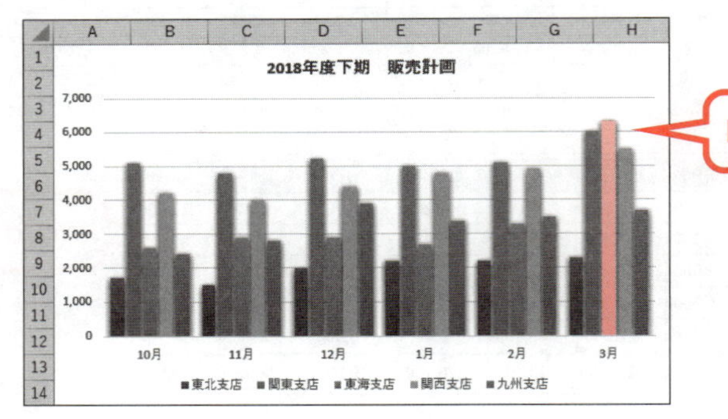

Excelのグラフを修正

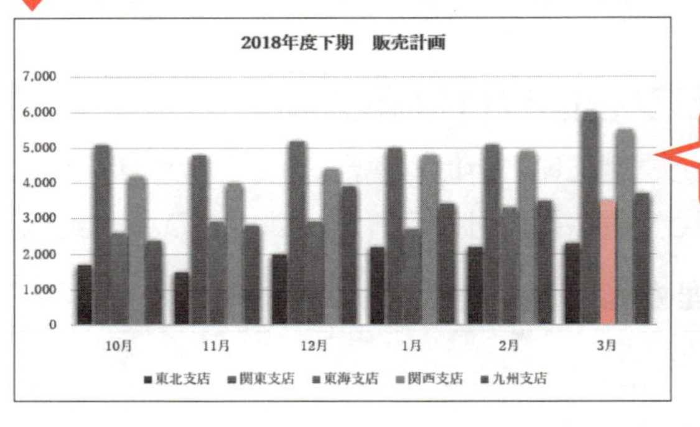

Word文書のグラフには
反映されない

●Wordに埋め込まれたグラフの編集

Wordにグラフを埋め込むと、《グラフツール》の《デザイン》タブと《書式》タブが表示されます。
埋め込まれたグラフを編集する場合は、これらのタブを使います。

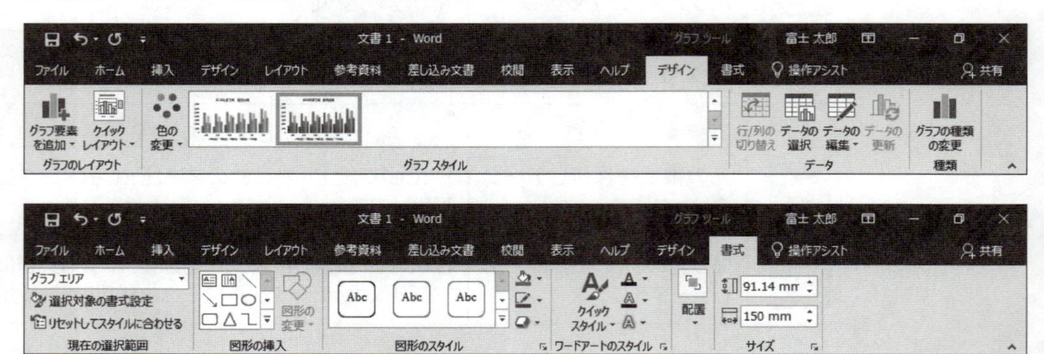

Excelの表を貼り付ける

1 データのコピーと貼り付け

Excelの表をWordの表として貼り付けます。もとのExcelの表が修正された場合でも貼り付け先のWordの表は修正されないようにします。
Excelのブック**「販売」**のシート**「2018上期販売実績」**にある表を、文書**「Excelデータを利用した文書の作成」**に貼り付けましょう。

File OPEN フォルダー「第6章」の文書「Excelデータを利用した文書の作成」とExcelのブック「販売」のシート「2018上期販売実績」を開いておきましょう。

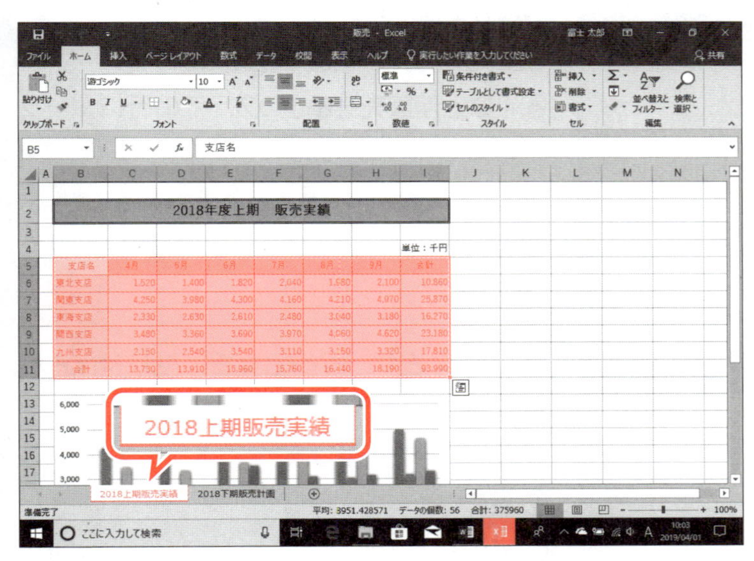

①ブック**「販売」**のシート**「2018上期販売実績」**が表示されていることを確認します。
※タスクバーの をクリックすると表示が切り替わります。

表を範囲選択します。

②セル範囲**【B5:I11】**を選択します。

表をコピーします。

③**《ホーム》**タブを選択します。

④**《クリップボード》**グループの (コピー)をクリックします。

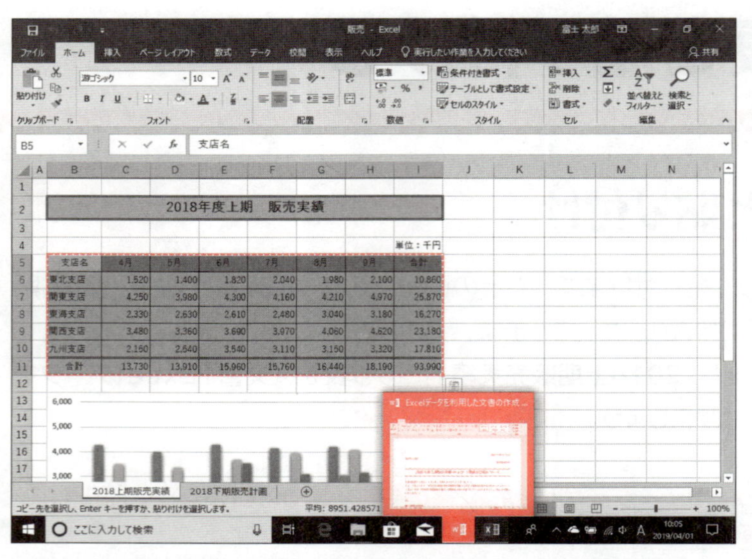

コピーされた範囲が点線で囲まれます。

⑤タスクバーの をクリックしてWord文書に切り替えます。

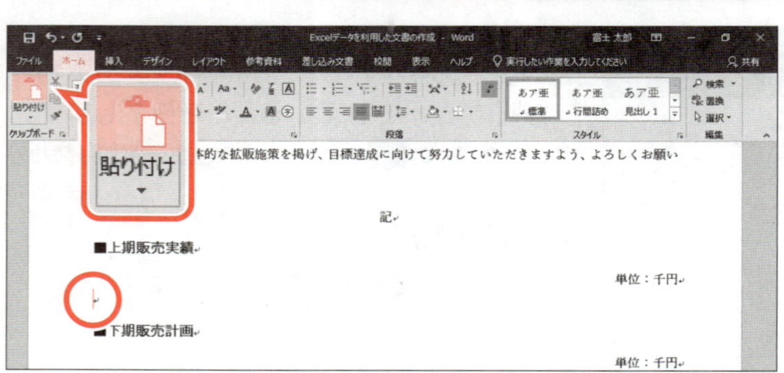

Word文書が表示されます。

表を貼り付ける位置を指定します。

⑥「■上期販売実績」の2行下の行にカーソルを移動します。

⑦《ホーム》タブを選択します。

⑧《クリップボード》グループの （貼り付け）をクリックします。

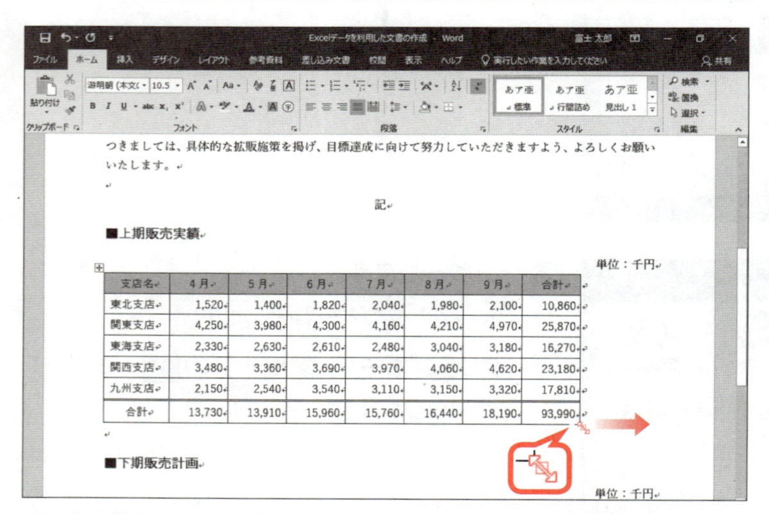

Excelの表が、Word文書に貼り付けられます。

表のサイズを変更します。

⑨表をポイントします。

⑩表の右下の□（表のサイズ変更ハンドル）を図のようにドラッグします。

※ Esc を押すと、 (Ctrl) （貼り付けのオプション）が非表示になります。

つきましては、具体的な拡販施策を掲げ、目標達成に向けて努力していただきますよう、よろしくお願いいたします。

記

■上期販売実績

単位：千円

支店名	4月	5月	6月	7月	8月	9月	合計
東北支店	1,520	1,400	1,820	2,040	1,980	2,100	10,860
関東支店	4,250	3,980	4,300	4,160	4,210	4,970	25,870
東海支店	2,330	2,630	2,610	2,480	3,040	3,180	16,270
関西支店	3,480	3,360	3,690	3,970	4,060	4,620	23,180
九州支店	2,150	2,540	3,540	3,110	3,150	3,320	17,810
合計	13,730	13,910	15,960	15,760	16,440	18,190	93,990

■下期販売計画

単位：千円

表のサイズが変更されます。

Step4 Excelの表をリンク貼り付けする

1 データのコピーとリンク貼り付け

Excelの表をWordの表としてリンク貼り付けします。リンク貼り付けを行うと、もとのExcelの表が修正された場合は、貼り付け先のWordの表が更新されます。
Excelのブック「**販売**」のシート「**2018下期販売計画**」にある表を、文書「**Excelデータを利用した文書の作成**」にリンク貼り付けしましょう。

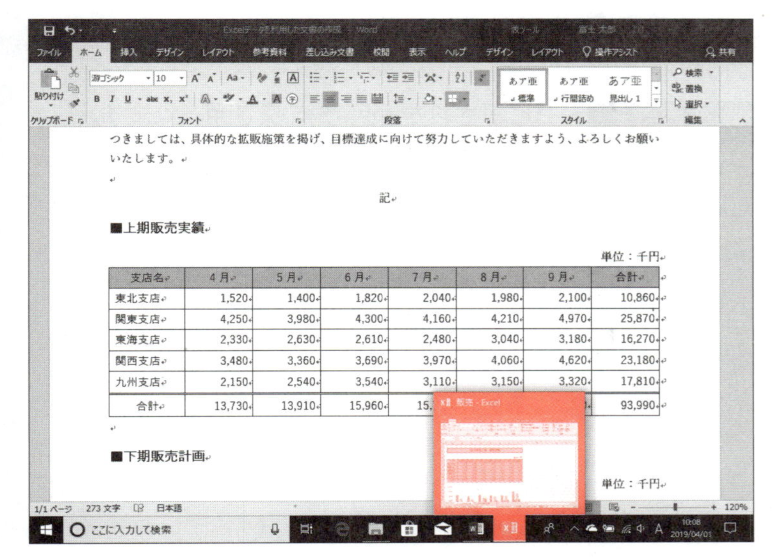

①タスクバーの をクリックしてブック「**販売**」を表示します。

Excelブックが表示されます。

②シート「**2018下期販売計画**」のシート見出しをクリックします。

1
2
3
4
5
6
7
総合問題
付録
索引

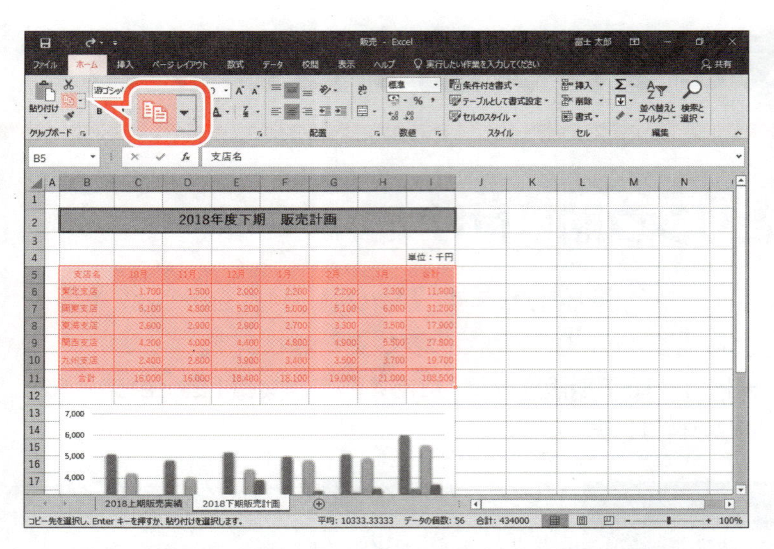

表を範囲選択します。

③セル範囲【B5:I11】を選択します。

表をコピーします。

④《ホーム》タブを選択します。

⑤《クリップボード》グループの（コピー）をクリックします。

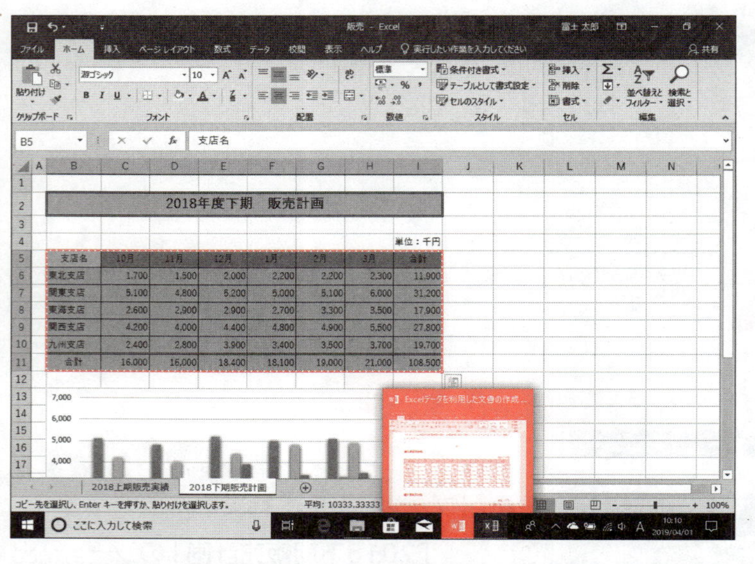

コピーされた範囲が点線で囲まれます。

⑥タスクバーの をクリックしてWord文書に切り替えます。

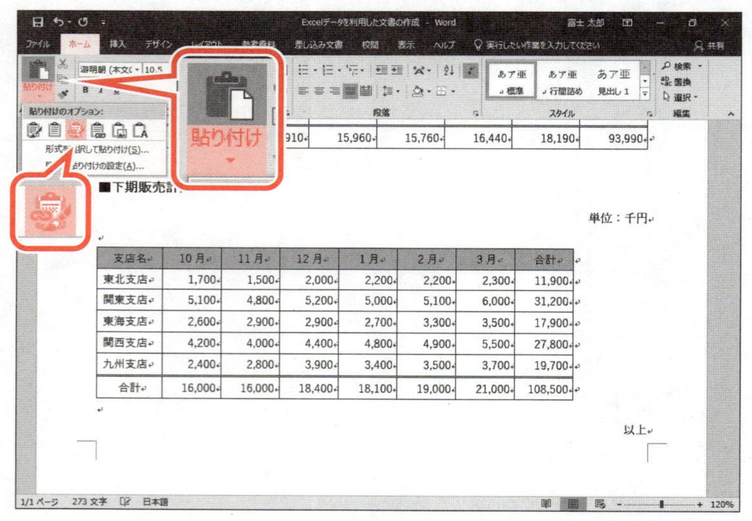

Word文書が表示されます。

表を貼り付ける位置を指定します。

⑦「■下期販売計画」の2行下の行にカーソルを移動します。

⑧《ホーム》タブを選択します。

⑨《クリップボード》グループの（貼り付け）の 貼り付け をクリックします。

⑩（リンク（元の書式を保持））をクリックします。

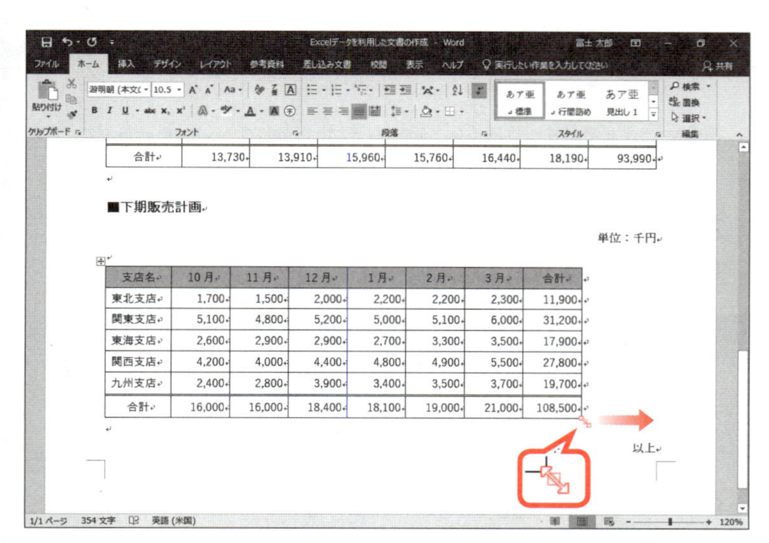

Excelの表が、Word文書にリンク貼り付けされます。

表のサイズを変更します。

⑪表をポイントします。

⑫表の右下の□（表のサイズ変更ハンドル）を図のようにドラッグします。

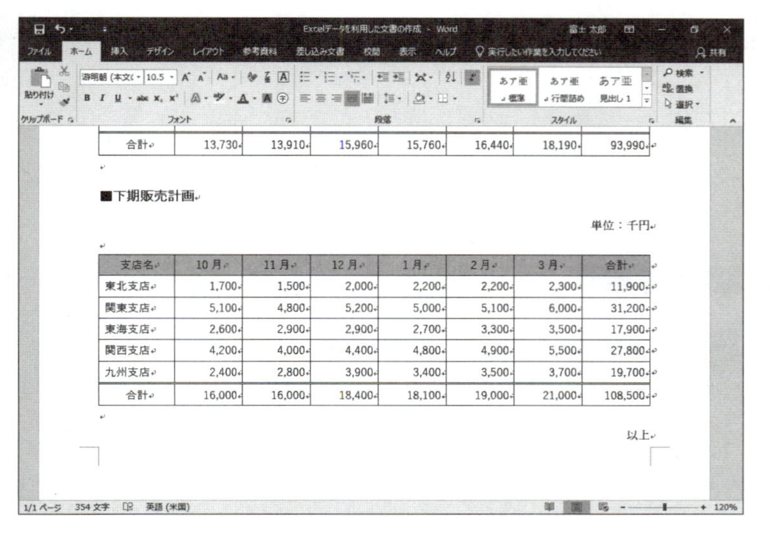

表のサイズが変更されます。

※選択を解除しておきましょう。

Let's Try ためしてみよう

次のように、「■下期販売計画」の表と「単位：千円」の行の間にある空白行を削除しましょう。

■下期販売計画

単位：千円

支店名	10月	11月	12月	1月	2月	3月	合計
東北支店	1,700	1,500	2,000	2,200	2,200	2,300	11,900
関東支店	5,100	4,800	5,200	5,000	5,100	6,000	31,200
東海支店	2,600	2,900	2,900	2,700	3,300	3,500	18,900
関西支店	4,200	4,000	4,400	4,800	4,900	5,500	27,800
九州支店	2,400	2,800	3,900	3,400	3,500	3,700	19,700
合計	16,000	16,000	18,400	18,100	19,000	22,000	109,500

①「■下期販売計画」の表の上の空白行にカーソルを移動

② Back Space を押す

2 リンクの更新

Excelの表を修正して、Word文書にリンク貼り付けした表にその修正が反映されることを確認します。

Excelブック「**販売**」のシート「**2018下期販売計画**」にある表の東海支店の3月のデータを変更し、Word文書にリンク貼り付けした表を更新しましょう。

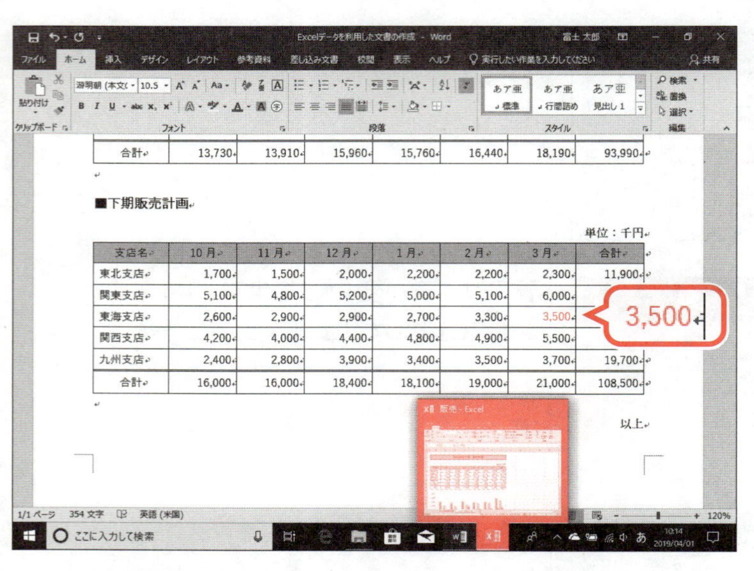

①「**■下期販売計画**」の表の東海支店の3月のデータが「**3,500**」であることを確認します。

②タスクバーの をクリックしてブック「**販売**」を表示します。

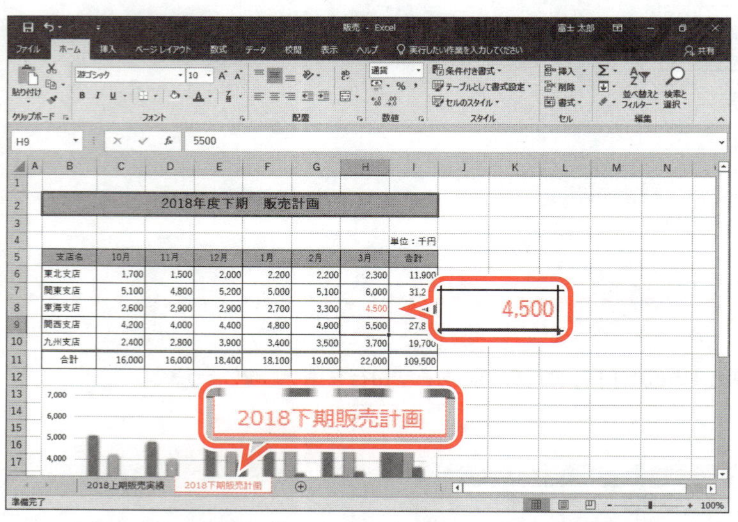

Excelブックが表示されます。

③シート「**2018下期販売計画**」が表示されていることを確認します。

東海支店の3月のデータを「**3,500**」から「**4,500**」に変更します。

④セル【**H8**】をクリックします。

⑤「**4500**」と入力し、Enterを押します。

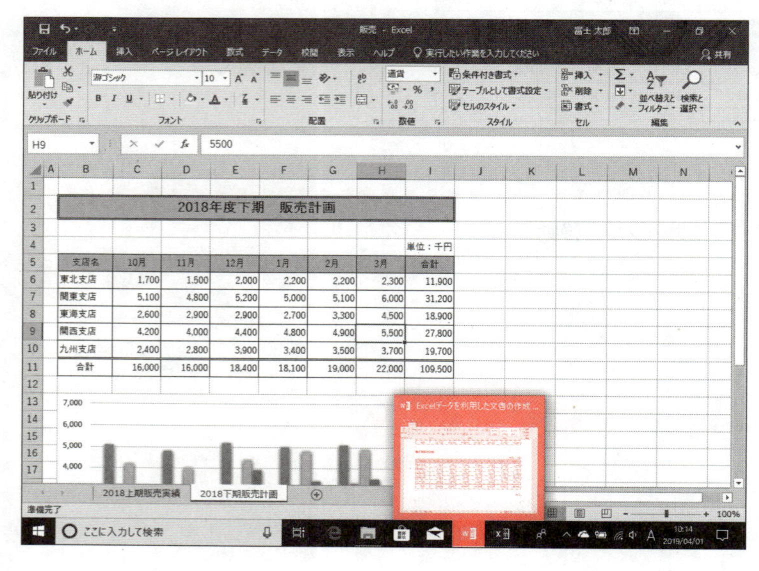

Word文書に変更が反映されることを確認します。

⑥タスクバーの をクリックしてWord文書に切り替えます。

Word文書が表示されます。

リンクの更新を行います。

⑦「**■下期販売計画**」の表を右クリックします。

※表内であれば、どこでもかまいません。

⑧《**リンク先の更新**》をクリックします。

リンクが更新され、修正した内容がWord文書に反映されます。

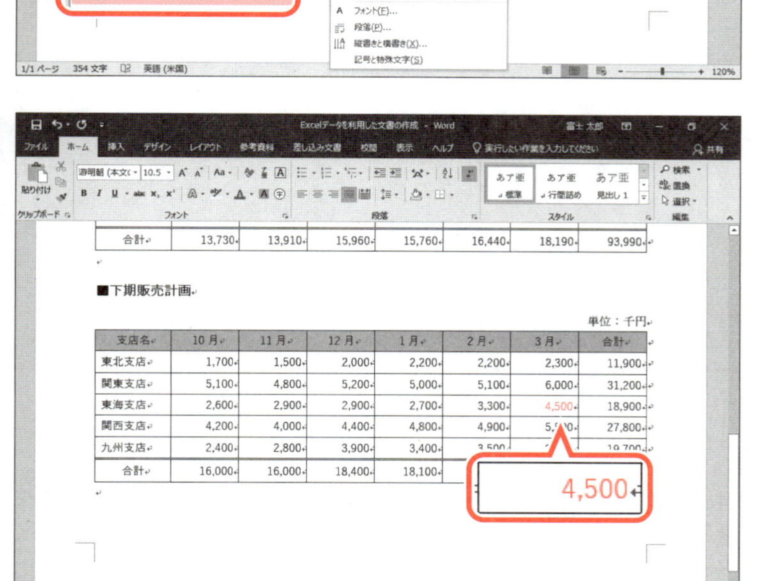

※文書に「Excelデータを利用した文書の作成完成」と名前を付けて、フォルダー「第6章」に保存し、閉じておきましょう。

※Excelのブック「販売」を保存せずに閉じておきましょう。

その他の方法(リンクの更新)

◆リンク貼り付けした表内にカーソルを移動→F9

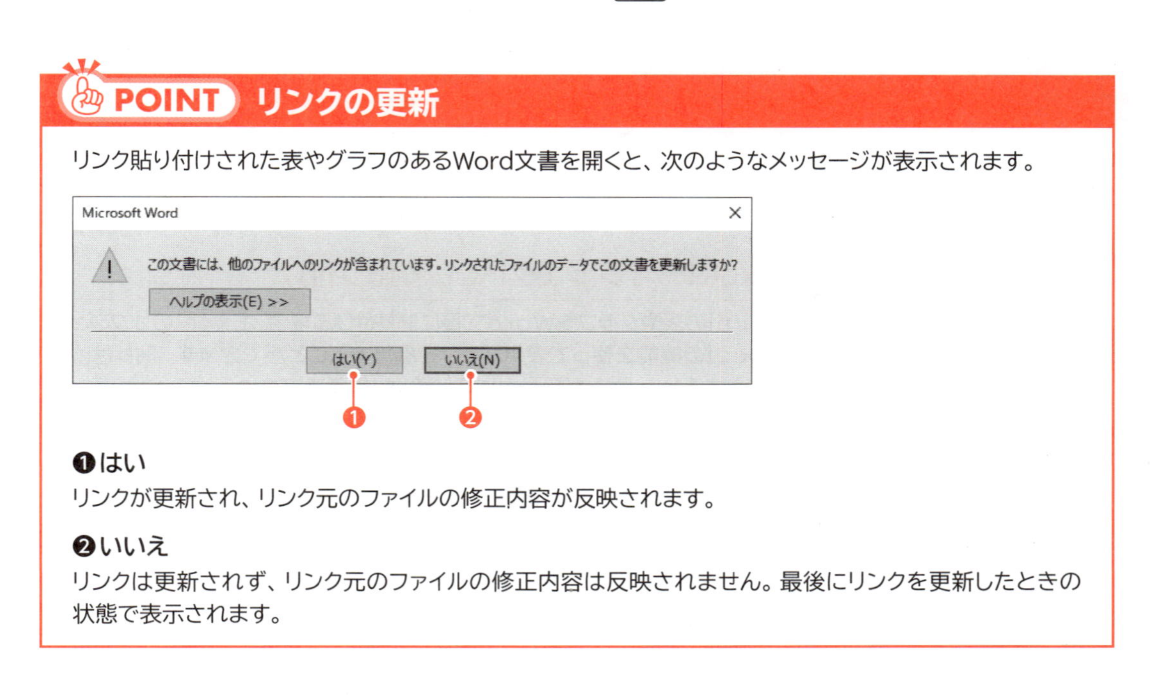

POINT リンクの更新

リンク貼り付けされた表やグラフのあるWord文書を開くと、次のようなメッセージが表示されます。

Microsoft Word
この文書には、他のファイルへのリンクが含まれています。リンクされたファイルのデータでこの文書を更新しますか?
ヘルプの表示(E) >>
はい(Y)
いいえ(N)
❶
❷

❶はい

リンクが更新され、リンク元のファイルの修正内容が反映されます。

❷いいえ

リンクは更新されず、リンク元のファイルの修正内容は反映されません。最後にリンクを更新したときの状態で表示されます。

POINT リンクの変更と解除

リンク貼り付けを行ったあとで、リンク元のブックを変更したり、リンクを解除したりする場合は、《リンクの設定》ダイアログボックスを使います。
《リンクの設定》ダイアログボックスを表示する方法は、次のとおりです。

◆リンク貼り付けされた表を右クリック→《リンクされたWorksheetオブジェクト》→《リンクの設定》

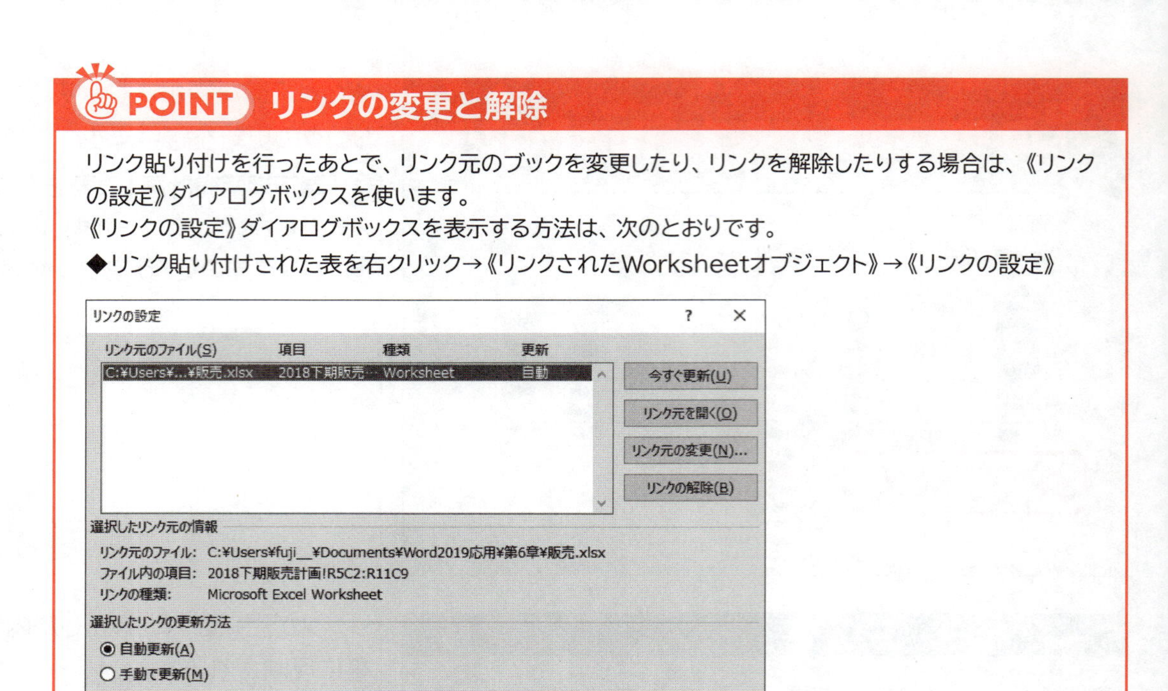

STEP UP 図として貼り付け

Excelの表やグラフを図として貼り付けると、表の編集はできなくなりますが、表の周りに文字を折り返して表示したり、枠をつけたりして、デザイン効果を高めることができます。

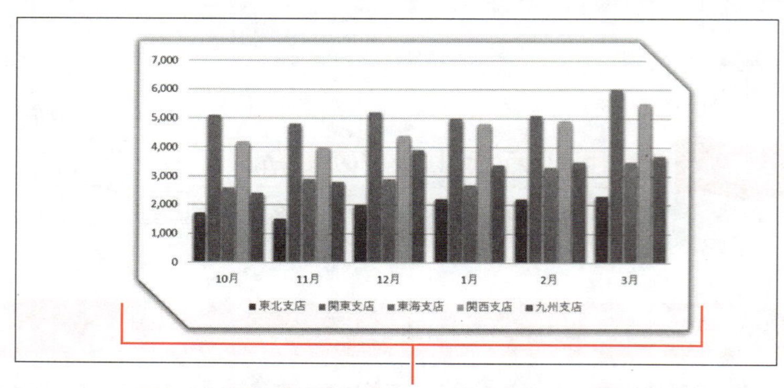

図として貼り付けたグラフに、図のスタイルを適用

STEP UP Excelのオブジェクトとして貼り付け

Excelの表やグラフをWord文書に貼り付ける場合、Excelのオブジェクトとして貼り付けると、Excelの機能を使って表やグラフを編集することができます。貼り付けた表やグラフをダブルクリックすると、リボンがExcelに切り替わり編集できます。
Excelのオブジェクトとして表やグラフを貼り付ける方法は、次のとおりです。

◆Excelの表やグラフをコピー→Word文書に切り替え→《ホーム》タブ→《クリップボード》グループの（貼り付け）の 貼り付け →《形式を選択して貼り付け》→《Microsoft Excelワークシートオブジェクト》／《Microsoft Excelグラフオブジェクト》を選択

練習問題

解答 ▶ 別冊P.9

完成図のような文書を作成しましょう。

フォルダー「第6章」の文書「第6章練習問題」とExcelのブック「説明会日程」のシート「10月」を開いておきましょう。

●完成図

2019年9月2日

5年生保護者　各位

学校説明会のご案内（10月実施分）

仲秋の候、ますますご清祥の段、お慶び申し上げます。日ごろは横田アカデミーの指導方針にご理解、ご協力をいただき、ありがたく御礼申し上げます。

さて、横田アカデミー主催の学校説明会の日程（10月分）をご案内いたします。志望校選定の判断材料のひとつとしてお役立ていただければ幸いです。

なお、6年生の保護者の皆様を優先させていただいておりますため、満席となっている学校もございます。なにとぞご了承くださいますよう、よろしくお願いいたします。

お申し込みは、各校舎までお願いいたします。

※11月実施予定校もあわせてご案内しております。こちらのお申し込みにつきましては、あらためてご案内いたします。

■10月の学校説明会日程

日付		学校名	時間	会場	申込状況
10月5日	土	梅田学園中学	10:00～12:30	渋谷駅前校	満席
10月12日	土	皆実大学付属第二中学	14:00～16:30	四谷校	空席あり
10月13日	日	桜河学園	13:00～15:30	渋谷駅前校	空席あり
10月14日	月	暁の森学園	10:00～12:30	自由が丘校	空席わずか
10月14日	月	元町中学校	14:00～16:30	横浜校	空席わずか
10月19日	土	久野女学校	13:00～15:30	川崎校	空席あり
10月20日	日	大森松下学園	10:00～12:30	四谷校	満席
10月20日	日	知倉学院	15:00～17:30	川崎校	空席わずか
10月26日	土	本庄女学院	13:00～15:30	新宿南口校	満席

■11月の学校説明会予定

日付		学校名	時間	会場
11月2日	土	三留第一中学	13:00～15:30	川崎校
11月2日	土	本町女子学園	10:00～12:30	川崎校
11月3日	日	北谷大学付属中学	13:00～15:30	渋谷駅前校
11月4日	月	下村女学院	13:00～15:30	自由が丘校
11月9日	土	坂下大学付属中学	13:00～15:30	新宿南口校
11月10日	日	井口学園	10:00～12:30	四谷校
11月16日	土	笹尾女学校	14:00～16:30	四谷校
11月23日	土	長谷大学付属中学	10:00～12:30	渋谷駅前校
11月30日	土	澤村学院大学付属中学	13:00～15:30	新宿南口校

① **「■10月の学校説明会日程」**の下の行に、Excelのブック**「説明会日程」**のシート**「10月」**の表を元の書式を保持して貼り付けましょう。

② **「■11月の学校説明会予定」**の下の行に、Excelのブック**「説明会日程」**のシート**「11月」**の表を元の書式を保持してリンク貼り付けしましょう。

③ **「■11月の学校説明会予定」**の下にある空白行を削除しましょう。

④ Excelのブック**「説明会日程」**のシート**「11月」**の表の最終行の日付を**「11月30日」**に変更し、Word文書にリンク貼り付けした表を更新しましょう。

※文書に「第6章練習問題完成」と名前を付けて、フォルダー「第6章」に保存し、閉じておきましょう。
※Excelのブック「説明会日程」を保存せずに閉じておきましょう。

第7章

便利な機能

第7章 この章で学ぶこと

学習前に習得すべきポイントを理解しておき、
学習後には確実に習得できたかどうかを振り返りましょう。

1. セクション区切りを挿入できる。 →P.220
2. セクションごとに異なるページ設定ができる。 →P.223
3. 文書のプロパティを設定できる。 →P.224
4. プロパティに含まれる個人情報や隠しデータを必要に応じて削除できる。 →P.227
5. アクセシビリティチェックを実行できる。 →P.230
6. パスワードを設定して文書を保護できる。 →P.232
7. 文書を最終版として保存できる。 →P.235
8. 文書をテンプレートとして保存できる。 →P.236
9. 保存したテンプレートを利用できる。 →P.238

Step 1 文書に異なる書式のページを挿入する

1 セクション区切り

「セクション区切り」を使うと、ひとつの文書の中に異なる書式を持つページを混在させることができます。印刷の向きが縦に設定されている文書の中で、あるページだけを横に変更したり、あるページにだけページ罫線を設定したりできます。

1 セクション区切りの挿入

次のページから別の書式の文書を挿入するために、文末にセクション区切りを挿入しましょう。

File OPEN フォルダー「第7章」の文書「便利な機能-1」を開いておきましょう。

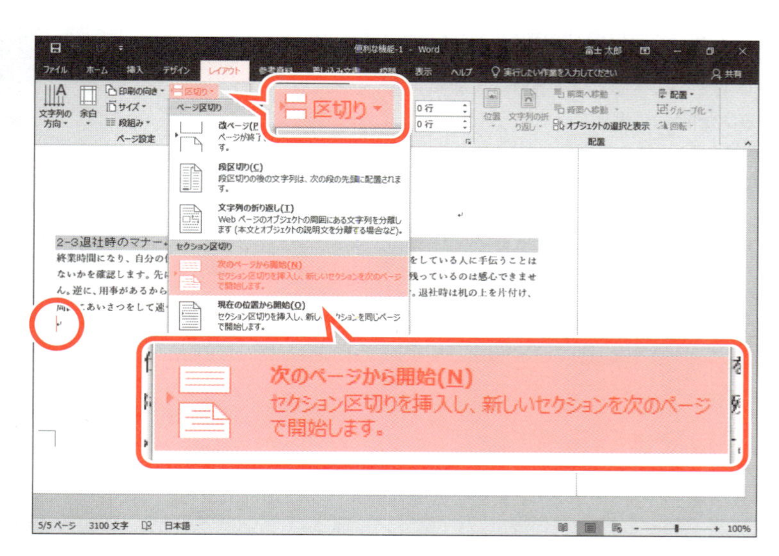

①文末にカーソルを移動します。

※ Ctrl + End を押すと、効率よく移動できます。

②《レイアウト》タブを選択します。

③《ページ設定》グループの 区切り (ページ/セクション区切りの挿入)をクリックします。

④《セクション区切り》の《次のページから開始》をクリックします。

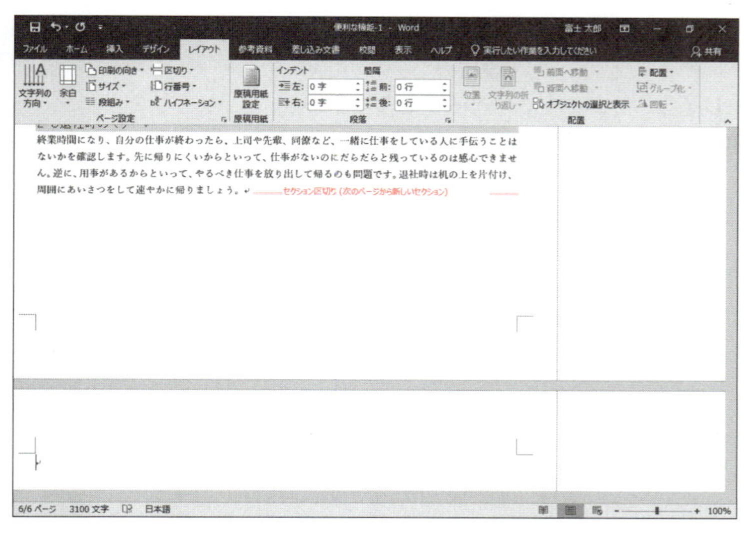

セクション区切りが挿入され、改ページされます。

※セクション区切りが表示されていない場合は、《ホーム》タブ→《段落》グループの (編集記号の表示/非表示)をクリックしておきましょう。

POINT セクション区切りの種類

セクション区切りには、次の4種類があります。

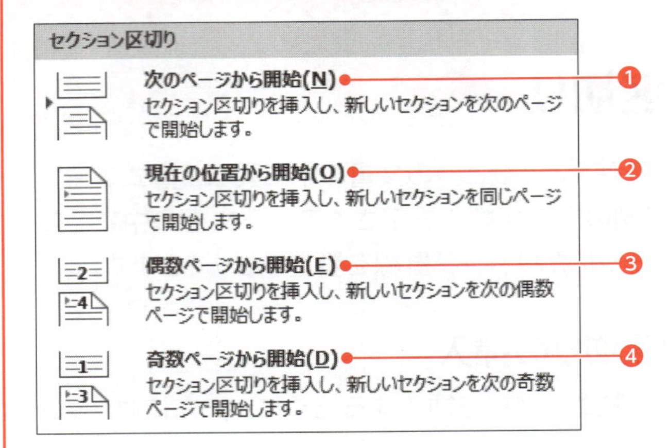

❶次のページから開始

改ページして、次のページの先頭から新しいセクションを開始します。

❷現在の位置から開始

改ページせず、同じページ内でカーソルのある位置から新しいセクションを開始します。

❸偶数ページから開始

次の偶数ページから新しいセクションを開始します。
例）カーソルが2ページ目にある場合
→4ページ目から新しいセクションを開始（3ページ目は空白）

❹奇数ページから開始

次の奇数ページから新しいセクションを開始します。
例）カーソルが1ページ目にある場合
→3ページ目から新しいセクションを開始（2ページ目は空白）

STEP UP セクションごとに設定できる書式

セクション単位で設定できる書式には、次のようなものがあります。

- 余白
- 印刷の向き
- 用紙サイズ
- プリンターの用紙トレイ
- 文字列の垂直方向の配置
- 行番号
- ページ罫線
- 段組み
- ヘッダーとフッター
- ページ番号
- 脚注番号と文末脚注番号

2 ファイルの挿入

6ページ目に、文書「**チェックシート**」を挿入しましょう。
文書「**チェックシート**」は、印刷の向きが横に設定されています。

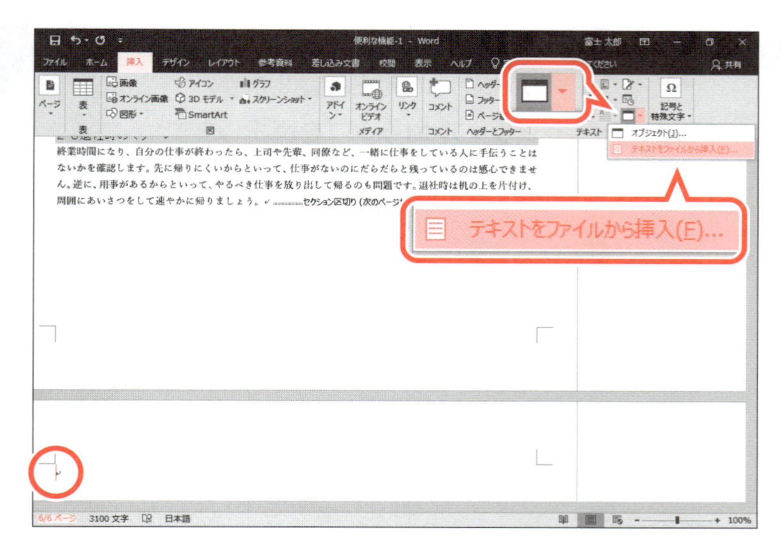

①6ページ目にカーソルがあることを確認します。
②**《挿入》**タブを選択します。
③**《テキスト》**グループの（オブジェクト）のをクリックします。
④**《テキストをファイルから挿入》**をクリックします。

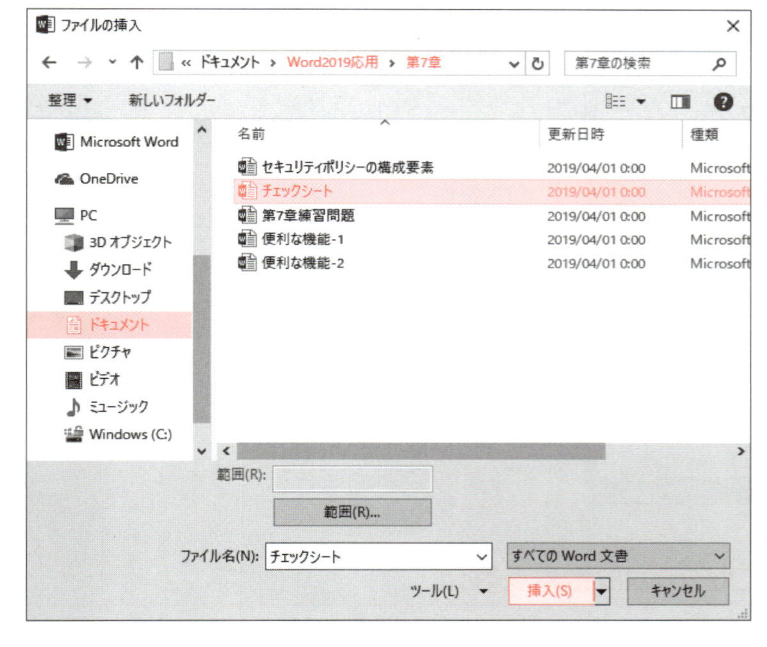

《ファイルの挿入》ダイアログボックスが表示されます。
⑤左側の一覧から**《ドキュメント》**を選択します。
※《ドキュメント》が表示されていない場合は、《PC》をダブルクリックします。
⑥一覧から「**Word2019応用**」を選択します。
⑦**《挿入》**をクリックします。
⑧一覧から「**第7章**」を選択します。
⑨**《挿入》**をクリックします。
⑩一覧から「**チェックシート**」を選択します。
⑪**《挿入》**をクリックします。

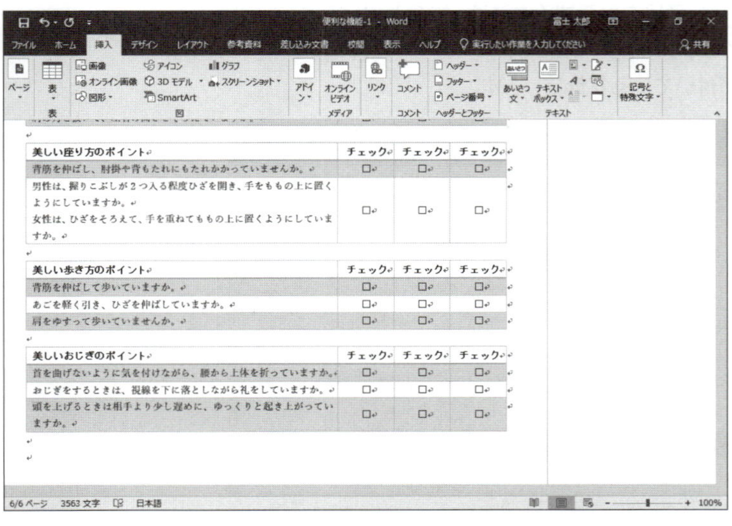

文書が挿入されます。
※印刷の向きが縦に変更されます。

3 ページ設定の変更

挿入した文書が正しく表示されるように、6ページ目のページ設定を変更します。
6ページ目の印刷の向きを**「横」**に設定しましょう。

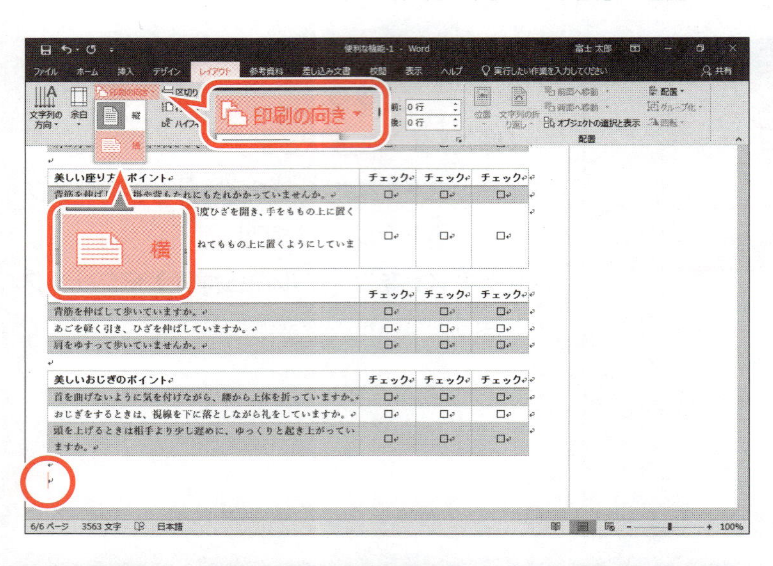

①新しいセクション内（6ページ目）にカーソルがあることを確認します。
②**《レイアウト》**タブを選択します。
③**《ページ設定》**グループの 印刷の向き（ページの向きを変更）をクリックします。
④**《横》**をクリックします。

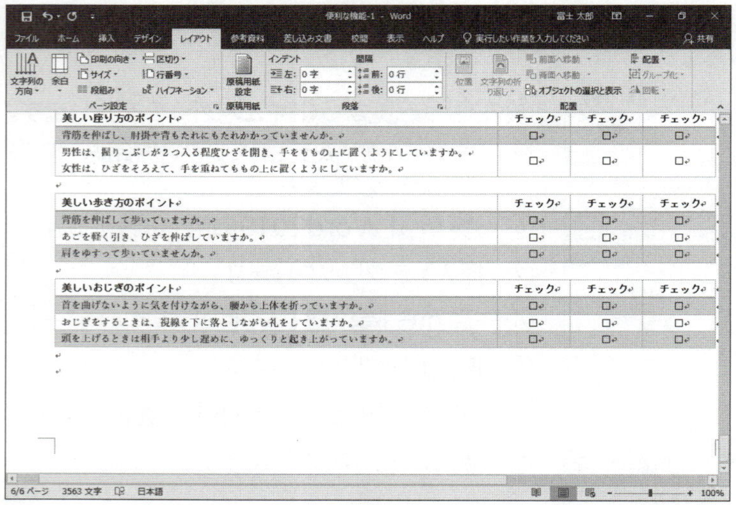

6ページ目の印刷の向きが横に設定されます。
※スクロールして確認しておきましょう。

STEP UP ステータスバーにセクション番号を表示

ステータスバーにセクション番号を表示すると、カーソルのある位置のセクション番号を確認できます。
ステータスバーにセクション番号を表示する方法は、次のとおりです。

◆ステータスバーを右クリック→《セクション》
※《セクション》に ✓ が付いている状態にします。

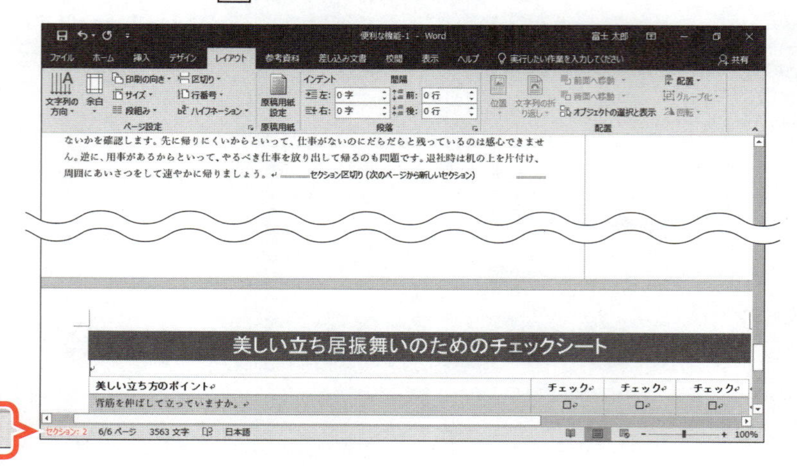

Step2 文書のプロパティを設定する

1 文書のプロパティの設定

「プロパティ」とは、一般に**「属性」**と呼ばれるもので、性質や特性を表す言葉です。
文書のプロパティには、文書のファイルサイズや作成日時、最終更新日時などがあります。文書にプロパティを設定しておくと、Windowsのファイル一覧で、プロパティの内容を表示したり、プロパティの値をもとにファイルを検索したりすることができます。
文書のプロパティに、次の情報を設定しましょう。

タイトル　：ビジネスマナー研修資料 作成者　：スタッフ教育チーム）富士

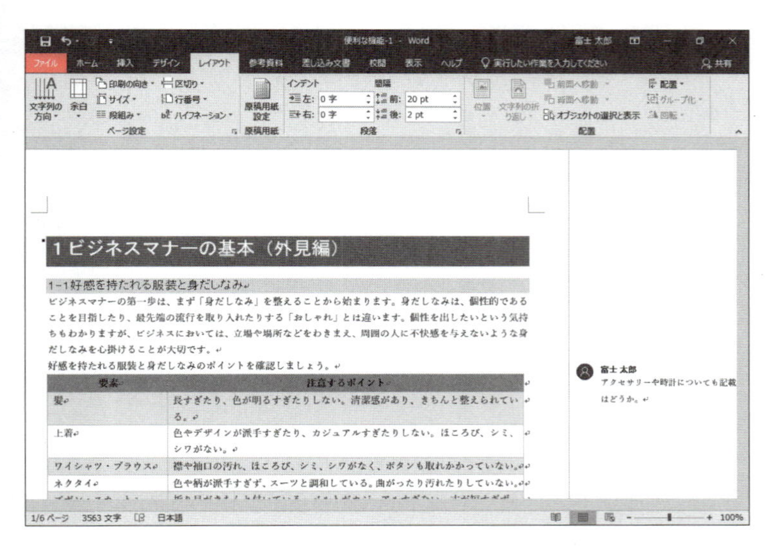

①《**ファイル**》タブを選択します。

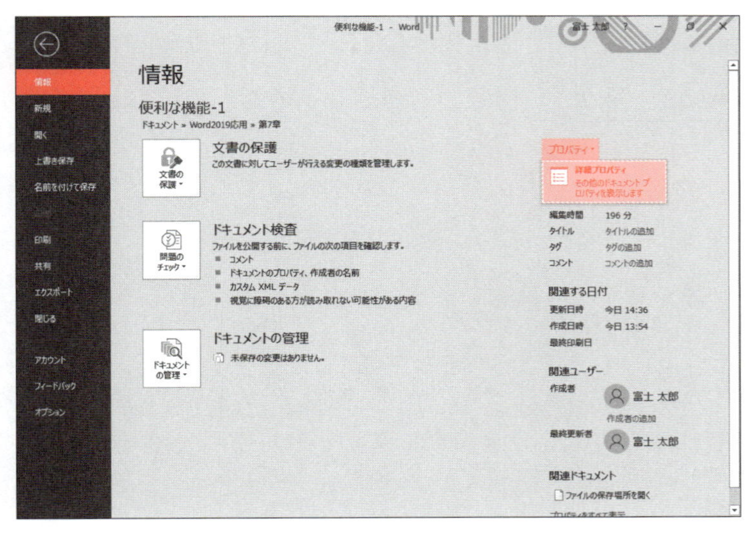

②《**情報**》をクリックします。
③右側の《**プロパティ**》をクリックします。
④《**詳細プロパティ**》をクリックします。

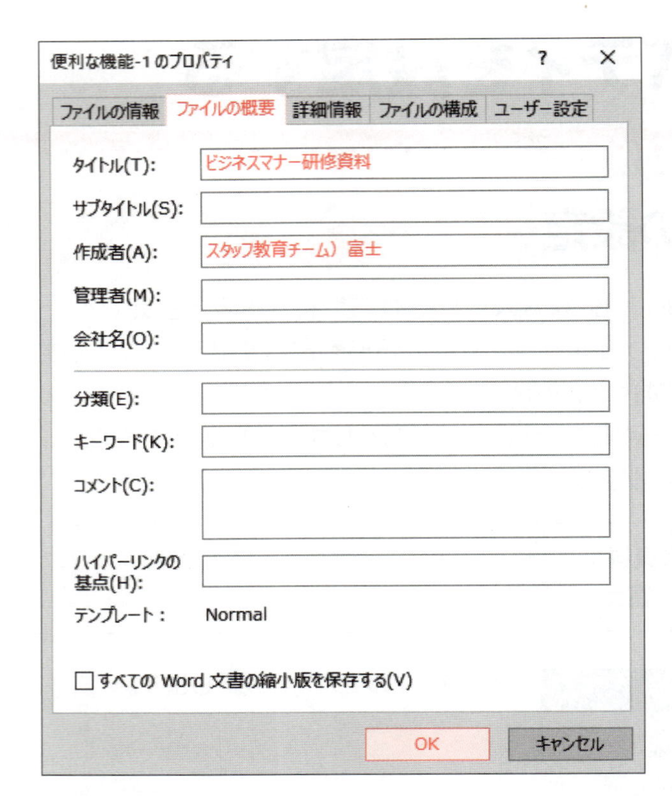

《便利な機能-1のプロパティ》ダイアログボックスが表示されます。

⑤**《ファイルの概要》**タブを選択します。

⑥**《タイトル》**に**「ビジネスマナー研修資料」**と入力します。

⑦**《作成者》**に**「スタッフ教育チーム）富士」**と入力します。

⑧**《OK》**をクリックします。

文書のプロパティに情報が設定されます。

※プロパティが更新されたことを確認し、Esc を押して、文書を表示しておきましょう。

STEP UP ファイル一覧でのプロパティ表示

エクスプローラーのファイル一覧で、ファイルの表示方法が《詳細》のとき、ファイルのプロパティを確認できます。ファイル一覧に表示するプロパティの項目は、自由に設定することもできます。

ファイルの表示方法を変更する方法は、次のとおりです。

◆《表示》タブ→《レイアウト》グループの《詳細》

プロパティの項目を設定する方法は、次のとおりです。

◆列見出しを右クリック→《その他》→表示する項目を☑にする

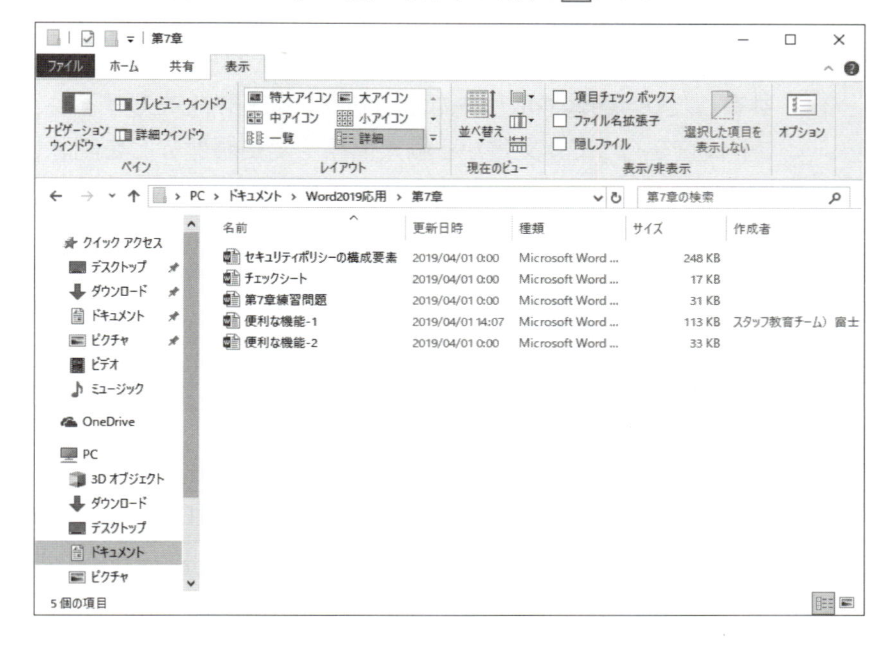

STEP UP プロパティを使ったファイルの検索

作成者やキーワードなどファイルに設定したプロパティをもとに、Windowsのファイル一覧でファイルを検索できます。

プロパティを使ってファイルを検索する方法は、次のとおりです。

◆ファイル一覧の検索ボックスに検索する文字を入力

Step3 文書の問題点をチェックする

1 ドキュメント検査

「**ドキュメント検査**」を使うと、文書に個人情報や隠し文字、変更履歴などが含まれていないかどうかをチェックして、必要に応じてそれらを削除できます。作成した文書を社内で共有したり、顧客や取引先など社外の人に配布したりするような場合は、事前にドキュメント検査を行って、文書から個人情報や変更履歴などを削除しておくと、情報の漏えいを防止することにつながります。

1 ドキュメント検査の対象

ドキュメント検査では、次のような内容をチェックできます。

対象	説明
コメント 変更履歴	コメントや変更履歴には、それを入力したユーザー名や内容そのものが含まれています。
プロパティ	文書のプロパティには、作成者の情報や作成日時などが含まれています。
ヘッダー フッター	ヘッダーやフッターに作成者の情報が含まれている可能性があります。
隠し文字	隠し文字として設定されている部分に知られたくない情報が含まれている可能性があります。 隠し文字が文書に含まれているか不明な場合は、ドキュメント検査で検索できます。

2 ドキュメント検査の実行

ドキュメント検査を行ってすべての項目を検査し、検査結果からプロパティ以外の情報を削除しましょう。

※あらかじめ1ページ目にコメントが挿入されていることを確認しておきましょう。

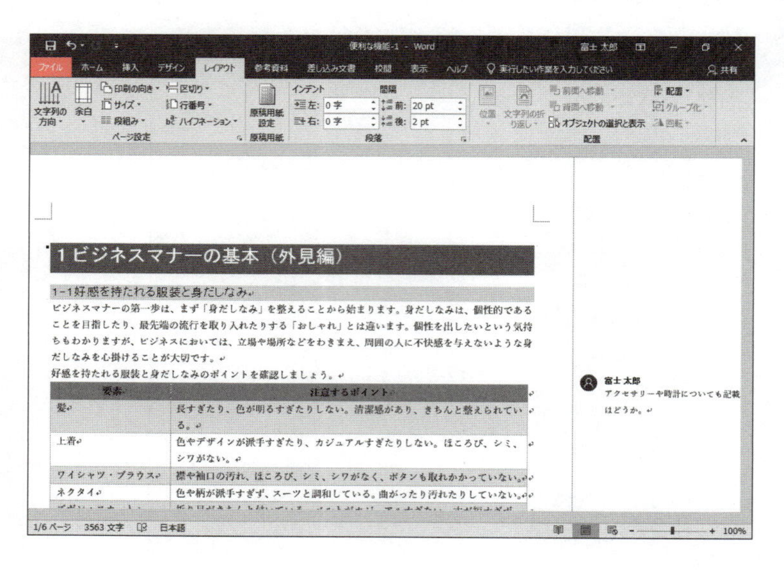

①《**ファイル**》タブを選択します。

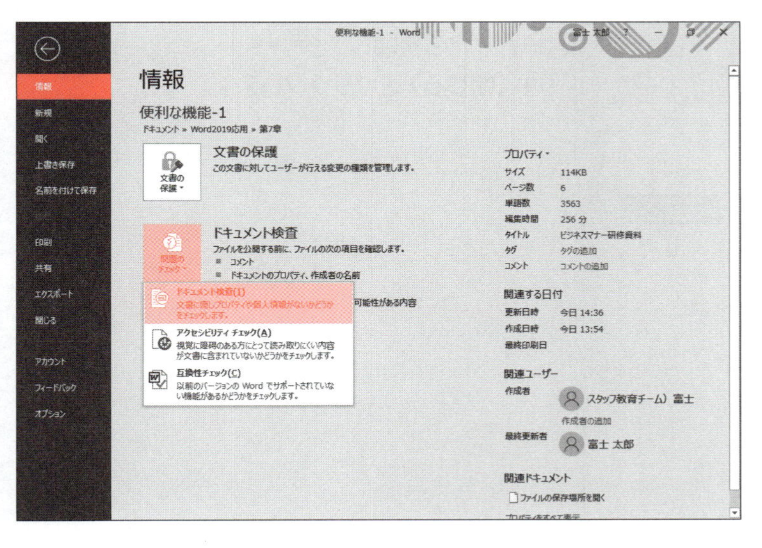

②《**情報**》をクリックします。

③《**問題のチェック**》をクリックします。

④《**ドキュメント検査**》をクリックします。

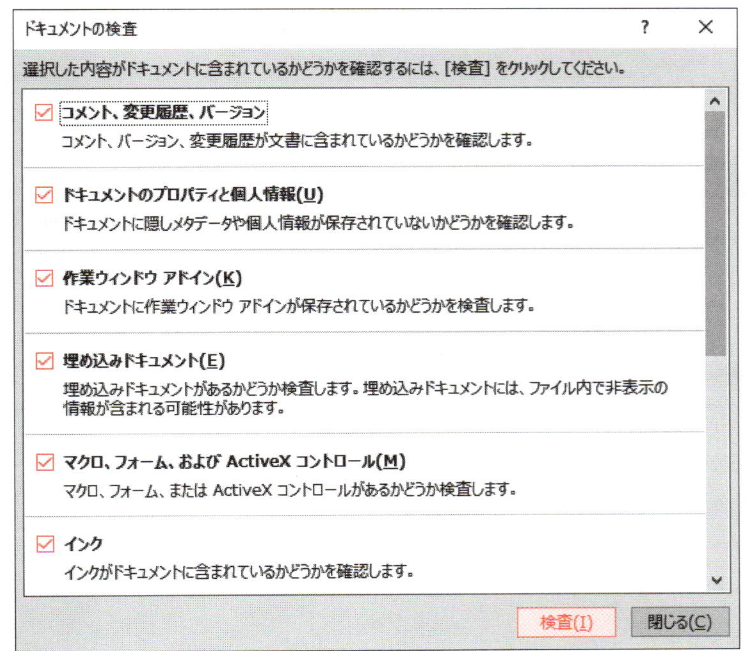

《**ドキュメントの検査**》ダイアログボックスが表示されます。

※保存に関するメッセージが表示される場合は、《はい》をクリックします。

⑤すべての検査項目を☑にします。

⑥《**検査**》をクリックします。

ドキュメントの検査
検査結果を確認してください。
! コメント、変更履歴、バージョン　すべて削除
次のアイテムが見つかりました:
* コメント
! ドキュメントのプロパティと個人情報　すべて削除
次のドキュメント情報が見つかりました:
* 文書のプロパティ
* 作成者
作業ウィンドウ アドイン
作業ウィンドウ アドインが見つかりませんでした。
埋め込みドキュメント
埋め込みドキュメントは見つかりませんでした。
マクロ、フォーム、および ActiveX コントロール
マクロ、フォーム、および ActiveX コントロールは見つかりませんでした。
折りたたまれている見出し
注意: いくつかの変更は元に戻せません。
再検査(R)　閉じる(C)

検査結果が表示されます。

個人情報や隠しデータが含まれている可能性のある項目には、《**すべて削除**》が表示されます。

※スクロールして確認しておきましょう。

⑦《**コメント、変更履歴、バージョン**》の《**すべて削除**》をクリックします。

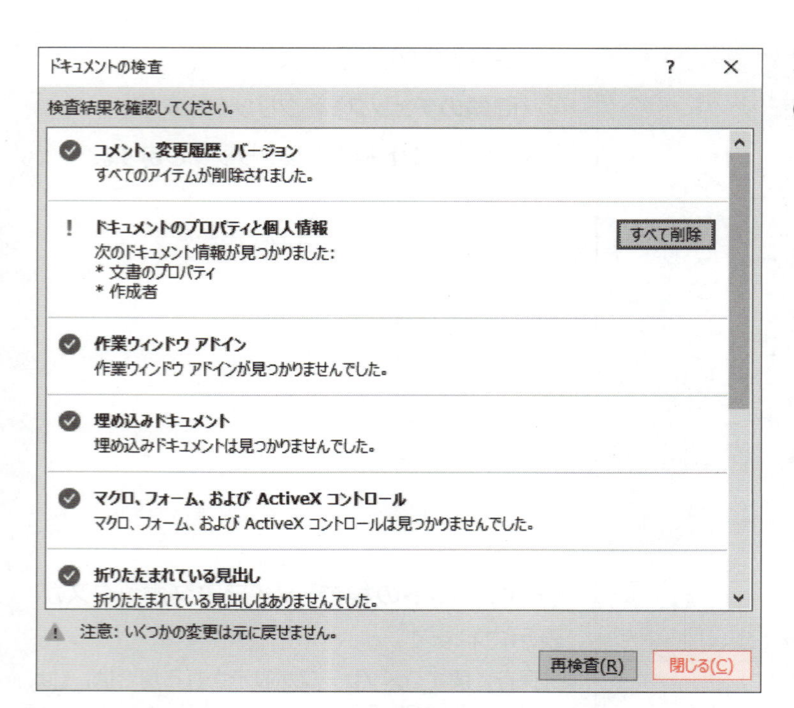

コメントが削除されます。

⑧**《閉じる》**をクリックします。

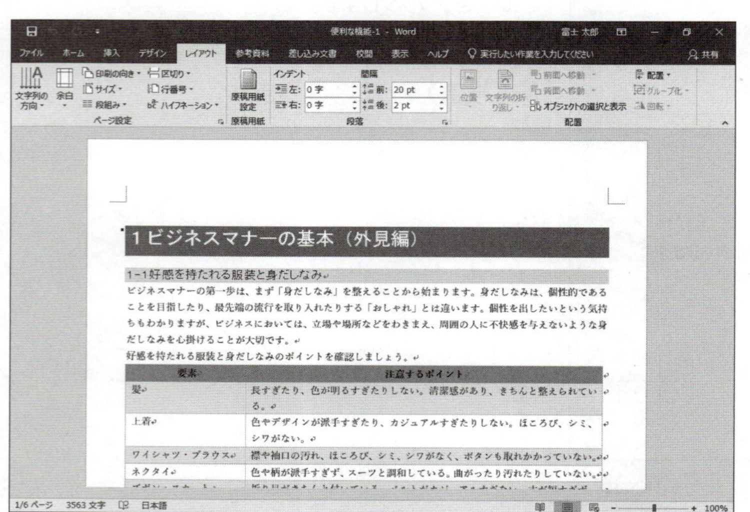

ドキュメント検査が終了します。

⑨文書内に表示されていたコメントが削除されていることを確認します。

2 アクセシビリティチェック

「アクセシビリティ」とは、すべての人が不自由なく情報を手に入れられるかどうか、使いこなせるかどうかを表す言葉です。
「アクセシビリティチェック」を使うと、視覚に障がいのある方などが音声読み上げソフトを利用するときに、判別しにくい情報が含まれていないかどうかをチェックできます。

1 アクセシビリティチェックの実行

文書のアクセシビリティをチェックしましょう。

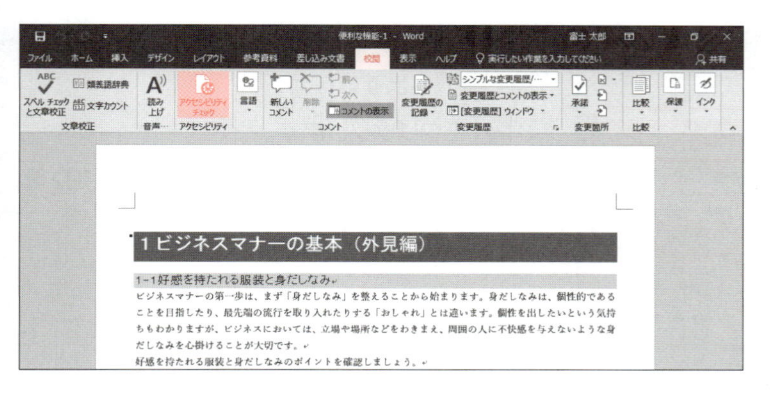

①《校閲》タブを選択します。
②《アクセシビリティ》グループの（アクセシビリティチェック）をクリックします。

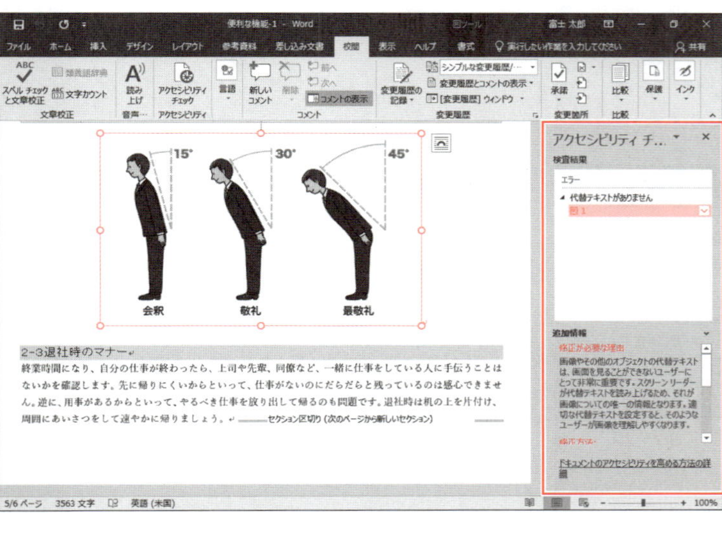

《アクセシビリティチェック》作業ウィンドウが表示されます。
アクセシビリティチェックの検査結果を確認します。
③《検査結果》の一覧から「図1」を選択します。
文書内のエラーになった画像が選択されます。
※画像に代替テキストが設定されていないため、エラーが表示されています。
④《追加情報》で《修正が必要な理由》と《修正方法》を確認します。
※表示されていない場合は、スクロールして調整します。

《アクセシビリティチェック》作業ウィンドウ

STEP UP その他の方法（アクセシビリティチェックの実行）

◆《ファイル》タブ→《情報》→《問題のチェック》→《アクセシビリティチェック》

POINT アクセシビリティチェックの検査結果

アクセシビリティチェックの検査結果は、修正の必要に応じて次の3つに分類されます。

結果	説明
エラー	障がいがある方にとって、理解が難しい、または理解できないオブジェクトに表示されます。
警告	障がいがある方にとって、理解できない可能性が高いオブジェクトに表示されます。
ヒント	障がいがある方にとって、理解できるが改善した方がよいオブジェクトに表示されます。

2 代替テキストの設定

音声読み上げソフトなどで文書の内容を読み上げるとき、図形や画像などのオブジェクトや表があると、正しく読み上げられず、作成者の意図したとおりに伝わらない可能性があります。そのため、オブジェクトには**「代替テキスト」**を設定しておきます。代替テキストは、オブジェクトの代わりに読み上げられる文字のことです。代替テキストをオブジェクトに設定しておくと、音声読み上げソフトなどを使った場合でも理解しやすい文書にすることができます。

アクセシビリティチェックでエラーとなった画像に、代替テキスト**「おじぎの仕方」**を設定しましょう。

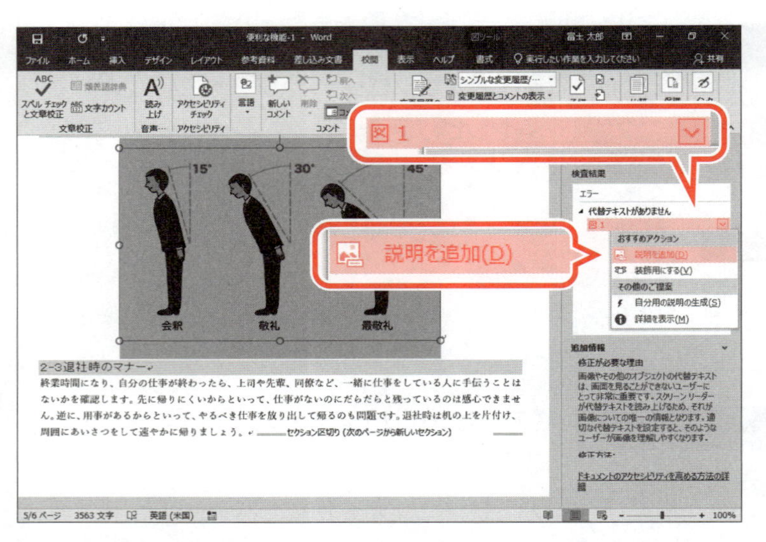

①**《検査結果》**の**《エラー》**の一覧から**「図1」**を選択します。

② をクリックします。

③**《おすすめアクション》**の**《説明を追加》**をクリックします。

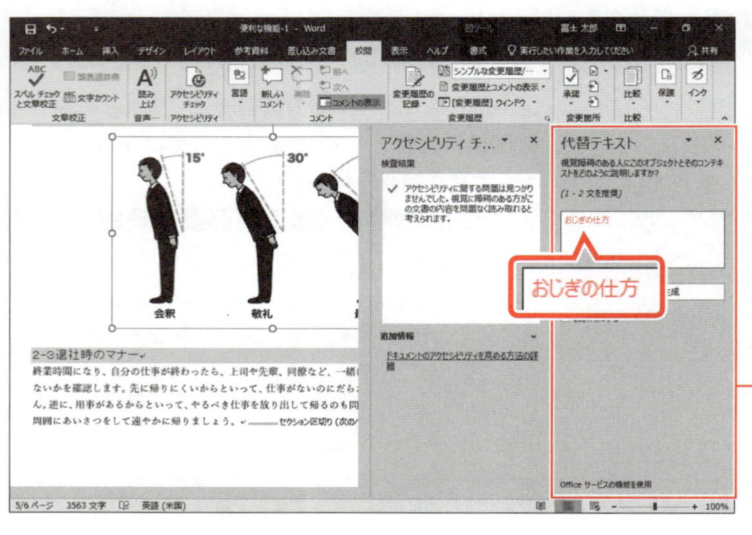

《代替テキスト》作業ウィンドウが表示されます。

③図のように**「おじぎの仕方」**と入力します。

※代替テキストを入力すると、《アクセシビリティチェック》作業ウィンドウの《検査結果》の一覧から「図1」がなくなります。

※ （閉じる）をクリックして、《アクセシビリティチェック》作業ウィンドウと《代替テキスト》作業ウィンドウを閉じておきましょう。

STEP UP その他の方法（代替テキストの設定）

◆画像を選択→《書式》タブ→《アクセシビリティ》グループの （代替テキストウィンドウを表示します）

Step4 文書を保護する

1 パスワードを使用して暗号化

「パスワードを使用して暗号化」を使うと、セキュリティを高めるために文書を暗号化し、文書に**「パスワード」**を設定することができます。パスワードを設定すると、文書を開くときにパスワードの入力が求められます。パスワードを知らないユーザーは文書を開くことができないため、機密性を保つことができます。

1 パスワードの設定

文書にパスワード「password」を設定しましょう。

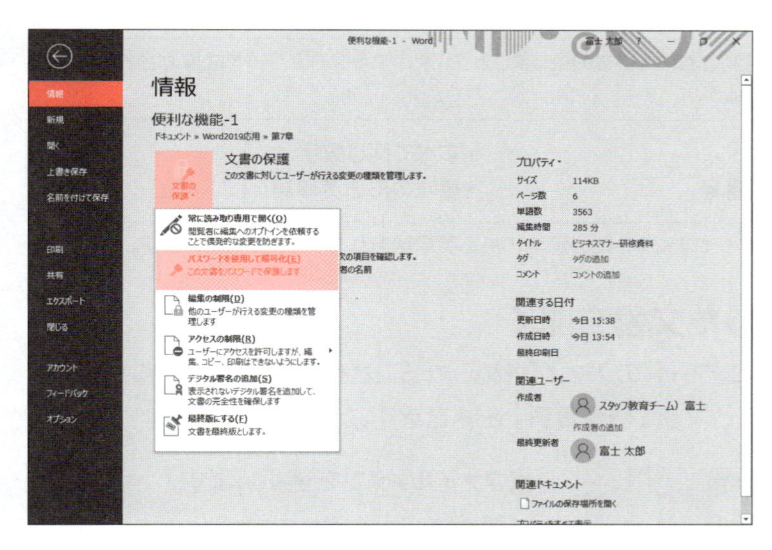

①**《ファイル》**タブを選択します。
②**《情報》**をクリックします。
③**《文書の保護》**をクリックします。
④**《パスワードを使用して暗号化》**をクリックします。

ドキュメントの暗号化 ? ×
このファイルの内容を暗号化します
パスワード(R):
●●●●●●●●
注意: 忘れてしまったパスワードを回復することはできません。パスワードと、それに対応するドキュメント名を一覧にして、安全な場所に保管することをお勧めします。
(パスワードは、大文字と小文字が区別されることに注意してください。)
OK キャンセル

《ドキュメントの暗号化》ダイアログボックスが表示されます。
⑤**《パスワード》**に「password」と入力します。
※大文字と小文字が区別されます。注意して入力しましょう。
※入力したパスワードは「●」で表示されます。
⑥**《OK》**をクリックします。

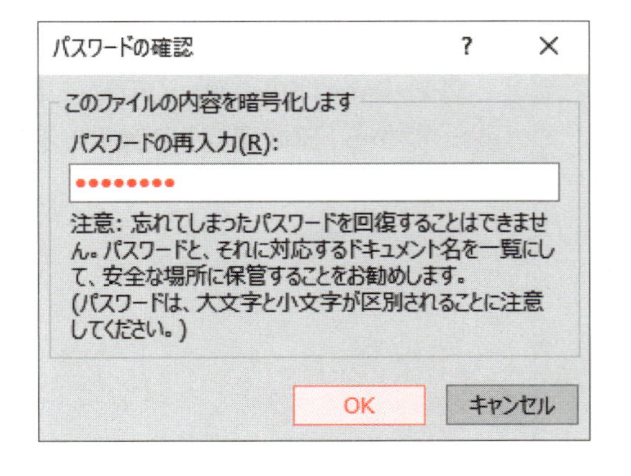

《パスワードの確認》ダイアログボックスが表示されます。
⑦**《パスワードの再入力》**に再度「password」と入力します。
⑧**《OK》**をクリックします。

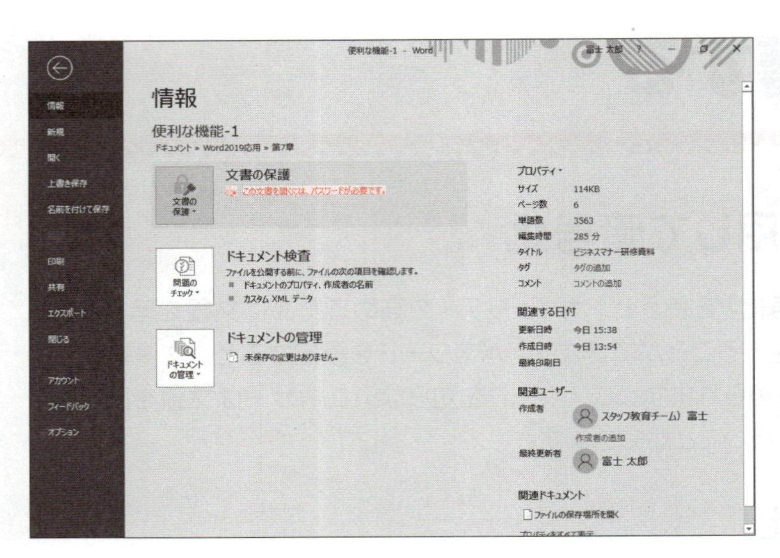

パスワードが設定されます。

※設定したパスワードは、文書を保存すると有効になります。

※文書に「研修資料」と名前を付けて、フォルダー「第7章」に保存し、閉じておきましょう。

STEP UP **パスワード**

設定するパスワードは推測されにくいものにしましょう。次のようなパスワードは推測されやすいので、避けた方がよいでしょう。

・誕生日	・すべて同じ数字
・従業員番号や会員番号	・意味のある英単語　　など

※本書では、操作をわかりやすくするため意味のある英単語をパスワードにしています。

2 パスワードを設定した文書を開く

文書「**研修資料**」を開くと、パスワードの入力が求められることを確認しましょう。
設定したパスワードを入力して、文書「**研修資料**」を開きます。

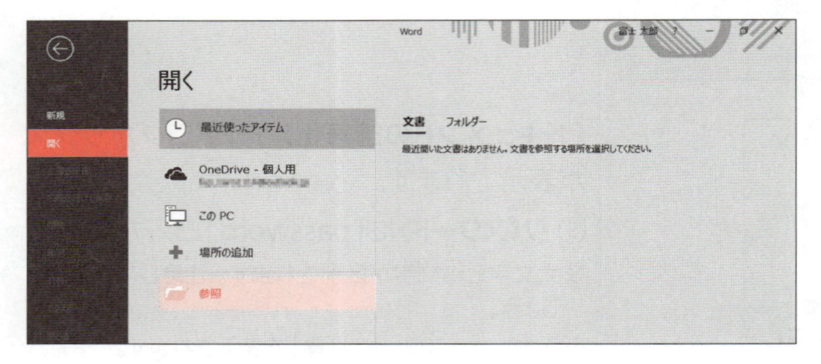

①**《ファイル》**タブを選択します。

②**《開く》**をクリックします。

③**《参照》**をクリックします。

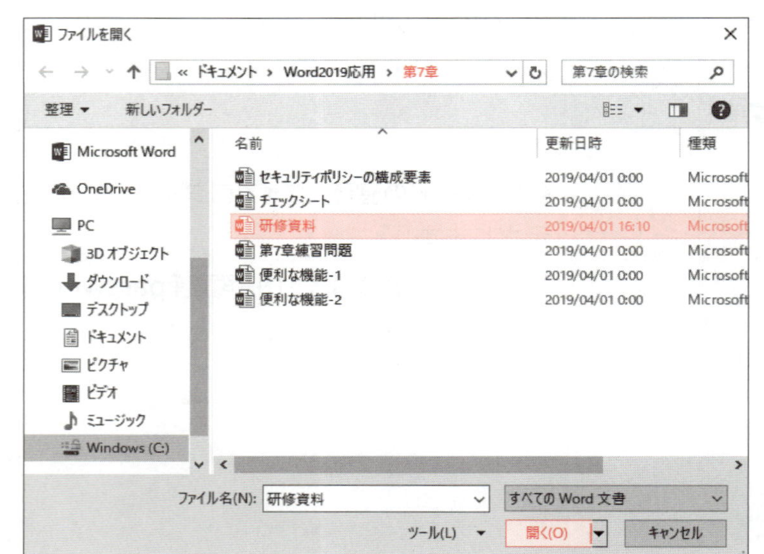

《ファイルを開く》ダイアログボックスが表示されます。

④フォルダー「**第7章**」が開かれていることを確認します。

※「第7章」が開かれていない場合は、《PC》→《ドキュメント》→「Word2019応用」→「第7章」を選択します。

⑤一覧から「**研修資料**」を選択します。

⑥**《開く》**をクリックします。

《パスワード》ダイアログボックスが表示されます。

⑦《パスワードを入力してください。》に「password」と入力します。

※入力したパスワードは「*」で表示されます。

⑧《OK》をクリックします。

文書が開かれます。

STEP UP パスワードの種類

文書に設定できるパスワードには、「読み取りパスワード」と「書き込みパスワード」の2種類があります。

種類	内容
読み取りパスワード	パスワードを知っているユーザーだけが文書を開くことができる。
書き込みパスワード	パスワードを知っているユーザーだけが文書を上書き保存できる。

「パスワードを使用して暗号化」を使って設定したパスワードは、読み取りパスワードになります。
文書に書き込みパスワードを設定する方法は、次のとおりです。

◆《ファイル》タブ→《名前を付けて保存》→《参照》→《ツール》→《全般オプション》→《書き込みパスワード》に設定

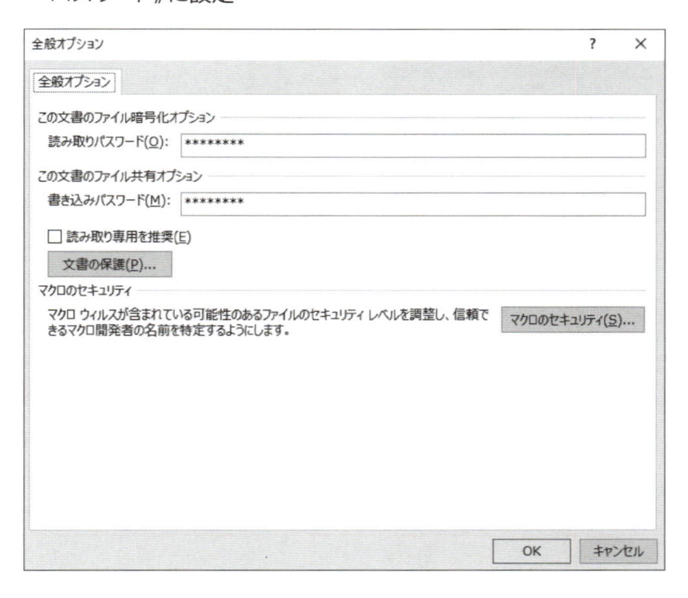

2 最終版として保存

「最終版にする」を使うと、文書が読み取り専用になり、内容を変更できなくなります。
文書が完成してこれ以上変更を加えない場合は、その文書を最終版にしておくと、不用意に内容を書き換えたり文字を削除したりすることを防止できます。
文書を最終版として保存しましょう。

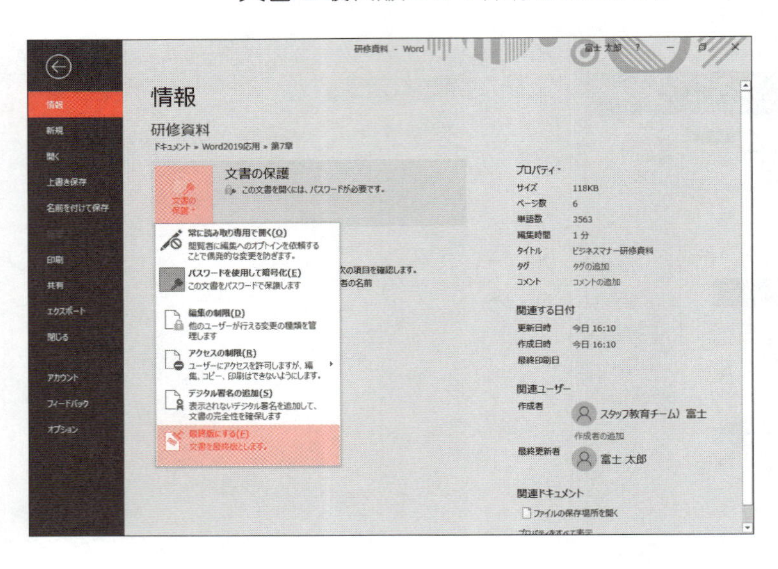

①**《ファイル》**タブを選択します。
②**《情報》**をクリックします。
③**《文書の保護》**をクリックします。
④**《最終版にする》**をクリックします。

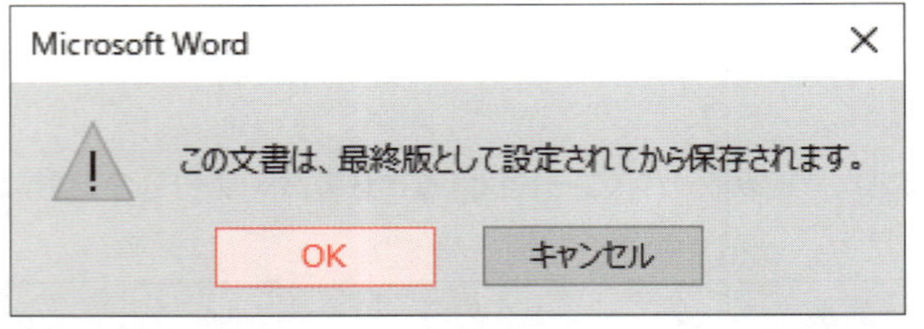

図のようなメッセージが表示されます。
⑤**《OK》**をクリックします。
※最終版に関するメッセージが表示される場合は、《OK》をクリックします。

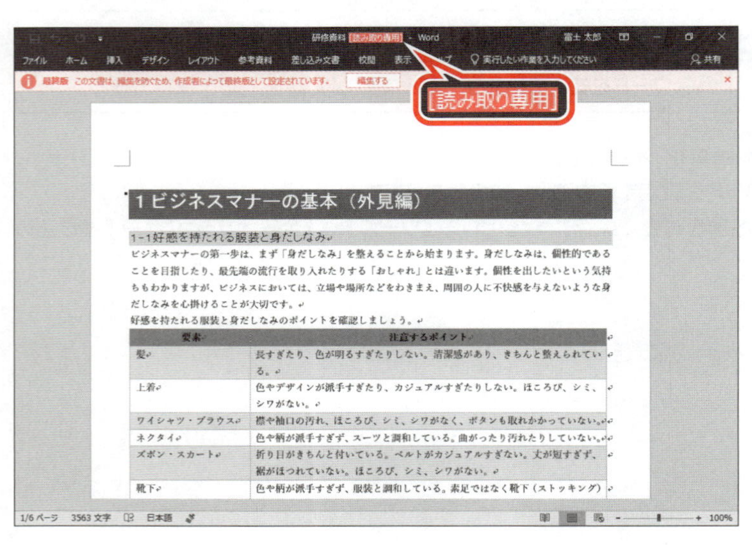

文書が最終版として上書き保存されます。
文書を表示します。
⑥ Esc を押します。
⑦タイトルバーに**《[読み取り専用]》**と表示され、最終版を表すメッセージバーが表示されていることを確認します。
※文書を閉じておきましょう。

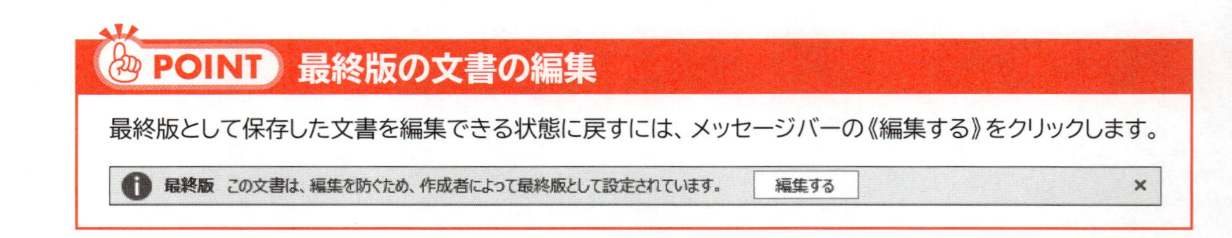

POINT 最終版の文書の編集

最終版として保存した文書を編集できる状態に戻すには、メッセージバーの《編集する》をクリックします。

Step5 テンプレートを操作する

1 テンプレートとして保存

「テンプレート」とは、あらかじめ必要な項目を入力したり書式を設定したりした文書のひな形のことです。
月次報告書や議事録など、繰り返し使う定型の文書をテンプレートとして保存しておくと、一部の内容を入力するだけで効率よく文書を作成できます。

1 テンプレートの作成

文書内に入力されている作成日、表の項目名以外の内容と本文を削除して、議事録のテンプレートを作成しましょう。

フォルダー「第7章」の文書「便利な機能-2」を開いておきましょう。

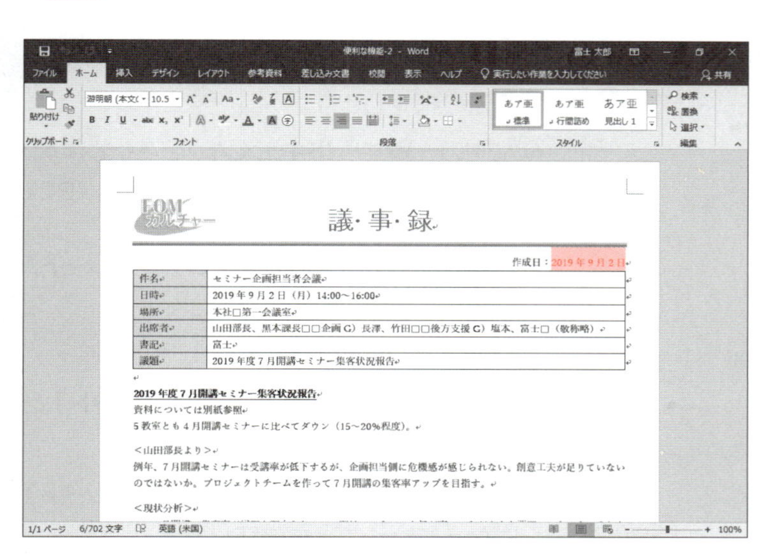

「作成日」の日付を削除します。

①「2019年9月2日」を選択します。

②【Delete】を押します。

※「：」の後ろに半角空白がある場合は、削除しておきましょう。

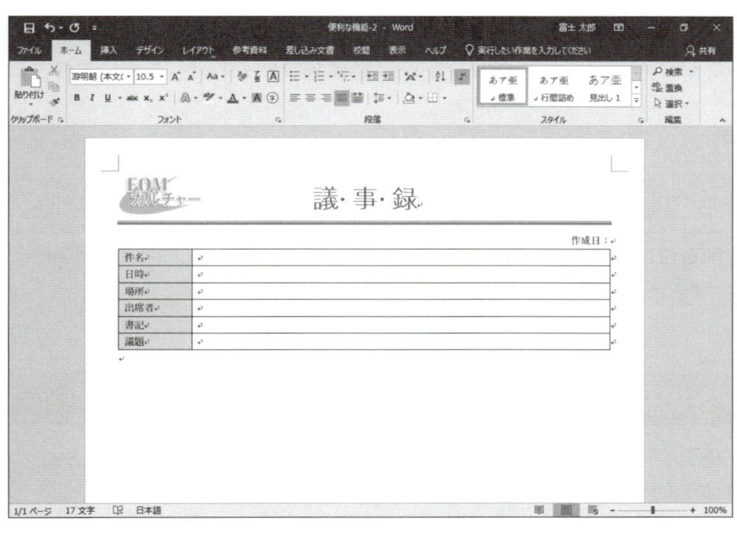

日付が削除されます。

③同様に、表の項目名以外の内容と本文を削除します。

2 テンプレートとして保存

作成した議事録のひな形に「**議事録フォーマット**」と名前を付けて、Wordテンプレートとして保存しましょう。

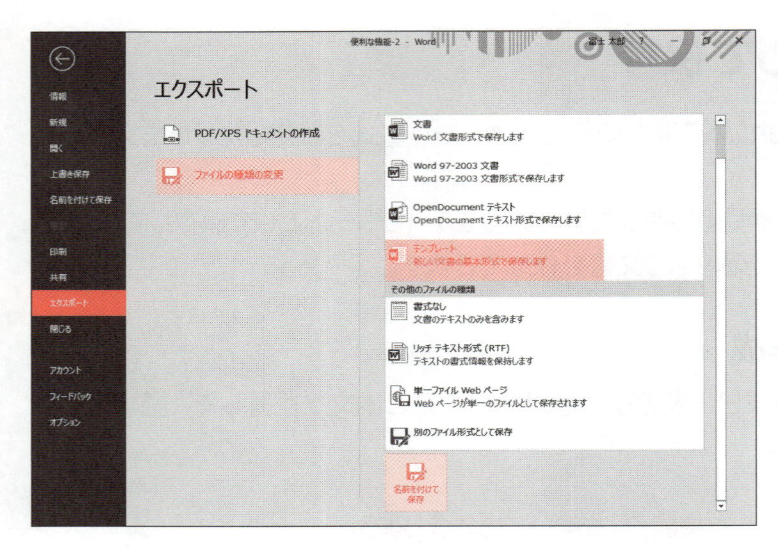

①**《ファイル》**タブを選択します。

②**《エクスポート》**をクリックします。

③**《ファイルの種類の変更》**をクリックします。

④**《文書ファイルの種類》**の**《テンプレート》**をクリックします。

⑤**《名前を付けて保存》**をクリックします。

※表示されていない場合は、スクロールして調整しましょう。

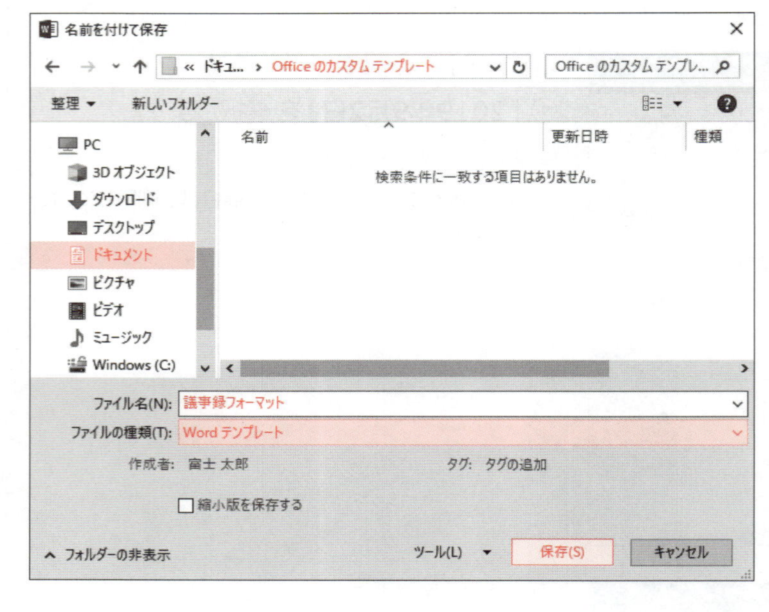

《名前を付けて保存》ダイアログボックスが表示されます。

保存先を指定します。

⑥左側の一覧から**《ドキュメント》**を選択します。

※《ドキュメント》が表示されていない場合は、《PC》をダブルクリックします。

⑦一覧から**《Officeのカスタムテンプレート》**を選択します。

⑧**《開く》**をクリックします。

⑨**《ファイル名》**に「**議事録フォーマット**」と入力します。

⑩**《ファイルの種類》**が**《Wordテンプレート》**になっていることを確認します。

⑪**《保存》**をクリックします。

※テンプレート「議事録フォーマット」を閉じておきましょう。

STEP UP その他の方法（テンプレートとして保存）

◆《ファイル》タブ→《名前を付けて保存》→《参照》→《ファイル名》を入力→《ファイルの種類》の ∨ →《Wordテンプレート》→《保存》

POINT テンプレートの保存先

作成したテンプレートは、任意のフォルダーに保存できますが、《ドキュメント》内の《Officeのカスタムテンプレート》に保存すると、Wordのスタート画面から利用できるようになります。

2 テンプレートの利用

テンプレートをもとに新しい文書を作成すると、テンプレートの内容がコピーされた文書が表示されます。作成した文書は、もとのテンプレートとは別のファイルになるので、内容を書き換えても、テンプレートには影響しません。
保存したテンプレート「**議事録フォーマット**」をもとに新しい文書を作成しましょう。

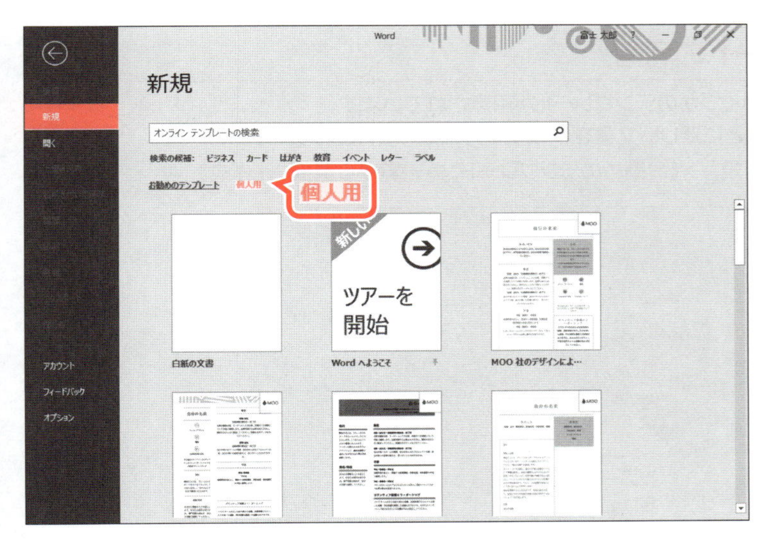

①《**ファイル**》タブを選択します。
②《**新規**》をクリックします。
③《**個人用**》をクリックします。

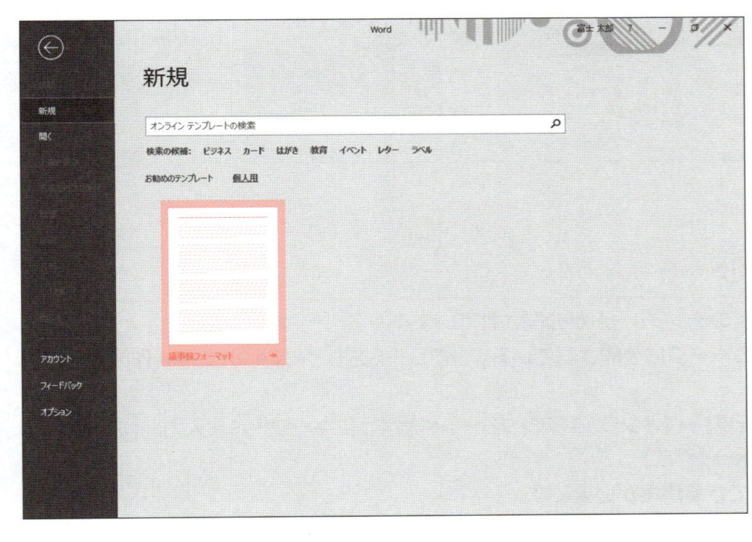

④《**議事録フォーマット**》をクリックします。

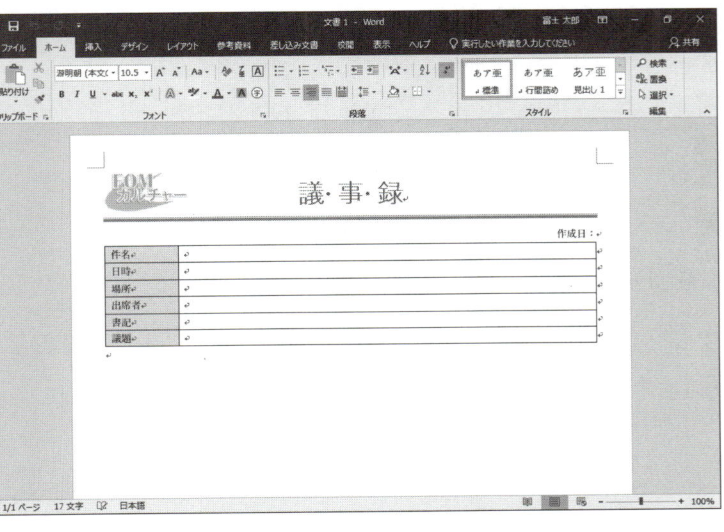

テンプレート「**議事録フォーマット**」の内容がコピーされ、新しい文書が作成されます。
※文書を保存せずに閉じておきましょう。

POINT テンプレートの削除

自分で作成したテンプレートは削除することができます。
作成したテンプレートを削除する方法は、次のとおりです。

◆タスクバーの（エクスプローラー）→《PC》→《ドキュメント》→《Officeのカスタムテンプレート》→作成したテンプレートを選択→【Delete】

STEP UP 既存のテンプレートの利用

Wordにはあらかじめいくつかのテンプレートが用意されています。
既存のテンプレートをもとに新しい文書を作成する方法は、次のとおりです。

◆《ファイル》タブ→《新規》→《お勧めのテンプレート》→一覧から選択→《作成》

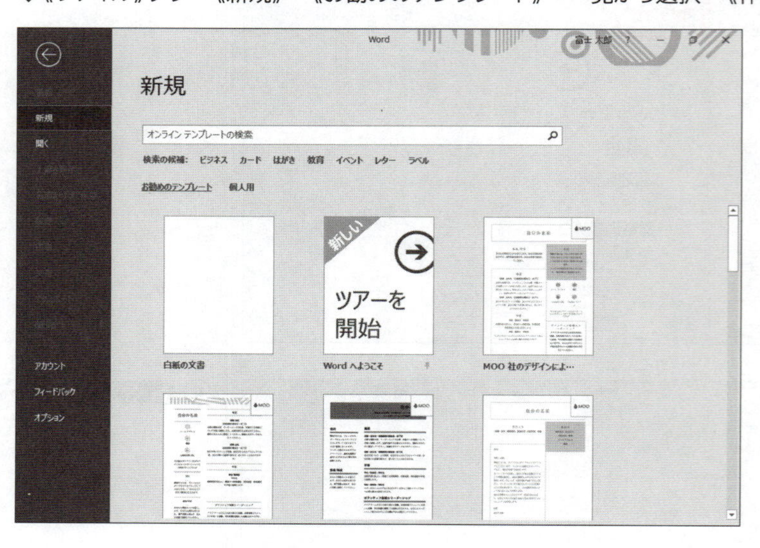

STEP UP オンラインテンプレート

インターネット上には多くのテンプレートが公開されています。
インターネット上のホームページに公開されているテンプレートをもとに新しい文書を作成する方法は、次のとおりです。

◆《ファイル》タブ→《新規》→《オンラインテンプレートの検索》にキーワードを入力→（検索の開始）→一覧から選択→《作成》

※インターネットに接続できる環境が必要です。

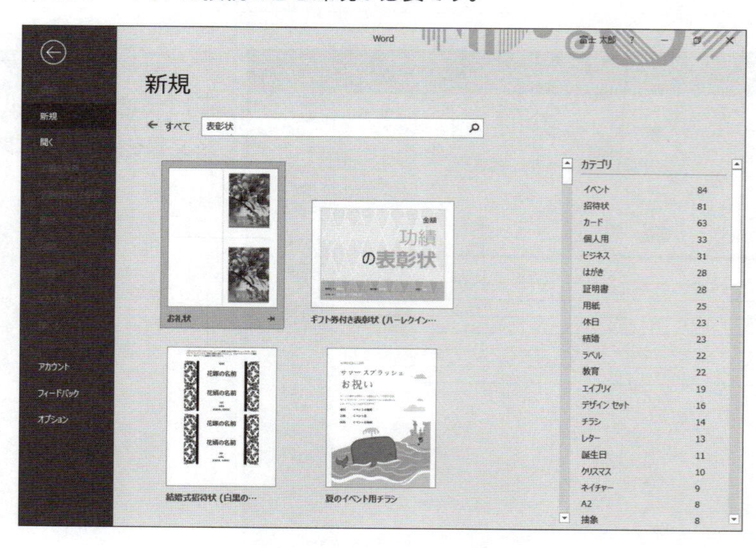

練習問題

解答 ► 別冊P.10

完成図のような文書を作成しましょう。

フォルダー「第7章」の文書「第7章練習問題」を開いておきましょう。

●完成図

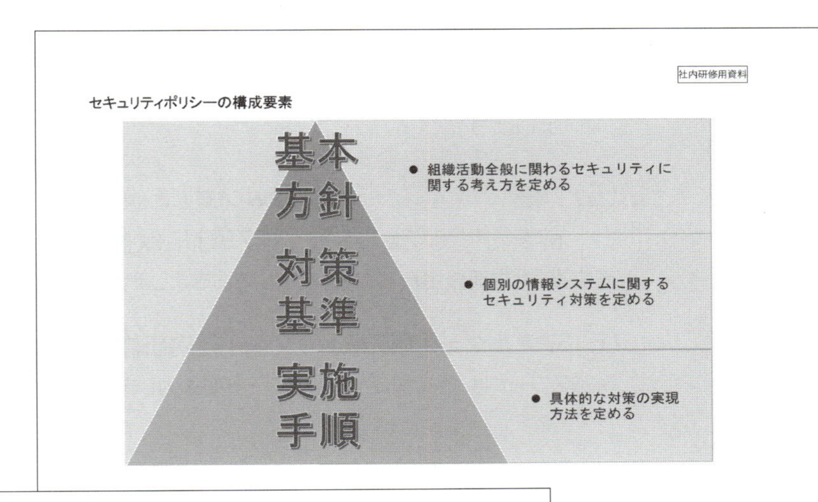

社内研修用資料

知っていますか？
セキュリティポリシー

皆さん、我が社にもセキュリティポリシーが存在しているのを知っていますか？
最近、社内教育プログラムにおいて「情報セキュリティ」に関する教育が増えていることからもわかるように、セキュリティポリシーは、多くの個人情報を扱う私たちにとって大切なものです。

セキュリティポリシーの概要

「セキュリティポリシー」とは、会社全体の情報セキュリティ対策の方針を文書化したものです。
セキュリティポリシーには、会社において何が重要な情報資産であるか、その情報資産をどのように守るかなどを次の３つの要素に考慮して記載する必要があります。

●機密性
「機密性」とは、許可されていない利用者が情報にアクセスできないようにすることで、情報を守ることです。

●完全性
「完全性」とは、会社内で処理されたデータが正しいこと、ネットワーク上で改ざんされることなく確実に相手に送信されていることなどを保証することです。

●可用性
「可用性」とは、許可された利用者が確実に情報にアクセスできるようにすることです。

セキュリティポリシーの目的

セキュリティポリシーの目的は、会社として統一された情報セキュリティを実現することです。
セキュリティポリシーが策定されていない会社では、ひとつの情報セキュリティに対して複数の対策が考えられる場合に、どの対策を実行するのかが個別の判断になってしまいます。このような場合、会社における情報セキュリティは統一性を欠いた不安定なものになってしまいます。セキュリティポリシーを策定することで、どの情報資産をどのように守るかというルールを明確にでき、会社全体を通して統一性のある安定した情報セキュリティを実現できます。

セキュリティポリシーの役割

情報化社会の進展に伴い、秘密情報や会社が独自で収集し保有している個人情報などが、適切に取り扱われているかを問われるようになってきています。会社として情報漏えいを起こしてしまうことは、対外的な信頼をなくしてしまう事態になりかねません。
セキュリティポリシーには、会社内部における情報セキュリティ対策の方針を示し、情報資産をしっかりと守るだけでなく、積極的に情報セキュリティ対策に取り組んでいることを対外的にアピールする役割もあります。

① 文末に、セクション区切りを挿入しましょう。次に、2ページ目にフォルダー**「第7章」**の文書**「セキュリティポリシーの構成要素」**を挿入しましょう。

② 2ページ目の印刷の向きを**「横」**に設定しましょう。

③ 文書のプロパティに、次の情報を設定しましょう。

タイトル　：セキュリティポリシー
作成者　：総務部

④ ドキュメント検査ですべての項目についてチェックし、検査結果からコメントを削除しましょう。

⑤ 文書にパスワード**「password」**を設定しましょう。次に、**「社内研修用資料完成」**と名前を付けてフォルダー**「第7章」**に保存しましょう。

※文書「社内研修用資料完成」を閉じておきましょう。

⑥ フォルダー**「第7章」**の文書**「社内研修用資料完成」**を開きましょう。

※パスワードは、⑤で設定したパスワードを入力します。

※文書「社内研修用資料完成」を閉じておきましょう。

総合問題

Exercise

総合問題1

解答 ► 別冊P.11

完成図のような文書を作成しましょう。
※設定する項目名が一覧にない場合は、任意の項目を選択してください。

フォルダー「総合問題1」の文書「総合問題1」を開いておきましょう。

●完成図

お客様相談室のご案内

エフオーエム電機販売株式会社では、お客様の生の声を直接現場に伝えられるように、専門のスタッフを配置した「お客様相談室」をご用意しています。
お客様相談室では、お客様と当社の懸け橋となるよう、お客様の立場に立った対応を心掛け、商品に関する質問や要望、あるいは従業員に関するご指摘など、すべてのご意見をうけたまわります。
お客様からいただきましたご意見は、商品や従業員に対する改善事項として当社内に設置した各委員会で検討される仕組みになっております。ご遠慮なく、お客様相談室をご利用ください。

お客様相談室では、次のような方法でお客様からのご意見をうけたまわります。

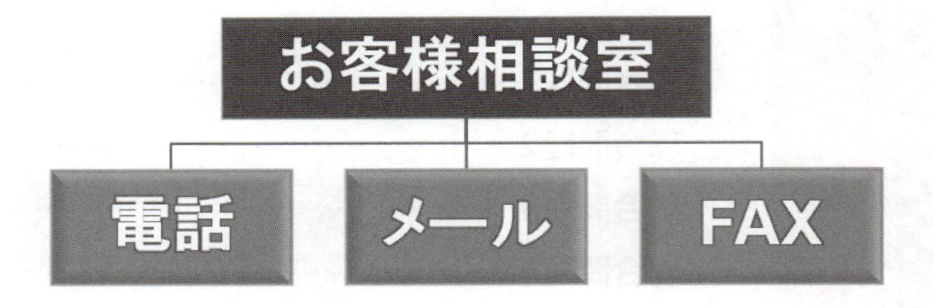

0120-811-XXX
受付時間
月～土 9:00～17:00

お客様からのお電話につきましては、内容確認のため録音させていただいております。

soudan@fom.xx.xx

17:00 までに受け付けたメールにつきましては、翌々日までに返信いたします。

03-7777-XXXX

返信が必要な場合は、必ず、電話番号かメールアドレスをご記入ください。

①「**お客様相談室では、次のような方法で…**」の下の行に、SmartArtグラフィック「**組織図**」を挿入しましょう。

② 完成図を参考に、挿入したSmartArtグラフィックの図形の数を調整しましょう。

③ 完成図を参考に、テキストウィンドウを使って、SmartArtグラフィックに文字を入力しましょう。

- **お客様相談室**
  - **電話**
  - **メール**
  - **FAX**

④ SmartArtグラフィックのスタイルを「**パウダー**」に変更しましょう。

Hint! 《SmartArtツール》の《デザイン》タブ→《SmartArtのスタイル》グループの（その他）を使います。

⑤ SmartArtグラフィックに、次の書式を設定しましょう。

フォントサイズ　：32ポイント
文字の効果　　　：塗りつぶし：白；輪郭：濃い青、アクセントカラー1；光彩：濃い青、アクセントカラー1

⑥ 完成図を参考に、「**お客様相談室**」の図形のサイズを調整しましょう。

⑦ SmartArtグラフィックの色を「**カラフル-アクセント2から3**」に変更しましょう。

Hint! 《SmartArtツール》の《デザイン》タブ→《SmartArtのスタイル》グループ（色の変更）を使います。

⑧ 文書のプロパティに次の情報を設定しましょう。

タイトル　　：案内文
作成者　　　：カスタマーサービス部）原田
キーワード　：お客様相談室

⑨ 文書を最終版として保存しましょう。

※文書を閉じておきましょう。

総合問題2

解答 ► 別冊P.12

完成図のような文書を作成しましょう。

フォルダー「総合問題2」の文書「総合問題2」とExcelのブック「顧客満足度調査」を開いておきましょう。

●完成図

2019年9月20日

桜新町店　店長

カイストアグループ本部
顧客窓口サービス部長

顧客満足度調査結果（報告）

平素は、売上拡大にご尽力いただきまして誠にありがとうございます。
さて、先般実施しました「カイストア桜新町店」における顧客満足度調査の結果について、下記のとおりご報告します。今後の店舗改善計画の策定にお役立てください。

記

■調査概要

調査名	お客様満足度調査
対象者	「通常ご利用店舗」がカイストア桜新町店の会員の方
調査方法	郵送調査
調査期間	2019年8月1日～8月31日
調査実施数	200件
有効回答数	193件

■調査結果

	非常に満足	やや満足	ふつう	やや不満	非常に不満
品揃え	25	48	93	20	7
新鮮さ	52	39	47	43	12
店内の配置	19	37	108	26	3
清潔感	19	30	131	11	2
接客態度	34	57	53	30	19

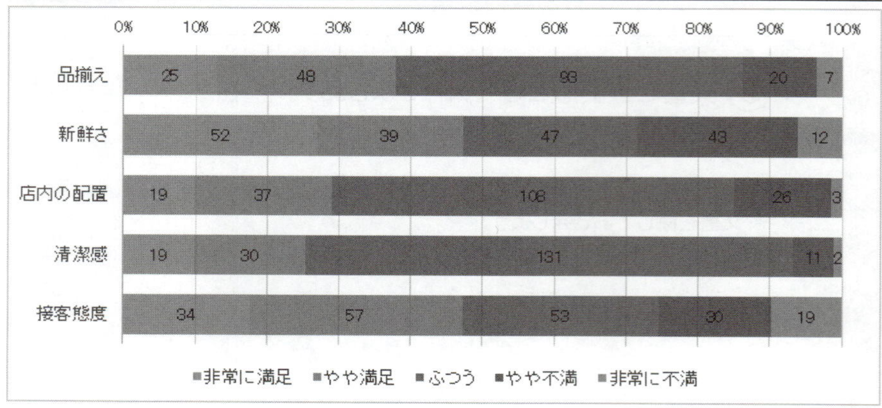

以上

①「■調査結果」の下の行に、Excelのブック「顧客満足度調査」の表を元の書式を保持してリンク貼り付けしましょう。

②「■調査結果」と表の間にある空白行を削除しましょう。

③ブック「顧客満足度調査」の表の「品揃え」の項目を次のように変更し、文書内の表に反映しましょう。

ふつう　：93 やや不満：20

④「■調査結果」に貼り付けた表の下に、Excelのブック「顧客満足度調査」のグラフを貼り付け先のテーマを使用して埋め込みましょう。

⑤「■調査結果」のグラフの凡例をグラフの下に表示しましょう。

Hint! 《グラフツール》の《デザイン》タブ→《グラフのレイアウト》グループの（グラフ要素を追加）→《凡例》を使います。

⑥「■調査結果」のグラフ内にデータラベルを表示しましょう。データラベルはデータ要素の中央に表示します。

Hint! 《グラフツール》の《デザイン》タブ→《グラフのレイアウト》グループの（グラフ要素を追加）→《データラベル》を使います。

⑦文書にテーマ「オーガニック」を適用しましょう。

※文書に「総合問題2完成」と名前を付けて、フォルダー「総合問題2」に保存し、閉じておきましょう。
※Excelのブック「顧客満足度調査」を保存せずに閉じておきましょう。

総合問題3

解答 ► 別冊P.13

完成図のような文書を作成しましょう。

※設定する項目名が一覧にない場合は、任意の項目を選択してください。

Wordを起動し、新しい文書を作成しておきましょう。

●完成図

① 次のようにページを設定しましょう。

テーマの色	**：青**
ページの色	**：濃い青、テキスト2、黒+基本色50%**
余白	**：右 10mm**

② フォルダー「**総合問題3**」のテキストファイル「**案内文**」を挿入し、書式をクリアしましょう。

③「**■Time Schedule**」から「**03-8888-XXXX**」までの行に20字分の左インデントを設定しましょう。

④ ワードアートを使って、文頭に「**東京夜景案内**」というタイトルを挿入しましょう。ワードアートのスタイルは「**塗りつぶし：白；輪郭：青、アクセントカラー1；光彩：青、アクセントカラー1**」にします。

⑤ 挿入したワードアートに、次の書式を設定しましょう。

フォント	**：MSゴシック**
フォントサイズ	**：80ポイント**
図形の塗りつぶし	**：濃い青、テキスト2、白+基本色40%**
図形の効果	**：ぼかし 50ポイント**
文字の輪郭	**：オレンジ**
文字列の折り返し	**：上下**
位置	**：ページ上の位置を固定**

※完成図を参考に、ワードアートの位置とサイズを調整しておきましょう。

⑥ 文末に、フォルダー「**総合問題3**」の画像「**東京タワー**」を挿入し、明るさとコントラストを「**+20%**」に設定しましょう。

⑦ 挿入した画像の背景を削除しましょう。

⑧ 挿入した画像の文字列の折り返しを「**背面**」に設定しましょう。

※完成図を参考に、画像の位置とサイズを調整しておきましょう。

⑨「**■Time Schedule**」の上に、次の図形を作成しましょう。

図形の種類	**：星：5pt**
図形の塗りつぶし	**：オレンジ**
図形の効果	**：ぼかし 5ポイント**

※完成図を参考に、図形の位置とサイズを調整しておきましょう。

⑩ 作成した星の図形の横に、次の図形を作成しましょう。

図形の種類	**：楕円**
図形の塗りつぶし	**：青、アクセント1、白+基本色40%**
図形の効果	**：ぼかし 10ポイント**

※完成図を参考に、図形の位置とサイズを調整しておきましょう。

⑪ 作成した星と楕円の図形をグループ化し、完成図を参考に回転しましょう。

⑫ フォルダー「**総合問題3**」の文書「**会社ロゴ**」にあるロゴマークの図形をコピーして、文書に図として貼り付けましょう。また、貼り付けた図の文字列の折り返しを「**前面**」に設定しましょう。

※完成図を参考に、図の位置とサイズを調整しておきましょう。

※文書に「総合問題3完成」と名前を付けて、フォルダー「総合問題3」に保存し、閉じておきましょう。
※文書「会社ロゴ」を保存せずに閉じておきましょう。

総合問題4

解答 ► 別冊P.15

完成図のような文書を作成しましょう。

フォルダー「総合問題4」の文書「総合問題4」を開いておきましょう。

●完成図

2019年8月吉日

佐々木 壮介 様

ブックセンター
KADOYA

「ブックセンターKADOYA 5周年キャンペーン」
当選のお知らせ

拝啓　残暑の候、ますますご清祥の段、お慶び申し上げます。平素は格別のご高配を賜り、厚く御礼申し上げます。平素は当店をご利用いただきまして誠にありがたく心より御礼申し上げます。

このたびは、7月15日から31日にかけて実施いたしました「ブックセンター**KADOYA** 5周年キャンペーン」にご応募いただきましてありがとうございました。佐々木　壮介様におかれましては、厳正なる抽選の結果、下記の商品が当選となりましたので、ここにお知らせいたします。

なお、商品につきましては、別途配送の手配をしております。商品のご到着まで今しばらくお待ちください。

今後とも、ブックセンター**KADOYA** をご利用くださいますよう、よろしくお願い申し上げます。

敬具

記

●A 賞

グロリアサイクル社製　折りたたみ自転車

以上

本キャンペーンに関するお問合せ先　**0120-666-XXX**

14-X	〒146-0085 東京都大田区久が原2丁目6-X 木内　紗央里　様
目 6-1-XX	〒140-0004 東京都品川区南品川2丁目3-X 河野　菜々美　様
目 1-XX	〒108-0074 東京都港区高輪3丁目3-X 遠藤　健人　様
東京都大田区北馬込2丁目5-X 青山　小百合　様	〒108-0075 東京都港区港南4丁目2-X 内田　寛子　様
〒142-0063 東京都品川区荏原5丁目3-XX 今田　亮　様	〒143-0026 東京都大田区西馬込2丁目5-X 小島　徹平　様
〒141-0001 東京都品川区北品川6丁目1-XX 本橋　由利奈　様	〒108-0071 東京都港区白金台3丁目3-XX 高橋　諒太郎　様

① 文書「**総合問題4**」を差し込み印刷のひな形の文書として指定しましょう。

② フォルダー「**総合問題4**」のExcelのブック「**キャンペーン当選者**」のシート「**当選者一覧**」を宛先リストとして設定しましょう。

③ ひな形の文書に、次のように差し込みフィールドを挿入しましょう。

氏名	**：2行目の行頭**
	：12行目の「様におかれましては、…」の前
賞	**：19行目の「●」の後ろ**
賞品	**：20行目（「●」の下の行）**

※行数を確認する場合は、ステータスバーに行番号を表示します。

④ ひな形の文書に宛先リストのデータを差し込んで表示しましょう。

※文書に「総合問題4完成」と名前を付けて、フォルダー「総合問題4」に保存し、閉じておきましょう。

⑤ 新しい文書をひな形の文書として設定し、次のように宛名ラベルを作成しましょう。

プリンター	**：ページプリンター**
ラベルの製造元	**：Hisago**
製品番号	**：Hisago ELM007**

⑥ フォルダー「**総合問題4**」のExcelのブック「**キャンペーン当選者**」のシート「**当選者一覧**」を宛先リストとして設定しましょう。

⑦ ひな形の文書に、次のように差し込みフィールドを挿入しましょう。

〒《郵便番号》
《住所1》《住所2》↵
↵
↵
《氏名》□様

※〒は「ゆうびん」と入力し、変換します。
※↵で[Enter]を押して改行します。
※□は全角空白を表します。

⑧ ひな形の文書の「**《氏名》□様**」に一重下線を設定し、すべてのラベルに反映させましょう。

⑨ ひな形の文書に宛先リストのデータを差し込んで表示しましょう。

※文書に「総合問題4宛名ラベル完成」と名前を付けて、フォルダー「総合問題4」に保存し、閉じておきましょう。

総合問題5

解答 ► 別冊P.17

完成図のような文書を作成しましょう。

フォルダー「総合問題5」の文書「総合問題5」を開いておきましょう。

● 完成図

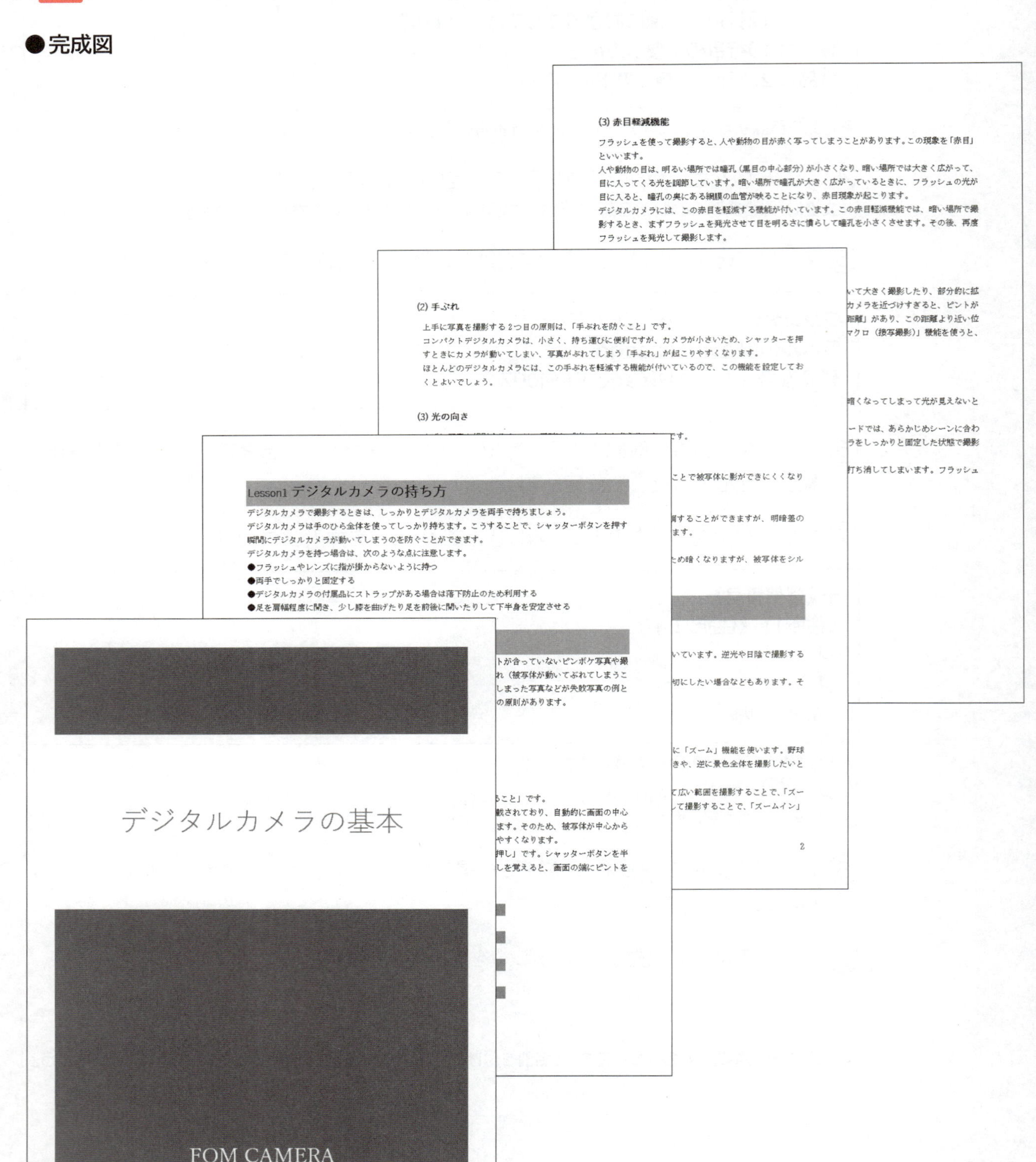

(3) 赤目軽減機能

フラッシュを使って撮影すると、人や動物の目が赤く写ってしまうことがあります。この現象を「赤目」といいます。
人や動物の目は、明るい場所では瞳孔（黒目の中心部分）が小さくなり、暗い場所では大きく広がって、目に入ってくる光を調節しています。暗い場所で瞳孔が大きく広がっているときに、フラッシュの光が目に入ると、瞳孔の奥にある網膜の血管が映ることになり、赤目現象が起こります。
デジタルカメラには、この赤目を軽減する機能が付いています。この赤目軽減機能では、暗い場所で撮影するとき、まずフラッシュを発光させて目を明るさに慣らして瞳孔を小さくさせます。その後、再度フラッシュを発光して撮影します。

いて大きく撮影したり、部分的に拡
カメラを近づけすぎると、ピントが
距離」があり、この距離より近い位
マクロ（接写撮影）」機能を使うと、

暗くなってしまって光が見えないと

ードでは、あらかじめシーンに合わ
ラをしっかりと固定した状態で撮影

打ち消してしまいます。フラッシュ

(2) 手ぶれ

上手に写真を撮影する2つ目の原則は、「手ぶれを防ぐこと」です。
コンパクトデジタルカメラは、小さく、持ち運びに便利ですが、カメラが小さいため、シャッターを押すときにカメラが動いてしまい、写真がぶれてしまう「手ぶれ」が起こりやすくなります。
ほとんどのデジタルカメラには、この手ぶれを軽減する機能が付いているので、この機能を設定しておくとよいでしょう。

(3) 光の向き

です。

ことで被写体に影ができにくくなり

調することができますが、明暗差の
ます。

ため暗くなりますが、被写体をシル

いています。逆光や日陰で撮影する

切にしたい場合などもあります。そ

に「ズーム」機能を使います。野球
きや、逆に景色全体を撮影したいと

て広い範囲を撮影することで、「ズー
して撮影することで、「ズームイン」

2

Lesson1 デジタルカメラの持ち方

デジタルカメラで撮影するときは、しっかりとデジタルカメラを両手で持ちましょう。
デジタルカメラは手のひら全体を使ってしっかり持ちます。こうすることで、シャッターボタンを押す瞬間にデジタルカメラが動いてしまうのを防ぐことができます。
デジタルカメラを持つ場合は、次のような点に注意します。
●フラッシュやレンズに指が掛からないように持つ
●両手でしっかりと固定する
●デジタルカメラの付属品にストラップがある場合は落下防止のため利用する
●足を肩幅程度に開き、少し膝を曲げたり足を前後に開いたりして下半身を安定させる

トが合っていないピンボケ写真や撮
れ（被写体が動いてぶれてしまうこ
しまった写真などが失敗写真の例と
の原則があります。

ること」です。
載されており、自動的に画面の中心
ます。そのため、被写体が中心から
やすくなります。
押し」です。シャッターボタンを半
しを覚えると、画面の端にピントを

デジタルカメラの基本

FOM CAMERA

本冊子は、著作権法上の保護を受けています。
本冊子の一部、あるいは全部について無断で複製すること禁じます。

① 文書の禁則文字の設定を「**高レベル**」にしましょう。

Hint! 《ファイル》タブ→《オプション》→《文字体裁》を使います。

② 次のように見出しを設定しましょう。

ページ	行数	内容	見出しレベル
1ページ	1行目	デジタルカメラの持ち方	見出し1
	11行目	写真撮影の3原則	見出し2
	20行目	ピント	見出し3
	37行目	手ぶれ	
2ページ	5行目	光の向き	見出し3
	18行目	デジタルカメラの機能	見出し1
	19行目	フラッシュ機能	見出し2
	25行目	ズーム機能	
	33行目	赤目軽減機能	
3ページ	4行目	露出補正	見出し2
	14行目	マクロ機能	
	21行目	夜景モード	

※見出し設定後の行数を記載しています。
※行数を確認する場合は、ステータスバーに行番号を表示します。

③ ナビゲーションウィンドウを使って、見出し「**写真撮影の3原則**」の見出しのレベルを1段階上げましょう。レベルの変更は、下位のレベルを含めて行います。

④ ナビゲーションウィンドウを使って、見出し「**露出補正**」を本文ごと削除しましょう。

Hint! ナビゲーションウィンドウの見出しを右クリック→《削除》を使います。

⑤ 見出し1と見出し2に、次のアウトライン番号と書式を設定しましょう。

●見出し1

アウトライン番号　　：Lesson1
太字
フォントサイズ　　　：14ポイント
フォントの色　　　　：青、アクセント6、黒+基本色25%
番号に続く空白の扱い：スペース

●見出し2

アウトライン番号　　　　：(1)
太字
フォントの色　　　　　　：青、アクセント6、黒+基本色25%
左インデントからの距離：0mm
番号に続く空白の扱い　：スペース

⑥ 見出し1と見出し2のスタイルを次のように更新しましょう。

●見出し1

フォントサイズ ：18ポイント
太字
段落の網かけ ：青、アクセント6、白＋基本色60％

●見出し2

フォントサイズ ：12ポイント
太字

Hint! 段落に網かけを設定するには、段落を選択→《ホーム》タブ→《段落》グループの（罫線）の→《線種とページ罫線と網かけの設定》→《網かけ》タブを使います。

⑦ 組み込みスタイル「**縞模様**」を使って表紙を挿入し、次のように編集しましょう。

タイトル ：デジタルカメラの基本
作成者 ：削除
会社 ：FOM_CAMERA
住所 ：削除

※_は半角空白を表します。

⑧ 《**会社**》のコンテンツコントロールのフォントサイズを「**26**」ポイントに変更しましょう。

⑨ 《**会社**》のコンテンツコントロールの下の行に、フォルダー「**総合問題5**」のテキストファイル「**禁止事項**」を挿入しましょう。また、余分な行を削除しましょう。

⑩ テキストファイルから挿入した文字に、次の書式を設定しましょう。

フォントサイズ ：8ポイント
中央揃え

⑪ 組み込みスタイル「**縞模様**」を使ってフッターにページ番号を挿入し、次の書式を設定しましょう。また、余分な行を削除しましょう。

●奇数ページ

フォントサイズ ：12ポイント
太字
左揃え

●偶数ページ

フォントサイズ ：12ポイント
太字
右揃え

※文書に「総合問題5完成」と名前を付けて、フォルダー「総合問題5」に保存し、閉じておきましょう。

総合問題6

解答 ► 別冊P.19

完成図のように文書を作成しましょう。

フォルダー「総合問題6」の文書「総合問題6」を開いておきましょう。

●完成図

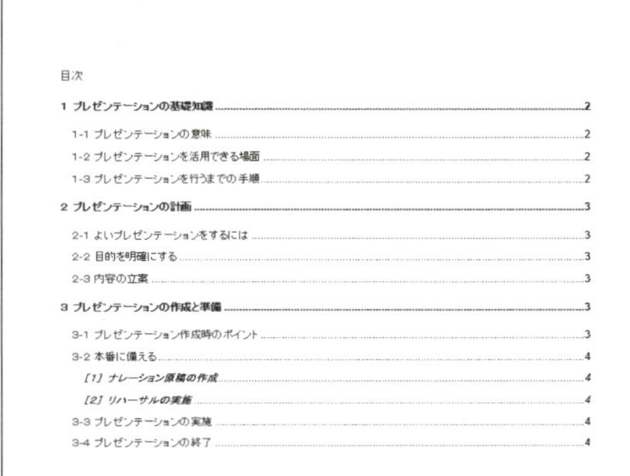

目次

プレゼンテーションの基礎知識

株式会社 FOM パワー

3-2 本番に備える

プレゼンテーションの本番に備え、ナレーション原稿を作成したり、リハーサルを行ったりします。

[1] ナレーション原稿の作成

ナレーション原稿を作成し、実際に声を出して読み上げて話の展開を覚えます。文章は連文にせず、一文を短くしたほうがわかりやすく、また一息に話せるため自然とはきはきした話し方になります。

[2] リハーサルの実施

リハーサルを行うことで、プレゼンテーション資料のミスを発見でき、論理展開の矛盾なども修正できます。さらにリハーサルで失敗を体験することで、本番に向けての心の準備が整います。自信にあふれたプレゼンテーションを行うためにも、リハーサルを行います。

3-3 プレゼンテーションの実施

2 プレゼンテーションの計画

2-1 よいプレゼンテーションをするには

よい講演やスピーチ、プレゼンテーションをするには、準備や練習の時間を考慮する必要があります。プレゼンテーションに慣れている人でも、限られた時間内で特定の対象者に対してその場の思い付きで話してしまうと、満足してもらえるような話はできません。準備と練習さえ積めば自信にあふれたプレゼンテーションが行えます。

2-2 目的を明確にする

効果的なプレゼンテーションを行うには、プレゼンテーションの目的を明確にしておく必要があります。「誰が」「いつ」「何を」「どのように」行動してもらいたいかを明確にします。また、この目的は必ず文章にし、プレゼンテーションの内容を作成するときにこの目的に沿っているかを確認します。

2-3 内容の立案

1 プレゼンテーションの基礎知識

1-1 プレゼンテーションの意味

プレゼンテーション(Presentation)は、一方的に情報を主張するものではなく、相手が望んでいるニーズを把握し、自分が持っている情報をわかりやすい表現で伝達する手段です。

また、ただ情報を伝えるのではなく、いかに相手に印象深く自分の情報を正確に伝え、提案を理解してもらうかを目的に行い、相手の判断や意思決定を促す役割を果たします。

1-2 プレゼンテーションを活用できる場面

次の例のように、プレゼンテーションは様々な場面で活用できます。

商談・説明会・発表会・報告会・研修会・会議 など

1-3 プレゼンテーションを行うまでの手順

プレゼンテーションを計画し、実行するまでの作業の流れは次のとおりです。

①プレゼンテーションを計画する

プレゼンテーション実施の目的を明確にし、無理のない計画を立てます。

②プレゼンテーションの準備をする

わかりやすさを念頭において、ストーリーを作成します。

③リハーサルをする

プレゼンテーションの内容を再確認するために必ずリハーサルを行います。個人練習や全体リハーサルなどが必要です。

④本番

自分がプレゼンテーターに選出された理由を再確認し、自信と責任を持ってプレゼンテーションを行います。

2 / 4

① 次のようにページを設定しましょう。

テーマの色	**：マーキー**
テーマのフォント	**：Arial**
余白	**：やや狭い**

② 文書の禁則文字の設定を**「高レベル」**にしましょう。

Hint! 《ファイル》タブ→《オプション》→《文字体裁》を使います。

③ 次のように見出しを設定しましょう。

ページ	行数	内容	見出しレベル
1ページ	1行目	プレゼンテーションの基礎知識	見出し1
	2行目	プレゼンテーションの意味	見出し2
	8行目	プレゼンテーションを活用できる場面	
	12行目	プレゼンテーションを行うまでの手順	
	24行目	プレゼンテーションの計画	見出し1
	25行目	よいプレゼンテーションをするには	見出し2
	30行目	目的を明確にする	
	35行目	内容の立案	
2ページ	2行目	プレゼンテーションの作成と準備	見出し1
	3行目	プレゼンテーション作成時のポイント	見出し2
	11行目	本番に備える	
	13行目	ナレーション原稿の作成	見出し3
	16行目	リハーサルの実施	
	21行目	プレゼンテーションの実施	見出し2
	26行目	プレゼンテーションの終了	

※見出し設定後の行数を記載しています。
※行数を確認する場合はステータスバーに行番号を表示します。

④ スタイルセット**「線（スタイリッシュ）」**を適用しましょう。

⑤ 見出し1と見出し3のスタイルを次のように更新しましょう。

●見出し1

段落罫線	**：下側**
罫線の太さ	**：3pt**
段落前の間隔	**：6pt**

●見出し3

フォントの色	**：アクア、アクセント1**
左インデント	**：0字**

⑥ 見出し1から見出し3に次のアウトライン番号を設定しましょう。それぞれの番号に続く空白の扱いはスペースにします。

見出し1 ：1
見出し2 ：1−1
見出し3 ：[1]

Hint! 《ホーム》タブ→《段落》グループの (アウトライン)→《リストライブラリ》の《1、1−1、1−1−1》をもとに設定し、その後「見出し3」を修正します。

⑦ 1ページ14行目の「**①プレゼンテーションを計画する**」に次の書式を設定しましょう。
次に、設定した書式を1ページ16行目「**②プレゼンテーションの準備をする**」、18行目「**③リハーサルをする**」、21行目「**④本番**」にコピーしましょう。

段落罫線 ：囲む
罫線の種類 ：═══
罫線の色 ：アクア、アクセント1
罫線の太さ ：0.75pt

⑧ 組み込みスタイル「**ファセット**」を使って表紙を挿入し、次のように編集しましょう。

タイトル ：プレゼンテーションの基礎知識
サブタイトル ：削除
要約 ：削除
作成者 ：株式会社FOMパワー
電子メール ：削除

⑨ 《**タイトル**》のコンテンツコントロールのフォントサイズを「**28**」ポイントに変更しましょう。

⑩ 組み込みスタイル「**セマフォ**」を使って、フッターにページ番号を挿入しましょう。
また、余分な行を削除しましょう。

⑪ 「**1 プレゼンテーションの基礎知識**」から次のページに表示されるように改ページしましょう。
また、2ページ1行目に「**目次**」と入力し、改行しましょう。

⑫ 2ページ目の「**目次**」の下に、次のような目次を挿入しましょう。

書式 ：フォーマル
アウトラインレベル ：3

※文書に「総合問題6完成」と名前を付けて、フォルダー「総合問題6」に保存し、閉じておきましょう。

総合問題7

解答 ► 別冊P.22

完成図のような文書を作成しましょう。

フォルダー「総合問題7」の文書「総合問題7」を開いておきましょう。

●完成図

第1章 プレゼンテーションの基礎知識

STEP1 プレゼンテーションの意味

プレゼンテーション（Presentation）は、一方的に情報を主張するものではなく、相手が望んでいるニーズを把握し、自分が持っている情報をわかりやすい表現で伝達する手段です。
また、ただ情報を伝えるのではなく、いかに相手に印象深く自分の情報を正確に伝え、提案を理解してもらうかを目的に行い、相手の判断や意思決定を促す役割を果たします。

STEP2 プレゼンテーションを活用できる場面

次の例のように、プレゼンテーションは様々な場面で活用できます。
商談・説明会・発表会・報告会・研修会・会議　など

STEP3 プレゼンテーションを行うまでの手順

プレゼンテーションを計画し、実行するまでの作業の流れは次のとおりです。

①プレゼンテーションを計画する

プレゼンテーション実施の目的を明確にし、無理のない計画を立てます。

②プレゼンテーションの準備をする

わかりやすさを念頭において、ストーリーを作成します。

③リハーサルをする

プレゼンテーションの内容を再確認するために必ずリハーサルを行います。個人練習や全体リハーサルなどが必要です。

④本番

自分がプレゼンテーターに選出された理由を再確認し、自信と責任を持ってプレゼンテーションを行います。

第2章 プレゼンテーションの計画

STEP1 よいプレゼンテーションをするには

よい講演やスピーチ、プレゼンテーションをするには、準備や練習の時間を考慮する必要があります。プレゼンテーションに慣れている人でも、限られた時間内で特定の対象者に対してその場の思い付きで話してしまうと、満足してもらえるような話はできません。準備と練習さえ積めば自信にあふれたプレゼンテーションが行えます。

近藤
章が変わる場合は改ページ

1 / 3

STEP2 目的を明確にする

効果的なプレゼンテーションを行うには、プレゼンテーションの目的を明確にしておく必要があります。「誰が」「いつ」「何を」「どのように」行動してもらいたいかを明確にします。また、この目的は必ず文章にし、プレゼンテーションの内容を作成するときにこの目的に沿っているかを確認します。

STEP3 内容の立案

プレゼンテーションの目的が決まり、必要な情報が集まったら、いよいよ内容を立案します。立案というと最初の挨拶の言葉から考えてしまいがちですが、まずは、全体の流れと構成から立てます。
次に、流れと構成にしたがって順に肉付けをし、具体的なセリフは最後に考えます。

第3章 プレゼンテーションの作成と準備

STEP1 プレゼンテーション作成時のポイント

内容の立案ができたらプレゼンテーションを作成します。プレゼンテーションを作成するときのポイントには次のようなものがあります。

- ◆ 見やすく、大きな文字でシンプルに
- ◆ 専門用語・略語は対象者を意識して使用する
- ◆ 背景と文字の配色を考える
- ◆ 図、表、グラフなど視覚的な要素を取り入れる

STEP3 プレゼンテーションの実施

プレゼンテーションの実施前に、機器の設置状況や実施場所の環境を十分確認します。
また、プレゼンテーションの最後には質疑応答の時間を取ります。質問はプレゼンテーションの内容の理解度を把握する貴重な機会なので、どのような質問にも誠意のある態度で臨むことが必要です。

STEP4 プレゼンテーションの終了

プレゼンテーション終了後は必ず自己を振り返り、次回の課題とします。アンケートなどがあればその場で確認し、自分の能力向上に努めます。
また、プレゼンテーション終了後は、目的にあった成果が得られるように、対象者に対して働きかけをしていくこと

① 文章校正のレベルが**「通常の文」**になっているか確認しましょう。

② スペルチェックにより、チェックされている「Presentasion」を「Presentation」に修正しましょう。

③ 文章校正により、チェックされている**「とうり」**を**「とおり」**に修正しましょう。

④ 文章校正により、チェックされている**「沿ってるかを」**を**「沿っているかを」**に修正しましょう。

⑤ 表記ゆれチェックを使って、カタカナの表記ゆれを全角のカタカナに修正しましょう。

⑥ ユーザー名を**「近藤」**、頭文字を「K」に変更しましょう。

Hint! 変更したユーザー名を反映するには、《校閲》タブ→《変更履歴》グループの（変更履歴オプション）→《ユーザー名の変更》→《Officeへのサインイン状態にかかわらず、常にこれらの設定を使用する》を✓にします。

⑦ 変更履歴の記録を開始し、次のように文書を変更しましょう。

2ページ9行目	**：「考えたりしてしまいがち」を「考えてしまいがち」に修正**
2ページ10行目	**：「校正」を「構成」に修正**
2ページ16～19行目	**：箇条書きとして「◆」の行頭文字を設定**

※行数を確認する場合は、ステータスバーに行番号を表示します。

⑧ 変更履歴を表示して、変更内容をすべて承諾しましょう。

⑨ 1ページ24行目に、**「章が変わる場合は改ページ」**というコメントを挿入しましょう。

※文書に「総合問題7完成」と名前を付けて、フォルダー「総合問題7」に保存し、閉じておきましょう。

総合問題8

解答 ▶ 別冊P.23

完成図のような文書を作成しましょう。
※設定する項目名が一覧にない場合は、任意の項目を選択してください。

フォルダー「総合問題8」の文書「総合問題8」を開いておきましょう。

●完成図

① 文書のプロパティに次の情報を設定しましょう。

タイトル	**：メンバー募集**
作成者	**：スクール運営事務局**
会社名	**：レッドスターズ・チアリーディングスクール**

② スペルチェックにより、チェックされている「**danceing**」を「**dancing**」に修正しましょう。

③ 文末に、フォルダー「**総合問題8**」の画像「**ジュニア**」を挿入し、明るさとコントラストを「**+20%**」に設定しましょう。

④ 挿入した画像の背景を削除しましょう。

⑤ 挿入した画像の文字列の折り返しを「**前面**」に設定しましょう。
また、完成図を参考に、画像を回転しましょう。
※完成図を参考に、画像の位置を調整しておきましょう。

⑥ 文書の右上角に「**星：5pt**」の図形を作成しましょう。
また、作成した図形のスタイルを「**光沢-赤、アクセント6**」に設定しましょう。

⑦ 作成した星の図形を5つコピーし、それぞれ次の書式を設定しましょう。

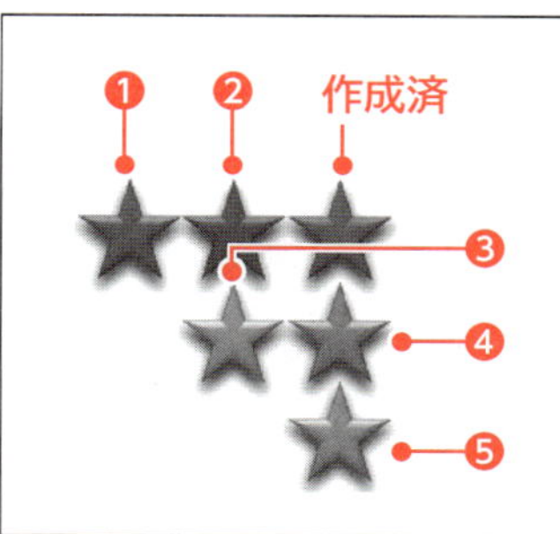

❶光沢-濃い青、アクセント1
❷光沢-濃い紫、アクセント2
❸光沢-濃い緑、アクセント3
❹光沢-濃い緑、アクセント4
❺光沢-オレンジ、アクセント5

⑧ 作成した6つの星の図形をグループ化しましょう。
※完成図を参考に、図形の位置を調整しておきましょう。

⑨ グループ化した星の図形をコピーし、文書の左下角に配置しましょう。
※完成図を参考に、図形の位置を調整しておきましょう。

⑩ ページの色に塗りつぶし効果の「**テクスチャ（コルク）**」を設定しましょう。

Hint! 《デザイン》タブ→《ページの背景》グループの（ページの色）→《塗りつぶし効果》→《テクスチャ》タブを使います。

⑪「**正方形/長方形**」の図形を作成し、次の書式を設定しましょう。また、作成した図形を入力されている文字や図形の背面に表示しましょう。

図形の塗りつぶし	**：白、背景1**
図形の枠線	**：枠線なし**

※完成図を参考に、図形の位置とサイズを調整しておきましょう。

※文書に「総合問題8完成」と名前を付けて、フォルダー「総合問題8」に保存し、閉じておきましょう。

総合問題9

解答 ► 別冊P.24

完成図のように文書を作成しましょう。

フォルダー「総合問題9」の文書「総合問題9」を開いておきましょう。

●完成図

デジタルカメラの基本

<レッスン内容>

レッスン1　デジタルカメラの持ち方

デジタルカメラで撮影するときは、しっかりとデジタルカメラを両手で持ちましょう。
デジタルカメラは手のひら全体を使ってしっかり持ちます。こうすることで、シャッターボタンを押す瞬間にデジタルカメラが動いてしまうのを防ぐことができます。
デジタルカメラを持つ場合は、次のような点に注意します。

●フラッシュやレンズに指が掛からないように持つ
●両手でしっかりと固定する
●デジタルカメラの付属品にストラップがある場合は落下防止のため利用する
●足を肩幅程度に開き、少し膝を曲げたり足を前後に開いたりして下半身を安定させる

レッスン2　写真撮影の3原則

失敗写真とはどのような写真のことでしょう。被写体にうまくピントが合っていないピンボケ写真や撮影時に手ぶれ[1]や被写体ぶれ[2]で、いい表情が撮影できなかった写真、逆光で顔が暗くなってしまった写真などが失敗写真の例といえます。そのような失敗を防ぎ、上手に写真を撮影するには3つの原則があります。

●ピントを合わせる
●手ぶれを防ぐ
●光の向きを考える

(1)　ピント

上手に写真を撮影する1つ目の原則は、「被写体にピントを合わせること」です。
ほとんどのデジタルカメラには、オートフォーカス（AF）機能が搭載されており、自動的に画面の中心にあるもの、または手前にあるものにピントが合うようになっています。そのため、被写体が中心から外れていたり、後方にあったりする状態で撮影すると、ピンボケしやすくなります。
ピント合わせのコツは、シャッターボタンを途中まで軽く押す「半押し」です。シャッターボタンを半押しすると、合わせたピントを固定しておくことができます。半押しを覚えると、画面の端にピントを合わせた写真も撮れるようになります。
ピントを合わせて撮影する手順は次のとおりです。

1　被写体を液晶画面の中心に合わせる
2　シャッターボタンを途中まで軽く半押ししてピントを固定する
3　デジタルカメラの向きをずらして構図を変える
4　シャッターボタンをしっかり最後まで押す

[1] 手ぶれ：撮影者の手が動いてぶれてしまうこと。
[2] 被写体ぶれ：被写体が動いてぶれてしまうこと。

3 | 6

(2)　手ぶれ

上手に写真を撮影する2つ目の原則は、「手ぶれを防ぐこと」です。
コンパクトデジタルカメラは、小さく、持ち運びに便利ですが、カメラが小さいため、シャッターを押すときにカメラが動いてしまい、写真がぶれてしまう「手ぶれ」が起こりやすくなります。
ほとんどのデジタルカメラには、この手ぶれを軽減する機能が付いているので、この機能を設定しておくとよいでしょう。

(3)　光の向き

上手に写真を撮影する3つ目の原則は、「光の向きを考えること」です。
光の向きには次のようなものがあります。

表1　光の向きの種類

光の向き	説明
順光	被写体の正面から光が当たる状態です。正面から全体に光を当てることで被写体に影ができにくくなりますが、質感を出しにくいため単調な写真になることもあります。

レッスン3　デジタルカメラの機能

その他のデジタルカメラの機能には、次のようなものがあります。

(1)　フラッシュ機能

ほとんどのデジタルカメラには光を補うための「フラッシュ」が付いています。逆光や日陰で撮影するときなど、被写体に光が足りないときにとても役に立つ機能です。
ただし、撮影するシーンによっては、光が被写体に当たる質感を大切にしたい場合などもあります。その場合は、フラッシュを発光禁止にして撮影します。

(4)　マクロ機能

花や昆虫や鳥など小さい被写体を撮影する場合に、できるだけ近づいて大きく撮影したり、部分的に拡大して撮影したりすることがあります。しかし、被写体にデジタルカメラを近づけすぎると、ピントが合わずに被写体がぼけてしまいます。これは、レンズに「最短撮影距離」があり、この距離より近い位置から撮影しようとすると起こる現象です。このような場合は、「マクロ」機能を使うと、接写撮影してもピントが合って、きれいに撮影できます。

(5)　夜景モード

① テーマの色を「**ペーパー**」に変更しましょう。

② フォルダー「**総合問題9**」の文書「**撮影手順**」にあるSmartArtグラフィックをコピーし、2ページ目の「**ピントを合わせて撮影する手順は次のとおりです。**」の下の行に図として貼り付けましょう。

③ 組み込みスタイル「**グリッド**」を使って、フッターにページ番号を挿入しましょう。
また、余分な行を削除しましょう。

④ 1ページ目の表紙にフッターが表示されないように設定しましょう。

Hint! 《挿入》タブ→《ヘッダーとフッター》グループの フッター (フッターの追加)→《フッターの編集》を使います。

⑤ 見出し1に設定されているアウトライン番号を「**レッスン1**」と表示されるように変更しましょう。

⑥ 1ページ目の「**<レッスン内容>**」の下に、次のような目次を挿入しましょう。

書式　　　　　　　：フォーマル **アウトラインレベル：1**

⑦ 次の見出しから、次のページに表示されるように改ページしましょう。

レッスン2　写真撮影の3原則 **レッスン3　デジタルカメラの機能**

⑧ 目次のページ番号を更新しましょう。

⑨ 次のように脚注を挿入しましょう。

3ページ3行目「手ぶれ」の後ろ 　**脚注内容：「手ぶれ：撮影者の手が動いてぶれてしまうこと。」** **3ページ3行目「被写体ぶれ」の後ろ** 　**脚注内容：「被写体ぶれ：被写体が動いてぶれてしまうこと。」** **5ページ22行目「瞳孔」の後ろ** 　**脚注内容：「瞳孔：黒目の中心部分のこと。」**

※行数を確認する場合は、ステータスバーに行番号を表示します。

⑩ 文書内の表に、次の図表番号を挿入しましょう。

4ページ目の表の上：「表1□光の向きの種類」と表示 **5ページ目の表の上：「表2□ズームの種類」と表示**

※□は全角空白を表します。

※文書に「総合問題9完成」と名前を付けて、フォルダー「総合問題9」に保存し、閉じておきましょう。
※文書「撮影手順」を保存せずに閉じておきましょう。

総合問題10

解答 ► 別冊P.26

完成図のような文書を作成しましょう。

※設定する項目名が一覧にない場合は、任意の項目を選択してください。

フォルダー「総合問題10」の文書「総合問題10」を開いておきましょう。

●完成図

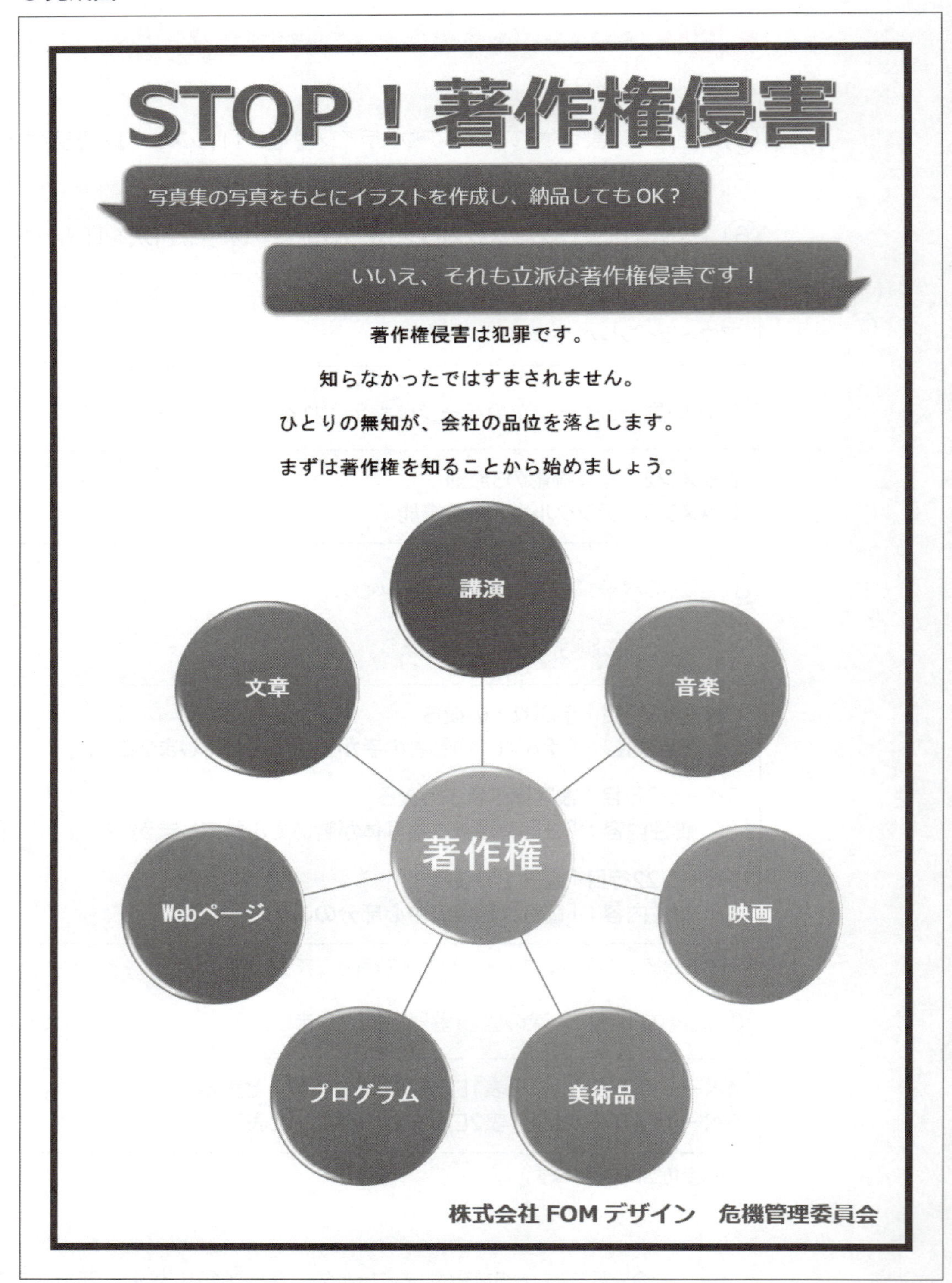

①用紙サイズをB4に変更しましょう。

②ワードアートを使って、文頭に**「STOP！著作権侵害」**というタイトルを挿入しましょう。ワードアートのスタイルは**「塗りつぶし：黒、文字色1；輪郭：白、背景色1；影（ぼかしなし）：白、背景色1」**にします。

③挿入したワードアートに、次の書式を設定しましょう。

フォント	**：メイリオ**
フォントサイズ	**：64ポイント**
文字の塗りつぶし	**：青、アクセント5**

※完成図を参考に、ワードアートの位置とサイズを調整しておきましょう。

④**「吹き出し：角を丸めた四角形」**の図形を作成し、**「写真集の写真をもとにイラストを作成し、納品してもOK?」**と入力しましょう。

⑤作成した吹き出しの図形に次の書式を設定し、完成図を参考に吹き出し口の位置を調整しましょう。

図形のスタイル	**：光沢-青、アクセント5**
フォント	**：メイリオ**
フォントサイズ	**：16ポイント**

※完成図を参考に、吹き出しの位置とサイズを調整しておきましょう。

⑥作成した吹き出しの図形をコピーし、次のように変更しましょう。

入力する文字	**：いいえ、それも立派な著作権侵害です！**
吹き出し口の位置	**：右側**
図形のスタイル	**：光沢-オレンジ、アクセント2**
フォントサイズ	**：18ポイント**

※完成図を参考に、吹き出しの位置とサイズを調整しておきましょう。

⑦文末に、SmartArtグラフィック**「基本放射」**を挿入し、テキストウィンドウを使って次のように入力しましょう。

- **著作権**
  - **講演**
  - **音楽**
  - **美術品**
  - **Webページ**

⑧完成図を参考に、図形を追加し、文字を入力しましょう。

⑨SmartArtグラフィックのスタイルを**「立体グラデーション」**に変更しましょう。

Hint! 《SmartArtツール》の《デザイン》タブ→《SmartArtのスタイル》グループの［▼］（その他）を使います。

1 2 3 4 5 6 7 総合問題 付録 索引

⑩ SmartArtグラフィックの色を**「カラフル-アクセント5から6」**に変更しましょう。

Hint! 《SmartArtツール》の《デザイン》タブ→《SmartArtのスタイル》グループ（色の変更）を使います。

⑪ SmartArtグラフィックに次の書式を設定し、完成図を参考に位置とサイズを調整しましょう。

文字列の折り返し	**：前面**
フォント	**：MSゴシック**
フォントサイズ	**：18ポイント**
太字	

Hint! SmartArtグラフィックを左に移動してから右下角をドラッグすると効率よくサイズ変更できます。

⑫ SmartArtグラフィックの**「著作権」**のフォントサイズを**「32」**ポイントに設定しましょう。

⑬ 横書きテキストボックスを作成し、**「株式会社FOMデザイン□危機管理委員会」**と入力しましょう。

※□は全角空白を表します。

⑭ 作成したテキストボックスに、次の書式を設定しましょう。

図形の塗りつぶし	**：塗りつぶしなし**
図形の枠線	**：枠線なし**
フォント	**：メイリオ**
フォントサイズ	**：18ポイント**
太字	
フォントの色	**：オレンジ、アクセント2、黒+基本色25%**

※完成図を参考に、テキストボックスの位置とサイズを調整しておきましょう。

※文書に「総合問題10完成」と名前を付けて、フォルダー「総合問題10」に保存し、閉じておきましょう。

付録

Word 2019の新機能

Step 1 学習ツールを利用する

1 学習ツール

Word 2019には、画面上で文章を読むときに役立つ「**学習ツール**」が用意されています。
通常、パソコンの画面は横に長いため、1行の文字数も多く、文章量が多い文書では、どこを読んでいるのか、わからなくなってしまうことがあります。
学習ツールを使うと、次のようなことができます。

- **●1行に表示される文字数を減らして、視線の動きが少なくなるように調整できる**
- **●背景の色を設定して、文字とのコントラストを調整できる**
- **●文字や行の間隔を広げて、読む位置を明確にできる**
- **●文章を音声で読み上げることができる**

●通常の文書

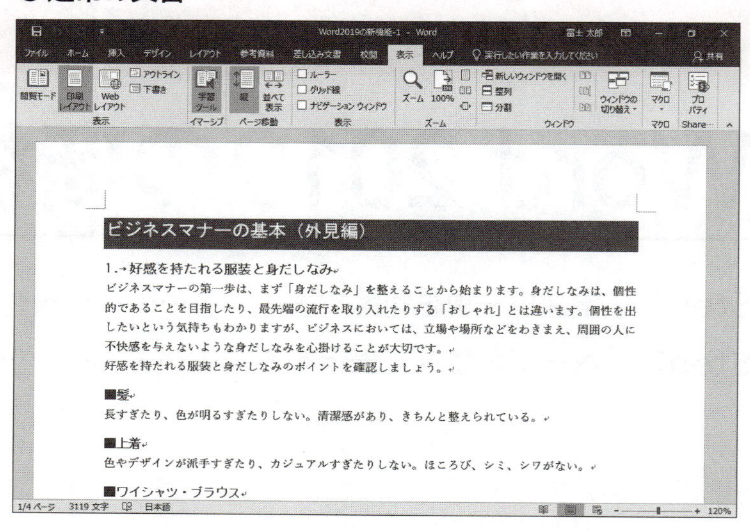

●学習ツールで表示した文書

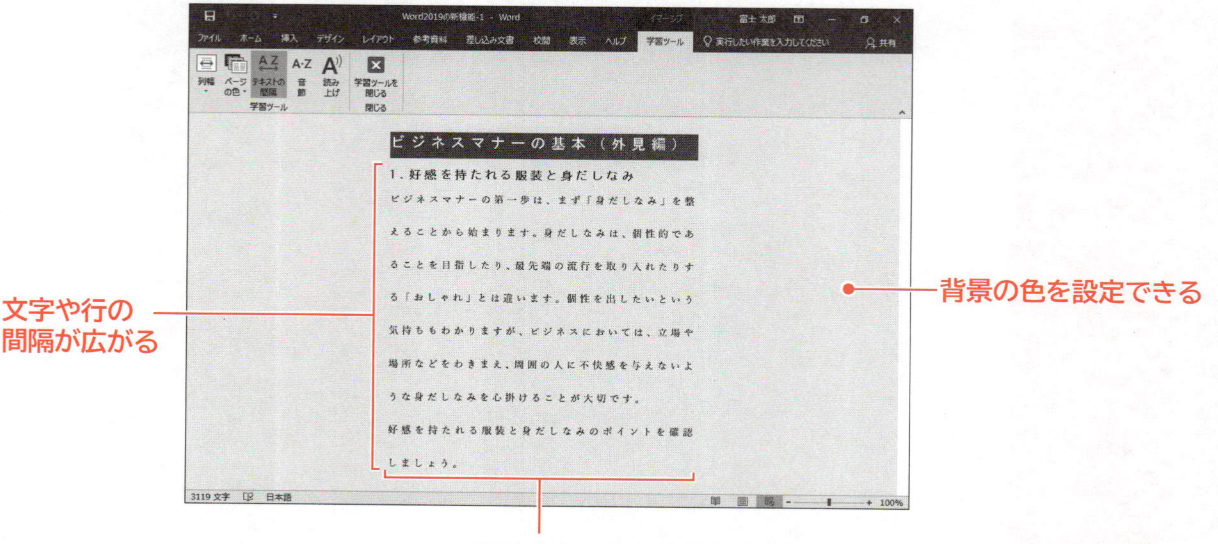

2 学習ツールの表示

学習ツールを表示しましょう。

File OPEN　フォルダー「付録」の文書「Word2019の新機能-1」を開いておきましょう。

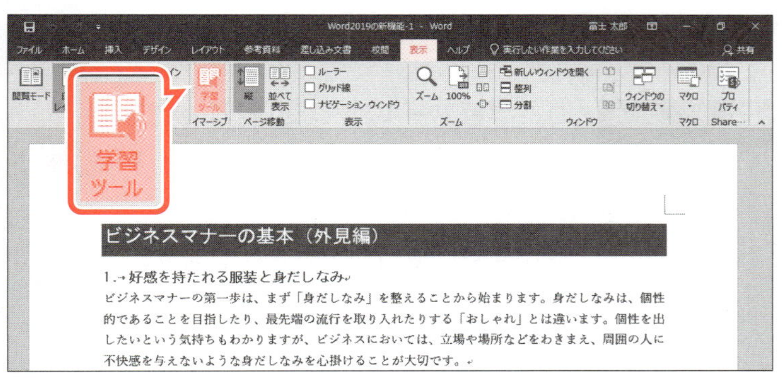

①《表示》タブを選択します。

②《イマーシブ》グループの（学習ツール）をクリックします。

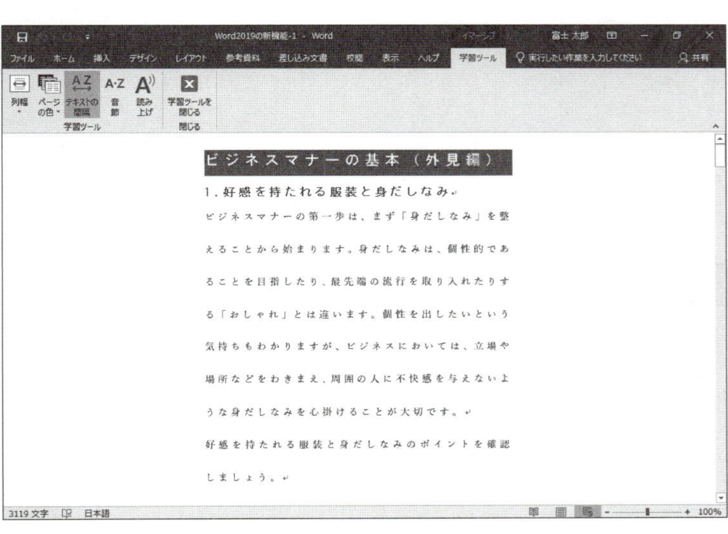

学習ツールが表示され、文書の表示方法が変更されます。

※リボンに《学習ツール》タブが表示され、自動的に《学習ツール》タブに切り替わります。

POINT 学習ツールの各機能

《学習ツール》タブには、次のようなボタンがあります。

ボタン	説明
列幅（列幅）	「非常に狭い」「狭い」「やや狭い」「広い」の4種類の列幅を選択できます。 「非常に狭い」を選択すると、1行に表示する文字数が少なくなり、「広い」を選択すると、画面の幅に合わせて文字を表示します。
ページの色（ページの色）	「セピア」と「反転」の2種類の色を選択できます。 「セピア」を選択すると、文字の背景がセピアになります。文字の色は変わりません。 「反転」を選択すると、文字の背景が黒になり、文字の色は白になります。
テキストの間隔（テキストの間隔）	文字の間隔を調整します。 初期の設定では、（テキストの間隔）がオン（濃い灰色）になり、文字の間隔を広く表示します。（テキストの間隔）をオフ（標準の色）にすると、文字の間隔が狭くなります。
音節（音節）	英単語の音節の切れ目に半角空白を表示します。日本語には対応していません。 ※音節は、単語を発音する際のひとまとまりの単位を表します。
読み上げ（読み上げ）	カーソルのある位置から文書を読み上げます。 読み上げている単語を網かけで表示します。

3 学習ツールの利用

次のように学習ツールの表示を変更し、文章を読みやすくしましょう。

列幅	：非常に狭い
ページの色	：セピア
読み上げ	：読み上げる

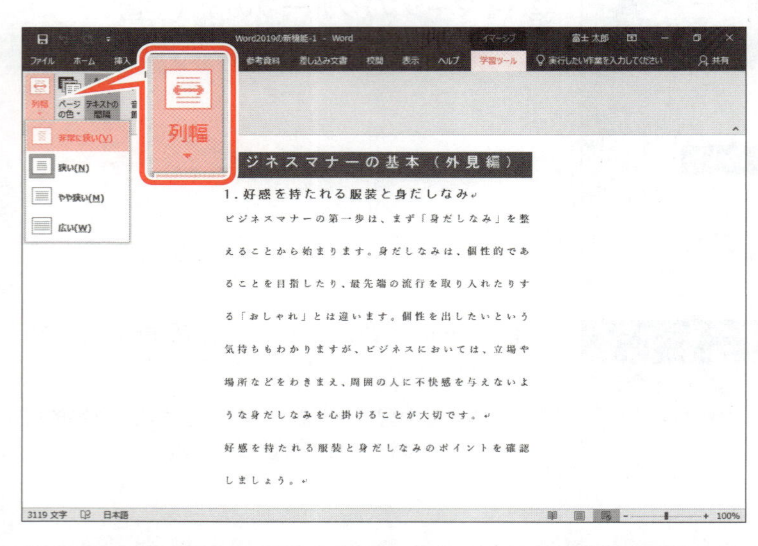

①《**学習ツール**》タブを選択します。

②《**学習ツール**》グループの（列幅）をクリックします。

③《**非常に狭い**》をクリックします。

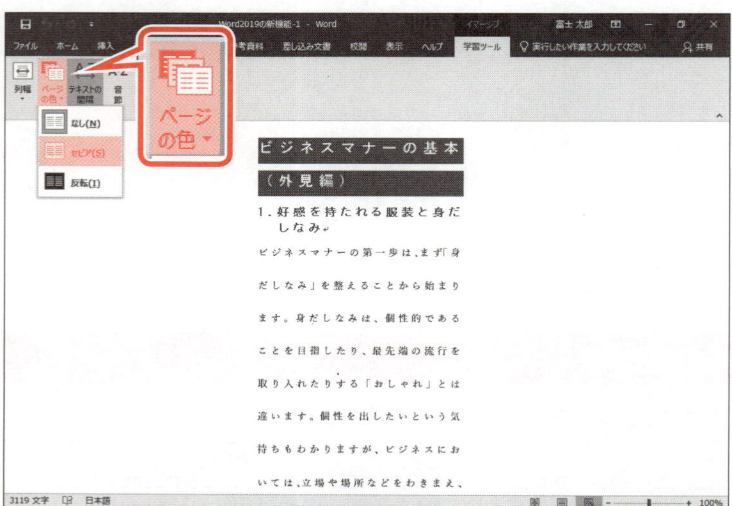

1行に表示される文字数が変更されます。

④《**学習ツール**》グループの（ページの色）をクリックします。

⑤《**セピア**》をクリックします。

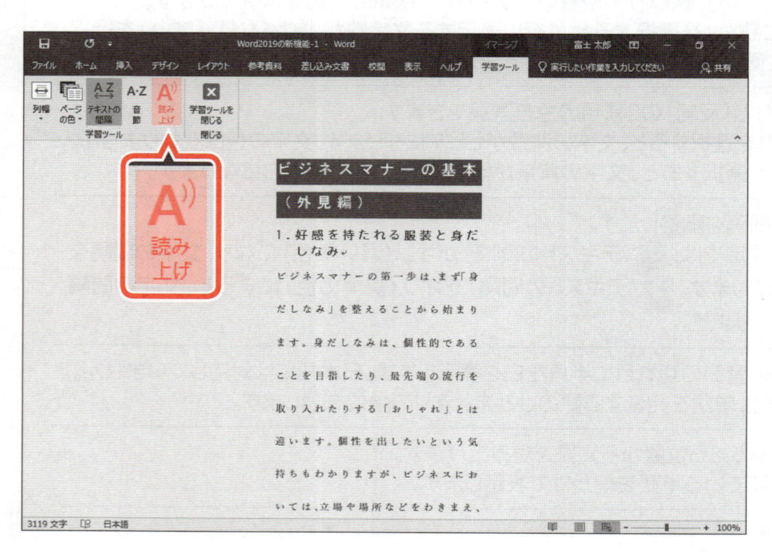

背景の色が変更されます。

⑥《**学習ツール**》グループの（読み上げ）をクリックします。

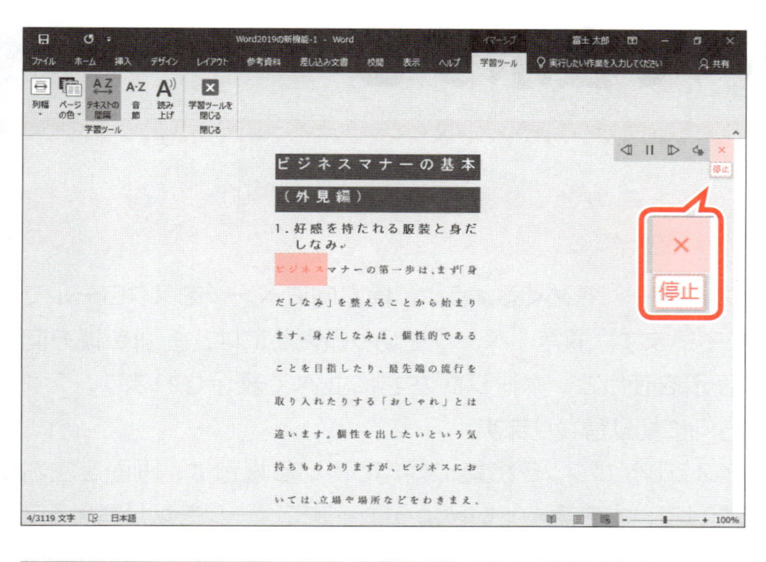

文章が読み上げられ、読み上げている単語に網かけが表示されます。

※文章の読み上げを行うには、パソコンにサウンドカードとスピーカーが必要です。

※画面右上に再生コントロールが表示されます。

⑦ × （停止）をクリックします。

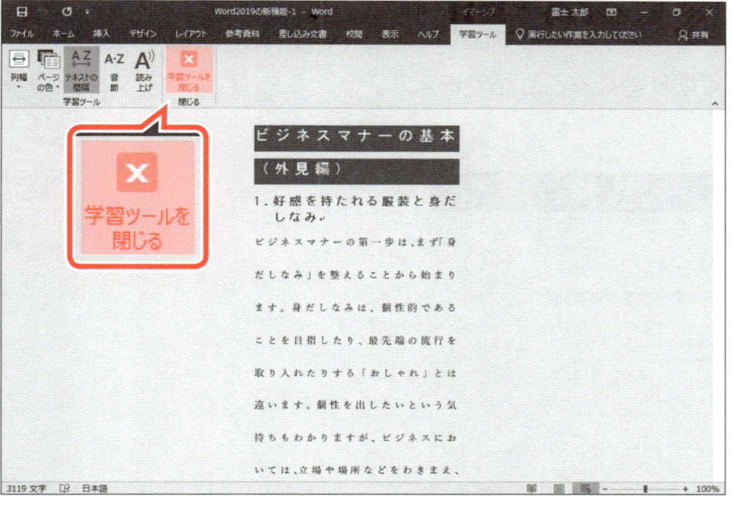

文章の読み上げが終わります。

学習ツールを終了します。

⑧**《閉じる》**グループの （学習ツールを閉じる）をクリックします。

※文書を保存せずに閉じておきましょう。

POINT 再生コントロール

再生コントロールは、 （読み上げ）をクリックすると表示されます。再生コントロールを使うと、読み上げを停止したり、読み上げ速度を変更したりできます。
再生コントロールの各部の名称と役割は、次のとおりです。

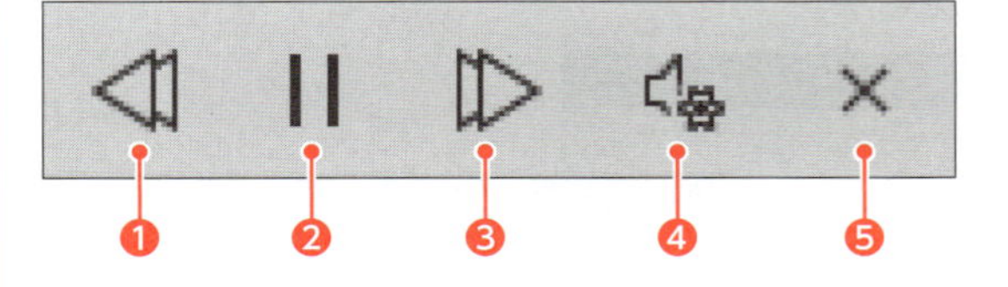

❶前へ

現在読み上げている段落を最初から読み直します。

❷一時停止／再生

II （一時停止）をクリックすると、読み上げを一時停止します。一時停止中は、▷（再生）に変わります。
▷（再生）をクリックすると、読み上げを再開します。

❸次へ

現在読み上げている段落の次の段落から読み上げます。

❹設定

読み上げる速度を変更したり、読み上げる音声を切り替えたりします。

❺停止

読み上げを終了します。

Step2 ページを並べて表示する

1 並べて表示

Word 2019には、画面上で本のページをめくるように、横方向にページをスクロールできる**「並べて表示」**が用意されています。通常、ページを切り替えるには、画面を縦方向にスクロールします。並べて表示を使うと、ページが左右に並べて表示されます。スクロールするとページ単位で横方向に切り替わります。
パソコンに接続されているディスプレイがタッチ機能に対応している場合は、画面を左右に軽く払うようにスライドするだけで、本を読んでいるような感覚でページを切り替えることができます。
また、並べて表示の状態では、すべてのページのサムネイル（一覧）を表示することができるので、目的のページに素早く切り替えることができます。

●並べて表示

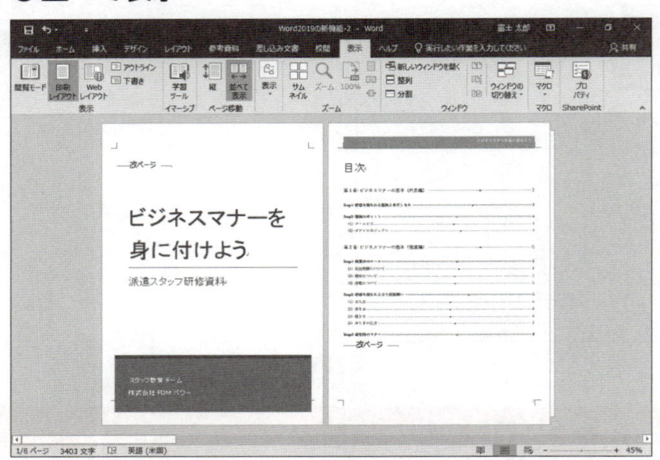

左右にページ単位でスクロールできる

●サムネイル（一覧）で表示

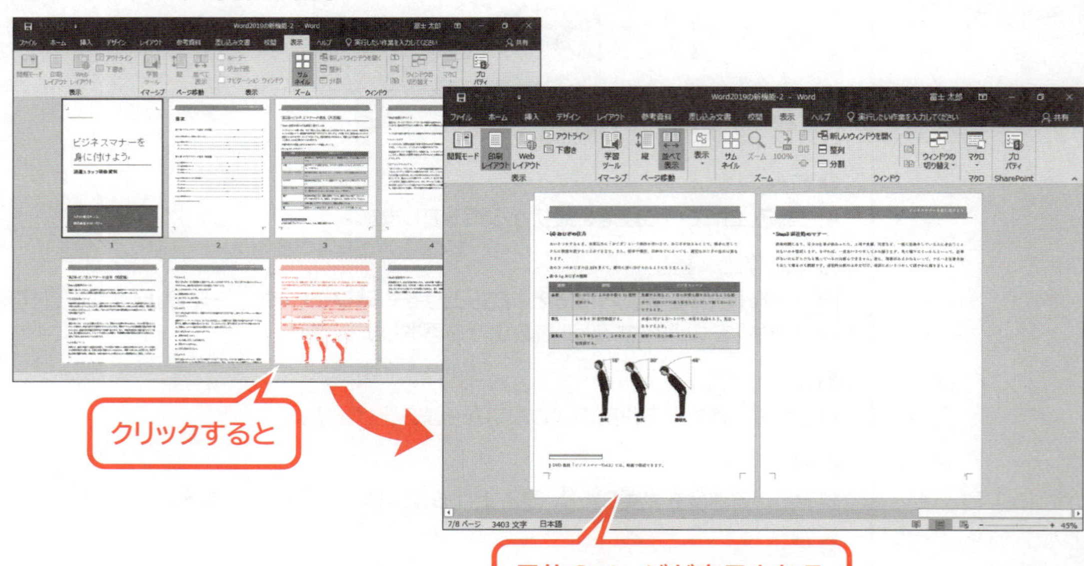

2 並べて表示への切り替え

ページを左右に並べて表示し、次のページにスクロールしましょう。

File OPEN フォルダー「付録」の文書「Word2019の新機能-2」を開いておきましょう。

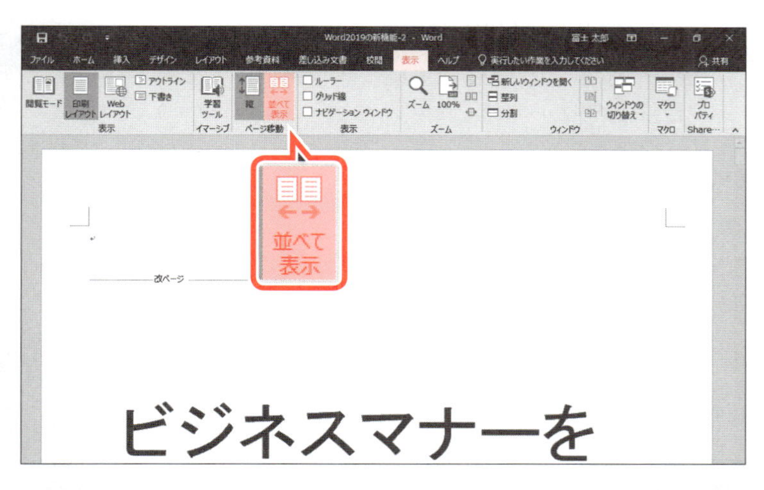

①《表示》タブを選択します。

②《ページ移動》グループの（並べて表示）をクリックします。

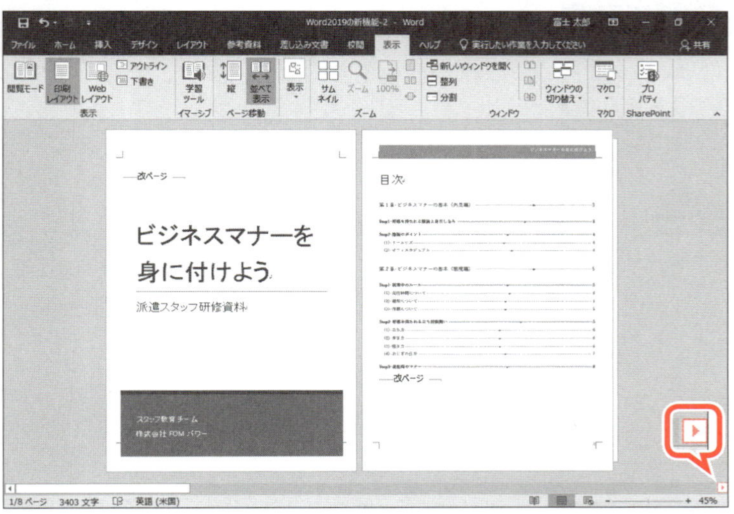

ページが左右に並べて表示されます。

③ をクリックします。

※クリックするごとに、次のページが表示されます。

※スクロールバーをドラッグしてもかまいません。

※パソコンに接続されているディスプレイがタッチ機能に対応している場合は、指を使って画面をスライドすると、次のページが表示されます。

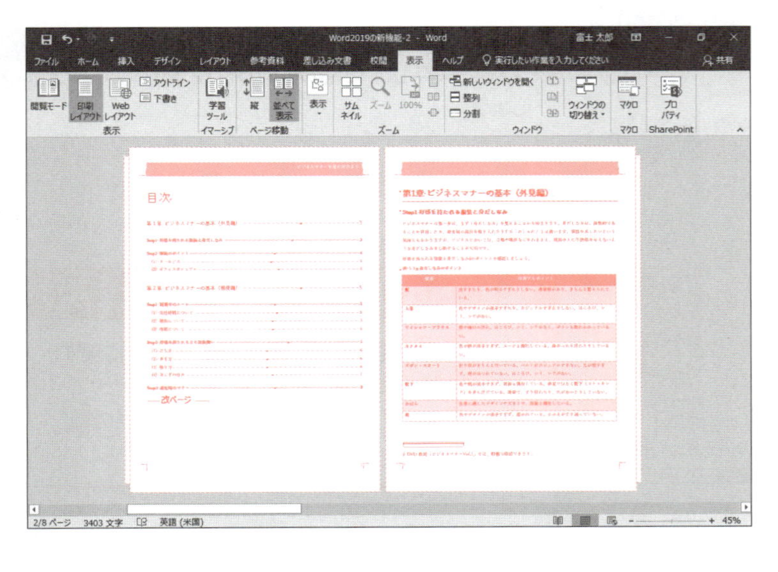

ページがめくられ、2ページ目と3ページ目が表示されます。

3 目的のページの表示

すべてのページをサムネイル（一覧）の表示に切り替え、7ページ目を表示しましょう。

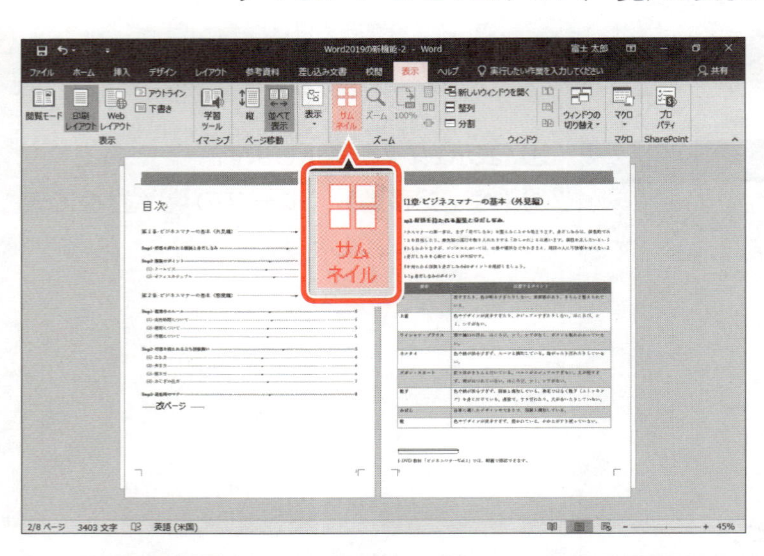

①《表示》タブを選択します。
②《ズーム》グループの（サムネイル）をクリックします。

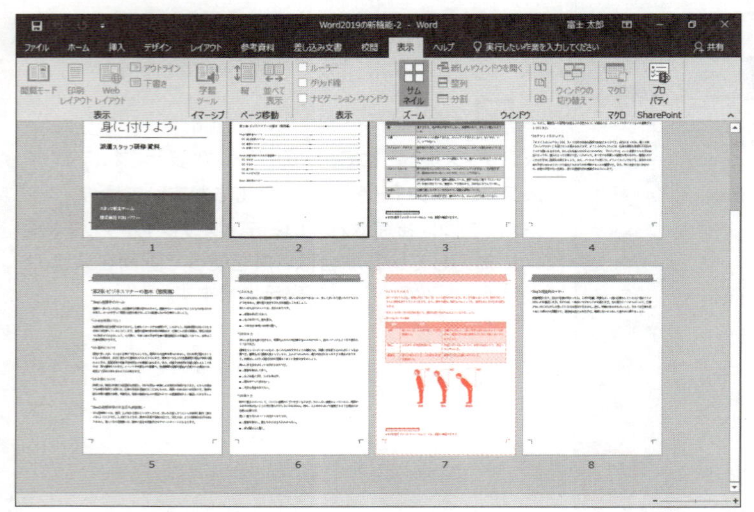

すべてのページがサムネイル（一覧）で表示されます。
③7ページ目をクリックします。

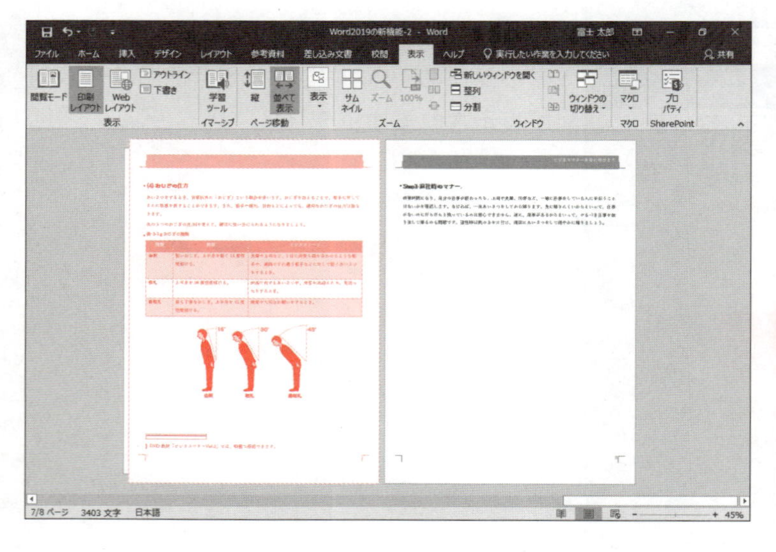

7ページ目が表示されます。
※画面の表示をもとに戻しておきましょう。
※文書を保存せずに閉じ、Wordを終了しておきましょう。

POINT 画面の表示をもとに戻す

並べて表示されている文書をもとの表示に戻す方法は、次のとおりです。
◆《表示》タブ→《ページ移動》グループの（縦）

索 引

Index

索引

英数字

あ

い

う

お

か

せ

そ

た

て

と

ほ

み

も

ゆ

よ

ら

り

れ

わ

よくわかる

Microsoft® Word 2019 応用

(FPT1816)

2019年 3 月31日　初版発行
2021年 1 月 6 日　第２版

著作／制作：富士通エフ・オー・エム株式会社

発行者：山下　秀二

発行所：FOM出版（富士通エフ・オー・エム株式会社）
〒105-6891　東京都港区海岸１-16-１ ニューピア竹芝サウスタワー
https://www.fujitsu.com/jp/fom/

印刷／製本：株式会社サンヨー

表紙デザインシステム：株式会社アイロン・ママ

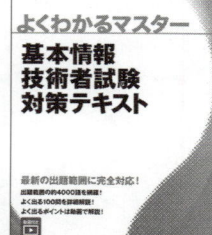

緑色の用紙の内側に、別冊「練習問題・総合問題 解答」が添付されています。

別冊は必要に応じて取りはずせます。取りはずす場合は、この用紙を 1 枚めくっていただき、別冊の根元を持って、ゆっくりと引き抜いてください。

練習問題・総合問題
解 答

Microsoft®
Word 2019 応用

練習問題解答

設定する項目名が一覧にない場合は、任意の項目を選択してください。

第1章　練習問題

①

①《レイアウト》タブを選択

②《ページ設定》グループの サイズ（ページサイズの選択）をクリック

③《はがき》をクリック

④《ページ設定》グループの 印刷の向き（ページの向きを変更）をクリック

⑤《横》をクリック

⑥《ページ設定》グループの （余白の調整）をクリック

⑦《狭い》をクリック

⑧《デザイン》タブを選択

⑨《ドキュメントの書式設定》グループの （テーマの色）をクリック

⑩《ペーパー》をクリック

⑪《ページの背景》グループの （ページの色）をクリック

⑫《テーマの色》の《**濃い緑、テキスト2、白+基本色60%**》（左から4番目、上から3番目）をクリック

②

①文頭にカーソルがあることを確認

②《挿入》タブを選択

③《テキスト》グループの （ワードアートの挿入）をクリック

④《**塗りつぶし：白；輪郭：オレンジ、アクセントカラー2；影（ぼかしなし）：オレンジ、アクセントカラー2**》（左から4番目、上から3番目）をクリック

⑤「**インターネットメンバー募集中**」と入力

③

①ワードアートを選択

②《ホーム》タブを選択

③《フォント》グループの 游明朝 (本文(（フォント）の をクリックし、一覧から《**メイリオ**》を選択

④《フォント》グループの 36（フォントサイズ）の をクリックし、一覧から《**16**》を選択

④

①《挿入》タブを選択

②《テキスト》グループの （テキストボックスの選択）をクリック

③《**横書きテキストボックスの描画**》をクリック

④完成図を参考に、左上から右下へドラッグ

⑤文字を入力

⑤

①テキストボックスを選択

②《書式》タブを選択

③《図形のスタイル》グループの （図形の塗りつぶし）の をクリック

④《テーマの色》の《**ゴールド、アクセント3、白+基本色80%**》（左から7番目、上から2番目）をクリック

⑤《図形のスタイル》グループの （図形の枠線）の をクリック

⑥《**枠線なし**》をクリック

⑦《図形のスタイル》グループの （図形の効果）をクリック

⑧《**影**》をポイント

⑨《**外側**》の《**オフセット：右下**》（左から1番目、上から1番目）をクリック

⑩《ホーム》タブを選択

⑪《フォント》グループの 游明朝 (本文(（フォント）の をクリックし、一覧から《**游ゴシックLight**》を選択

⑫《フォント》グループの 10.5（フォントサイズ）の をクリックし、一覧から《**8**》を選択

⑬《フォント》グループの B（太字）をクリック

⑭《フォント》グループの A（フォントの色）の をクリック

⑮《テーマの色》の《**ゴールド、アクセント3、黒+基本色50%**》（左から7番目、上から6番目）をクリック

※選択を解除しておきましょう。

①《**挿入**》タブを選択
②《**図**》グループの SmartArt （SmartArtグラフィックの挿入）をクリック
③左側の一覧から《**リスト**》を選択
④中央の一覧から《**縦方向プロセス**》（左から4番目、上から6番目）を選択
⑤《**OK**》をクリック
⑥《**SmartArtツール**》の《**デザイン**》タブを選択
⑦《**グラフィックの作成**》グループの テキスト ウィンドウ （テキストウィンドウ）をクリック
⑧テキストウィンドウの1行目に「**特典1**」と入力
⑨2行目に「**毎月第2月曜日は5%OFF！**」と入力
⑩3行目にカーソルを移動
⑪ Back Space を2回押して行を削除
⑫同様に、特典2、特典3を入力
※テキストウィンドウを閉じておきましょう。

①SmartArtグラフィックを選択
②《**ホーム**》タブを選択
③《**フォント**》グループの （フォント）の をクリックし、一覧から《**游ゴシックLight**》を選択
④《**フォント**》グループの 14+ （フォントサイズ）の をクリックし、一覧から《**11**》を選択
⑤ （レイアウトオプション）をクリック
⑥《**文字列の折り返し**》の （前面）をクリック
⑦《**レイアウトオプション**》の （閉じる）をクリック
⑧《**SmartArtツール**》の《**デザイン**》タブを選択
⑨《**SmartArtのスタイル**》グループの 色の変更 （色の変更）をクリック
⑩《**アクセント2**》の《**グラデーション-アクセント2**》（左から3番目）をクリック
⑪《**SmartArtのスタイル**》グループの （その他）をクリック
⑫《**ドキュメントに最適なスタイル**》の《**光沢**》（左から2番目、上から2番目）をクリック

⑧

①《**挿入**》タブを選択
②《**図**》グループの 画像 （ファイルから）をクリック
③画像が保存されている場所を開く
※《PC》→《ドキュメント》→「Word2019応用」→「第1章」を選択します。
④一覧から「**たまねぎ**」を選択
⑤《**挿入**》をクリック
⑥画像が選択されていることを確認
⑦ （レイアウトオプション）をクリック
⑧《**文字列の折り返し**》の （前面）をクリック
⑨《**レイアウトオプション**》の （閉じる）をクリック

⑨

①《**挿入**》タブを選択
②《**図**》グループの 図形 （図形の作成）をクリック
③《**基本図形**》の （楕円）（左から3番目、上から1番目）をクリック
④完成図を参考に、左上から右下へドラッグ
⑤図形が選択されていることを確認
⑥文字を入力

⑩

①図形を選択
②《**書式**》タブを選択
③《**図形のスタイル**》グループの （図形の塗りつぶし）の をクリック
④《**テーマの色**》の《**オレンジ、アクセント2、黒+基本色25%**》（左から6番目、上から5番目）をクリック
⑤《**図形のスタイル**》グループの （図形の効果）をクリック
⑥《**影**》をポイント
⑦《**外側**》の《**オフセット：右下**》（左から1番目、上から1番目）をクリック
⑧《**ホーム**》タブを選択
⑨《**フォント**》グループの 游明朝 (本文(（フォント）の をクリックし、一覧から《**游ゴシックLight**》を選択
⑩《**フォント**》グループの B （太字）をクリック

⑪

①《**挿入**》タブを選択
②《**テキスト**》グループの テキストボックス （テキストボックスの選択）をクリック
③《**横書きテキストボックスの描画**》をクリック
④完成図を参考に、左上から右下へドラッグ
⑤文字を入力

⑫

①テキストボックスを選択

②《**書式**》タブを選択

③《**図形のスタイル**》グループの（図形の塗りつぶし）のをクリック

④《**塗りつぶしなし**》をクリック

⑤《**図形のスタイル**》グループの（図形の枠線）をクリック

※前回と同じ《枠線なし》が適用されます。

⑥《**ホーム**》タブを選択

⑦《**フォント**》グループの游明朝 (本文(（フォント）のをクリックし、一覧から《**メイリオ**》を選択

⑧《**フォント**》グループの10.5（フォントサイズ）のをクリックし、一覧から《**8**》を選択

⑨《**フォント**》グループの（フォントの色）をクリック

※前回と同じ色が適用されます。

⑩《**フォント**》グループの（太字）をクリック

第2章　練習問題

①

①《**レイアウト**》タブを選択

②《**ページ設定**》グループの（ページ設定）をクリック

③《**文字数と行数**》タブを選択

④《**フォントの設定**》をクリック

⑤《**日本語用のフォント**》のをクリックし、一覧から《**UDデジタル教科書体N-B**》を選択

⑥《**英数字用のフォント**》のをクリックし、一覧から《**(日本語用と同じフォント)**》を選択

⑦《**サイズ**》の一覧から《**12**》を選択

⑧《**OK**》をクリック

⑨《**余白**》タブを選択

⑩《**上**》を「**90mm**」に設定

⑪《**OK**》をクリック

⑫《**デザイン**》タブを選択

⑬《**ページの背景**》グループの（ページの色）をクリック

⑭《**塗りつぶし効果**》をクリック

⑮《**テクスチャ**》タブを選択

⑯《**テクスチャ**》の《**紙**》（左から1番目、上から1番目）をクリック

⑰《**OK**》をクリック

②

①《**挿入**》タブを選択

②《**図**》グループの画像（ファイルから）をクリック

③画像が保存されている場所を開く

※《PC》→《ドキュメント》→「Word2019応用」→「第2章」を選択します。

④一覧から「**山茶花**」を選択

⑤《**挿入**》をクリック

⑥画像が選択されていることを確認

⑦（レイアウトオプション）をクリック

⑧《**文字列の折り返し**》の（前面）をクリック

⑨《**レイアウトオプション**》の×（閉じる）をクリック

③

①画像を選択

②《**書式**》タブを選択

③《**サイズ**》グループの（トリミング）をクリック

④画像の上側の━をポイントし、完成図を参考に、下方向にドラッグ

⑤同様に、画像の下側をトリミング

⑥画像以外の場所をクリックしてトリミングを確定

⑦画像を選択

⑧《**書式**》タブを選択

⑨《**調整**》グループの修整（修整）をクリック

⑩《**シャープネス**》の《**シャープネス：50%**》（左から5番目）をクリック

⑪《**調整**》グループのアート効果（アート効果）をクリック

⑫《**パステル：滑らか**》（左から4番目、上から4番目）をクリック

④

①画像を選択

②《**挿入**》タブを選択

③《**テキスト**》グループの（ワードアートの挿入）をクリック

④《**塗りつぶし(グラデーション)：ゴールド、アクセントカラー4；輪郭：ゴールド, アクセントカラー4**》（左から3番目、上から2番目）をクリック

⑤「**仕出し弁当**」と入力

⑥Enterを押して改行

⑦「**山茶花**」と入力

⑤

①ワードアートを選択

②**《ホーム》**タブを選択

③**《段落》**グループの［≡］（左揃え）をクリック

④**「山茶花」**を選択

⑤**《フォント》**グループの［36 ▾］（フォントサイズ）の［36］をクリックし、**「80」**と入力

⑥［Enter］を押す

⑥

①画像の下の行にカーソルを移動

②**《挿入》**タブを選択

③**《テキスト》**グループの［□ ▾］（オブジェクト）の［▾］をクリック

④**《テキストをファイルから挿入》**をクリック

⑤テキストファイルが保存されている場所を開く

※《PC》→《ドキュメント》→「Word2019応用」→「第2章」を選択します。

⑥［すべての Word 文書 ⌄］をクリック

⑦一覧から**《テキストファイル》**を選択

⑧一覧から**「献立」**を選択

⑨**《挿入》**をクリック

⑩**《Windows（既定値）》**を◉にする

⑪**《OK》**をクリック

※画像やワードアートの位置がずれるので、完成図を参考に調整しておきましょう。

⑫挿入した文字をすべて選択

⑬**《ホーム》**タブを選択

⑭**《フォント》**グループの［A］（すべての書式をクリア）をクリック

⑦

①**「今月のお弁当「羽衣」」**から**「1,300円（税別）」**までの行を選択

②**《ホーム》**タブを選択

③**《フォント》**グループの［12 ▾］（フォントサイズ）の［▾］をクリックし、一覧から**《26》**を選択

④**《フォント》**グループの［A ▾］（フォントの色）の［▾］をクリック

⑤**《標準の色》**の**《濃い赤》**（左から1番目）をクリック

⑧

①**「●口取り」**を選択

②［Ctrl］を押しながら、**「●煮物」「●御飯」「●香の物」**を選択

③**《ホーム》**タブを選択

④**《フォント》**グループの［12 ▾］（フォントサイズ）の［▾］をクリックし、一覧から**《14》**を選択

⑨

①文頭にカーソルを移動

※［Ctrl］＋［Home］を押すと、効率よく移動できます。

②**《挿入》**タブを選択

③**《図》**グループの［画像］（ファイルから）をクリック

④画像が保存されている場所を開く

※《PC》→《ドキュメント》→「Word2019応用」→「第2章」を選択します。

⑤一覧から**「お弁当（羽衣）」**を選択

⑥**《挿入》**をクリック

⑦画像が選択されていることを確認

⑧**《書式》**タブを選択

⑨**《調整》**グループの［背景の削除］（背景の削除）をクリック

⑩**《背景の削除》**タブを選択

⑪**《設定し直す》**グループの［保持する領域としてマーク］（保持する領域としてマーク）をクリック

⑫ドラッグして、お弁当だけが残るように調整

※削除する領域としてマークする場合は、［削除する領域としてマーク］（削除する領域としてマーク）をクリックして、削除する範囲を指定します。

※範囲の指定をやり直したい場合は、［すべての変更を破棄］（背景の削除を終了して、変更を破棄する）をクリックします。

⑬**《閉じる》**グループの［変更を保持］（背景の削除を終了して、変更を保持する）をクリック

⑭画像**「お弁当（羽衣）」**を選択

⑮［レイアウトオプション］（レイアウトオプション）をクリック

⑯**《文字列の折り返し》**の［四角形］（四角形）をクリック

⑰**《ページ上の位置を固定》**を◉にする

⑱**《レイアウトオプション》**の［×］（閉じる）をクリック

⑩

①文書「**山茶花地図**」を表示

②地図を選択

③《**ホーム**》タブを選択

④《**クリップボード**》グループの（コピー）をクリック

⑤タスクバーのをポイントし、作成中の文書をクリック

⑥文末にカーソルを移動

※ Ctrl + End を押すと、効率よく移動できます。

⑦《**ホーム**》タブを選択

⑧《**クリップボード**》グループの（貼り付け）の 貼り付け をクリック

⑨（図）をクリック

※2ページ目に図が表示されます。

⑩地図を選択

⑪（レイアウトオプション）をクリック

⑫《**文字列の折り返し**》の（前面）をクリック

⑬《**レイアウトオプション**》の（閉じる）をクリック

第3章　練習問題

①

①《**差し込み文書**》タブを選択

②《**差し込み印刷の開始**》グループの（差し込み印刷の開始）をクリック

③《**レター**》をクリック

②

①《**差し込み文書**》タブを選択

②《**差し込み印刷の開始**》グループの（宛先の選択）をクリック

③《**既存のリストを使用**》をクリック

④Excelのブックが保存されている場所を開く

※《PC》→《ドキュメント》→「Word2019応用」→「第3章」を選択します。

⑤一覧から「**受講者リスト**」を選択

⑥《**開く**》をクリック

⑦「**ビジネス知識基礎コース$**」をクリック

⑧《**先頭行をタイトル行として使用する**》を☑にする

⑨《**OK**》をクリック

①2行目にカーソルを移動

②《**差し込み文書**》タブを選択

③《**文章入力とフィールドの挿入**》グループの 差し込みフィールドの挿入 （差し込みフィールドの挿入）の をクリック

④《**会社名**》をクリック

⑤3行目の「**□様**」の前にカーソルを移動

⑥《**文章入力とフィールドの挿入**》グループの 差し込みフィールドの挿入 （差し込みフィールドの挿入）の をクリック

⑦《**受講者名**》をクリック

⑧表の2行2列目のセルにカーソルを移動

⑨《**文章入力とフィールドの挿入**》グループの 差し込みフィールドの挿入 （差し込みフィールドの挿入）の をクリック

⑩《**受講日**》をクリック

⑪表の4行2列目のセルの「**アイキャン**」の後ろにカーソルを移動

⑫《**文章入力とフィールドの挿入**》グループの 差し込みフィールドの挿入 （差し込みフィールドの挿入）の をクリック

⑬《**会場**》をクリック

①《**差し込み文書**》タブを選択

②《**結果のプレビュー**》グループの（結果のプレビュー）をクリック

③《**結果のプレビュー**》グループの（次のレコード）をクリックして2件目以降の宛先を確認

⑤

①《**差し込み文書**》タブを選択

②《**完了**》グループの（完了と差し込み）をクリック

③《**文書の印刷**》をクリック

④《**すべて**》を◉にする

⑤《**OK**》をクリック

⑥プリンター名を確認し、《**OK**》をクリック

⑥

①新しい文書を作成

②《**差し込み文書**》タブを選択

③《**差し込み印刷の開始**》グループの （差し込み印刷の開始）をクリック

④《**ラベル**》をクリック

⑤《**ページプリンター**》を◉にする

⑥《**ラベルの製造元**》の をクリックし、一覧から《**Hisago**》を選択

⑦《**製品番号**》の一覧から《**Hisago ELM007**》を選択

⑧《**OK**》をクリック

⑦

①《**差し込み文書**》タブを選択

②《**差し込み印刷の開始**》グループの （宛先の選択）をクリック

③《**既存のリストを使用**》をクリック

④Excelのブックが保存されている場所を開く

※《PC》→《ドキュメント》→「Word2019応用」→「第3章」を選択します。

⑤一覧から「**受講者リスト**」を選択

⑥《**開く**》をクリック

⑦「**ビジネス知識基礎コース$**」をクリック

⑧《**先頭行をタイトル行として使用する**》を☑にする

⑨《**OK**》をクリック

⑧

①左上のラベルの1行目にカーソルがあることを確認

②「**〒**」と入力

③《**差し込み文書**》タブを選択

④《**文章入力とフィールドの挿入**》グループの 差し込みフィールドの挿入 （差し込みフィールドの挿入）の をクリック

⑤《**郵便番号**》をクリック

⑥ ↓ を押す

⑦《**文章入力とフィールドの挿入**》グループの 差し込みフィールドの挿入 （差し込みフィールドの挿入）の をクリック

⑧《**住所1**》をクリック

⑨《**文章入力とフィールドの挿入**》グループの 差し込みフィールドの挿入 （差し込みフィールドの挿入）の をクリック

⑩《**住所2**》をクリック

⑪ Enter を2回押す

⑫同様に、《**会社名**》《**受講者名**》を挿入し、「**□様**」と入力

⑨

①「**《受講者名》□様**」を選択

②《**ホーム**》タブを選択

③《**フォント**》グループの 10.5 （フォントサイズ）の をクリックし、一覧から《**14**》を選択

④《**差し込み文書**》タブを選択

⑤《**文章入力とフィールドの挿入**》グループの （複数ラベルに反映）をクリック

①《**差し込み文書**》タブを選択

②《**結果のプレビュー**》グループの （結果のプレビュー）をクリック

第4章　練習問題

①1ページ1行目の「**マイビジネスとは**」にカーソルを移動

②《**ホーム**》タブを選択

③《**スタイル**》グループの あア亜 見出し1 （見出し1）をクリック

④1ページ2行目の「**マイビジネス導入の目的**」にカーソルを移動

⑤《**スタイル**》グループの （その他）をクリック

⑥ あア亜 見出し2 （見出し2）をクリック

⑦同様に、見出し1から見出し3を設定

②

①《**表示**》タブを選択

②《**表示**》グループの《**ナビゲーションウィンドウ**》を☑にする

③ナビゲーションウィンドウの「**ログアウト（システムの終了）**」を「**承認依頼取消**」の下にドラッグ

①《**デザイン**》タブを選択

②《**ドキュメントの書式設定**》グループの （その他）をクリック

③《**組み込み**》の《**基本（スタイリッシュ）**》（左から1番目、上から2番目）をクリック

④

①見出し1が設定されている「**マイビジネスとは**」の行を選択
※見出し1のスタイルが設定されている行であればどこでもかまいません。
②《**ホーム**》タブを選択
③《**フォント**》グループの 游ゴシック Ligh （フォント）の ▾ をクリックし、一覧から《**MSゴシック**》を選択
④《**レイアウト**》タブを選択
⑤《**段落**》グループの 前: （前の間隔）を「**6pt**」に設定
⑥《**ホーム**》タブを選択
⑦《**スタイル**》グループの あア 見出し1 （見出し1）を右クリック
⑧《**選択個所と一致するように見出し1を更新する**》をクリック
⑨見出し3が設定されている「**ログオン（システムの起動）**」の行を選択
※見出し3のスタイルが設定されている行であればどこでもかまいません。
⑩《**レイアウト**》タブを選択
⑪《**段落**》グループの 左: （左インデント）を「**0字**」に設定
※「0mm」でもかまいません。
⑫《**段落**》グループの 前: （前の間隔）を「**0行**」に設定
⑬《**ホーム**》タブを選択
⑭《**スタイル**》グループの ▾ （その他）をクリック
⑮ あア亜 見出し3 （見出し3）を右クリック
⑯《**選択個所と一致するように見出し3を更新する**》をクリック

⑤

①1ページ1行目にカーソルを移動
※見出し1のスタイルが設定されている行であればどこでもかまいません。
②《**ホーム**》タブを選択
③《**段落**》グループの （アウトライン）をクリック
④《**リストライブラリ**》の《**第1章、第1節、第1項**》をクリック
⑤《**段落**》グループの （アウトライン）をクリック
⑥《**新しいアウトラインの定義**》をクリック
⑦《**変更するレベルをクリックしてください**》の《**1**》をクリック
⑧《**番号に続く空白の扱い**》の ⌄ をクリックし、一覧から《**スペース**》を選択
※表示されていない場合は《オプション》をクリックします。
⑨《**変更するレベルをクリックしてください**》の《**2**》をクリック
⑩《**左インデントからの距離**》を「**0mm**」に設定
⑪《**番号に続く空白の扱い**》の ⌄ をクリックし、一覧から《**スペース**》を選択
⑫《**変更するレベルをクリックしてください**》の《**3**》をクリック
⑬《**番号書式**》を「**(1)**」に修正
※あらかじめ入力されている「1」は削除しないようにします。
⑭《**左インデントからの距離**》を「**0mm**」に設定
⑮《**番号に続く空白の扱い**》の ⌄ をクリックし、一覧から《**スペース**》を選択
⑯《**OK**》をクリック

⑥

①《**挿入**》タブを選択
②《**ヘッダーとフッター**》グループの フッター （フッターの追加）をクリック
③《**組み込み**》の《**セマフォ**》をクリック
④フッターの最終行の ↵ を選択
⑤ Delete を押す
⑥《**ヘッダー/フッターツール**》の《**デザイン**》タブを選択
⑦《**閉じる**》グループの ヘッダーとフッターを閉じる （ヘッダーとフッターを閉じる）をクリック

⑦

①《**挿入**》タブを選択
②《**ページ**》グループの 表紙 （表紙の追加）をクリック
※《ページ》グループが （ページ）で表示されている場合は、 （ページ）をクリックすると、《ページ》グループのボタンが表示されます。
③《**組み込み**》の《**金線細工**》をクリック
④「**[文書のタイトル]**」をクリック
※ タイトル が表示されない場合は、再度「[文書のタイトル]」をクリックします。
⑤「**マイビジネス導入について**」と入力
⑥同様に、《**サブタイトル**》のコンテンツコントロールを入力
⑦「**[日付]**」「**[会社]**」「**[住所]**」のコンテンツコントロールが入っているテキストボックスを選択
⑧ Delete を押す

⑧

①ナビゲーションウィンドウの「**第1章 マイビジネスとは**」をクリック

②【Ctrl】+【Enter】を押す

⑨

①2ページ1行目に「**目次**」と入力

②【Enter】を押す

③「**目次**」の行を選択

④《**ホーム**》タブを選択

⑤《**フォント**》グループの 游明朝 (本文の (フォント)の ▼ をクリックし、一覧から《**MSゴシック**》を選択

⑥《**フォント**》グループの 10.5 (フォントサイズ)の ▼ をクリックし、一覧から《**20**》を選択

⑩

①2ページ目の「**目次**」の下の行にカーソルを移動

②《**参考資料**》タブを選択

③《**目次**》グループの (目次)をクリック

④《**ユーザー設定の目次**》をクリック

⑤《**書式**》の ▼ をクリックし、一覧から《**エレガント**》を選択

⑥《**アウトラインレベル**》が「**3**」になっていることを確認

⑦《**OK**》をクリック

⑪

①ナビゲーションウィンドウの「**第2節 申請時の注意点**」をクリック

②【Ctrl】+【Enter】を押す

※ナビゲーションウィンドウを閉じておきましょう。

⑫

①《**参考資料**》タブを選択

②《**目次**》グループの 目次の更新 (目次の更新)をクリック

③《**ページ番号だけを更新する**》を◉にする

④《**OK**》をクリック

※ステータスバーの行番号を非表示にしておきましょう。

第5章　練習問題

①青色の二重線の付いた「**漏れてるのでは**」を右クリック

②《**「い」抜き　漏れているのでは**》をクリック

②

①図形内にカーソルがあることを確認

②《**校閲**》タブを選択

③《**言語**》のグループの 表記ゆれチェック (表記ゆれチェック)をクリック

※《言語》グループが (言語)で表示されている場合は、 (言語)をクリックすると、《言語》グループのボタンが表示されます。

④《**修正候補**》の全角の「**データ**」をクリック

⑤《**すべて修正**》をクリック

⑥《**対象となる表記の一覧**》から「**パスワード**」を含む文章をクリック

※半角でも全角でもどちらでもかまいません。

⑦《**修正候補**》の全角の「**パスワード**」をクリック

⑧《**すべて修正**》をクリック

⑨《**閉じる**》をクリック

⑩《**OK**》をクリック

③

①赤色の波線の付いた「**Webu**」を右クリック

②《**Web**》をクリック

④

①「**漏えい**」のコメントをクリック

②《**校閲**》タブを選択

③《**コメント**》グループの (コメントの削除)をクリック

⑤

①**《校閲》**タブを選択

②**《変更履歴》**グループの（変更履歴の記録）をクリックして記録を開始

③5行目の**「・盗み聞き」**を選択

④ Delete を押す

⑤7行目の**「トラッシング」**の後ろにカーソルを移動

⑥**「、侵入」**と入力

⑦10行目にカーソルを移動

⑧**「IDやパスワードが漏えいしたと考えられる場合は、速やかに連絡する。」**と入力

⑨**《変更履歴》**グループの（変更履歴の記録）をクリックして記録を終了

⑩変更した行の左端の赤色の線をクリック

⑥

①文頭にカーソルを移動

※ Ctrl + Home を押すと、効率よく移動できます。

②**《校閲》**タブを選択

③**《変更箇所》**グループの（次の変更箇所）をクリック

④**《変更箇所》**グループの（元に戻して次へ進む）をクリック

⑤**《変更箇所》**グループの（承諾して次へ進む）をクリック

⑥**《変更箇所》**グループの（承諾して次へ進む）をクリック

⑦**《OK》**をクリック

※《変更履歴》グループの すべての変更履歴/コ… （変更内容の表示）をクリックして、変更履歴の表示を《シンプルな変更履歴/コメント》に戻しておきましょう。

※ステータスバーの行番号を非表示にしておきましょう。

第6章　練習問題

①

①ブック**「説明会日程」**のシート**「10月」**を表示

※タスクバーの をクリックすると表示が切り替わります。

②セル範囲**【B2：G11】**を選択

③**《ホーム》**タブを選択

④**《クリップボード》**グループの（コピー）をクリック

⑤タスクバーの をクリック

⑥**「■10月の学校説明会日程」**の下の行にカーソルを移動

⑦**《ホーム》**タブを選択

⑧**《クリップボード》**グループの（貼り付け）をクリック

②

①タスクバーの をクリック

②シート**「11月」**のシート見出しをクリック

③セル範囲**【B2：F11】**を選択

④**《ホーム》**タブを選択

⑤**《クリップボード》**グループの（コピー）をクリック

⑥タスクバーの をクリック

⑦**「■11月の学校説明会予定」**の下の行にカーソルを移動

⑧**《ホーム》**タブを選択

⑨**《クリップボード》**グループの（貼り付け）の 貼り付け をクリック

⑩（リンク（元の書式を保持））をクリック

③

①**「■11月の学校説明会予定」**の下の行にカーソルを移動

② Back Space を押す

④

①タスクバーの をクリック

②シート**「11月」**が表示されていることを確認

③セル**【B11】**をクリック

④**「11/30」**と入力し、 Enter を押す

※Excelの書式設定で、自動的に「11月30日」と表示されます。

⑤タスクバーの をクリック

⑥**「■11月の学校説明会予定」**の表を右クリック

⑦**《リンク先の更新》**をクリック

第7章　練習問題

①文末にカーソルを移動
※ Ctrl + End を押すと、効率よく移動できます。
②《レイアウト》タブを選択
③《ページ設定》グループの 区切り (ページ/セクション区切りの挿入)をクリック
④《セクション区切り》の《次のページから開始》をクリック
⑤2ページ目にカーソルがあることを確認
⑥《挿入》タブを選択
⑦《テキスト》グループの (オブジェクト)の をクリック
⑧《テキストをファイルから挿入》をクリック
⑨文書が保存されている場所を開く
※《PC》→《ドキュメント》→「Word2019応用」→「第7章」を選択します。
⑩一覧から「セキュリティポリシーの構成要素」を選択
⑪《挿入》をクリック

②

①2ページ目にカーソルがあることを確認
②《レイアウト》タブを選択
③《ページ設定》グループの 印刷の向き (ページの向きを変更)をクリック
④《横》をクリック

③

①《ファイル》タブを選択
②《情報》をクリック
③右側の《プロパティ》をクリック
④《詳細プロパティ》をクリック
⑤《ファイルの概要》タブを選択
⑥《タイトル》に「セキュリティポリシー」と入力
⑦《作成者》に「総務部」と入力
⑧《OK》をクリック
※ Esc を押して、文書を表示しておきましょう。

④

①《ファイル》タブを選択
②《情報》をクリック
③《問題のチェック》をクリック
④《ドキュメント検査》をクリック
⑤保存に関するメッセージの《はい》をクリック
⑥すべての検査項目を☑にする
⑦《検査》をクリック
⑧《コメント、変更履歴、バージョン》の《すべて削除》をクリック
⑨《閉じる》をクリック

⑤

①《ファイル》タブを選択
②《情報》をクリック
③《文書の保護》をクリック
④《パスワードを使用して暗号化》をクリック
⑤《パスワード》に「password」と入力
⑥《OK》をクリック
⑦《パスワードの再入力》に再度「password」と入力
⑧《OK》をクリック
⑨《名前を付けて保存》をクリック
⑩《参照》をクリック
⑪文書を保存する場所を開く
※《PC》→《ドキュメント》→「Word2019応用」→「第7章」を選択します。
⑫《ファイル名》に「社内研修用資料完成」と入力
⑬《保存》をクリック

⑥

①《ファイル》タブを選択
②《開く》をクリック
③《参照》をクリック
④文書が保存されている場所を選択
※《PC》→《ドキュメント》→「Word2019応用」→「第7章」を選択します。
⑤一覧から「社内研修用資料完成」を選択
⑥《開く》をクリック
⑦《パスワードを入力してください。》に「password」と入力
⑧《OK》をクリック

総合問題解答

設定する項目名が一覧にない場合は、任意の項目を選択してください。

総合問題1

①

①**「お客様相談室では、次のような方法で…」**の下の行にカーソルを移動

②**《挿入》**タブを選択

③**《図》**グループの SmartArt （SmartArtグラフィックの挿入）をクリック

④左側の一覧から**《階層構造》**を選択

⑤中央の一覧から**《組織図》**（左から1番目、上から1番目）を選択

⑥**《OK》**をクリック

②

①上部と下部の中間にある図形を選択

②［Delete］を押す

③

①**《SmartArtツール》**の**《デザイン》**タブを選択

②**《グラフィックの作成》**グループの テキスト ウィンドウ （テキストウィンドウ）をクリック

③テキストウィンドウの1行目に**「お客様相談室」**と入力

④2行目に**「電話」**と入力

⑤3行目に**「メール」**と入力

⑥4行目に**「FAX」**と入力

※テキストウィンドウを閉じておきましょう。

④

①SmartArtグラフィックを選択

②**《SmartArtツール》**の**《デザイン》**タブを選択

③**《SmartArtのスタイル》**グループの （その他）をクリック

④**《3-D》**の**《パウダー》**（左から1番目、上から2番目）をクリック

⑤

①SmartArtグラフィックを選択

②**《ホーム》**タブを選択

③**《フォント》**グループの 18+ （フォントサイズ）の をクリックし、一覧から**《32》**を選択

④**《フォント》**グループの （文字の効果と体裁）をクリック

⑤**《塗りつぶし：白；輪郭：濃い青、アクセントカラー1；光彩：濃い青、アクセントカラー1》**（左から4番目、上から2番目）をクリック

⑥

①**「お客様相談室」**の図形を選択

②○（ハンドル）をドラッグしてサイズを調整

⑦

①SmartArtグラフィックを選択

②**《SmartArtツール》**の**《デザイン》**タブを選択

③**《SmartArtのスタイル》**グループの （色の変更）をクリック

④**《カラフル》**の**《カラフル-アクセント2から3》**（左から2番目）をクリック

⑧

①**《ファイル》**タブを選択

②**《情報》**をクリック

③右側の**《プロパティ》**をクリック

④**《詳細プロパティ》**をクリック

⑤**《ファイルの概要》**タブを選択

⑥**《タイトル》**に**「案内文」**と入力

⑦**《作成者》**に**「カスタマーサービス部）原田」**と入力

⑧**《キーワード》**に**「お客様相談室」**と入力

⑨**《OK》**をクリック

※［Esc］を押して、文書を表示しておきましょう。

⑨

①《**ファイル**》タブを選択

②《**情報**》をクリック

③《**文書の保護**》をクリック

④《**最終版にする**》をクリック

⑤《**OK**》をクリック

※最終版に関するメッセージが表示される場合は、《OK》をクリックします。

総合問題2

①ブック「**顧客満足度調査**」を表示

※タスクバーの をクリックすると表示が切り替わります。

②セル範囲【**B3：G8**】を選択

③《**ホーム**》タブを選択

④《**クリップボード**》グループの（コピー）をクリック

⑤タスクバーの をクリック

⑥「**■調査結果**」の下の行にカーソルを移動

⑦《**ホーム**》タブを選択

⑧《**クリップボード**》グループの（貼り付け）の をクリック

⑨（リンク（元の書式を保持））をクリック

②

①「**■調査結果**」の下の行にカーソルを移動

② Back Space を押す

③

①タスクバーの をクリック

②セル【**E4**】に「**93**」と入力

③セル【**F4**】に「**20**」と入力

④タスクバーの をクリック

⑤「**■調査結果**」の表を右クリック

⑥《**リンク先の更新**》をクリック

④

①タスクバーの をクリック

②グラフを選択

③《**ホーム**》タブを選択

④《**クリップボード**》グループの（コピー）をクリック

⑤タスクバーの をクリック

⑥「**■調査結果**」の表の下の行にカーソルを移動

⑦《**ホーム**》タブを選択

⑧《**クリップボード**》グループの（貼り付け）の をクリック

⑨（貼り付け先のテーマを使用しブックを埋め込む）をクリック

⑤

①「**■調査結果**」のグラフを選択

②《**グラフツール**》の《**デザイン**》タブを選択

③《**グラフのレイアウト**》グループの（グラフ要素を追加）をクリック

④《**凡例**》をポイント

⑤《**下**》をクリック

⑥

①「**■調査結果**」のグラフを選択

②《**グラフツール**》の《**デザイン**》タブを選択

③《**グラフのレイアウト**》グループの（グラフ要素を追加）をクリック

④《**データラベル**》をポイント

⑤《**中央**》をクリック

※グラフの選択を解除しておきましょう。

⑦

①《**デザイン**》タブを選択

②《**ドキュメントの書式設定**》グループの（テーマ）をクリック

③《**オーガニック**》（左から2番目、上から2番目）をクリック

総合問題3

①《デザイン》タブを選択

②《ドキュメントの書式設定》グループの （テーマの色）をクリック

③《青》をクリック

④《ページの背景》グループの （ページの色）をクリック

⑤《テーマの色》の《濃い青、テキスト2、黒+基本色50%》（左から4番目、上から6番目）をクリック

⑥《レイアウト》タブを選択

⑦《ページ設定》グループの （余白の調整）をクリック

⑧《ユーザー設定の余白》をクリック

⑨《余白》タブを選択

⑩《余白》の《右》を「10mm」に設定

⑪《OK》をクリック

②

①《挿入》タブを選択

②《テキスト》グループの （オブジェクト）の をクリック

③《テキストをファイルから挿入》をクリック

④テキストファイルが保存されている場所を開く

※《PC》→《ドキュメント》→「Word2019応用」→「総合問題」→「総合問題3」を選択します。

⑤ すべての Word 文書 をクリック

⑥一覧から《テキストファイル》を選択

⑦一覧から「案内文」を選択

⑧《挿入》をクリック

⑨《Windows（既定値）》を◉にする

⑩《OK》をクリック

⑪文書全体を選択

※行の左端を3回クリックすると、効率よく文書全体を選択できます。

⑫《ホーム》タブを選択

⑬《フォント》グループの （すべての書式をクリア）をクリック

③

①「■Time Schedule」から「03-8888-XXXX」までの行を選択

②《レイアウト》タブを選択

③《段落》グループの 左: （左インデント）を「20字」に設定

④

①文頭にカーソルを移動

※ Ctrl + Home を押すと、効率よく移動できます。

②《挿入》タブを選択

③《テキスト》グループの （ワードアートの挿入）をクリック

④《塗りつぶし：白；輪郭：青、アクセントカラー1；光彩：青、アクセントカラー1》（左から4番目、上から2番目）をクリック

⑤「東京夜景案内」と入力

①ワードアートを選択

②《ホーム》タブを選択

③《フォント》グループの 游明朝 (本文(（フォント）の をクリックし、一覧から《MSゴシック》を選択

④《フォント》グループの 36 （フォントサイズ）の 36 をクリックし、「80」と入力

⑤ Enter を押す

⑥《書式》タブを選択

⑦《図形のスタイル》グループの （図形の塗りつぶし）の をクリック

⑧《テーマの色》の《濃い青、テキスト2、白+基本色40%》（左から4番目、上から4番目）をクリック

⑨《図形のスタイル》グループの （図形の効果）をクリック

⑩《ぼかし》をポイント

⑪《ソフトエッジのバリエーション》の《50ポイント》（左から3番目、上から2番目）をクリック

⑫《ワードアートのスタイル》グループの （文字の輪郭）の をクリック

⑬《標準の色》の《オレンジ》（左から3番目）をクリック

⑭ （レイアウトオプション）をクリック

⑮《文字列の折り返し》の （上下）をクリック

⑯《ページ上の位置を固定》を◉にする

⑰《レイアウトオプション》の × （閉じる）をクリック

⑥

①文末にカーソルを移動
※ Ctrl + End を押すと、効率よく移動できます。

②《挿入》タブを選択

③《図》グループの 画像 （ファイルから）をクリック

④画像が保存されている場所を開く
※《PC》→《ドキュメント》→「Word2019応用」→「総合問題」→「総合問題3」を選択します。

⑤一覧から「**東京タワー**」を選択

⑥《**挿入**》をクリック
※画像は2ページ目に表示されます。

⑦画像が選択されていることを確認

⑧《**書式**》タブを選択

⑨《**調整**》グループの 修整 （修整）をクリック

⑩《**明るさ/コントラスト**》の《**明るさ：+20%　コントラスト：+20%**》（左から4番目、上から4番目）をクリック

⑦

①画像を選択

②《**書式**》タブを選択

③《**調整**》グループの（背景の削除）をクリック

④《**背景の削除**》タブを選択

⑤《**設定し直す**》グループの（保持する領域としてマーク）をクリック

⑥ドラッグして、東京タワーだけが残るように調整
※削除する領域としてマークする場合は、（削除する領域としてマーク）をクリックして、削除する範囲を指定します。
※範囲の指定をやり直したい場合は、（背景の削除を終了して、変更を破棄する）をクリックします。

⑦《**閉じる**》グループの（背景の削除を終了して、変更を保持する）をクリック

⑧

①画像を選択

②（レイアウトオプション）をクリック

③《**文字列の折り返し**》の（背面）をクリック

④《**レイアウトオプション**》の（閉じる）をクリック

⑨

①《**挿入**》タブを選択

②《**図**》グループの 図形 （図形の作成）をクリック

③《**星とリボン**》の（星：5pt）をクリック

④完成図を参考に、ドラッグして星を作成
※ Shift を押しながらドラッグすると、縦横比が同じ図形を作成できます。

⑤図形が選択されていることを確認

⑥《**書式**》タブを選択

⑦《**図形のスタイル**》グループの（図形の塗りつぶし）のをクリック

⑧《**標準の色**》の《**オレンジ**》（左から3番目）をクリック

⑨《**図形のスタイル**》グループの（図形の効果）をクリック

⑩《**ぼかし**》をポイント

⑪《**ソフトエッジのバリエーション**》の《**5ポイント**》（左から3番前、上から1番目）をクリック
※図形の回転は、問題⑪で行います。

⑩

①《**挿入**》タブを選択

②《**図**》グループの 図形 （図形の作成）をクリック

③《**基本図形**》の（楕円）をクリック

④完成図を参考に、ドラッグして楕円を作成

⑤図形が選択されていることを確認

⑥《**書式**》タブを選択

⑦《**図形のスタイル**》グループの（図形の塗りつぶし）のをクリック

⑧《**テーマの色**》の《**青、アクセント1、白+基本色40%**》（左から5番目、上から4番目）をクリック

⑨《**図形のスタイル**》グループの（図形の効果）をクリック

⑩《**ソフトエッジのバリエーション**》の《**ぼかし**》をポイント

⑪《**10ポイント**》（左から1番目、上から2番目）をクリック
※図形の回転は、問題⑪で行います。

⑪

①星を選択

②Shiftを押しながら、楕円を選択

③《書式》タブを選択

④《配置》グループの（オブジェクトのグループ化）をクリック

⑤《グループ化》をクリック

⑥図形の上側に表示される（ハンドル）をドラッグ

⑫

①文書「会社ロゴ」を開く

②図形を選択

※ロゴマークは複数の図形をグループ化しています。グループ化された図形全体を選択します。

③《ホーム》タブを選択

④《クリップボード》グループの（コピー）をクリック

⑤タスクバーのをポイントし、作成中の文書をクリック

⑥文末にカーソルを移動

※Ctrl＋Endを押すと、効率よく移動できます。

⑦《ホーム》タブを選択

⑧《クリップボード》グループの（貼り付け）の貼り付けをクリック

⑨（図）をクリック

⑩会社ロゴの図を選択

⑪（レイアウトオプション）をクリック

⑫《文字列の折り返し》の（前面）をクリック

⑬《レイアウトオプション》の×（閉じる）をクリック

総合問題4

①《差し込み文書》タブを選択

②《差し込み印刷の開始》グループの（差し込み印刷の開始）をクリック

③《レター》をクリック

②

①《差し込み文書》タブを選択

②《差し込み印刷の開始》グループの（宛先の選択）をクリック

③《既存のリストを使用》をクリック

④Excelのブックが保存されている場所を開く

※《PC》→《ドキュメント》→「Word2019応用」→「総合問題」→「総合問題4」を選択します。

⑤一覧から「キャンペーン当選者」を選択

⑥《開く》をクリック

⑦「当選者一覧$」をクリック

⑧《先頭行をタイトル行として使用する》を☑にする

⑨《OK》をクリック

③

①2行目の行頭にカーソルを移動

②《差し込み文書》タブを選択

③《文章入力とフィールドの挿入》グループの差し込みフィールドの挿入（差し込みフィールドの挿入）のをクリック

④《氏名》をクリック

⑤12行目の「様におかれましては、…」の前にカーソルを移動

⑥《文章入力とフィールドの挿入》グループの差し込みフィールドの挿入（差し込みフィールドの挿入）のをクリック

⑦《氏名》をクリック

⑧19行目の「●」の後ろにカーソルを移動

⑨《文章入力とフィールドの挿入》グループの差し込みフィールドの挿入（差し込みフィールドの挿入）のをクリック

⑩《賞》をクリック

⑪20行目にカーソルを移動

⑫《文章入力とフィールドの挿入》グループの差し込みフィールドの挿入（差し込みフィールドの挿入）のをクリック

⑬《賞品》をクリック

①《**差し込み文書**》タブを選択

②《**結果のプレビュー**》グループの（結果のプレビュー）をクリック

③《**結果のプレビュー**》グループの（次のレコード）をクリックして2件目以降の宛先を確認

※ステータスバーの行番号を非表示にしておきましょう。

⑤

①新しい文書を作成

②《**差し込み文書**》タブを選択

③《**差し込み印刷の開始**》グループの（差し込み印刷の開始）をクリック

④《**ラベル**》をクリック

⑤《**ページプリンター**》を◉にする

⑥《**ラベルの製造元**》のをクリックし、一覧から《**Hisago**》を選択

⑦《**製品番号**》の一覧から《**Hisago ELM007**》を選択

⑧《**OK**》をクリック

⑥

①《**差し込み文書**》タブを選択

②《**差し込み印刷の開始**》グループの（宛先の選択）をクリック

③《**既存のリストを使用**》をクリック

④Excelのブックが保存されている場所を開く

※《PC》→《ドキュメント》→「Word2019応用」→「総合問題」→「総合問題4」を選択します。

⑤一覧から「**キャンペーン当選者**」を選択

⑥《**開く**》をクリック

⑦「**当選者一覧$**」をクリック

⑧《**先頭行をタイトル行として使用する**》を☑にする

⑨《**OK**》をクリック

⑦

①左上のラベルの1行目にカーソルがあることを確認

②「**〒**」と入力

③《**差し込み文書**》タブを選択

④《**文章入力とフィールドの挿入**》グループの 差し込みフィールドの挿入（差し込みフィールドの挿入）のをクリック

⑤《**郵便番号**》をクリック

⑥【↓】を押す

⑦《**文章入力とフィールドの挿入**》グループの 差し込みフィールドの挿入（差し込みフィールドの挿入）のをクリック

⑧《**住所1**》をクリック

⑨《**文章入力とフィールドの挿入**》グループの 差し込みフィールドの挿入（差し込みフィールドの挿入）のをクリック

⑩《**住所2**》をクリック

⑪【Enter】を3回押す

⑫同様に、《**氏名**》を挿入し、「□**様**」と入力

⑧

①「《**氏名**》□**様**」を選択

②《**ホーム**》タブを選択

③《**フォント**》グループの U（下線）をクリック

④《**差し込み文書**》タブを選択

⑤《**文章入力とフィールドの挿入**》グループの（複数ラベルに反映）をクリック

⑨

①《**差し込み文書**》タブを選択

②《**結果のプレビュー**》グループの（結果のプレビュー）をクリック

総合問題5

①

①《ファイル》タブを選択

②《オプション》をクリック

③左側の一覧から《文字体裁》を選択

④《禁則文字の設定》の《高レベル》を◉にする

⑤《OK》をクリック

②

①1ページ1行目の「デジタルカメラの持ち方」にカーソルを移動

②《ホーム》タブを選択

③《スタイル》グループの あア亜 見出し1 (見出し1)をクリック

④1ページ11行目の「写真撮影の3原則」にカーソルを移動

⑤《スタイル》グループの (その他)をクリック

⑥ あア亜 見出し2 (見出し2)をクリック

⑦1ページ20行目の「ピント」にカーソルを移動

⑧《スタイル》グループの あア亜 見出し3 (見出し3)をクリック

⑨同様に、見出し1から見出し3を設定

③

①《表示》タブを選択

②《表示》グループの《ナビゲーションウィンドウ》を☑にする

③ナビゲーションウィンドウの「写真撮影の3原則」を右クリック

④《レベル上げ》をクリック

④

①ナビゲーションウィンドウの「露出補正」を右クリック

②《削除》をクリック

※ナビゲーションウィンドウを閉じておきましょう。

⑤

①1ページ1行目にカーソルを移動

※見出し1のスタイルが設定されている行であればどこでもかまいません。

②《ホーム》タブを選択

③《段落》グループの (アウトライン)をクリック

④《新しいアウトラインの定義》をクリック

⑤《変更するレベルをクリックしてください》の《1》をクリック

⑥《番号書式》の「1」の前に「Lesson」と入力

※あらかじめ入力されている「1」は削除しないようにします。

⑦《フォント》をクリック

⑧《フォント》タブを選択

⑨《スタイル》の《太字》をクリック

⑩《サイズ》の一覧から《14》を選択

⑪《フォントの色》の をクリック

⑫《テーマの色》の《青、アクセント6、黒+基本色25%》(左から10番目、上から5番目)をクリック

⑬《OK》をクリック

⑭《オプション》をクリック

⑮《レベルと対応付ける見出しスタイル》の をクリックし、一覧から《見出し1》を選択

⑯《番号に続く空白の扱い》の をクリックし、一覧から《スペース》を選択

⑰《変更するレベルをクリックしてください》の《2》をクリック

⑱《番号書式》の左側の「1.」を削除し、「(1)」となるように入力

⑲《フォント》をクリック

⑳《フォント》タブを選択

㉑《スタイル》の《太字》をクリック

㉒《フォントの色》の をクリック

㉓《テーマの色》の《青、アクセント6、黒+基本色25%》(左から10番目、上から5番目)をクリック

㉔《OK》をクリック

㉕《左インデントからの距離》を「0mm」に設定

㉖《レベルと対応付ける見出しスタイル》の をクリックし、一覧から《見出し2》を選択

㉗《番号に続く空白の扱い》の をクリックし、一覧から《スペース》を選択

㉘《OK》をクリック

⑥

①1ページ1行目を選択

※見出し1のスタイルが設定されている行であればどこでもかまいません。

②《ホーム》タブを選択

③《フォント》グループの 12 (フォントサイズ)の をクリックし、一覧から《18》を選択

④《フォント》グループの B (太字)をクリック

⑤《段落》グループの [罫線ボタン] （罫線）の [▼] をクリック
⑥《線種とページ罫線と網かけの設定》をクリック
⑦《網かけ》タブを選択
⑧《設定対象》が《段落》になっていることを確認
⑨《背景の色》の [▼] をクリック
⑩《テーマの色》の《青、アクセント6、白＋基本色60%》（左から10番目、上から3番目）をクリック
⑪《OK》をクリック
⑫《スタイル》グループの [Lesson 見出し1] （見出し1）を右クリック
⑬《選択個所と一致するように見出し1を更新する》をクリック
⑭1ページ20行目を選択
※見出し2のスタイルが設定されている行であればどこでもかまいません。
⑮《フォント》グループの [10.5] （フォントサイズ）の [▼] をクリックし、一覧から《12》を選択
⑯《フォント》グループの [B] （太字）をクリック
⑰《スタイル》グループの [▼] （その他）をクリック
⑱ [(1) あア 見出し2] （見出し2）を右クリック
⑲《選択個所と一致するように見出し2を更新する》をクリック
※ステータスバーの行番号を非表示にしておきましょう。

⑦

①《挿入》タブを選択
②《ページ》グループの [表紙] （表紙の追加）をクリック
※《ページ》グループが [ページ] （ページ）で表示されている場合は、[ページ] （ページ）をクリックすると、《ページ》グループのボタンが表示されます。
③《組み込み》の《縞模様》をクリック
④「[文書のタイトル]」をクリック
※ [タイトル] が表示されない場合は、再度「[文書のタイトル]」をクリックします。
⑤「デジタルカメラの基本」と入力
⑥《作成者》のコンテンツコントロールを選択
⑦ [Delete] を押す
⑧《会社》のコンテンツコントロールに「FOM_CAMERA」と入力
⑨《住所》のコンテンツコントロールを選択
⑩ [Delete] を押す

⑧

①《会社》のコンテンツコントロールを選択
②《ホーム》タブを選択
③《フォント》グループの [11] （フォントサイズ）の [▼] をクリックし、一覧から《26》を選択

⑨

①《会社》のコンテンツコントロールが選択されていることを確認
② [Enter] を押して、《会社》のコンテンツコントロールの次の行にカーソルを移動
③《挿入》タブを選択
④《テキスト》グループの [オブジェクト] （オブジェクト）の [▼] をクリック
⑤《テキストをファイルから挿入》をクリック
⑥テキストファイルが保存されている場所を開く
※《PC》→《ドキュメント》→「Word2019応用」→「総合問題」→「総合問題5」を選択します。
⑦ [すべての Word 文書] をクリック
⑧一覧から《テキストファイル》を選択
⑨一覧から「禁止事項」を選択
⑩《挿入》をクリック
⑪《Windows（既定値）》を ◉ にする
⑫《OK》をクリック
⑬挿入した文章の次の行にカーソルがあることを確認
⑭ [Delete] を押す

⑩

①挿入した2行を選択
②《ホーム》タブを選択
③《フォント》グループの [10.5] （フォントサイズ）の [▼] をクリックし、一覧から《8》を選択
④《段落》グループの [中央揃え] （中央揃え）をクリック

練習問題
総合問題

⑪

①表紙の次のページにカーソルを移動

②**《挿入》**タブを選択

③**《ヘッダーとフッター》**グループの フッター（フッターの追加）をクリック

④**《組み込み》**の**《縞模様》**をクリック

⑤**《ヘッダー/フッターツール》**の**《デザイン》**タブを選択

⑥**《オプション》**グループの**《奇数/偶数ページ別指定》**を☑にする

⑦**《奇数ページのフッター》**のページ番号を選択

⑧**《ホーム》**タブを選択

⑨**《フォント》**グループの 10.5（フォントサイズ）の をクリックし、一覧から**《12》**を選択

⑩**《フォント》**グループの B（太字）をクリック

⑪**《段落》**グループの （左揃え）をクリック

⑫フッターの最終行の↵を選択

⑬【Delete】を押す

⑭**《ヘッダー/フッターツール》**の**《デザイン》**タブを選択

⑮**《ナビゲーション》**グループの 次へ（次へ）をクリックし、偶数ページのフッターを表示

⑯**《ヘッダーとフッター》**グループの フッター（フッターの追加）をクリック

⑰**《組み込み》**の**《縞模様》**をクリック

⑱**《偶数ページのフッター》**のページ番号を選択

⑲**《ホーム》**タブを選択

⑳**《フォント》**グループの 10.5（フォントサイズ）の をクリックし、一覧から**《12》**を選択

㉑**《フォント》**グループの B（太字）をクリック

㉒**《段落》**グループの （右揃え）をクリック

㉓フッターの最終行の↵を選択

㉔【Delete】を押す

㉕**《ヘッダー/フッターツール》**の**《デザイン》**タブを選択

㉖**《閉じる》**グループの ヘッダーとフッターを閉じる（ヘッダーとフッターを閉じる）をクリック

総合問題6

①**《デザイン》**タブを選択

②**《ドキュメントの書式設定》**グループの 配色（テーマの色）をクリック

③**《マーキー》**をクリック

④**《ドキュメントの書式設定》**グループの フォント（テーマのフォント）をクリック

⑤**《Arial》**をクリック

⑥**《レイアウト》**タブを選択

⑦**《ページ設定》**グループの 余白（余白の調整）をクリック

⑧**《やや狭い》**をクリック

①**《ファイル》**タブを選択

②**《オプション》**をクリック

③左側の一覧から**《文字体裁》**を選択

④**《禁則文字の設定》**の**《高レベル》**を◉にする

⑤**《OK》**をクリック

①1ページ1行目の**「プレゼンテーションの基礎知識」**にカーソルを移動

②**《ホーム》**タブを選択

③**《スタイル》**グループの あア亜 見出し1（見出し1）をクリック

④1ページ2行目の**「プレゼンテーションの意味」**にカーソルを移動

⑤**《スタイル》**グループの （その他）をクリック

⑥ あア亜 見出し2（見出し2）をクリック

⑦同様に、見出し1から見出し3を設定

④

①**《デザイン》**タブを選択

②**《ドキュメントの書式設定》**グループの （その他）をクリック

③**《組み込み》**の**《線（スタイリッシュ）》**（左から3番目、上から2番目）をクリック

⑤

①1ページ1行目を選択
※見出し1のスタイルが設定されている行であればどこでもかまいません。

②《**ホーム**》タブを選択

③《**段落**》グループの（罫線）のをクリック

④《**線種とページ罫線と網かけの設定**》をクリック

⑤《**罫線**》タブを選択

⑥《**設定対象**》が《**段落**》になっていることを確認

⑦左側の《**種類**》が《**指定**》になっていることを確認

⑧《**線の太さ**》のをクリックし、一覧から《**3pt**》を選択

⑨《**プレビュー**》のを2回クリック

⑩《**OK**》をクリック

⑪《**レイアウト**》タブを選択

⑫《**段落**》グループの（前の間隔）を「**6pt**」に設定

⑬《**ホーム**》タブを選択

⑭《**スタイル**》グループの（見出し1）を右クリック

⑮《**選択個所と一致するように見出し1を更新する**》をクリック

⑯3ページ4行目を選択
※見出し3のスタイルが設定されている行であればどこでもかまいません。

⑰《**ホーム**》タブを選択

⑱《**フォント**》グループの（フォントの色）のをクリック

⑲《**テーマ色**》の《**アクア、アクセント1**》（左から5番目、上から1番目）をクリック

⑳《**レイアウト**》タブを選択

㉑《**段落**》グループの（左インデント）を「**0字**」に設定
※「0mm」でもかまいません。

㉒《**ホーム**》タブを選択

㉓《**スタイル**》グループの（その他）をクリック

㉔（見出し3）を右クリック

㉕《**選択個所と一致するように見出し3を更新する**》をクリック

⑥

①1ページ1行目にカーソルを移動
※見出し1のスタイルが設定されている行であればどこでもかまいません。

②《**ホーム**》タブを選択

③《**段落**》グループの（アウトライン）をクリック

④《**リストライブラリ**》の《**1、1-1、1-1-1**》をクリック

⑤《**段落**》グループの（アウトライン）をクリック

⑥《**新しいアウトラインの定義**》をクリック

⑦《**変更するレベルをクリックしてください**》の《**1**》をクリック

⑧《**オプション**》をクリック

⑨《**レベルと対応付ける見出しスタイル**》のをクリックし、一覧から《**見出し1**》を選択

⑩《**番号に続く空白の扱い**》のをクリックし、一覧から《**スペース**》を選択

⑪《**変更するレベルをクリックしてください**》の《**2**》をクリック

⑫《**レベルと対応付ける見出しスタイル**》のをクリックし、一覧から《**見出し2**》を選択

⑬《**番号に続く空白の扱い**》のをクリックし、一覧から《**スペース**》を選択

⑭《**変更するレベルをクリックしてください**》の《**3**》をクリック

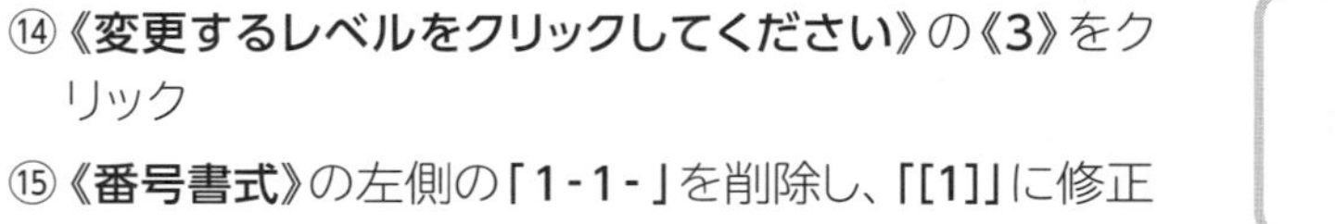

⑮《**番号書式**》の左側の「**1-1-**」を削除し、「**[1]**」に修正

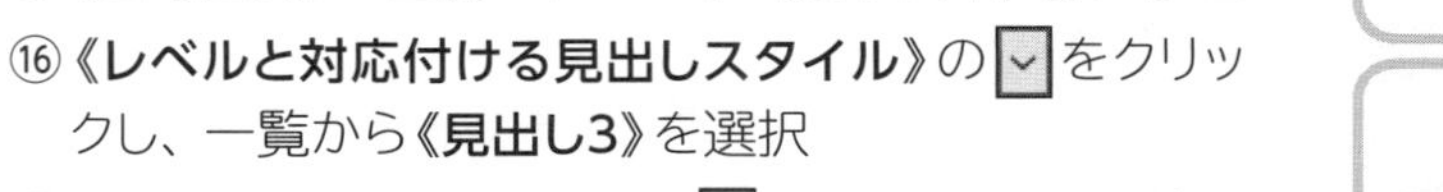

⑯《**レベルと対応付ける見出しスタイル**》のをクリックし、一覧から《**見出し3**》を選択

⑰《**番号に続く空白の扱い**》のをクリックし、一覧から《**スペース**》を選択

⑱《**OK**》をクリック

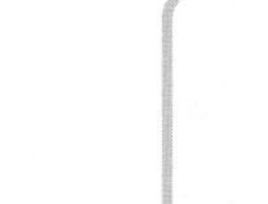
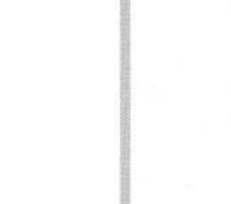
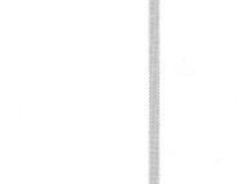

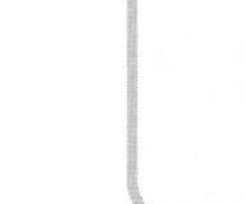

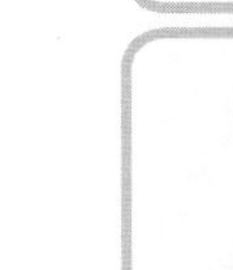

⑦

①1ページ14行目を選択
②**《ホーム》**タブを選択
③**《段落》**グループの（罫線）のをクリック
④**《線種とページ罫線と網かけの設定》**をクリック
⑤**《罫線》**タブを選択
⑥**《設定対象》**が**《段落》**になっていることを確認
⑦左側の**《種類》**の**《囲む》**を選択
⑧中央の**《種類》**の《 ═══════ 》を選択
⑨**《色》**のをクリックし、一覧から**《テーマの色》**の**《アクア、アクセント1》**（左から5番目、上から1番目）を選択
⑩**《線の太さ》**のをクリックし、一覧から**《0.75pt》**を選択
⑪**《OK》**をクリック
⑫1ページ14行目が選択されていることを確認
⑬**《クリップボード》**グループの（書式のコピー/貼り付け）をダブルクリック
⑭1ページ16行目の左側をクリック
⑮1ページ18行目の左側をクリック
⑯1ページ21行目の左側をクリック
⑰【Esc】を押す

⑧

①**《挿入》**タブを選択
②**《ページ》**グループの（表紙の追加）をクリック
※《ページ》グループが（ページ）で表示されている場合は、（ページ）をクリックすると、《ページ》グループのボタンが表示されます。
③**《組み込み》**の**《ファセット》**をクリック
④**「[文書のタイトル]」**をクリック
※タイトル が表示されない場合は、再度「[文書のタイトル]」をクリックします。
⑤**「プレゼンテーションの基礎知識」**と入力
⑥**《サブタイトル》**のコンテンツコントロールを選択
⑦【Delete】を押す
⑧**「要約」**のテキストボックスを選択
⑨【Delete】を押す
⑩**《作成者》**のコンテンツコントロールに**「株式会社FOMパワー」**と入力
⑪**《電子メール》**のコンテンツコントロールを選択
⑫【Delete】を押す

⑨

①**《タイトル》**のコンテンツコントロールを選択
②**《ホーム》**タブを選択
③**《フォント》**グループの 32 （フォントサイズ）のをクリックし、一覧から**《28》**を選択

⑩

①表紙の次のページにカーソルを移動
②**《挿入》**タブを選択
③**《ヘッダーとフッター》**グループの フッター（フッターの追加）をクリック
④**《組み込み》**の**《セマフォ》**をクリック
⑤フッターの最終行の↵を選択
⑥【Delete】を押す
⑦**《ヘッダー/フッターツール》**の**《デザイン》**タブを選択
⑧**《閉じる》**グループの（ヘッダーとフッターを閉じる）をクリック

⑪

①**「1　プレゼンテーションの基礎知識」**の行頭にカーソルを移動
※ナビゲーションウィンドウを表示して、「1　プレゼンテーションの基礎知識」をクリックすると効率的です。
②【Ctrl】+【Enter】を押す
③2ページ1行目に**「目次」**と入力
④【Enter】を押す
※ナビゲーションウィンドウを閉じておきましょう。

⑫

①2ページ2行目にカーソルがあることを確認
②**《参考資料》**タブを選択
③**《目次》**グループの（目次）をクリック
④**《ユーザー設定の目次》**をクリック
⑤**《書式》**のをクリックし、一覧から**《フォーマル》**を選択
⑥**《アウトラインレベル》**が**《3》**になっていることを確認
⑦**《OK》**をクリック
※ステータスバーの行番号を非表示にしておきましょう。

総合問題7

①

①《**ファイル**》タブを選択

②《**オプション**》をクリック

③左側の一覧から《**文章校正**》を選択

④《**Wordのスペルチェックと文章校正**》の《**文書のスタイル**》が《**通常の文**》になっていることを確認

※《通常の文》になっていない場合は、《Wordのスペルチェックと文章校正》の《文書のスタイル》の▼をクリックし、一覧から《通常の文》を選択します。

⑤《**OK**》をクリック

②

①赤色の波線の付いた「**Presentasion**」を右クリック

②《**Presentation**》をクリック

③

①青色の二重線の付いた「**とうり**」を右クリック

②《**誤用語　とおり**》をクリック

④

①青色の二重線の付いた「**沿ってるかを**」を右クリック

②《**「い」抜き　沿っているかを**》をクリック

⑤

①《**校閲**》タブを選択

※カーソルはどこでもかまいません。

②《**言語**》のグループの［表記ゆれチェック］（表記ゆれチェック）をクリック

※《言語》グループが［言語］（言語）で表示されている場合は、［言語］（言語）をクリックすると、《言語》グループのボタンが表示されます。

③《**修正候補**》の全角の「**リハーサル**」をクリック

④《**すべて修正**》をクリック

⑤《**閉じる**》をクリック

⑥《**OK**》をクリック

⑥

①《**校閲**》タブを選択

②《**変更履歴**》グループの［↘］（変更履歴オプション）をクリック

③《**ユーザー名の変更**》をクリック

④《**ユーザー名**》に「**近藤**」と入力

⑤《**頭文字**》に「**K**」と入力

⑥《**Officeへのサインイン状態にかかわらず、常にこれらの設定を使用する**》を☑にする

⑦《**OK**》をクリック

⑧《**OK**》をクリック

⑦

①《**校閲**》タブを選択

②《**変更履歴**》グループの［変更履歴の記録］（変更履歴の記録）をクリック

③2ページ9行目の「**考えたりしてしまいがち**」を「**考えてしまいがち**」に修正

④2ページ10行目の「**校正**」を「**構成**」に修正

⑤2ページ16～19行目を選択

⑥《**ホーム**》タブを選択

⑦《**段落**》グループの［箇条書き］（箇条書き）の▼をクリック

⑧《**◆**》をクリック

⑨《**校閲**》タブを選択

⑩《**変更履歴**》グループの［変更履歴の記録］（変更履歴の記録）をクリック

⑧

①変更した行の左端の赤色の線をクリック

※変更した箇所であれば、どの赤色の線でもかまいません。

②文頭にカーソルを移動

※［Ctrl］＋［Home］を押すと、効率よく移動できます。

③《**校閲**》タブを選択

④《**変更箇所**》グループの［次の変更箇所］（次の変更箇所）をクリック

⑤《**変更箇所**》グループの［承諾して次へ進む］（承諾して次へ進む）をクリック

⑥同様に、すべての変更内容を承諾する

⑦《**OK**》をクリック

⑨

①1ページ24行目を選択

②《**校閲**》タブを選択

③《**コメント**》グループの［新しいコメント］（コメントの挿入）をクリック

④「**章が変わる場合は改ページ**」と入力

⑤文書内をクリックして、コメントを確定

※《校閲》タブ→《変更履歴》グループの［↘］（変更履歴オプション）→《ユーザー名の変更》で、ユーザー名をもとに戻しておきましょう。

※《変更履歴》グループの［すべての変更履歴/コ…▼］（変更内容の表示）をクリックして、変更履歴の表示を《シンプルな変更履歴/コメント》に戻しておきましょう。

※ステータスバーの行番号を非表示にしておきましょう。

総合問題8

①

①《ファイル》タブを選択
②《情報》をクリック
③右側の《プロパティ》をクリック
④《詳細プロパティ》をクリック
⑤《ファイルの概要》タブを選択
⑥《タイトル》に「メンバー募集」と入力
⑦《作成者》に「スクール運営事務局」と入力
⑧《会社名》に「レッドスターズ・チアリーディングスクール」と入力
⑨《OK》をクリック
※ Esc を押して、文書を表示しておきましょう。

②

①赤色の波線の付いた「danceing」を右クリック
②《dancing》をクリック

③

①文末にカーソルを移動
※ Ctrl + End を押すと、効率よく移動できます。
②《挿入》タブを選択
③《図》グループの 画像 (ファイルから)をクリック
④画像が保存されている場所を開く
※《PC》→《ドキュメント》→「Word2019応用」→「総合問題」→「総合問題8」を選択します。
⑤一覧から「ジュニア」を選択
⑥《挿入》をクリック
※画像は2ページ目に表示されます。
⑦画像が選択されていることを確認
⑧《書式》タブを選択
⑨《調整》グループの 修整 (修整)をクリック
⑩《明るさ/コントラスト》の《明るさ：+20%　コントラスト：+20%》(左から4番目、上から4番目)をクリック

④

①画像を選択
②《書式》タブを選択
③《調整》グループの (背景の削除)をクリック
④《背景の削除》タブを選択
⑤《設定し直す》グループの (保持する領域としてマーク)をクリック
⑥ドラッグして、子供だけが残るように調整
※削除する領域としてマークする場合は、 (削除する領域としてマーク)をクリックして、削除する範囲を指定します。
※範囲の指定をやり直したい場合は、 (背景の削除を終了して、変更を破棄する)をクリックします。
⑦《閉じる》グループの (背景の削除を終了して、変更を保持する)をクリック

⑤

①画像を選択
② (レイアウトオプション)をクリック
③《文字列の折り返し》の (前面)をクリック
④《レイアウトオプション》の × (閉じる)をクリック
⑤画像の上に表示される (ハンドル)をドラッグ

⑥

①《挿入》タブを選択
②《図》グループの 図形 (図形の作成)をクリック
③《星とリボン》の (星：5pt)をクリック
④完成図を参考に、ドラッグして星を作成
※ Shift を押しながらドラッグすると、縦横比が同じ図形を作成できます。
⑤図形が選択されていることを確認
⑥《書式》タブを選択
⑦《図形のスタイル》グループの (その他)をクリック
⑧《テーマスタイル》の《光沢-赤、アクセント6》(左から7番目、上から6番目)をクリック

⑦

① Ctrl を押しながら、星をドラッグしてコピー
②同様に、星を4つコピー
③左から1番目、上から1番目の星を選択
④《書式》タブを選択
⑤《図形のスタイル》グループの (その他)をクリック
⑥《テーマスタイル》の《光沢-濃い青、アクセント1》(左から2番目、上から6番目)をクリック
⑦同様に、その他の星の書式を変更

⑧

①星をすべて選択
※ Shift を押しながらクリックします。
②《書式》タブを選択
③《配置》グループの (オブジェクトのグループ化)をクリック
④《グループ化》をクリック

① Ctrl を押しながら、グループ化した星をドラッグして文書の左下角にコピー
※文書の表示倍率を《ページ全体を表示》にすると操作しやすくなります。
② 左下角にコピーした星が選択されていることを確認
③ **《書式》**タブを選択
④ **《配置》**グループの（オブジェクトの回転）をクリック
⑤ **《上下反転》**をクリック
⑥ **《配置》**グループの（オブジェクトの回転）をクリック
⑦ **《左右反転》**をクリック

① **《デザイン》**タブを選択
② **《ページの背景》**グループの（ページの色）をクリック
③ **《塗りつぶし効果》**をクリック
④ **《テクスチャ》**タブを選択
⑤ **《テクスチャ》**の一覧から**《コルク》**（左から1番目、上から6番目）を選択
⑥ **《OK》**をクリック

⑪

① **《挿入》**タブを選択
② **《図》**グループの 図形▾（図形の作成）をクリック
③ **《四角形》**の（正方形/長方形）をクリック
④ 完成図を参考に、ドラッグして四角形を作成
⑤ 図形が選択されていることを確認
⑥ **《書式》**タブを選択
⑦ **《図形のスタイル》**グループの（図形の塗りつぶし）の▾をクリック
⑧ **《テーマの色》**の**《白、背景1》**（左から1番目、上から1番目）をクリック
⑨ **《図形のスタイル》**グループの（図形の枠線）の▾をクリック
⑩ **《枠線なし》**をクリック
⑪ **《配置》**グループの 背面へ移動▾（背面へ移動）の▾をクリック
⑫ **《テキストの背面へ移動》**をクリック

総合問題9

① **《デザイン》**タブを選択
② **《ドキュメントの書式設定》**グループの（テーマの色）をクリック
③ **《ペーパー》**をクリック

②

① 文書**「撮影手順」**を表示
② SmartArtグラフィックを選択
③ **《ホーム》**タブを選択
④ **《クリップボード》**グループの（コピー）をクリック
⑤ タスクバーのをポイントし、文書**「総合問題9」**をクリック
⑥ 2ページ目の**「ピントを合わせて撮影する手順は次のとおりです。」**の下の行にカーソルを移動
⑦ **《ホーム》**タブを選択
⑧ **《クリップボード》**グループの（貼り付け）の 貼り付け▾ をクリック
⑨（図）をクリック
※図は3ページ目に表示されます。

③

① **《挿入》**タブを選択
② **《ヘッダーとフッター》**グループの フッター▾（フッターの追加）をクリック
③ **《組み込み》**の**《グリッド》**をクリック
④ フッターの最終行の↵を選択
⑤ Delete を押す
⑥ **《ヘッダー/フッターツール》**の**《デザイン》**タブを選択
⑦ **《閉じる》**グループの（ヘッダーとフッターを閉じる）をクリック

④

① **《挿入》**タブを選択
② **《ヘッダーとフッター》**グループの フッター▾（フッターの追加）をクリック
③ **《フッターの編集》**をクリック
④ **《ヘッダー/フッターツール》**の**《デザイン》**タブを選択
⑤ **《オプション》**グループの**《先頭ページのみ別指定》**を ✓ にする
⑥ **《閉じる》**グループの（ヘッダーとフッターを閉じる）をクリック

⑤

①2ページ1行目にカーソルを移動
※見出し1のスタイルが設定されている行であればどこでもかまいません。

②**《ホーム》**タブを選択

③**《段落》**グループの[アイコン]（アウトライン）をクリック

④**《新しいアウトラインの定義》**をクリック

⑤**《変更するレベルをクリックしてください》**の**《1》**をクリック

⑥**《番号書式》**の「**1**」の前の「**Step**」を削除し、「**レッスン**」と入力

⑦**《OK》**をクリック

⑥

①1ページ目の「**<レッスン内容>**」の下の行にカーソルを移動

②**《参考資料》**タブを選択

③**《目次》**グループの[アイコン]（目次）をクリック

④**《ユーザー設定の目次》**をクリック

⑤**《書式》**の[▼]をクリックし、一覧から**《フォーマル》**を選択

⑥**《アウトラインレベル》**を**《1》**に設定

⑦**《OK》**をクリック

⑦

①「**レッスン2　写真撮影の3原則**」の行頭にカーソルを移動
※ナビゲーションウィンドウを表示して、「レッスン2　写真撮影の3原則」をクリックすると効率的です。

②[Ctrl]+[Enter]を押す

③「**レッスン3　デジタルカメラの機能**」の行頭にカーソルを移動
※ナビゲーションウィンドウの「レッスン3　デジタルカメラの機能」をクリックすると効率的です。

④[Ctrl]+[Enter]を押す
※ナビゲーションウィンドウを閉じておきましょう。

⑧

①**《参考資料》**タブを選択

②**《目次》**グループの[目次の更新]（目次の更新）をクリック

③**《ページ番号だけを更新する》**を◉にする

④**《OK》**をクリック

⑨

①3ページ3行目の「**手ぶれ**」の後ろにカーソルを移動

②**《参考資料》**タブを選択

③**《脚注》**グループの[アイコン]（脚注の挿入）をクリック

④ページ下部の領域に「**手ぶれ：撮影者の手が動いてぶれてしまうこと。**」と入力

⑤同様に、その他の脚注を挿入
※ステータスバーの行番号を非表示にしておきましょう。

⑩

①4ページ目の表内にカーソルを移動

②**《参考資料》**タブを選択

③**《図表》**グループの[アイコン]（図表番号の挿入）をクリック

④**《番号付け》**をクリック

⑤**《章番号を含める》**を☐にする

⑥**《OK》**をクリック

⑦**《ラベル》**が**《表》**になっていることを確認

⑧**《位置》**が**《選択した項目の上》**になっていることを確認

⑨**《図表番号》**の「**表1**」の後ろに「**□光の向きの種類**」と入力

⑩**《OK》**をクリック

⑪同様に、5ページ目の表に図表番号を挿入

総合問題10

①

①《**レイアウト**》タブを選択
②《**ページ設定**》グループの サイズ（ページサイズの選択）をクリック
③《**B4**》をクリック

②

①文頭にカーソルがあることを確認
②《**挿入**》タブを選択
③《**テキスト**》グループの （ワードアートの挿入）をクリック
④《**塗りつぶし：黒、文字色1；輪郭：白、背景色1；影（ぼかしなし）：白、背景色1**》（左から1番目、上から3番目）をクリック
⑤「**STOP！著作権侵害**」と入力

③

①ワードアートを選択
②《**ホーム**》タブを選択
③《**フォント**》グループの （フォント）の をクリックし、一覧から《**メイリオ**》を選択
④《**フォント**》グループの 36（フォントサイズ）の 36 をクリックし、「**64**」と入力
⑤ Enter を押す
⑥《**書式**》タブを選択
⑦《**ワードアートのスタイル**》グループの （文字の塗りつぶし）の をクリック
⑧《**テーマの色**》の《**青、アクセント5**》（左から9番目、上から1番目）をクリック

④

①《**挿入**》タブを選択
②《**図**》グループの 図形（図形の作成）をクリック
③《**吹き出し**》の （吹き出し：角を丸めた四角形）をクリック
④完成図を参考に、ドラッグして吹き出しを作成
⑤吹き出しに「**写真集の写真をもとにイラストを作成し、納品してもOK？**」と入力

⑤

①吹き出しを選択
②《**書式**》タブを選択
③《**図形のスタイル**》グループの （その他）をクリック
④《**テーマスタイル**》の《**光沢-青、アクセント5**》（左から6番目、上から6番目）をクリック
⑤《**ホーム**》タブを選択
⑥《**フォント**》グループの （フォント）の をクリックし、一覧から《**メイリオ**》を選択
⑦《**フォント**》グループの 10.5（フォントサイズ）の をクリックし、一覧から《**16**》を選択
⑧完成図を参考に、黄色の○（ハンドル）をドラッグ

⑥

① Ctrl を押しながら、吹き出しをドラッグしてコピー
②コピーした吹き出しを「**いいえ、それも立派な著作権侵害です！**」に修正
③コピーした吹き出しを選択
④《**書式**》タブを選択
⑤《**配置**》グループの （オブジェクトの回転）をクリック
⑥《**左右反転**》をクリック
⑦《**図形のスタイル**》グループの （その他）をクリック
⑧《**テーマスタイル**》の《**光沢-オレンジ、アクセント2**》（左から3番目、上から6番目）をクリック
⑨《**ホーム**》タブを選択
⑩《**フォント**》グループの 16（フォントサイズ）の をクリックし、一覧から《**18**》を選択

⑦

①文末にカーソルを移動
※ Ctrl ＋ End を押すと、効率よく移動できます。
②《**挿入**》タブを選択
③《**図**》グループの SmartArt（SmartArtグラフィックの挿入）をクリック
④左側の一覧から《**循環**》を選択
⑤中央の一覧から《**基本放射**》（左から2番目、上から3番目）を選択
⑥《**OK**》をクリック
⑦《**SmartArtツール**》の《**デザイン**》タブを選択
⑧《**グラフィックの作成**》グループの テキスト ウィンドウ（テキストウィンドウ）をクリック
⑨テキストウィンドウの1行目に「**著作権**」と入力
⑩2行目に「**講演**」と入力
⑪3行目に「**音楽**」と入力
⑫4行目に「**美術品**」と入力
⑬5行目に「**Webページ**」と入力
※テキストウィンドウを閉じておきましょう。

⑧

①「**音楽**」の図形を選択

②《**SmartArtツール**》の《**デザイン**》タブを選択

③《**グラフィックの作成**》グループの［図形の追加］（図形の追加）をクリック

④「**映画**」と入力

⑤「**美術品**」の図形を選択

⑥《**グラフィックの作成**》グループの［図形の追加］（図形の追加）をクリック

⑦「**プログラム**」と入力

⑧「**Webページ**」の図形を選択

⑨《**グラフィックの作成**》グループの［図形の追加］（図形の追加）をクリック

⑩「**文章**」と入力

⑨

①SmartArtグラフィックを選択

②《**SmartArtツール**》の《**デザイン**》タブを選択

③《**SmartArtのスタイル**》グループの［▼］（その他）をクリック

④《**3-D**》の《**立体グラデーション**》（左から1番目、上から1番目）をクリック

⑩

①SmartArtグラフィックを選択

②《**SmartArtツール**》の《**デザイン**》タブを選択

③《**SmartArtのスタイル**》グループの［色の変更］（色の変更）をクリック

④《**カラフル**》の《**カラフル-アクセント5から6**》（左から5番目）をクリック

⑪

①SmartArtグラフィックを選択

②［レイアウトオプション］（レイアウトオプション）をクリック

③《**文字列の折り返し**》の［前面］（前面）をクリック

④《**レイアウトオプション**》の［×］（閉じる）をクリック

⑤《**ホーム**》タブを選択

⑥《**フォント**》グループの［　　　▼］（フォント）の［▼］をクリックし、一覧から《**MSゴシック**》を選択

⑦《**フォント**》グループの［5+ ▼］（フォントサイズ）の［▼］をクリックし、一覧から《**18**》を選択

⑧《**フォント**》グループの［B］（太字）をクリック

⑨完成図を参考に、SmartArtグラフィックの位置とサイズを調整

※文書の表示倍率を《ページ全体を表示》にすると操作しやすくなります。

⑫

①「**著作権**」の図形を選択

②《**ホーム**》タブを選択

③《**フォント**》グループの［18 ▼］（フォントサイズ）の［▼］をクリックし、一覧から《**32**》を選択

⑬

①《**挿入**》タブを選択

②《**テキスト**》グループの［テキストボックス］（テキストボックスの選択）をクリック

③《**横書きテキストボックスの描画**》をクリック

④完成図を参考に、左上から右下にドラッグ

⑤「**株式会社FOMデザイン□危機管理委員会**」と入力

⑭

①テキストボックスを選択

②《**書式**》タブを選択

③《**図形のスタイル**》グループの［図形の塗りつぶし ▼］（図形の塗りつぶし）の［▼］をクリック

④《**塗りつぶしなし**》をクリック

⑤《**図形のスタイル**》グループの［図形の枠線 ▼］（図形の枠線）の［▼］をクリック

⑥《**枠線なし**》をクリック

⑦《**ホーム**》タブを選択

⑧《**フォント**》グループの［　　　▼］（フォント）の［▼］をクリックし、一覧から《**メイリオ**》を選択

⑨《**フォント**》グループの［10.5 ▼］（フォントサイズ）の［▼］をクリックし、一覧から《**18**》を選択

⑩《**フォント**》グループの［B］（太字）をクリック

⑪《**フォント**》グループの［A ▼］（フォントの色）の［▼］をクリック

⑫《**テーマの色**》の《**オレンジ、アクセント2、黒+基本色25%**》（左から6番目、上から5番目）をクリック